Binu Thomas
Arumugam Rajendran

Chasmófitas : Uma avaliação florística

Binu Thomas
Arumugam Rajendran

Chasmófitas : Uma avaliação florística

ScienciaScripts

Imprint

Cover image: www.ingimage.com

This book is a translation from the original published under ISBN 978-3-659-79994-5.

Publisher:
Sciencia Scripts
is a trademark of
Dodo Books Indian Ocean Ltd. and OmniScriptum S.R.L publishing group

120 High Road, East Finchley, London, N2 9ED, United Kingdom
Str. Armeneasca 28/1, office 1, Chisinau MD-2012, Republic of Moldova, Europe
Printed at: see last page
ISBN: 978-620-8-04871-6

ÍNDICE

PREFÁCIO 2

RECONHECIMENTO 3

CAPÍTULO 1: INTRODUÇÃO 5

CAPÍTULO -2 : INVESTIGAÇÃO SOBRE OS HABITATS ROCHOSOS 12

CAPÍTULO 3 : DOMÍNIO DO PRESENTE ESTUDO 25

CAPÍTULO-4 : MÉTODOS DE INVESTIGAÇÃO 38

CAPÍTULO 5: TRATAMENTO SISTEMÁTICO DA FLORA DO CHASMO 40

CAPÍTULO 6 : RESULTADOS E DISCUSSÃO 238

CAPÍTULO-7 : RESUMO E CONCLUSÃO 294

REFERÊNCIAS 297

PREFÁCIO

As fendas e arribas rochosas, as paredes rochosas e as encostas rochosas desempenham um papel fundamental na formação de micro-habitats para muitas plantas como as angiospérmicas, as pteridófitas e as briófitas. As arribas rochosas são ligeiramente ricas em minerais e podem suportar o crescimento e a sobrevivência de espécies casmófitas. Contribuem grandemente para a fitodiversidade dos ecossistemas em causa. Possuem certas peculiaridades biológicas que lhes permitem ocupar este tipo de habitats. Cada ecossistema tem um padrão único de diversidade.

Morfologicamente, os chasmófitos desenvolveram várias adaptações, tais como ervas anuais, raízes fortes, vários rebentos, órgãos de armazenamento no solo, tais como rizomas, rizomas escamosos, bolbos e tubérculos e sementes minúsculas. A presença de pêlos glandulares, órgãos secretores de células armazenadoras de água, cutícula espessa, presença de células espessadas são algumas das alterações anatómicas notáveis das chasmófitas. Por conseguinte, os estudos sobre a casmoflora são cruciais não só para compreender a flora de uma região, mas também para tomar medidas de conservação adequadas.

A avaliação da biodiversidade e a investigação de um determinado tipo de vegetação fornecem dados biológicos comparáveis e quantificáveis relacionados com a alteração da diversidade e do número de espécies ao longo de um período de tempo. O estudo florístico não pode ser feito de uma só vez, mas periodicamente, o que forneceria dados sobre as mudanças dinâmicas que estão a ocorrer nas comunidades vegetais da região.

O conhecimento da ocorrência e abundância da fitodiversidade numa determinada área é necessário para a conservação, gestão e utilização sustentável dos recursos biológicos. Este tipo de estudo pode também ser útil para avaliar o impacto das alterações climáticas e do aquecimento global. Neste contexto, o presente livro assume um significado maior do que alguma vez se imaginou. Os dados aqui apresentados irão instigar mais investigação sobre a biodiversidade da região indiana nos próximos tempos. Pedimos críticas e sugestões para o melhorar.

O presente trabalho é uma elaboração da tese de doutoramento apresentada pelo primeiro autor, sob a orientação do segundo autor, à Universidade Bharathiar, Coimbatore, Tamil Nadu, tendo o grau sido atribuído no ano de 2014.

Binu Thomas e A. Rajendran

RECONHECIMENTO

Antes de mais, aproveito esta oportunidade para agradecer a **Deus Todo-Poderoso** o facto de ter concedido as suas bênçãos para que este trabalho fosse concluído com êxito. Este trabalho foi possível com o apoio de várias pessoas. A lista das pessoas a quem tenho de agradecer não cabe numa única secção de agradecimentos. Limito-me a mencionar algumas pessoas cujo contributo é óbvio.

Expressamos os nossos sinceros agradecimentos e gratidão ao respeitável **vice-reitor** e **secretário** da Universidade Bharathiar, Coimbatore, por nos ter dado a oportunidade de realizar este trabalho.

Expressamos os meus sinceros agradecimentos à **Dra. V. Narmatha Bai,** Professora e Diretora do Departamento de Botânica da Universidade de Bharathiar, Coimbatore, por ter disponibilizado as instalações laboratoriais necessárias e pelo apoio prestado na realização do meu trabalho de investigação.

Os nossos sinceros agradecimentos também ao **Dr. V.R.K. Reddy,** ao **Dr. V.S. Ramachanadran,** ao **Dr. T. Parimelazhagan,** ao **Dr. T. Muthu kumar,** ao **Dr. K. Vasanth,** ao **Dr. Sekar, T. e** ao **Dr. Sivalingam**, membros do corpo docente do Departamento de Botânica da Universidade de Bharathiar, Coimbatore, pelas suas valiosas sugestões e encorajamento.

Nenhuma investigação é possível sem a Biblioteca, o centro dos recursos de aprendizagem. Expresso a minha gratidão a todos os **funcionários** da **biblioteca** da Universidade de Bharathiar e do Botanical Survey of India, Coimbatore, pelos seus serviços. Os meus sinceros agradecimentos vão também para o **Dr. G.V.S. Murthy,** Diretor Conjunto, Botanical Survey of India (BSI), Southern Circle, Coimbatore, por ter dado a autorização necessária para consultar o herbário e a biblioteca de referência

Os nossos agradecimentos especiais e deliciosos ao **Dr. V.J. Nair** (Cientista Emr.), **Dr. Althaf A. Kabeer** (Cientista), Botanical Survey of India (BSI), Southern Circle, Coimbatore, **Dr. Vivek C.P.** Botanical Survey of India (BSI), Andaman and Nicobar Islands, pela sua preciosa ajuda na confirmação da identidade dos espécimes de gramíneas.

Expressamos também a nossa gratidão ao **Dr. Prabhu Kumar, K.M.,** ao **Dr. Aravindhan, V.,** ao **Dr. Maharajan, M.,** ao **Dr. Murugeswaran, R.,** ao **Dr. Mathan, J.** e ao **Dr. Sarvalingam, A.** pela sua excelente cooperação e apoio atempado para a conclusão bem sucedida deste trabalho.

Mais uma vez, aproveito esta oportunidade para expressar os sentimentos de gratidão a todas as pessoas que me apoiaram direta ou indiretamente ao longo da materialização desta tese.

Binu Thomas

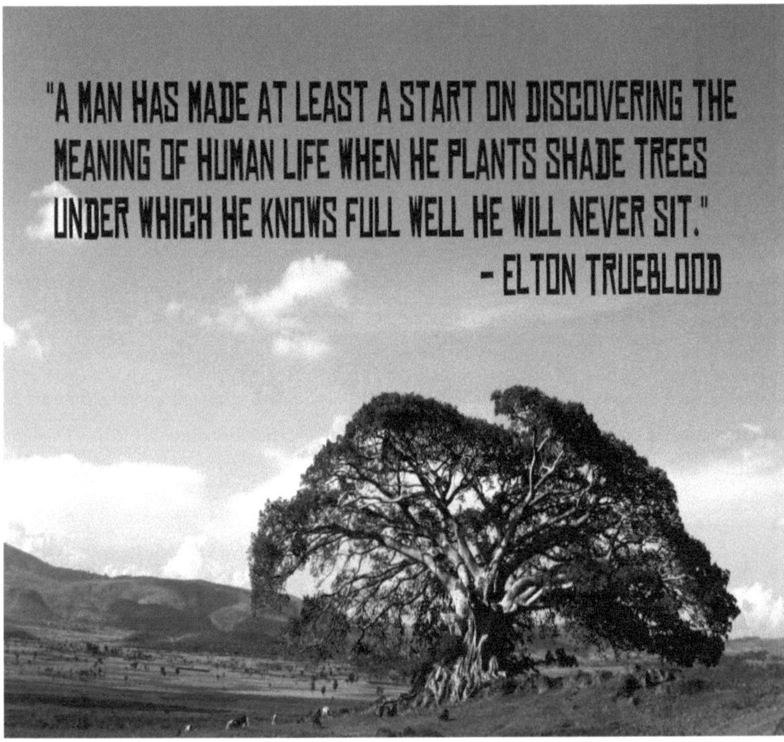

"Este livro é dedicado a todos aqueles que dedicaram a sua vida à conservação da Mãe Natureza"

CAPÍTULO 1: INTRODUÇÃO

A flora do mundo dividiu-se em 6 grandes reinos florísticos, nomeadamente o Reino Holárctico, o Reino Paleotropical, o Reino Neotropical, o Reino do Cabo, o Reino Australiano e o Reino Holantártico (Takhtajan, 1986). Cada reino foi ainda subdividido em sub-reinos, regiões, sub-regiões e províncias. Os Ghats Ocidentais estão situados na província de Malabar do Sub-reino Indo-Malásico, que faz parte do Reino Paleotropical. Ocupa a parte ocidental da Índia peninsular, cobrindo uma distância de cerca de 1600 km a partir do vale de Tapti, em Gujarat, através de uma série de cadeias de montanhas contínuas e descontínuas que se estendem de norte a sul, como Maharashtra, Karnataka, Kerala, Goa e terminam nas colinas de Kanniyakumari, em Tamil Nadu. (Subramanyam e Nayar, 1974; Meher-Homji, 1978; Arundhati *et al.*, 2006).

Os Ghats ocidentais, os Himalaias orientais e ocidentais são considerados os três megacentros e ocupam cerca de 2,4 % da massa terrestre total do mundo. Possui uma riqueza de elementos de biodiversidade a todos os níveis organizacionais e esta caraterística é atribuída à heterogeneidade das caraterísticas geográficas, climáticas e evolutivas (Ashish Kothari, 2002). A biodiversidade é a totalidade dos genes, espécies, ecossistemas e habitats de uma região. A Índia é um dos doze países com maior biodiversidade do mundo e, até à data, foram inventariadas cerca de 46 000 espécies de plantas e 81 000 espécies de animais em cerca de 70% da área geográfica total (MoEF, 2002). A inventariação da biodiversidade e o conhecimento da presença e abundância de organismos numa determinada área, desde a escala local à regional ou global, são cruciais para a preservação, gestão e conservação com vista a uma utilização sustentável (Myers *et al.*, 2000).

Os Ghats Ocidentais têm a seu crédito uma grande variedade de espécies, diversidade com uma vasta gama de vegetação e caraterísticas topográficas. Alberga mais de 4000 espécies de plantas com flores, das quais 1600 espécies são endémicas, e compreende cerca de 28 % da flora indiana (Nair e Daniel, 1996; Nayar, 1996). A região dos Ghats Ocidentais apresenta um contexto caraterístico que envolve um clima influenciado pelas monções e regimes de elevação induzidos pela topografia (Sastry e Sharma, 1991). Esta biorregião é muito rica em espécies e está constantemente ameaçada pela pressão humana, possuindo muitas regiões de grande interesse, como as florestas de Mahabaleshwar, as colinas de Coimbatore, Pulneys, Tirunelveli e Nilgiris. Estes são alguns dos locais ricos em diversidade de espécies ameaçadas de extinção, tanto nos ecossistemas aquáticos como terrestres (Sharma e Singh, 2001; Ramachandra e Suja,

2006).

A vegetação nas superfícies terrestres pode preferir diferentes habitats para a sua existência. O fator solo é, na melhor das hipóteses, igualmente importante para as plantas aquáticas e terrestres. As plantas foram classificadas em diferentes grupos ecológicos caracterizados pelo tipo de substrato, com especial ênfase nos factores edáficos do solo, tais como oxilófitos (plantas que se encontram normalmente em solos ácidos), halófitos (plantas que se encontram normalmente em solos salinos), psammófitos (plantas que se encontram normalmente em solos arenosos), litófitos (plantas que se encontram normalmente na superfície das rochas) e chasmófitos (plantas que se encontram normalmente em fendas de rochas) (Warming, 1895; Bower *et al.*, 1950; Braun *et al.*, 1965).

A vegetação à superfície das rochas ou pedras pode ser designada por litófitos e nas fendas das rochas, onde se acumulam componentes de grão mais fino e mais água do que à superfície, produz uma vegetação algo copiosa, a dos chasmófitos. (Schimper, 1898; Porembski *et al.*, 1994). As arribas rochosas são microhabitats ligeiramente ricos em minerais e podem suportar o crescimento e a sobrevivência de espécies de casmófitas. A ocorrência deste tipo de habitat depende, em última análise, de vários factores como a localização geográfica, os níveis de exposição, as elevadas taxas de evaporação, a natureza da geologia do solo e o escoamento da água durante a estação das chuvas (Danin, 1989a; Ibisch *et al*, 1995).

Cada ecossistema tem um padrão único de diversidade. As fendas rochosas desempenham um papel fundamental na formação de um habitat importante para muitas plantas. Representam um bom indicador da riqueza da biodiversidade numa pequena área (Jhonson e Raven, 1970; Monasterio e Vuillemier, 1986). O habitat rochoso proporciona um ambiente físico extremamente duro para as plantas, o que leva ao desenvolvimento de comunidades vegetais especializadas com um certo número de espécies endémicas e específicas do habitat. Os micro-habitats como as fendas rochosas possuem diversas formas de plantas, principalmente ervas sazonais. Estes habitats diferem uns dos outros devido à alteração do terreno geográfico e da cobertura do solo (Kaufman, 1989; Porembski, 2000; Kiki *et al.*, 2006).

Os ambientes rochosos constituem um local adequado para o estudo de fenómenos ecológicos, como a colonização, a sucessão vegetal e a meteorização das rochas (Ryti, 1984, Martinez, 1999, Adams *et al.*, 1992). A colonização por plantas pode ocorrer em sítios primários ou secundários e participa na meteorização das rochas através do estabelecimento e persistência de uma espécie (Danin, 1985; 1989; Glenn-Lewin *et al.*,

1992). A meteorização biológica é o resultado da atividade metabólica de bactérias, cianobactérias, fungos, líquenes e plantas vasculares que libertam ácidos orgânicos e compostos quelantes que extraem completa ou seletivamente compostos minerais das rochas e os exploram para seu próprio uso. Este tipo de interação entre comunidades bióticas em fissuras rochosas pode induzir a meteorização biológica das rochas (Danin, 1983; 1989b; Danin *et al.*, 1982; 1983; Hinsinger, 1998; Schulze *et al.*, 2005).

A meteorização de rochas e minerais por processos físicos e bioquímicos acaba por conduzir à formação de solos (Barber, 1995; Carretero, 1999; Hall e Andre, 2001; Hoerle, 2006). As raízes das plantas aumentam a taxa de formação do solo em resultado de alterações no ambiente físico-químico da rizosfera, da produção de exsudados radiculares e de protões que modificam a concentração de nutrientes e a disponibilidade de elementos nutritivos para as plantas nesse habitat. As plantas chasmófitas estão enraizadas em fendas de rochas que estão cheias de detritos. Nestas fendas, acumulam-se partículas de terra transportadas pelo vento e pela água (Gibbs e Reid, 1988; Jones, 1998; Carrillo *et al.*, 2002; Akter e Akagi, 2005).

A quantidade e a taxa de acumulação de água, solo e outros minerais dependem da largura e da situação das fendas (Davis, 1951; Golubic *et al.*, 1981). O solo que constituiu o assentamento das plantas e os seus fragmentos mortos contribuem ainda mais para o fornecimento de material nutritivo nas fendas (Scarano, 2002). A vegetação casmófita que habita fendas de rocha e falésias representa um habitat específico com condições ecológicas extremas, tais como seca extrema, flutuações de temperatura, largura das falésias, taxa de acumulação, volume limitado de solo, escassez de nutrientes, fornecimento de água corrente, natureza dos tipos de rocha, dureza da rocha, porosidade dos sedimentos, capacidade de retenção de água do substrato, situação geográfica e altitude (Nagy e Proctor, 1997; Radis, 1998; Bashan *et al.*, 2002; 2006).

A profundidade do solo nas fissuras rochosas é um dos factores importantes para o crescimento das comunidades de camófitas (Richards, 1986; Danin *et al.*, 1987). A disponibilidade de água e de nutrientes nas fendas impõe uma resistência mecânica à penetração das raízes destas plantas (Zwieniecki e Newton, 1995). As fissuras e as fendas das rochas representam espaços subterrâneos que podem ser explorados de forma diferenciada por plantas com arquitecturas radiculares contrastantes. As gramíneas têm geralmente sistemas radiculares relativamente superficiais e fibrosos e estão bem adaptadas para explorar intensivamente os volumes superiores do solo das fissuras (Fox *et al.*, 1980; Bookman e Mack, 1982).

A composição química de um solo, bem como a sua estrutura e textura, é determinada por vários factores, como o material em que é produzido, a natureza das arribas e fendas, a quantidade de solo depositado, a capacidade de receção de água e nutrientes das fendas, etc. (Imeson e Jungerius, 1976). A decomposição da folhada, a morte e o apodrecimento das plantas casmófitas podem adicionar alguma quantidade de matéria orgânica ao solo que se deposita nas arribas e fendas (Rowell, 1994; Sarthou e Villiers, 1998). Durante a estação das chuvas, o escoamento da água através de habitats rochosos pode também adicionar mais alguns nutrientes e minerais de altitudes mais elevadas para altitudes mais baixas. As chuvas fortes lixiviam os elementos básicos da superfície do solo das fendas (Foth e Schafer, 1980).

O habitat rochoso é um ecossistema frágil e contribui substancialmente para a diversidade ecológica global. Os factores limitantes destes habitats são a acumulação de solo, a água e os minerais são muito reduzidos, a água é frequentemente limitante porque é fornecida principalmente pela chuva e pelo escoamento do vento (Lisci e Pacini, 1992). A pouca água disponível no substrato e a que existe pode ser perdida à medida que as plantas são expostas a ventos secos e à luz solar intensa. Estas condições são um desafio à sobrevivência da maioria das plantas casmófitas (Castri, 1973; Gouvra e Grammatikopoulos, 2003). Por conseguinte, estas plantas desenvolveram várias adaptações, tais como raízes fortes que as suportam nas falésias e também permitem a exploração máxima da pouca água e nutrientes contidos no solo mínimo (Perez, 2009). Além disso, os habitats como as falésias rochosas são secos, algumas falésias podem ser íngremes com água corrente, o que traz nutrientes dissolvidos, bem como humidade para as plantas (Ward e Evans, 1976).

A vegetação das falésias ou fendas rochosas tem ambientes únicos. A competição das chasmófitas com outras plantas é muito limitada e a radiação solar é frequentemente abundante. Produzem sementes pequenas e de fácil dispersão. As sementes que chegam a estes habitats ricos em luz podem dar-se ao luxo de serem pequenas porque necessitam de pouco alimento armazenado, mas estão livres da competição com a vegetação circundante (Proctor e Nagy, 1992; Barthlott *et al.*, 1993). No entanto, a exposição e a humidade são os factores ambientais mais importantes para as plantas nas fendas das rochas. Os microambientes, como as fendas rochosas ou as falésias, têm maior probabilidade de suportar plantas raras quando são minerologicamente diferentes das paisagens circundantes (Muller *et al.*, 2004).

As falésias ou fendas rochosas funcionam como refúgio-habitat para espécies casmófitas específicas, que são capazes de florescer nesses habitats, onde não há concorrência de outras plantas terrestres. Os casmófitos nestes microambientes possuem adaptações específicas para o seu desenvolvimento e reprodução (Pedrotti, 1988). Do ponto de vista botânico, as fendas e falésias rochosas contribuem grandemente para a biodiversidade do ecossistema em causa e suportam uma vasta gama de comunidades, tais como angiospérmicas, pteridófitas e briófitas, etc. (Snogerup, 1971; Aschan, 1994). Além disso, possuem um habitat único dentro da matriz de vegetação existente. As falésias rochosas estão cheias de matéria orgânica e constroem gradualmente um solo pouco profundo. O escoamento de água através das fendas das rochas pode enriquecer o solo nestes micro habitats (Isichei *et al.*, 1990; Lisci *et al.*, 2003).

As raízes e os rizóides dos chasmófitos estão frequentemente apertados nas fendas das rochas. As raízes das gramíneas podem formar um tufo muito achatado que preenche a fenda. As raízes axiais de outras plantas são igualmente achatadas, quando as fendas são estreitas. Estas raízes são guiadas pela água e pelos nutrientes acumulados nas falésias e nas fendas das rochas. No início, tornam-se puramente superficiais, mas depois enviam as suas raízes e rizóides para as fendas das rochas e absorvem a água e os minerais acumulados nas fendas por capilaridade. As plantas que ocorrem em tais habitats também possuem certas peculiaridades biológicas que lhes permitem ocupar este tipo de habitats (Lounamaa, 1987; Kembel e Cachill, 2005).

As raízes dos chasmófitos podem penetrar nas fendas estreitas das rochas, permitindo que estas plantas se agarrem firmemente às paredes. Por vezes, o comprimento das raízes que penetram nas fissuras em busca de água e nutrientes é maior do que o da parte aérea da planta. Na maioria das chasmófitas, a parte aérea forma uma roseta ou uma almofada. Nas formas de roseta, o eixo do botão tem um crescimento limitado, os espaços entre os dois entrenós sucessivos tornam-se curtos e todas as folhas emergem do mesmo ponto do caule. Os rebentos aéreos que crescem a partir do caule apresentam uma disposição radial. A floração e a frutificação ocorrem no topo da roseta. Uma vez terminada a floração e a frutificação, as plantas casmófitas libertam as suas sementes e podem morrer. Quando as condições ambientais são adequadas, estas sementes regeneram-se e formam outra comunidade casmofítica sucessiva em tais fendas e falésias (Hodge, 2004; Cosentino *et al.*, 2006).

As arribas rochosas impõem limites acentuados nos ambientes, que modificam os microambientes e se pensa que criam um padrão previsível na composição da comunidade vegetal (Larson *et al.*, 1989; Bartlett *et al.*, 1990). Pensa-se que as falésias rochosas impõem restrições fisiológicas às plantas devido à sua abertura, às flutuações de temperatura, à disponibilidade limitada de solo, ao stress hídrico severo e à evapotranspiração rápida sob temperaturas diurnas elevadas. O aumento da profundidade do solo e da matéria orgânica através da sucessão resulta numa maior capacidade de retenção de água no solo (Coates e Kirkpatrick, 1992; Larson *et al.*, 2000).

O crescimento das espécies chasmófitas nas fendas das rochas é muito lento devido à escassez de nutrientes contidos no solo mearge. As pequenas plantas, como os musgos, que formam manchas semelhantes a almofadas, seguidas de gramíneas perenes, formam uma população semelhante a um relvado. Esta vegetação é molhada pela chuva, orvalho ou neblina, a lixiviação de componentes solúveis é mais rápida e eficiente nestes locais e, assim, a proporção de argila aumenta (Hambler, 1964; Moore e Scott, 1979). A morte e a decomposição desta vegetação almofadada ou de tapete podem enriquecer o solo nas fendas das rochas e levar ao crescimento e à sobrevivência de plantas superiores (Danin e Garnor, 1991; Danin e Garnor, 1997).

As comunidades casmofíticas que ocorrem em cumes de montanhas, penhascos e habitats rochosos diferem marcadamente das das zonas circundantes. Estes habitats, nestas condições edáficas e microclimáticas, são carateristicamente ilhas de habitat terrestre e são frequentemente considerados como modelos para o estudo da ecologia e da biogeografia. Servem também de refúgio importante para algumas comunidades vegetais (Porembski *et al.*, 1996). As comunidades de casmófitas que crescem em microambientes como falésias e fendas rochosas têm mais competição intra-específica do que inter-específica. Na maioria dos casos, as espécies de casmófitas que ocorrem nestes micro-habitats são mono-específicas (Parmentier, 2003).

As fendas e fissuras das rochas proporcionam um ambiente único para as plantas casmófitas se adaptarem (Phillips, 1979). Morfologicamente, estas adaptações incluem hábitos anuais, rebentos sazonais e órgãos de armazenamento no solo, tais como rizomas, rizomas escamosos, bolbos e tubérculos. A caraterística mais notável das chasmófitas é a capacidade de sobreviverem em períodos de dessecação periódica. Em períodos secos, as plantas murcham e parecem mortas. No entanto, quando as condições de humidade regressam, as plantas recuperam totalmente. Por isso, são também designadas por "plantas de ressurreição" (Szarzynski, 2000; Wiser, 1994; 2001; Mucina *et al.*, 2008).

As fendas rochosas, as falésias rochosas e os afloramentos rochosos, etc., têm uma extensão reduzida na região e limitações específicas de habitat, como a exposição, a escassez de água, a ausência de uma camada de solo bem desenvolvida, a seca e as variações extremas de temperatura diária, a quantidade mínima de solo e de nutrientes, etc. Podem também ser um habitat de refúgio importante para uma grande variedade de espécies vegetais (Snogerup, 1971). Devido a este isolamento e a este ambiente único, as falésias e fendas rochosas também constituem um habitat para plantas locais e naturalmente raras (Porembski e Barthlott, 1997; 2000; Porembski *et al.*, 2000).

A ocorrência de plantas vasculares chasmófitas no habitat rochoso depende principalmente da natureza das fendas e fissuras dessa área (Bremer e Sander, 2000; Sarthou, 2001). A relativa raridade das plantas vasculares nas falésias e fendas rochosas naturais resulta de muitos factores, incluindo um ambiente biofísico difícil com flutuações periódicas, um substrato de solo limitado e também um habitat restrito (Nuzzo, 1996; Smith, 1998; Larson *et al.*, 2000). As espécies chasmófitas estão normalmente confinadas a falésias rochosas e expandem a sua distribuição para os habitats adjacentes depois de perturbações como o fogo terem removido a vegetação dominante dos habitats adjacentes (Gaston, 1994; Hopper, 2000).

Todas as espécies de um ecossistema estão interligadas e são interdependentes. A perda de uma espécie é suscetível de ter um efeito profundo em várias outras espécies que, em última análise, resultará no desmoronamento de todo o sistema. A avaliação e a inventariação das espécies fornecem dados biológicos comparáveis e quantificáveis relacionados com a alteração da diversidade e do número de espécies ao longo de um período de tempo. A perda de habitat através da fragmentação e destruição do habitat são as principais razões para a extinção de espécies numa área (Raup, 1988; Anon., 1992; Wilson, 1992; Sponsel *et al.*, 1996). A inventariação da biodiversidade e o conhecimento da presença e abundância de organismos numa dada área, desde a escala local à regional ou global, através da investigação taxonómica, é o ponto de partida fundamental para a conservação, gestão e utilização sustentável dos recursos naturais.

Do ponto de vista fitogeográfico, estes ambientes são por vezes mais importantes do que outros habitats de altitude. A biodiversidade de plantas vasculares em encostas de baixa altitude depende não só do carácter ambiental, mas também da capacidade destes ambientes para preservar vestígios de plantas de épocas passadas. No entanto, o conhecimento sobre as plantas que habitam as fendas rochosas e as arribas desta região é insuficiente. A quase total ausência de uma descrição florística sistemática da chasmoflora dos Ghats Ocidentais do Sul de Coimbatore é digna de nota. Neste contexto, foi feita uma tentativa de estudar a casmoflora dos Ghats Ocidentais do Sul de Coimbatore, Tamil Nadu, com os seguintes objectivos

- Avaliar diversos chasmófitos e os factores que influenciam o seu crescimento
- Conhecer os diferentes habitats e as suas caraterísticas de adaptação
- Para exemplificar as suas diferentes atitudes

CAPÍTULO -2 : INVESTIGAÇÃO SOBRE OS HABITATS ROCHOSOS

Os chasmófitos são um dos constituintes importantes da biodiversidade e estão amplamente disseminados em todos os habitats ambientais adequados. A vasta diversidade topográfica e climática da Índia dotou-a de casmófitos ricos, tanto em termos de luxuriância como de diversidade de espécies. A parte sul dos Ghats Ocidentais ainda está a ser explorada e, até agora, apenas existem alguns registos superficiais de casmófitos desta região. Existem poucas contribuições exclusivamente sobre os chasmófitos com base nos trabalhos de outras regiões.

2.1. Composição florística em habitats rochosos

Gimingham e Walton (1954) estudaram a especificidade do habitat e a natureza das comunidades chasmófitas em três altitudes diferentes, nomeadamente 2000 pés, 2200 pés e 2500 pés do maciço de pedra calcária do Norte da Cirenaica da região mediterrânica. O estudo mostra que o planalto superior recebe uma precipitação mais intensa com temperaturas e humidade mais baixas do que nas outras altitudes. O padrão de distribuição das espécies chasmófitas no planalto superior é bastante diferente das outras altitudes.

Com base na distribuição da flora de pteridófitas das colinas de Pachmarhi, na Índia Central (Bir e Vasudeva, 1972), os fetos são classificados ecologicamente em quatro categorias diferentes, consoante o seu hábito de crescimento e o habitat que ocupam: fetos terrestres, epífitos, litofíticos e hidrófitos. Para além destes, alguns estão estritamente confinados aos habitats rochosos, onde ocorrem em fissuras e fendas de falésias, sendo conhecidos como fetos casmofíticos.

Chin (1977) estudou a botânica das colinas de calcário, dos cumes e dos cumes das montanhas na Malásia Peninsular. A vegetação calcária foi descrita e dividida em nove subdivisões, *ou seja,* base das colinas e encostas com cerca de 60° de inclinação, ravinas e vales, penhascos e encostas quase verticais e com uma cobertura considerável de solo, cumes com nenhuma ou muito pouca cobertura de solo em calcário costeiro e zonas perturbadas.

Yair e Danin (1980) estudaram o regime de humidade das rochas calcárias de face lisa das terras altas do Negev em Israel. A grande área de rochas nuas contribui com uma grande quantidade de água para o solo nas fendas, planícies de assentamento e juntas no seu interior. A proporção entre a área de escoamento superficial "fase contribuinte" (afloramentos rochosos) e a área de água "fase recetora" (fendas rochosas, juntas, planícies de interbedding) é elevada. O solo nas fendas e no frontão das rochas lisas tem partículas de grão mais fino e maior capacidade de retenção de humidade do que outros tipos de solo nas proximidades (Danin, 1972; 1978; 1999).

A importância dos factores edáficos na distribuição das plantas, no endemismo e na diferenciação ecotípica de alguns fetos casmófitos, tais como *Polystichum mohrioides* (Bory) Presl. *Cheilanthus siliquosa* Max., *Asplenium adulterinum* Mild., *A. trichomanes* L., *A. viride* Hud., *Pteridium aquilinum* Kuhn., etc., observados por Kruckeberg (1982), Baskin e Baskin (1988) descobriram que estes chasmófitos ocorriam no habitat rochoso ultramáfico do Noroeste do Pacífico.

Koyama e Phengklai (1989) estudaram as montanhas rochosas no norte e nordeste do Parque Nacional de Phu Kradueng, Tailândia. Cerca de 130 plantas chasmófitas foram recolhidas principalmente no planalto do Parque Nacional de Phu Kradueng (arenito). Sridith (1989) estudou as plantas com flores na plataforma rochosa do Parque Nacional de Phu Hin Rong Kla (arenito). De acordo com o seu estudo, foram registadas 88 espécies, incluindo 54 espécies de dicotiledóneas e 34 espécies de monocotiledóneas. A família mais rica em espécies foi Orchidaceae.

O estudo da vegetação rochosa em inselbergs tropicais da África Ocidental foi feito por Barthlott *et al.* (1993a,b) e relatou que os habitats rochosos insulares estão cobertos por uma flora altamente adaptada. As fendas das rochas são colonizadas por plantas anuais, perenes ou mesmo lenhosas. As piscinas rochosas têm plantas aquáticas e semi-aquáticas efémeras. Os tapetes de monocotiledóneas são a comunidade vegetal uniforme mais caraterística que habita as encostas rochosas.

Suddee (1995) estudou as plantas com flor no Parque Florestal Pa Hin Ngam (arenito). Foram registadas cento e quarenta e uma espécies chasmófitas de dicotiledóneas. A família mais rica em número de géneros e espécies foi Fabaceae. Santisuk (1998) investigou a vegetação e a flora de Doi Chiangdao (calcário). A enumeração das plantas ameaçadas de Doi Chiangdao e a informação sobre o seu habitat frágil foram fornecidas. Foram registadas 89 espécies de plantas com sementes raras e endémicas da zona montanhosa.

Dimopoulos *et al.* (1997) estudaram a vegetação nas falésias rochosas e nas fendas da montanha principal da Grécia terrestre. A riqueza florística, especialmente a abundância de endemismos locais e regionais nas falésias e fendas rochosas da montanha, atraiu muitos botânicos (Strid, 1986; 1993; Strid e Kittan, 1991; 1992). Os penhascos rochosos e as fendas destas montanhas têm caraterísticas geomorfológicas notáveis que podem suportar populações especializadas de chasmófitos e plantas raras (Dimopoulos, 1993).

Vários autores efectuaram estudos exaustivos sobre a flora e a vegetação das montanhas rochosas da Tailândia (Koyama e Phengklai, 1989; Sridith, 1989; Suddee, 1995; Santisuk, 1998; Boonjaras, 2002; Nanakorn, 2003; Chayamarit *et al.*, 2005). A investigação florística da vegetação de afloramentos graníticos em países tropicais foi estudada por Alves e Kolbek (1994).

A vegetação de inselbergs, afloramentos quartzíticos e ferricretes no Ruanda e no Leste do Zaire (Kivu) foi estudada por Porembski *et al.* (1997 a). Os habitats raros, como as fendas das rochas, as falésias rochosas, as piscinas rochosas cheias de água e as depressões pouco profundas, têm uma vegetação caraterística. Floristicamente, os habitats rochosos do Ruanda são homogéneos, possuindo crostas criptogâmicas (líquenes) e ocorrência regular de espécies poiquílicas hídricas (*Craterostigma* spp., *Lindernia* spp.), suculentas (*Aloe* spp., *Caralluma* spp.), plantas vasculares e algumas endémicas localmente restritas, enquanto espécies como *Cyaotis lanata e Lindernia exilis* são também comuns a este habitat.

Porembski *et al.* (1997 b) apresentaram uma panorâmica geral das comunidades vegetais nos inselbergs tropicais e afirmaram que a flora e a vegetação dos inselbergs variam consoante a região geográfica. As famílias mais ricas em espécies dos inselbergs africanos são Fabaceae, Scrophulariaceae e Lentibulariaceae, enquanto as famílias mais ricas em espécies nos inselbergs sul-americanos são Melastomataceae, Orchidaceae, Cactaceae e Bromeliaceae. A vegetação dos inselbergs indianos é semelhante à vegetação dos inselbergs africanos ao nível das famílias e dos géneros. Stone (1981) estudou a vegetação e a flora da região de Gunug Ulukali (Genting Highland).

Hunter e Clarke (1998) estudaram a flora e a vegetação em afloramentos graníticos no leste da Austrália. Foi encontrado um elevado número de taxa raros e ameaçados nestas comunidades, muitos dos quais estão limitados aos afloramentos rochosos. Burke (2002) estudou as comunidades vegetais em inselbergs graníticos e em seis diques de dolerite no deserto central do Namibe, tendo reconhecido nove comunidades vegetais. Estas comunidades vegetais mencionadas reflectem a diversidade de habitats e o elevado valor de conservação dos inselbergs na paisagem desértica.

A vegetação das montanhas alpinas e subalpinas de Hampshire foi estudada por Sperduto *et al.* (1999). As falésias rochosas apresentam comunidades com vegetação escassa, com plantas dispersas que crescem no solo que se acumula nas fendas e fissuras das rochas. As gramíneas e as ervas são as mais comuns, mas também estão presentes arbustos, árvores ocasionais e algumas plantas raras. A diversidade global de plantas é baixa porque há um número limitado de plantas que podem tolerar um habitat tão especializado.

A importância e a peculiaridade da vegetação chasmófita no Parque Nacional de Cilento-Vallo di Diano, na Campânia, Itália, foram estudadas por Corbetta *et al.* (2000), que constataram que os ambientes rochosos são reservas de biodiversidade nas quais os habitats mais significativos apresentam uma vegetação especialmente adaptada. Esta varia em função da natureza do substrato, da exposição, da altitude, da humidade e da pluviosidade.

A vegetação casmófita em alguns habitats de stress espalha-se nas fendas das rochas sob a forma de tapetes e, muitas vezes, fornece ela própria novos locais de colonização e contribui para a heterogeneidade dos micro-habitats nesses habitats, permitindo assim a entrada bem sucedida de um maior número de espécies (Houle e Phillips, 1989). O estudo da diversidade e distribuição de chasmófitos no maciço de Itália, (2400 m) no Sul do Brasil, efectuado por Ribeiro e Medina (2002), constatou que um total de 111 espécies se distribuía em 0,08 ha da área de estudo. É uma das zonas rochosas de alta altitude do país em que a diversidade de espécies é mais elevada do que noutras zonas de alta altitude de África.

Os afloramentos rochosos isolados na África tropical são bem conhecidos como "inselbergs" e a vegetação nestes inselbergs tem sido estudada por muitos botânicos e ecologistas. Enquanto a vegetação em cumes de montanhas não calcárias e afloramentos rochosos na região do Malesian é geralmente reconhecida como floresta de charneca e também chamada "kerangas" (Whitmore, 1975; 1990; Davies e Kamariah, 1999). Do ponto de vista da conservação, os sistemas florestais de charneca devem ser considerados prioritários para a conservação do habitat, onde existem várias espécies raras e endémicas aparentemente restritas a estes ecossistemas frágeis (Steenis, 1971).

Boonjaras (2002) estudou as plantas com flores no Parque Nacional de Phataem (arenito). As espécies chasmófitas como *Ciliadenus iphionoides* e *Sternbergia clusiana* são duas espécies dominantes encontradas na cultura de rocha de calcário de face lisa numa encosta virada a norte nas Terras Altas do Negev do Sudoeste da Jordânia (Danin, 1999).

As três principais famílias ricas em espécies foram Orchidaceae, Fabaceae e Scrophulariaceae. Foram também registadas seis espécies endémicas na área.

Parmentier (2003) investigou a composição de espécies de três inselbergs da Guiné Equatorial continental. A vegetação é dominada por monocotiledóneas (Orchidaceae, Cyperaceae e Poaceae). Curiosamente, embora os inselbergs estejam muito próximos uns dos outros, diferem significativamente na sua vegetação, o que pode ser explicado pela propriedade insular da vegetação do inselberg rodeada por floresta tropical. Muller (2007) estudou a vegetação herbácea de habitats sazonalmente húmidos em inselbergs e crostas lateríticas na África ocidental e central. As comunidades vegetais foram agrupadas em três grandes blocos, ou seja, as comunidades de poças rochosas e rasas.

A diversidade e a ecologia dos afloramentos rochosos saxícolas da floresta brasileira foram estudadas por Porembski *et al.* (2003). A vegetação desse habitat difere marcadamente da vegetação dos arredores devido às condições edáficas e microclimáticas adversas. As famílias dominantes são Bromeliaceae, Cactaceae, Cyperaceae, etc. Os afloramentos rochosos brasileiros apresentam uma comunidade de matas floristicamente mais diversificada e são ricos em endemismos.

Os estudos de Lange e Norton (2004), em sítios rochosos da Nova Zelândia do Norte, concluíram que *a Kunzea sinclairii* (Myrtaceae), uma planta naturalmente rara e endémica de falésias riolíticas e sítios rochosos da Nova Zelândia do Norte, prefere falésias rochosas para sobreviver durante perturbações naturais e antropogénicas. A principal razão para a sua raridade é a destruição do habitat e os incêndios florestais. Em condições ambientais favoráveis, esta planta pode expandir a sua área de distribuição e pode regenerar-se nas áreas circundantes.

Os afloramentos rochosos do sudoeste da Nigéria, que foram estudados por Nambu (2004), revelam que, devido às duras condições ambientais, a flora que ocorre em falésias rochosas é claramente diferente da dos seus arredores. As crostas criptogâmicas nas superfícies rochosas expostas e as monocotiledóneas formam uma vegetação de tapete. As espécies como *Afrotrilepis pilosa* e *Microdracoides squamosus* são as espécies dominantes deste habitat. Algumas das famílias dominantes são Eriocaulaceae, Xyridaceae, Onchnaceae, Lentibulariaceae, Melastomataceae, etc.

A análise da vegetação de afloramentos calcários numa região de floresta tropical decídua no sul do México foi efectuada por Eduardo *et al.* (2004). Segundo eles, os afloramentos rochosos são geralmente reconhecidos como ilhas de habitat que diferem substancialmente na sua composição florística. O padrão vegetacional desta área prevalece onde as árvores são escassas, as suculentas, as plantas tolerantes à dessecação e as plantas herbáceas anuais são dominantes.

Parolly *et al.* (2005) descreveram uma nova espécie, *Lomelosia solymica* Parolly, Eren & Nordt. sp. nov. (Dispaceae), uma nova espécie casmofítica formadora de almofadas das montanhas Taurus ocidentais da Turquia. A planta forma almofadas planas de até 40 cm de diâmetro, com porta-enxertos ramificados e bastante robustos. As folhas são em roseta e estas almofadas crescem luxuriantemente no início do verão.

Kolbek *et al.* (1997; 1998) estudaram a vegetação e a sua ecologia e o desenvolvimento de um novo taxa syn chasmófito como *Selaginella involventis, Potentilletea dickinsii* e *Selaginellion involventis* de fissuras rochosas e falésias da Coreia do Norte. Algumas das espécies de cactos, como *Mammillaria hernandezii, M. pectinifera* e *M. solisioides*, preferem rochas expostas a outros habitats. Isto indica que as rochas expostas podem proporcionar um ambiente fresco e húmido sem reduzir a luz solar e atuar como bons colectores de humidade (Peter *et al.*, 2008).

Cosentino *et al.* (2006) observaram que os habitats chasmófitos, como falésias rochosas e fendas nas regiões alpinas, serviram de refúgio durante os períodos de glaciação. As comunidades casmofíticas podem absorver nutrientes minerais que se encontram dissolvidos no solo limitado acumulado nesses micro-habitats. A nutrição mineral das casmófitas depende principalmente do seu padrão de enraizamento, da litologia e da natureza química do substrato rochoso.

Escudero (1996) estudou a comunidade chasmófita e o seu padrão de distribuição em falésias expostas da região mediterrânica. A colonização primária da rocha nua por chasmófitos leva à acumulação de solo devido à atividade biológica e à capacidade de pisoteio destas plantas especializadas. As fendas das rochas são um dos habitats importantes para as plantas. Os estudos de Simonova (2008) referem que as arribas rochosas com uma composição variada de espécies, nas quais é frequente a ocorrência de ervas, gramíneas, fetos, espécies exóticas e outras, são raras e estão em perigo.

Terzi *et al.* (2008) estudaram a distribuição fitossociológica e toda a gama de distribuição regional de algumas espécies casmófitas como *Campanula versicolor, Carum multiflorum* e *Scrophularia lucida* no Sudeste de Itália. A presença generalizada de rochas carbonatadas permitiu a formação de paisagens cársicas e ligeiramente onduladas. Ao longo destes elementos topográficos descontínuos, grandes faces de falésias, etc., são adequadas para o desenvolvimento de comunidades de casmófitas.

Pande (2011) estudou a ecologia da flora de fetos de Uttarakhand. As espécies de fetos como *Botrychium lanuginosum, Cheilanthus dalhousiae, Polystichum stimulans, etc.*, encontram-se em rochas semi-expostas a uma altitude entre 1200 e 1700 m. Enquanto as espécies como *Adiantum capillusveneris, Adiantum venustum, Athyruim falcatum, Leucostegia immersa, etc.*, preferem fendas de rocha no solo da floresta, onde as árvores *florestais altas proporcionam sombra e impedem consideravelmente os movimentos rápidos do ar,* as espécies de fetos de Uttarakhand preferem fendas de rocha no solo da floresta, onde as árvores *florestais altas proporcionam sombra e impedem consideravelmente os movimentos rápidos do ar.* preferem as fendas das rochas no solo da floresta, onde as árvores altas proporcionam sombra e impedem consideravelmente os movimentos rápidos do ar, protegendo assim os fetos do sol e do vento diretos. *Athyruim anisopterum, Hymenophyllum exsertum, Crepidomanes lateatum,* etc. crescem em sombras escuras e densas e também em rochas gotejantes.

2.2. Adaptações ecológicas aos habitats de casmófitas

Batanouny (1981) estudou a ecofisiologia de espécies calcícolas chasmófitas do deserto, como *Stachys aegyptiaca* Pers. A planta vive em condições climatéricas adversas, tais como temperaturas elevadas no verão, com máximas médias superiores a 35°C, e baixa precipitação, variando entre 9,4 mm/ano e 87. 3 mm/ano. O escoamento da água é acelerado pela topografia acidentada nas áreas onde a planta cresce. Para além disso, a pedregosidade do substrato contribui para assegurar um amplo fornecimento de água à planta.

Zwienecki e Newton (1995) observaram que os chasmófitos que crescem nos habitats rochosos, as rochas podem reter e conduzir a água melhor do que o solo nu. As finas partículas de solo e rocha que preenchem o espaço entre o córtex das raízes e as matrizes rochosas criam uma boa condução para o fluxo de água.

Sharma (1998) efectuou os estudos ecológicos preliminares sobre litófitos e chasmófitos no sudoeste da Nigéria e referiu que as áreas rochosas constituem um habitat desfavorável para o crescimento de plantas devido à falta de água e nutrientes no solo. O número de plantas era maior durante a estação húmida do que durante a estação seca. As espécies como *Eragrostis tenella* (L.) P. Beauv. *ex* Roem. *et* Schult., *Euphorbia hirta* L., *Panicum maximum* JACQ., *Boerhavia coccinea* e *Tridax procumbens* L. são dominantes neste habitat.

Zwieniecki e Newton (1995; 1996) estudaram a depleção de água a partir de fissuras em leitos rochosos intemperizados, as alterações na morfologia da raiz dentro da fissura, levando a um melhor contacto entre as raízes e a superfície da rocha e melhorando a absorção de água, bem como aumentando o potencial de dominância de espécies que utilizam a água do leito rochoso de forma mais eficiente.

Cooper e McRoy (1988) estudaram os habitats rochosos da República Checa e observaram que os micro-habitats, como as fendas das rochas, com condições ecológicas extremas, tais como maiores flutuações de temperatura, e o espaço para a colonização das plantas se encontram frequentemente em fissuras com pequenas camadas de solo de substrato. Estes habitats são também caracterizados por uma grande variabilidade ambiental que ocorre em escalas espaciais muito pequenas, o que leva a uma grande variação no microclima e noutras condições físicas às quais grupos específicos de plantas estão adaptados (Cooper, 1997; Larson *et al.*, 2000; Duchoslav, 2002).

Bandeira (2002) investigou as diferentes estratégias de duas populações de ervas marinhas de habitat específico, como *Thalassodendron ciliatum* (Forssk.) Hartog. de habitats arenosos e rochosos nas costas oeste e leste da ilha de Inhaca, sul de Moçambique e na vizinha África do Sul. As plantas que ocorrem em habitats arenosos têm folhas mais largas e são em grande número. Enquanto que as plantas em habitats rochosos são mais finas e têm menos folhas estreitas. A população de *Thalassodendron ciliatum* em habitats rochosos também possui uma biomassa de raiz/rizoma ligeiramente mais elevada, provavelmente como uma adaptação para melhor ancoragem em microhabitats como poças rochosas e fendas.

Nell *et al.* (2003) estudaram a composição de espécies e a abundância relativa de afloramentos rochosos específicos do habitat da Bolívia Oriental. A espécie casmofítica específica do habitat tem a maior riqueza regional de espécies em pequenas ou grandes faces verticais de penhascos de afloramentos rochosos calcários. A condutividade, o teor de humidade, a matéria orgânica, os teores de potássio e sódio foram mais elevados nos solos das fendas do que nos da superfície da rocha. (Cowling, 1990).

Tang *et al.* (2004) estudaram as respostas das trocas gasosas, a morfologia das folhas e o crescimento de *Taihangia rupestris* (Rosaceae), uma erva naturalmente rara que habita em falésias verticais da Suíça. *A T. rupestris* apresentou uma taxa fotossintética líquida mais baixa, pecíolos mais curtos e folhas muito mais espessas em condições de alta irradiância. Possui também uma capacidade latente de aclimatação e adaptação total ao sol. Por conseguinte, a irradiância pode não ser um fator responsável pela distribuição restrita de *T. rupestris* em falésias verticais.

Os casmófitos que crescem nos habitats rochosos são determinados principalmente por dois factores, como a composição química do solo e o tipo de rochas. Kataeva *et al.* (2004)

estudaram a flora dos habitats rochosos dos maciços ultramáficos da Rússia e observaram que as concentrações elevadas de Mg, Ni, Cr e as baixas concentrações de Ca nos solos dos microhabitats, como as falésias rochosas, são um dos principais factores desfavoráveis ao crescimento das plantas nesses habitats.

Os estudos (Yoder *et al.*, 1995; Hendrickson e Briske, 1997; Jurena e Archer, 2005) sobre as duas gramíneas casmófitas perenes, *Hilaria belageri* (erva curta) e *Bouteloua curtipendula* (erva de altura média). Estas duas formas de crescimento diferem no seu padrão de enraizamento e na sua capacidade de explorar as fissuras da rocha. A comparação destas duas formas de crescimento mostra que a forma de crescimento a meia altura, com o seu sistema radicular mais profundo, exploraria melhor as fissuras e acederia aos recursos abaixo das barreiras do que a forma de crescimento do capim curto.

Cosentino *et al.* (2006) relataram que o crescimento de chasmófitos formadores de almofadas é uniforme em todas as direcções, quando a base se vira diretamente para as falésias e fendas rochosas. A pilosidade é uma das caraterísticas adaptativas importantes das chasmófitas contra a luz solar e o calor execessivos. Estas espécies evitam o stress da desidratação através de tecidos especiais que retêm água, designados por parênquimas portadores de água, o que torna o corpo da planta suculento

As adaptações sazonais de cinco espécies de casmófitas que coocorrem, tais como *Parietaria judaica* L., *Cymbalaria muralis* L., *Phagnalon graecum* Boiss. & Helder., *Reichardia picroides* (L.) Roth. e *Hyoscyamus albus* L. contra as alterações na disponibilidade de água e o comportamento diurno relativamente à regulação do estado da água foram estudadas por Gouvra e Grammatikopoulos (2007).

2.3. As falésias e as fendas rochosas constituem um ecossistema frágil para as plantas RET

Erodium paularense (Geraniaceae) é uma espécie casmófita endémica das fendas e cavidades das rochas dolomíticas da província de Madrid (Espanha). As amostras de solo (solo raso com cerca de 5-20 cm de profundidade) recolhidas ao lado das plantas de *E. paularense* apresentam um teor de matéria orgânica relativamente elevado, quando comparado com outros solos da zona. Têm um calcário p^H e um elevado teor de catiões com pouco fósforo extraível (Benito *et al.*, 1994).

Colar *et al.* (1997) e Noor *et al.* (1998) efectuaram estudos sobre habitats rochosos da Colômbia. Revelaram que as falésias são os habitats naturais de várias espécies raras e edémicas, como *Kunzea sinclairii, Centaurea corymbosa, Adiantum capillus-veneris, Dianthus gratianopolitanus, Sorbus domestica, Pyrus cordata* e *Petrophytum cinerascens.*

Stachys cydni Kotschy (Lamiaceae) é uma nova espécie chasmófita do sul da Anatólia, Turquia. Cresce em fendas de pedra de cal em áreas abertas a uma altitude de 1450-1560 m. Esta planta é uma planta perene sufrutescente, com 10-20 cm de altura, sem rosetas basais. É uma planta endémica do Mediterrâneo Oriental. Os outros taxa da localidade são *Potentilla speciosa, Stachys rupestris, Inula heterolephis, Galium canum, Scutellaria orientalis, Rosularia libanotica, Dianthus zonatus, Michauxia campanuloides* e *Sedum album*. Estas espécies são também chasmófitas em fendas de pedra calcária (Gemici e Leblebici, 1998).

Arabis lyci (Cruciferae), uma espécie casmófita formadora de almofada de rochas calcárias verticais sombreadas ao longo do cume do Bakirh Dagi na parte oriental do Taurus Ocidental na Turquia (altitude entre 2300 m-2500 m) . O hábito casmofítico e a estenocoria de *A. lycia* sugerem que esta deve ser incluída na lista de endemismos relíquia conhecidos destas montanhas. As casmófitas como *Scrophularia candelabrum, Seseli ramosissimum* e *Verbascum pestalozzae* também estão associadas a *Arabis lyci* (Parolly e Hein, 2000; Hein *et al.*, 1998).

Parolly e Nordt (2002) descreveram uma nova espécie de casmófita calcária *Potentilla ulrichii* (Rosaceae) que é endémica do Mediterrâneo Oriental, Turquia. É uma planta perene que forma almofadas em rochas calcárias salientes. Coloniza exclusivamente faces rochosas verticais a salientes. Os caules flexíveis de *P. ulrichii* espalham-se pelas fendas das rochas e os pedicelos delgados dobram-se para baixo geotropicamente para dispersar as suas sementes nas fissuras das rochas. Este mecanismo de dispersão de sementes é conhecido como blastochorous.

As espécies chasmófitas como a *Dudleya saxosa* (Crassulaceae), uma erva suculenta endémica dos desertos Sonoran do Noroeste e das montanhas costeiras do Sul da Califórnia. Ocorre entre 240 m e 2200 m, respetivamente. Os factores que afectam o crescimento e a distribuição da *D. saxosa*, tais como o volume limitado do solo nas fendas e fissuras das rochas e as diferenças nos tipos de rocha entre locais, conduzem a diferenças minerais no solo. Estes factores também afectam o desenvolvimento das raízes, a absorção de nutrientes e as relações hídricas das plantas (Nobel e Zutta, 2007).

Nicholas (2008) descreveu uma espécie casmofítica perene *Anthemis samariensis* (Asteraceae), formadora de almofadas de pelo cinzento, proveniente de falésias de grande altitude (1775 m) de W. Kriti (Grécia). *A. samariensis* foi encontrada nas fendas de falésias calcárias verticais viradas a N e W, conhecidas entre 1675 e 1775 m. Este habitat de falésia, no qual quase todos os indivíduos são inacessíveis a animais de pastoreio e a humanos. Não parece existir qualquer ameaça tangível de um acontecimento catastrófico natural que destrua ou esgote gravemente a população, que também sobreviveu a fenómenos meteorológicos como ventos fortes, geadas e secas. Embora esta espécie se qualifique para a categoria vulnerável (VU) da lista vermelha, devido ao facto de a população ter uma área de ocupação muito restrita, de apenas 2 km em dois locais.

Parolly e Eren (2008) descreveram uma nova espécie casmofítica como *Verbascum haraldiadnani* (Scrophulariaceae), uma erva perene pouco glandular-tomentosa, com raízes ramificadas, lenhosas e robustas até 1 cm de diâmetro. Esta espécie endémica local cresce nos penhascos de rochas siliciosas, na sombra profunda de rochedos e em locais ensolarados do sudoeste da Anatólia, Turquia.

Blanca *et al.* (2009) estudaram a espécie de chasmófita endémica *Mammillaria fraileana*, colonizadora de rochas, que cresce em fendas e fissuras de habitats rochosos do deserto de Sonora do Sul. Foi profundamente penetrada pelo sistema radicular e as suas plântulas foram mais frequentemente encontradas em fendas profundas, protegidas da radiação solar direta e da luz reflectida. As plantas casmofíticas, como a *Scrophularia candelabrum* Heywood, a *Seseli ramosissimum* Hartvig & Strid e a *Verbascum pestalozzae* Boiss, são observadas em penhascos ou bordos rochosos das montanhas Taurus da Turquia. Estes habitats funcionam como refúgio para plantas casmófitas obrigatórias e não obrigatórias (Parolly e Raab, 1998).

Os estudos (Martre *et al.*, 2002; Blanca et *al.*, 2009) sobre o desenvolvimento das raízes e o crescimento dos rebentos de duas espécies diferentes em resposta ao estado rochoso do solo indicam que o estabelecimento, a colonização e a permanência dessas plantas afectam os processos biogénicos e físicos que conduzem ao desenvolvimento do solo. A taxa de meteorização dos minerais das rochas em minerais de argila e sais, a disponibilidade de nutrientes para as plantas e a composição química das rochas podem ser factores cruciais que afectam a sucessão ecológica dos colonizadores das rochas.

A redescoberta de espécies ch asmófitas como a *Ca rall uma diffusa* (Wight) N.E.Br. foi recolhida nas fendas rochosas das colinas de Madukkarai, no distrito de Coimbatore, por Ramchandran *et al.* (2011). De acordo com Chithra e Nair (1999), esta espécie é endémica de Tamil Nadu.

2.4. Perfil do solo nos microhabitats das arribas rochosas

O solo é formado devido à meteorização contínua das rochas e também à atividade dos micróbios e da comunidade fito pioneira. A bioatividade dos micróbios no solo das fendas rochosas depende principalmente da quantidade de sedimentos depositados. Os sedimentos ricos em nutrientes mantêm mais bioatividade do que os sedimentos pobres em nutrientes. O solo desenvolve camadas de horizontes, que constituem o perfil do solo. Existem geralmente três horizontes no solo. A camada superior, com cerca de 100 - 200 mm de profundidade, onde as plantas obtêm os seus nutrientes, é a camada superior do solo, na qual existe húmus rico (Joshi *et al.*, 1993; Langejans, 2010).

Para além de libertar nutrientes para as plantas, o húmus pode melhorar a natureza friável do solo e permite que o ar se mova através dele, reduzindo o escoamento superficial e a erosão e promovendo o crescimento das plantas (Alexeena-Popova e Drozdova, 1996; Bashan *et al.*, 2002). O subsolo é geralmente mais argiloso e actua como um reservatório (camada de armazenamento de água) para as plantas que crescem no solo superior. A camada subjacente é o leito rochoso ou rocha-mãe, a partir da qual se formam os dois primeiros horizontes (Alexander, 1961).

O solo pode ser classificado de acordo com a proporção de partículas de diferentes tamanhos que contém. O solo argiloso tem uma grande proporção de partículas mais pequenas e é o menos adequado para o crescimento das plantas, porque as partículas estão muito compactadas, não havendo espaço entre elas para conter oxigénio suficiente para as raízes das plantas e para os microrganismos do solo. No solo arenoso, existe uma elevada proporção de partículas maiores com grandes espaços de ar, através dos quais a água escorre facilmente e, por conseguinte, não é adequado para o crescimento das plantas (Lombini *et al.*, 1998).

O solo em que há proporções aproximadamente iguais de areia e argila é chamado de loams e é o melhor para o crescimento das plantas, porque contém ar suficiente e pode reter humidade e minerais (Curl e Harper, 1990). As plantas pioneiras, como líquenes, musgos e pequenas ervas e gramíneas, podem crescer no solo intemperizado nas fendas das rochas e soltar as partículas intemperizadas das rochas, acrescentando também matéria orgânica ao solo em desenvolvimento. Estas plantas também retêm a água e o solo soprado pelo vento, podendo assim acrescentar conteúdo ao solo nas fendas. Finalmente, a matéria orgânica morta desta comunidade pioneira pode também acrescentar substratos mais adequados para o crescimento da geração seguinte (Roy *et al.*, 1983).

As populações microbianas e a sua colonização radicular no rizoplano de algumas espécies de cactos casmófitos, como *Pachycereus pringlei, Stenoceres thurberi* e *Opuntia cholla,* são responsáveis pela meteorização das rochas. Produzem ácidos orgânicos voláteis e não voláteis que subsequentemente reduzem o pH do meio rochoso. Este é sustentável para o crescimento e sobrevivência de bactérias e outros microrganismos. As bactérias foram capazes de libertar quantidades significativas de minerais úteis, tais como P, K, Mg, Mn, Fe, Cu e Zn das rochas. Isto indica que as bactérias rizoplanas dos cactos enraízam nas rochas e podem estar envolvidas na meteorização química das rochas (Puente *et al.,* 2004).

A vegetação casmofítica nas fendas das rochas aumentou o impacto biogénico na rocha devido à ação mecânica das raízes das plantas e à ação bioquímica das plantas e da decomposição dos seus produtos. Assim, leva à formação de componentes finos de terra nas fissuras e cavidades (Lesovaya *et al.,* 2008).

2.5. Principais ameaças aos habitats rochosos

Os habitats rochosos estão frequentemente sujeitos ao impacto direto ou indireto do homem, como a exploração de pedreiras, a descarga ilegal de resíduos, as actividades de construção, as escavações ao longo de encostas rochosas perto de passagens e cumes de montanhas, desportos como a escalada, etc., que podem afetar negativamente a flora desses habitats (Cosentino *et al.,* 2006). Neste cenário, algumas das medidas sugeridas para a conservação deste ecossistema são a manutenção da integridade física e biológica da flora do habitat rochoso através de um programa de levantamento e monitorização. Sensibilização do público para a importância ecológica e os serviços prestados por estes habitats. Remover as espécies exóticas invasoras dos habitats rochosos e preservar a flora rochosa natural (Maurer *et al.,* 2007).

O escoamento das águas pluviais através dos habitats rochosos leva os nutrientes que se acumulam nas fendas das rochas em altitudes mais elevadas. Além disso, os ambientes inóspitos, como a disponibilidade limitada de solo, água, nutrientes e flutuações de temperatura impostas aos habitats rochosos, podem induzir a raridade das comunidades de casmófitas nesses habitats (Gaston, 1994; Nuzzo, 1996; Smith, 1998; Larson *et al.,* 2000; Hopper, 2000). Murugesan *et al.* (2009) e Binu Thomas *et al.* (2010) também estudaram as principais ameaças a zonas ricas em biodiversidade como as colinas de Vellinagiri.

CAPÍTULO 3 : DOMÍNIO DO PRESENTE ESTUDO

3.1. Distrito de Coimbatore

O distrito de Coimbatore está situado no estado de Tamilnadu, no sul da Índia. Situa-se entre 10°-10' e 12°-00' de latitude norte e 76°-40' e 8°-00' de longitude leste. Faz fronteira com os Nilgiris a norte, com o distrito de Erode a leste, com o distrito de Dindigul a sul e com Kerala a oeste. A precipitação média recebida no distrito de Coimbatore é de 670-699 mm nos últimos vinte anos. Do total da precipitação, 25% é recebida durante a monção do sudoeste, 49% durante outubro-novembro e os restantes 20% durante março-maio. A temperatura começa a aumentar a partir de março. abril é o mês mais quente, com a temperatura máxima média diária de 38,2°C e a mínima de 25,6°C. Nalguns dias, a temperatura máxima pode chegar aos 41°C. A temperatura máxima e mínima é de 41,5°C e 16°C, respetivamente (**Pl. - 1**).

3.1.2. Ghats ocidentais do sul

Começa nas colinas de Anamalai, em Coimbatore, e termina em Kanniyakumari. As regiões montanhosas da presente área de estudo situam-se nesta faixa com a composição florística mais rica e a concentração de taxa endémicos. Os Ghats Ocidentais são um dos 25 hotspots de "biodiversidade" da Terra (Nayar e Ahmed, 1984). O presente estudo foi efectuado em quatro localidades diferentes dos Ghats Ocidentais do Sul do distrito de Coimbatore, nomeadamente as colinas de Velliangiri, Madukkarai, Maruthamalai e Kanuvai.

3.2. Colinas de Madukarai

O presente estudo foi efectuado nas colinas de Madukkarai, no distrito de Coimbatore, Tamil Nadu, Índia, que se situa numa parte dos Ghats Ocidentais do Sul. Situa-se entre 10°-54' N e 76°-58' E e 10°-9' N e 76°-9' E. As altitudes variam entre 250-600 m acima do nível do mar. Fica a 10 quilómetros da cidade de Coimbatore e a caminho de Palakkad. O nome "*Madukkarai*" tem origem na utilização coloquial das palavras "*Mathil*" (significa Grande Muralha em Tamil) + "*Karai*" (significa Costa em Tamil), uma vez que se situa ao longo das encostas dos Ghats Ocidentais (**Pl. - 3: A - C**).

Madukkarai tem uma das fábricas de cimento mais antigas da Índia, que pertence à ACC do Grupo Holcim e foi construída durante o tempo dos britânicos. Possui enormes depósitos de calcário, principalmente associados a rochas metamórficas. A área é caracterizada por um clima tropical favoravelmente quente e húmido. O verão decorre de março a maio, seguido da monção sudoeste de junho a setembro. Os meses de outubro e novembro constituem a estação pós-monção, com trovoadas frequentes. De dezembro a fevereiro é a estação das monções do nordeste e nos restantes meses o tempo é geralmente claro.

3.2.1. Clima e pluviosidade

A área recebe grande parte da precipitação através da monção do Nordeste. A temperatura varia entre 47,5°C e 16°C, respetivamente. A precipitação média na área é de cerca de 574,2 mm por ano. A humidade média da área varia entre 29% e 81% e os ventos na área são leves a moderados durante o verão e o inverno. No entanto, a velocidade do vento aumenta durante o final da estação do verão e a direção predominante do vento é de sudoeste, seguida de noroeste. A temperatura varia entre 14,9° C e 37,8°C.

3.2.2. Geologia: tipo de solo e rochas

O solo da zona é classificado em dois grandes grupos, nomeadamente solos vermelhos e solos aluviais. O solo vermelho é ainda classificado em solos franco-vermelhos e solos arenosos. A área tem um solo vermelho predominante impregnado de matéria orgânica e granito. A cor preta do solo florestal deve-se principalmente aos elevados teores de húmus e minerais. O conhecimento das caraterísticas do solo, dos aspectos erosivos, da fertilidade do solo, etc., é vital para o planeamento e a implementação da florestação como parte da manutenção do equilíbrio ecológico de uma região. A maior parte desta zona é constituída por habitats rochosos. Todas as rochas, as formações aluviais e algumas formações subareais esperadas, o leito rochoso é coberto por solos rasos, franco-arenosos e glaciares, moderados a bem drenados.

3.2.3. Vegetação da área de estudo

O tipo de vegetação varia e depende de vários factores climáticos como a temperatura, a humidade relativa, a precipitação, etc. Estas variações devem-se principalmente aos factores edáficos e às condições topográficas. Trata-se de uma vegetação de florestas tropicais secas decíduas do sul e de matagais. Toda a área estava rodeada de árvores, arbustos, ervas e trepadeiras. Árvores como *Azadirachta indica, Acacia nilotica, Givotia rottleriformis, Zizyphus mauritiana*, etc. Arbustos como *Tarena asiatica, Cassia auriculata, Jatropha villosa*, etc. Ervas comuns como *Tridax procumbens, Vernonia cinera, Pavonia zeylanica, Indigofera linnaei*, etc. Alguns géneros suculentos, como *Caralluma*, e alguns arbustos espinhosos, como *Euphorbia antiquorum, Euphorbia totilis*, etc., também ocorrem nos habitats rochosos das colinas. Os arbustos isolados e trepadeiras como *Cissus quadrangularis, Coccinia grandis, Cuscuta* sp., *Diplocyclos* sp., *Ipomoea* sp. e *Passsiflora foetida* também crescem neste habitat.

3.3. Colinas de Maruthamalai

As colinas de Maruthamalai, uma cadeia montanhosa no sul da Índia, que é uma extensão para sul dos Ghats Ocidentais. Situa-se a uma distância de 15 km da cidade de Coimbatore, em Tamil Nadu. Situa-se entre 76°-45' e 76°-55' E e 11°-0' e 11°-5'N. As colinas ocupam a faixa altitudinal entre 450-950 m acima do nível do mar (Paulsamy, 2011; Sarvalingam *et al.*, 2011) (**Pl. - 2: A - C**).

3.3.1. Importância religiosa e cultural

As colinas de Maruthamalai são o orgulho do distrito de Coimbatore e o Senhor Murugan é venerado como "*Dandaayuthapaani*" (aquele que empunha a arma "Danda"). A palavra "Marudhachalapathy" ou "*Maruthamalai Andavar*" significa Mestre das colinas, abundante em *árvores Marudha (Terminalia arjuna).* O nome tem também uma origem lendária. Um siddha, dominado por uma sede excessiva e pelo cansaço, refugiou-se à sombra de uma árvore Marudha e pediu a misericórdia do Senhor Muruga para uma chuva de água, que brotou imediatamente como um milagre de debaixo da árvore. O "*Marudha Thirtam*" e o "*Pambatti Sunai*" são nascentes nas colinas com águas sagradas para ablução e um mergulho nelas cura uma série de doenças.

As colinas de Maruthamalai, nos Ghats Ocidentais, albergam uma grande diversidade de espécies vegetais. A composição das espécies varia consideravelmente consoante a altitude da região. As colinas são bosques sagrados justapostos a campos agrícolas e plantações *de eucaliptos* e estão protegidas devido às crenças religiosas da população local. As actividades antropogénicas, tais como a área utilizada para a estrutura do templo, a frequência e o número de visitantes do templo, a extensão da extração de recursos florestais durante as festas do templo, o pastoreio de gado, o abate de árvores e a recolha de lenha, são consideradas como a ordem de perturbações.

3.3.2. Geologia: tipo de solo e rochas

O substrato rochoso está disponível nas zonas íngremes das colinas. As formações geológicas subjacentes são de origem pré-cambriana e são constituídas principalmente por rochas metamórficas que se sobrepõem a solos rasos, franco-arenosos e glaciares. A textura do solo varia de argila a solo vermelho e é de natureza ácida, impregnada de matéria orgânica e granito (Meher-Homji, 1967).

3.3.3. Clima e pluviosidade

O clima geral desta região é seco e saudável e é monçónico, com uma precipitação média de 117,5 mm. A precipitação provém das monções do sudoeste e do nordeste. A estação seca, definida como o número de meses contínuos com uma precipitação média inferior a 100 mm, decorre de dezembro a março. A precipitação anual é de cerca de 450 mm e a temperatura do ano varia entre 20°C e 38°C e a humidade relativa é bastante elevada ao longo do ano, entre 70 e 75%. Os meses de abril a junho são os mais quentes, enquanto os meses de novembro a fevereiro são relativamente mais frescos. As colinas ocupam uma faixa altitudinal entre 450 e 975 m acima do nível do mar (Paulsamy, 2011).

3.3.4. Vegetação da área de estudo

A vegetação da zona é seca e decídua, com arbustos e habitats rochosos. (Champian e Seth, 1968). O tipo de vegetação varia e depende de vários factores climáticos e da distribuição geográfica da zona. Árvores como *Azadirachta indica, Acacia nilotica, Dichrostachys cinerea, Zizyphus mauritiana, Zizyphus oenoplia*, etc. Arbustos como *Tarena asiatica, Cassia auriculata, Jatropha gossypifolia*, etc. Ervas comuns como *Tridax procumbens, Vernonia cinera, Pavonia zeylanica, Hedyotis corymbosa, Indigofera linnaei*, etc. O género dos cactos, como *Opuntia*, e alguns arbustos espinhosos, como *Euphorbia antiquorum, Euphorbia totilis*, etc., também ocorrem nos habitats rochosos das colinas. Os arbustos isolados e trepadores, como *Abrus precatorius, Argyreia elliptica, Cardiospermum halicacabum, Cissus quadrangularis, Coccinia grandis, Kedrostis foetidissima, Passsiflora foetida*, etc., também crescem neste habitat.

3.4. Colinas de Kanuvai

As colinas de Kanuvai situam-se a uma distância de 20 km do distrito de Coimbatore, em Tamil Nadu. Situa-se entre 76°-93' e 76°-65' E e 11°-04' e 11°- 05' N. Ocupa uma faixa de altitude entre 300-650 m acima do nível do mar. De setembro a outubro, a área é predominantemente de solo vermelho impregnado de matéria orgânica, o leito rochoso de granito é coberto por solos franco-arenosos pouco profundos e os solos glaciares são moderados a bem drenados (**Pl. - 3: D - F**).

3.4.1. Geologia: tipo de solo e rochas

O substrato rochoso está disponível nas zonas íngremes das colinas. As formações geológicas subjacentes são de origem pré-cambriana e são constituídas principalmente por rochas metamórficas que são cobertas por solos rasos, franco-arenosos e glaciares. A textura do solo varia entre argila e terra vermelha, é de natureza ácida e está impregnada de matéria orgânica e granito (Meher-Homji, 1967).

3.4.2. Clima e pluviosidade

A monção do nordeste está a provocar chuvas fortes. A precipitação média é de 117,5 mm. A temperatura começa a aumentar a partir de março e abril é o mês mais quente, com temperaturas máximas e mínimas diárias de 38. 2^0 C a 25,6^0 C.

3.4.3. Vegetação da área de estudo

A vegetação de um ambiente de selvas arbustivas e de florestas secas de folha caduca a uma altitude de 300 - 800 m acima do nível do mar. A vegetação de uma área é maioritariamente de natureza xerófita. Algumas das árvores comuns são *Acacia leucophloea, Albizia lebbeck, Ficus benghalensis,* etc. Arbustos como *Abutilon indicum, A. hirtum, Cadaba fruticosa, Calotropis gigantea, Capparis sepiaria,* etc. Algumas das trepadeiras comuns encontradas entre os arbustos são *Cardiospermum halicacabum, Clitoria ternatea, Laptadenia reticulata, Pergularia daemia, Tragia involucrata, Tylophora indica,* etc. As ervas e algumas ervas daninhas comuns que ocorrem na zona são *Acalypha indica, Achyranthes aspera, Alternanthera pungens, Argemon mexicana, Barleria buxifolia, Cleome viscosa, Polycarpaea corymbosa, Tribulus terrestris* e *Trianthema portulacastrum.*

3.5. Colinas de Velliangiri

A área de estudo, as colinas de Velliangiri, formam uma importante cadeia de colinas nos Ghats Ocidentais e uma parte da Reserva da Biosfera de Nilgiri (NBR) dos Ghats Ocidentais do Sul. Está situada a oeste da cidade de Coimbatore, Tamil Nadu, a uma distância de 40 km. A posição geográfica da zona de estudo situa-se entre os 6°-40' e 7°-10' de longitude e os 10°-55' e 11°-10' de latitude norte, com uma amplitude altitudinal entre 520 e 1840 m acima do nível do mar. A área de estudo é constituída por sete colinas com diferentes altitudes e topografia. O pico de Velliangiri é o ponto mais alto da cordilheira, com uma altitude de 1840 m. Os limites da colina de Velliangiri são o distrito de Palghat, em Kerala, a oeste, as colinas de Siruvani, a sul, e as planícies do distrito de Coimbatore, a leste. Muitos riachos e ribeiros sazonais como Neelivaikal, Moyar, Andisunai, etc., atravessam toda a montanha e sustentam a vegetação e a fauna. O rio Noyyal nasce nas colinas de Velliangiri. É um dos principais afluentes do rio perene Cauvery e irriga 1000 hectares de terras agrícolas nas planícies (**Pl. - 2: D - F**).

As colinas de Velliangiri são a bacia hidrográfica da barragem de Siruvani, o único recurso de água potável para uma enorme população de cerca de 15 lakh de habitantes da cidade industrial de Coimbatore. Podem geralmente favorecer a precipitação durante os períodos das monções do sudoeste (junho-agosto) e do noroeste (outubro-dezembro). Não existem povoações humanas nas colinas. As encostas a norte são íngremes e inacessíveis, com florestas densas. As nascentes do rio "'*Noyyal*" provêm das drenagens das colinas nas planícies de Coimbatore. As colinas mantêm a sua beleza primitiva e permanecem totalmente livres de povoações humanas, incluindo tribos.

3.5.1. Importância religiosa e cultural

Para além da sua rica biodiversidade, as colinas de Velliangiri têm também importância cultural e religiosa. É popularmente conhecida como "*Thenkailaya malai, Vellimalai* e *Aathikailasam*", uma vez que o templo mais popular de Velliangiri Andavar e a gruta de Panchalingar estão situados no pico da montanha Giri. Milhares de peregrinos costumavam visitar o templo velliangiri Andavar em todos os dias de lua nova do mês, percorrendo a pé uma distância de quase 10 quilómetros através das densas selvas e da vegetação herbácea das colinas. Só durante a época festiva (março-junho), milhares de pessoas visitavam o templo todos os anos e deitavam enormes quantidades de resíduos sintéticos, contaminando ao máximo os solos e os sistemas fluviais. Quase todas as pessoas que se dirigem ao templo a pé utilizam varas de bambu para se apoiarem, devido ao declive irregular da topografia do terreno. A atividade humana destrói todos os anos uma vasta área de florestas de bambu. Estas perturbações antropogénicas perturbam ligeiramente a vegetação existente e as plantas individuais.

A designação das florestas e dos rios com nomes de deuses e deusas, como "*Sathaivanam*", *Kaithatti sunai*, "*Pambatty sunai*", "*Thiruneer malai*", "*Andi sunai*", etc., indica a importância religiosa das colinas. O templo de Siva em Poondi está situado no sopé das colinas da área de estudo. O "*Vellavinayakar koil*" na primeira colina da colina velliangiri é a prova da importância das colinas para os hindus. O centro de medicação Isha yoga, mundialmente popular, situa-se no sopé das colinas de Poodi e constitui uma importância adicional para as colinas de Velliagiri.

3.5.2. Importância medicinal

A riqueza da biodiversidade das colinas de Velliangiri fornece muitos medicamentos populares às ervas que se recolhem em todo o país. Siddhas de muitas partes da Índia e da região têm vindo a recolher periodicamente estes recursos biológicos das colinas de Velliangiri para a preparação de medicamentos. Os mercados locais de medicamentos à base de plantas que ainda existem em todas as montanhas durante os dias de festa são a prova viva da exploração excessiva da flora.

3.5.3. Geologia: tipo de solo e rochas

Geologicamente, acredita-se que as colinas tenham surgido devido à verticalização por falhas em bloco nos períodos cretáceo e miocénico e consistem em rochas duras cristalinas pré-cambianas arqueanas de charnokites pertencentes ao Nilgiri de neigis. A génese é finamente foliada e é composta por quartzo, feldspato e biotite com uma mistura ocasional de granada. As rochas sofrem uma mudança de metamorfose de akirs para laterita, resultando na formação de solo que varia de amarelo pálido a vermelho (Sebastine, 1959).

3.5.4. Clima e pluviosidade

As diferenças de altitude entre as colinas e os Ghats provocam variações apreciáveis nas suas condições climáticas, enquanto as terras altas gozam de um clima temperado e equitativo. As terras baixas têm um clima quente e húmido. A temperatura máxima média diária varia entre 25 e 37°C no inverno. No inverno, pode variar entre 19 e 20°C. As florestas são comuns e a humidade relativa é geralmente elevada, variando de 60 a 90% consoante a altitude. Os ventos predominantes são de oeste e sudoeste entre abril e setembro e de leste e nordeste entre outubro e março.

A monção do sudoeste irrompe geralmente no início de junho. A precipitação mais intensa ocorre em julho e agosto. Estas chuvas favorecem muito o crescimento das ervas daninhas, as culturas florestais e as efémeras. A monção do Nordeste traz alguma chuva em outubro e novembro e tende a prolongar a estação de crescimento. A precipitação média nas colinas é de cerca de 3000 mm no sopé das colinas e de 4000 mm no pico. A quantidade de precipitação aumenta com o aumento da altitude.

3.5.5. Vegetação da zona

Nas colinas de Velliangiri encontram-se os seguintes tipos de florestas. São florestas tropicais de espinhos do sul (matagais), florestas tropicais húmidas de folha caduca,

Florestas tropicais húmidas de folha perene, florestas temperadas (Sholas) e prados húmidos montanhosos do sul (Champion e Seth, 1968).

3.5.5.1. Florestas espinhosas tropicais do sul (matagais)

Estas florestas nas colinas de Velliangiri estão confinadas às colinas do sopé (550 m acima do nível do mar). As árvores são mais baixas (cerca de 10 m de altura), de madeira dura e armadas com espinhos e apresentam várias modificações xerofíticas. As árvores mais frequentes incluem: *Acacia nilotica, Albizia amara, Alangium salvifolium, Azadirechta indica, Butea monosperma, Dichrostachys cinerea, Ficus tomentosa, Wrightia tinctoria*, etc. e arbustos como *Acalypha fruiticosa, Atlantia monophylla, Cassia auriculata, Securinega leucopyrum*, etc. As espécies mais comuns são *Cadaba fruiticosa, Cardiospermum halicacabum, Capparis zeylanica, Cissus quandrgularis, Pterolobium hexapetalum,* etc. Encontram-se também trepadeiras como *Aristolochia indica, A. tagala, Cissampelos pareira, Cocculus hirsutus, Diplocyclos palmatus, Dioscorea oppositifolia, Gymnema sylvestre, Mukia madraspatana, Passiflora foetida, Pergularia daemia, Rivea hypocrateriformis, Tylophora indica,* etc. O solo é quase estéril, exceto durante a estação das chuvas, onde se podem encontrar espécies herbáceas como *Aristita adscencionis, Acalypha paniculata, Blumea mollis, Chloris inflata, Corchorus capsularis, Cynodon dactylon, Euphorbia hirta, Euphorbia thymifolia, Sida acuta, Tephrosia purpurea,* etc.

3.5.5.2. Florestas tropicais húmidas de folha caduca (Florestas húmidas de folha caduca do Sul)

Estes tipos de florestas encontram-se em regiões onde a altitude varia entre 600 e 1000 m acima do nível do mar e a precipitação anual varia entre 200 e 300 cm. Dependendo da pluviosidade, estas florestas transformam-se em tipos sempre verdes. A copa das árvores não é tão densa como nas florestas de folha perene ou semi-perene. Estas árvores são proeminentemente caducifólias e atingem uma altura de 20-30 m. Muitas delas produzem boa madeira. Os bambus são frequentes nestas zonas. As árvores do andar superior são *Bambusa arundinacea, Bridelia retusa, B. crenulata, Callicarpa tomentosa, Cassia fistula, Dalbergia lanceolaria, Ficus microcarpa, F. benghalensis, Gmelina arborea, Phyllanthus emblica, Pterocarpus marsupium, Tectona grandis, Terminalia arjuna, T. bellerica, Vitex altissima,* etc.

O estrato médio é constituído por espécies como *Allophyllus serratus, Casearia tomentosa, Clerodendron viscosum, Cipadessa baccifera, Ficus mysorensis, Terwia polycarpa,* etc. A vegetação rasteira é constituída por ervas e arbustos como *Biophytum sensitivum, B. reiwardtii, Canthium rheedii, Colebrookia oppositifolia, Cryptococcum deccanense, Desmodium gangeticum, Glycosmis pentaphylla, Themeda triandra, Oxalis corniculata, Peperomia dindigulensis, Phoenix loureirii, Phyllodium pulchellum, Schefflera stellata, Zingiber zerumbet, Zizyphus rugosa,* etc. As espécies invasoras como *a Lantana camera* e *a Chromolaena odorata* invadiram grandes áreas.

Algumas das trepadeiras comuns são *Asparagus racemosus, Stephania japonica, Clematis gouriana, Cyclea peltata, Cissus discolor, Centrosema pubescens,* etc. Encontram-se também algumas orquídeas epífitas dos géneros *Acampe, Cymbidium, Vanda* e alguns géneros de fetos como *Drynaria, Adiantum, Pteris, Nephrolepis.*

3.5.5.3. Florestas tropicais húmidas de folha perene

Este tipo de florestas encontra-se até uma altitude de cerca de 1500 m nas encostas das colinas que recebem chuvas intensas. Têm 3 ou 4 andares. A copa das árvores é muito densa. As orquídeas epífitas, os fetos, os musgos e os líquenes são comuns. As trepadeiras são notáveis e espalham-se pelas copas das árvores. A vegetação rasteira está geralmente ausente. As árvores atingem uma altura de 40 m ou mais. O dossel superior é formado por *Artocarpus hirsutus, A. heterophyllus, Cinnamomum macrocarpum, C. sulphuratum, Elaeocarpus serratus, Hydnocarpus alpina, Mesua ferrea, Persea macrantha, Syzygium densiflorum*, etc. No segundo andar encontram-se *Actinodaphne bourdillonii, A. malabarica, Bischofia javanica, Cryptocarya lawsonii, Litsea floribunda, L. wightiana, Symplocos cochinchenensis*, etc.

O terceiro andar é constituído por pequenas árvores e arbustos de grande porte, como *Alstonia venenata, Atlantia wightii, Rauvolfia densiflora, Psychortia florida, Saprosoma foetens*, etc. O quarto andar é constituído por arbustos e subarbustos como *Begonia malabarica, Hedyotis stylosa, Lasianthes acuminatus, Neolitsea scrobiculata, N. zeylanica*, etc. A flora terrestre está quase ausente, com exceção de alguns fetos e plantas tuberosas como *Acmella calva, Arisaema leschnaultii, Costus speciosus*, etc. Os saprófitos e parasitas são *Balanophora fungosa, Hoya wightii, Malaxis densiflora*, etc. Encontram-se também ervas como *Crotalaria fysonii, Cyanotis arachnoidea, Elatostemma lineolatum, E. sessile, Euphorbia rothiana, Impatiens cuspidata, Sonerila speciosa, S. versicolor*, etc.

As grandes manchas da área possuem palmeiras como *Phoenix loueririi, Strobilanthes kunthianus* são vistas ao longo das encostas íngremes dos vales, para além de fetos robustos, incluindo as espécies de *Angiopteris, Nephrolepis, Marattia* e *Cyathia*, etc. Os semi-parasitas, como *Dendrophthoe falcata, Helicanthes elastica* e *Viscum orientale*, são frequentemente encontrados, para além de espécies epífitas dos géneros *Bulbophyllum, Colegyne, Dendrobium, Oberonia, Polystachya*, etc. As lianas e trepadeiras caraterísticas destas florestas são representadas por *Argyreia nilagirica, Aristolochia tagala, Piper nigrum, P. wightii, Thunbergia elata*, etc.

3.5.5.4. Florestas temperadas (Sholas)

As florestas temperadas estão confinadas a vales húmidos e abrigados, vales e depressões acima dos 1500 m. Este tipo é caracterizado por árvores de tronco estreito com fustes curtos que atingem menos de 15 m de altura. As copas das árvores são geralmente densas e arredondadas com folhas coriáceas inteiras, os seus ramos estão cobertos de musgos, líquenes e outras epífitas. A composição florística é mista, com elementos temperados e tropicais. As florestas são geralmente de dois estratos.

O andar superior é constituído por árvores como *Cinnamomum wightii, Elaeocarpus serratus, Eurya japonica, Isonandra stocksii, Photenia integrifolia, Symplocos foliosa, S. racemosa*, etc. Os arbustos e ervas que se encontram no estrato rasteiro são *Berberis tinctoria, Elatostemma lineolatum, Polygala arillata, Viola serpens, Thalictrum javanicum*, etc. As trepadeiras comuns são *Rubia cor difolia, Clematis wightiana, Piper wightii*, etc. As pteridófitas são representadas por espécies de *Angiopteris, Lycopodium, Osmunda, Selaginella*, etc. e algumas epífitas comuns são *Bulbophyllum, Coleogyne, Dendrobium, Oberonia*, etc. são as plantas que ocorrem nestas florestas.

3.5.5.5. Prados húmidos montanhosos do sul

Encontram-se nas altitudes mais elevadas, a 1600 m acima do nível do mar. Neste tipo de vegetação, as gramíneas, as ervas e os arbustos encontram-se misturados em proporções variáveis. As gramíneas dominantes incluem. *Arundinella purpurea, A.setosa, A.ciliata, A.pumila, Chrysopogon hackelii, C. zeylanicus, Poa annua, Themeda triandra, Tripogon wightii*, etc. Alguns dos elementos herbáceos pertencentes aos géneros são *Anaphalis, Biophytum, Ceropogia, Chlorophytum, Impatiens, Pedicularis*, etc. As orquídeas terrestres como *Hebenaria barnesii, H. elliptica, H. longicorniculata, Brachycorythis iantha* e *Satyrium nepalensis* são comuns.

Plate – 1: Study area map

Map of India with Tamil Nadu state and Coimbatore district

PLATE – 2: Panoramic views of study areas

A – C: Different views of Maruthamalai Hills

D – F: Different views of Velliangiri Hills

PLATE – 3: Panoramic views of study areas

A - C: Different views of Madukkarai Hills

D – F: Different views of Kanuvai Hills

CAPÍTULO-4 : MÉTODOS DE INVESTIGAÇÃO

A presente investigação foi levada a cabo para estudar as plantas casmófitas e a sua diversidade em colinas selecionadas dos Ghats Ocidentais do Sul de Coimbatore, Tamil Nadu. De 2010 a 2013, foram efectuadas várias visitas de campo intensivas e extensivas, cada uma com a duração de 3-4 dias, a diferentes partes das áreas de estudo em todas as estações, de modo a recolher todo o material de floração e frutificação de quase todas as espécies.

Cada espécime em estado fresco foi estudado criticamente com a ajuda da *Flora of the Presidency of Madras* (Gamble, 1915 - 1936). Os espécimes foram então envenenados, processados e etiquetados pelo método padrão de herbário (Santapau, 1955, Fosberg e Sachet, 1965; Jain e Rao, 1977). A identidade correta dos espécimes de herbário foi depois confirmada por um estudo crítico mais aprofundado com a ajuda de espécimes autênticos depositados no Herbário de Madras (MH), Botanical Survey of India (BSI), Southern Circle, Coimbatore. As descrições foram feitas a partir das colecções frescas. Os tipos de vegetação e muitas plantas interessantes foram fotografados, observações importantes e quaisquer outros dados de campo relevantes foram anotados no próprio campo. Os mapas, quadros, figuras e placas adequados são indicados nos locais apropriados. Os espécimes de comprovação estão depositados no Herbário do Departamento de Botânica (BUH), Universidade de Bharathiar, Coimbatore, para verificação futura.

3.1. PLANO DE CONSERVAÇÃO

No tratamento sistemático, as famílias são organizadas com base no sistema de classificação de Bentham e Hooker (1862-1883). Os géneros da família e as espécies dentro do género são organizados por ordem alfabética. São fornecidas chaves dicotómicas entre parênteses para as famílias, seguidas de chaves para os géneros e espécies, incluindo taxa infra-específicos. A chave foi construída principalmente com base nos caracteres de campo e nas caraterísticas macroscópicas para facilitar a identificação.

A nomenclatura de todos os taxa foi regularizada estritamente de acordo com o Código Internacional de Nomenclatura Botânica (ICBN). Foram feitas tentativas para adotar a nomenclatura mais recente e correta. O nome correto das plantas é apresentado a negrito e em itálico, seguido da citação do último basónimo e dos sinónimos, se existirem (Brummitt e Powell, 1992). São também fornecidas referências às principais publicações sobre a flora da Índia em geral e de Tamil Nadu em particular *(Flora of British India, Flora of Presidency of Madras, Flora of Tamil Nadu* e *Flora of Tamilnadu Carnadic*). Os nomes vernáculos, se for caso disso, foram indicados, seguidos do sistema de nomenclatura formal.

Foi feita uma breve descrição de cada espécie com base nas colecções actuais, na frequência de distribuição, nas caraterísticas ecológicas especiais, na época de floração e frutificação e no exemplar examinado. A abreviatura que precede os números de campo indica o nome do coletor. Nas notas, são incluídas notas taxonómicas críticas, estatuto e outras observações de campo importantes. Para além destas, sempre que foram feitas descobertas interessantes ou são fornecidos esclarecimentos, se forem considerados necessários.

Os dados económicos e etnobotânicos foram recolhidos no estudo e são incluídos com base em inquéritos à população local e na literatura. As fotografias são fornecidas seletivamente para mostrar as áreas de estudo e, para plantas individuais, são apresentados mapas, quadros e figuras nos locais apropriados. O espécime de prova inclui o nome do coletor (Binu Thomas), o número de campo e informações relevantes sobre o espécime para referência futura.

CAPÍTULO 5: TRATAMENTO SISTEMÁTICO DA FLORA DO CHASMO

PARTE I - PTERIDÓFITAS

As pteridófitas são o grupo de plantas com alteração independente de gerações, como as fases gametofítica e esporofítica. Os gametófitos são muito pequenos e crescem em ambiente húmido e fresco e necessitam de água para fertilização. Enquanto os esporófitos crescem geralmente em habitats sombreados com altitudes médias ou elevadas (Manickam e Irudayaraj, 1992; 2003). Devido às diferentes zonas fitogeográficas da Índia, os Ghats Ocidentais e os Himalaias são ricos em diversidade de fetos. A distribuição e a abundância de fetos na Índia são bastante bem conhecidas e, até à data, foram registadas cerca de 800 espécies de fetos deste país. Só a região do Ghat Ocidental, no Sul da Índia, alberga mais de 250 espécies de fetos. A fisiografia única, o terreno montanhoso com gargantas e vales estreitos, a forte precipitação e o clima tropical húmido tornaram esta área num ambiente ideal para o crescimento de plantas luxuriantes (Nampy e Madusoodanan, 1998).

1. ACTINIOPTERIDACEAE

ACTINIOPTERIS Ligação

Actiniopteris radiata (Sw.) Link, Fil. Sp. Hort. Ref. Bot. Berol. 80. 1841. *Actinopteris radiatum* Sw., Schrad. J. Bot. 1800 (2): 50. 1801. *Actinopteris dichotoma* Kuhn. Bot. Zeit. 504. 1871. Manickam e Irudayaraj, Pterid. Fl. W. Ghats S. Índia, 81. Pl. 58. 1992; Pterid. Fl. Nilgiris, S. Índia, 81. 2003 **(Pl.-18 A)**.

Planta pequena com rizoma suberecto-subgloboso e escamoso. Lamina flabelada, semicircular ou em forma de cunha, dividida dicotomicamente, segmentos raquiformes com ápice agudo e margem inteira, nervuras indistintas. Soros em sulcos intramarginais, protegidos por margem reflexa.

Espécime examinado: **Binu Thomas, BUH : 7371**

Comum nas fissuras rochosas das colinas de Madukkarai e Velliangiri a cerca de 400-600 m.

Nota: Esta espécie prefere normalmente as fendas de rocha expostas nas colinas, onde a humidade e os nutrientes do solo são óptimos. Durante os dias quentes de verão fica seca, mas se receber humidade suficiente durante a estação das chuvas, esta espécie ressuscita e cresce normalmente.

2. ADIANTACEAE

ADIANTUM L.

Chave para as espécies

1a. Frondes simplesmente pinadas; escama do rizoma **espessada.....................2**

b. Frondes ramificadas; escama do rizoma não espessada **.....................3**

2a. Pínulas verde-pálido; ráquis escamosa.....................................**3.** ***A. incisum***

b. Pínulas verde-escuras; ráquis glabra...**4.** ***A. lunulatum***

3a. Frondes dicotomicamente ramificadas; soros em forma de crescente **.............2.** ***A. hispidulum***

b. Frondes pinadas e ramificadas; soro de outra forma **4**

4a. Rizoma longo rastejante; lâminas bipinadas**......................1.** ***A. capillus - veneris***

b. Rizoma longo rastejante; lâminas deltóides **.........................5.** ***A. raddianum***

1. ***Adiantum capillus - veneris*** L., Sp. Pl. 2: 1096. 1753; Manikam & Irudeyaraj, Plerid. Fl. W. Ghats S. India 103: Pl. 79. 1992; Pterid. Fl. Nilgiris, S. Índia, 96. 2003 **(Pl.- 18 B)**.

Plantas pequenas ou médias, com rizoma longo, rastejante e escamoso; lâmina bipinada, lanceolada; pínulas parelogrâmicas, flabeladas, obtriangulares; vênulas dicotomicamente ramificadas; soros marginais reniformes, indusiados.

Espécime examinado: **Binu Thomas, BUH : 7375**

Raro em fissuras rochosas de rochas húmidas nas colinas de Velliangiri a cerca de 1000 - 1600 m.

Nota: Esta espécie ocorre normalmente em rochas húmidas ou molhadas para a sua sobrevivência e crescimento. No presente estudo observou-se que esta espécie também ocorre em fissuras rochosas junto às margens dos cursos de água.

2. ***Adiantum hispidulum*** Sw., Schrad. J. Bot. 1800 (2): 82. 1801; Manickam e Irudayaraj, Pterid. Fl. W. Ghats S. India, 99. Pl. 75. 1992; Pterid. Fl. Nilgiris, S. Índia, 93. 2003 **(Pl.-18** C).

Planta pequena com rizoma curto, rasteiro e ramificado, entrelaçado. Lamina obovada, bipartida, dividida em pedúnculos tripinados, pínulas dimidiadas, margem dentada, nervuras ramificadas, livres. Sori em forma de crescente, abas reflexas.

Espécime examinado: **Binu Thomas, BUH :7373**

Comum nas fissuras rochosas das colinas de Velliangiri a cerca de 1000 - 1800 m.

Nota: Esta espécie prefere fendas rochosas sombreadas de grandes rochas. O presente estudo verificou que esta espécie colonizou sob as grandes rochas da área de estudo.

3. ***Adiantum incisum*** Forssk., Fl. Aeg. Arab. 187. 1775. *Adiantum caudatum* auct. Bedd. Fetos S. Índia, t. 2. 1864. Manickam e Irudayaraj, Pterid. Fl. W. Ghats S. Índia, 97. Pl. 72. 1992; Pterid. Fl. Nilgiris, S. Índia, 92. 2003 **(Pl.- 18 D)**.

Planta pequena com rizoma escamoso ereto. Lamina simplesmente pinada, densamente pilosa, pinas dimidiadas, margina superior profundamente lobada, nervuras livres bifurcadas. Soros marginais, oblongos ou reniformes, indusiformes.

Espécime examinado: **Binu Thomas,BUH : 7374**

Ocasionalmente em fissuras rochosas das colinas de Madukkarai e Velliangiri a cerca de 400-1200 m.

Nota: Esta espécie encontra-se normalmente em zonas húmidas. O presente estudo verificou que, para além destes habitats, esta espécie também prefere fendas de rocha onde haja humidade e nutrientes suficientes.

4. ***Adiantum lunulatum*** Burm., Fl. Ind. 235. 1768. *Adiantum philippense* L., Sp. Pl. 2: 1094. Manikam & Irudayraj, Pterid. Fl. W. Ghats S. Índia, 98: Pl. 73. 1992; Pterid. Fl. Nilgiris,

5. Índia, 92. 2003.

Pequenas plantas terrestres, rizoma ereto ou suberecto, escamoso, estipes de cor negra, frondes simplesmente pinadas; pinas em forma de leque, glabras, herbáceas, soros contínuos ao longo do bordo do lóbulo.

Espécime examinado: **Binu Thomas, BUH : 7372**

Raro nas fissuras rochosas das colinas de Madukkarai e Velliangiri a cerca de 400-1000 m.

Nota: Esta espécie ocorre normalmente em locais húmidos e sombreados, cortes de terra e encostas. Para além destes habitats, esta espécie também prefere fendas húmidas de rochas como um dos habitats para a sua sobrevivência.

5. ***Adiantum raddianum*** C. Presl, Tent. Pterid. 158. 1836. *Adiantum cuneatum* Langsd. *et.* Fisch., Pl. Vot. Russes monde 23, t. 26. 1810; Manickam e Irudayaraj, Pterid. Fl. W. Ghats S. India, 102. Pl. 78. 1992; Pterid. Fl. Nilgiris, S. Índia, 94. 2003. ***"Kanjankorai"*** **(Pl.- 18 E)**.

Planta pequena com rizoma escamoso curto e rasteiro. Lamina deltoide - ovada, geralmente tripinada; pínulas obovadas, obtriangulares ou em forma de paralelogramo, bilobadas ou trilobadas, nervuras bifurcadas, livres. Soros arredondados ou reniformes, nascidos em entalhes, indusiados.

Espécime examinado: **Binu Thomas, BUH : 7378**

Comum nas fendas das rochas das colinas de Madukkarai e Velliangiri a cerca de 400-1500 m.

Nota: Esta espécie coloniza normalmente as fendas húmidas das rochas. Durante os dias quentes de verão, esta espécie pode secar nas fendas expostas. Ao obter condições ambientais adequadas, os esporos da planta regeneram-se e crescem normalmente.

3. ASPLENIACEAE

ASPLENIUM L.

Chave para as espécies

1a. Pinnae densamente escamada abaixo; nervuras bifurcadas **.......................1.** *A. aethiopicum*

b. Pinhas não densamente escamadas por baixo; nervuras de outro modo **......................................2**

2a. Escamas do rizoma dentadas; pinas ir-regularmente lobadas **..................2.** *A. decrescens*

b. Escamas do rizoma bicolores; pinas profundamente lobadas .... **3.** *A. formosum*

3a. Textura da fronde fina herbácea; esporos com espessamento estreito **.....6.** ***A. varions***

b. Textura da fronde diferente da anterior; esporos sem espessamento estreito **...............4**

4a. Rizoma longo e rastejante; soros na parte distal das pinas **........4** ***A. hindusthanensis***

b. Rizoma ereto ou suberecto; soros medianos nas nervuras **..............5** ***A. inaequilaterale***

1. *Asplenium aethiopicum* (Burm.f.) Becherer in Condollea 6: 23. 1975. *Trichomanes aethiopicum* Burm.f. Fl. Ind. 28. 1768; *Asplenium furcatum* Thunb. Prodr. Fl. Jap. 172. 1794. *Asplenium laserpitiifolium* sensu Bedd. Ferns S. India, t. 255. 1864; Manickam e Irudayaraj, Pterid. Fl. W. Ghats S. India, 228. Pl. 176. 1992 **(Pl.- 18 F)**.

Rizoma rasteiro; escamas lineares, lanceoladas, castanho-escuras, brilhantes, peludas - pontiagudas. Frondes até 1 cm de comprimento, bipinadas; pínulas inferiores romboides ou subespatuladas, base cuneiforme no ápice, truncadas, arredondadas ou acuminadas, nervuras próximas, bifurcadas, dando um aspeto estriado. Sori linear, com 1 cm de diâmetro. Esporos reniformes com perisporos dobrados de forma irregular.

Espécime examinado: **Binu Thomas, BUH : 7377**

Raro nas fissuras rochosas das colinas de Velliangiri a cerca de 1200 - 1600 m.

Nota: Trata-se de uma espécie muito variável no que respeita ao tamanho e ao corte das pinas e dos pínulos. Geralmente prefere locais húmidos das colinas. O presente estudo verificou que, para além destes habitats, também se encontra em fendas húmidas de rochas das colinas de Velliangiri a cerca de 1200 m.

2. *Asplenium decrescens* Kunze, Linnea. 24: 261. 1851. *Asplenium contiguum* sensu T. Moore, Ind. Fil. 121. 1859. *Asplenium caudatum* sensu Hook., Sp. Fil. 3: 152. 1880. Manickam e Irudayaraj, Pterid. Fl. W. Ghats S. Índia, 210. Pl. 152. 1992; Pterid. Fl. Nilgiris, S. Índia, 125. 2003.

Planta de tamanho médio com rizoma escamoso, rasteiro e longo, com escamas dentadas. Lamina simplesmente pinada, lanceolada, dimidiada, margem irregularmente lobada; soro imbricado ao longo da costa. Esporos reniformes com cristas densamente reticuladas.

Espécime examinado: **Binu Thomas, BUH : 7380**

Raro nas fissuras rochosas das colinas de Velliangiri a cerca de 1200 - 1600 m.

Nota: Esta espécie prefere habitualmente cortes de terra e locais húmidos. O presente estudo verificou que, para além destes habitats, também se encontra em fendas húmidas de rochas.

3. *Asplenium formosum* Willd. Sp. Pl. 5: 329. 1810; Manickam e Irudayaraj, Pterid. Fl. W. Ghats S. India, 208. Pl. 155. 1992; Pterid. Fl. Nilgiris, S. Índia, 124. 2003.

Planta pequena com rizoma ereto, escamoso e longo, escamas não dentadas, bicolor. Lamina oblongo-lanceolada, simplesmente pinada; pinas basais progressivamente reduzidas, pinas profundamente incisas, nervuras livres, não atingindo a margem. Sori linear na parte inferior não incisada das pinas.

Espécime examinado: **Binu Thomas, BUH: 7383**

Raro nas fissuras rochosas das colinas de Velliangiri a cerca de 100 - 1200 m.

Nota: O presente estudo verificou que esta espécie prefere normalmente fendas de rocha sombreadas de grandes rochas como um dos micro-habitats para a sua sobrevivência.

4. *Asplenium hindusthanensis* Bir, Fern Gaz. 14: 309. 1994; *Asplenium unilaterale* sensu, Manickam e Irudayaraj, Pterid. Fl. W. Ghats S. India, 212. Pl. 160. 1992; Pterid. Fl. Nilgiris, S. Índia, 126. 2003.

Planta pequena com rizoma longo, rasteiro, delgado e escamoso; estipes castanhos, brilhantes. Lamina simplesmente pinada, pinas trapezoidais, dimidiadas, margem inciso-crenada; nervuras bifurcadas ou simples, atingindo a margem. Cori dois ou três pares, confinados à parte distal da pinna.

Espécime examinado: **Binu Thomas, BUH: 7386**

Raro nas fissuras rochosas húmidas das colinas de Velliangiri a cerca de 1600 - 1700 m.

Nota: Esta espécie prefere geralmente rochas húmidas ou rochas molhadas para a sua sobrevivência e crescimento. O presente estudo verificou que esta espécie pode também encontrar fissuras rochosas junto às margens dos cursos de água.

5. *Asplenium inaequilaterale* Willd., Sp. Pl. 5: 322. 1810. *Asplenium trapeziforme* sensu Bedd. Ferns S. India 45, t. 234. 1864. Manickam e Irudayaraj, Pterid. Fl. W. Ghats S. India, 220. Pl. 168. 1992; Pterid. Fl. Nilgiris, S. Índia, 128. 2003.

Planta de tamanho médio com rizoma ereto, escamoso e longo. Lamina oblongo-lanceolada, simplesmente pinada; pinas trapezoidal-lanceoladas, dimidiadas; margem serrilhada ou inciso-crenada; nervuras livres bifurcadas, não atingindo a margem, soros medianos nas nervuras.

Espécime examinado: **Binu Thomas, BUH: 7381**

Raro nas fissuras rochosas húmidas das colinas de Velliangiri a cerca de 1000-1500 m.

Nota: Esta espécie vive normalmente em margens de ribeiras totalmente sombreadas. O presente estudo verificou que também pode preferir falésias rochosas sombreadas ou margens de ribeiras dos montes em que haja humidade suficiente como um dos micro-habitats para a sua sobrevivência.

6. *Asplenium varians* Wall. *ex* Hook. & Grev., Ic. Fil. T. 172. 1830. *Asplenium laciniatum* Don, Prodr. Fl. Nepal. 8. 1825. Manickam e Irudayaraj, Pterid. Fl. W. Ghats S. Índia, 224. Pl. 172. 1992; Pterid. Fl. Nilgiris, S. Índia, 130. 2003.

Planta pequena com rizoma ereto e escamoso; lâmina ovada-lanceolada, bipinada, pínulas sésseis, abovadas ou em forma de paralelogramo; nervuras que uma ou duas vezes não atingem a margem. Sori até 5 mm de comprimento; indusium membranáceo; esporos planoconvexos - reniformes, 30 x 21pm, perisporos com espessamentos densos e estreitos.

Espécime examinado: **Binu Thomas, BUH: 7308**

Raro nas fissuras rochosas húmidas das colinas de Velliangiri e Madukkarai a cerca de

600-1200 m.

Nota: Esta espécie encontra-se normalmente na floresta perto das margens de ribeiros a uma altitude que varia entre 1000 e 1800. O presente estudo verificou que também prefere falésias rochosas sombreadas ou margens de riachos das colinas onde há humidade suficiente a cerca de 1300 m nas colinas de Velliangiri.

4. ATHYRIACEAE

Chave dos géneros

1a. Planta pequena; rizoma escamoso .... **2. *Athyrium***

b. Planta Tamanho médio; rizoma longo e escamoso **2**

2a. Lamina oblongo-lanceolada; esporos elipsóides .... **1. *Anisocampos***

b. Lamina ovada, bipinnatifida; esporos reniformes .... **3. *Diplazium***

1. ANISOCAMPIUM Persl.

Anisocampium cumingianum Persl in Abhandl. K. Bohm. Ges. Wiss., Folge 5, 6: 419. 1851. *Aspidium otaria* Kunze *ex* Mett. in Abhandl. Senckend. Naturforsch. Ges. 2: 318. 1858. *Nephrodium otaria* (Kunze *ex* Mett.) Posth. in Proc. Fourth Pacific Sci. Congr. 3. 197. 1930. *Cyclodium cumingianum* C. Presl. T. Moore, Ind. Fil. 83. 1861. *Athyrium cumingianum* (C. Persl) Ching in C. Chr. Ind. Fil. Suppl. 3: 40. 1934; Manickam e Irudayaraj, Pterid. Fl. W. Ghats S. India, 231. Pl. 178. 1992; Pterid. Fl. Nilgiris, S. Índia, 134. 2003 **(Pl.- 18 G)**.

Planta de porte médio, com rizoma ereto, escamoso e longo. Lamina oblongo-lanceolada, simplesmente pinada; dimidiada; margem serrilhada ou inciso-crenada; nervuras livres bifurcadas, atingindo a margem, soros medianos nas nervuras, indúsio muito pequeno, fimbriado. Esporos elipsoides

Espécime examinado: **Binu Thomas, BUH: 7379**

Raro nas fissuras rochosas húmidas das colinas de Velliangiri a cerca de 1500-1800 m.

Nota: Esta espécie raramente prefere as fendas húmidas das rochas, onde a humidade e os nutrientes do solo são óptimos.

2. ATHYRIUM Roth.

Athyrium hohenackeranum (Kunze) T. Moore, Ind. Fil. 49. 1857. *Allantodia hohenackerana* Kunze, Farrnkr. 2: 63, t. 126. 1850. *Asplenium hohenackeranum* (Kunze) Mett. in Abhandl. Senckenb. Naturf. Ges. 3: 237.1859; Manickam e Irudayaraj, Pterid. Fl. W. Ghats S. India, 233. Pl. 179. 1992; Pterid. Fl. Nilgiris, S. Índia, 134. 2003.

Pequeno feto terrestre com rizoma ereto e escamoso; lâmina elíptica - lanceolada, simplesmente pinada, pinas pouco lobadas, margem serrilhada, nervuras livres. Sori linear, mediano nas nervuras, indúsio castanho-claro. Esporos globosos.

Espécime examinado: **Binu Thomas, BUH: 7384**

Raro nas fissuras rochosas húmidas das colinas de Velliangiri a cerca de 500-1000 m.

Nota: O presente estudo verificou que esta espécie prefere as falésias rochosas sombreadas ou as encostas das colinas onde há humidade suficiente como um dos habitats para a sua sobrevivência.

3. DIPLAZIUM Sw.

Diplazium dilatatum Blume, Enum. Pl., Jav. 30. Pl. 15. 1828. *Diplazium latifolium* D. Don, Prod. Fl. Nepal 8. 1825. *Asplenium diversifolium* Wall., Numer. List. 8: n. 203. 1829. *Diplazium diversifolium* J. Sm., Ferns Br. & For. 222. 1866. *Asplenium maximum* sensu Hook. & Bak., Synops. Fil. 239. 1867; Manickam e Irudayaraj, Pterid. Fl. W. Ghats S. India, 248, Pl. 193. 1992; Pterid. Fl. Nilgiris, S. Índia, 141. 2003.

Planta terrestre de tamanho médio, com rizoma ereto e escamoso, ereto. Lamina ovada, bipinnatifida, pinas oblongo-lanceoladas, pouco lobadas; nervuras simples ou bifurcadas, livres, indusiadas. Soros medianos ao longo de todas as nervuras, indúsio castanho-claro. Esporos reniformes.

Espécime examinado: **Binu Thomas, BUH: 7390**

Raro em fissuras rochosas húmidas nas colinas de Velliangiri a cerca de 1600-1800 m.

Nota: Esta espécie encontra-se normalmente em margens de ribeiras totalmente sombreadas. O presente estudo verificou que, pode preferir falésias rochosas sombreadas ou margens de ribeiras dos montes em que haja humidade suficiente.

5. BLECHNACEAE

Chave para os géneros

1a. Escamas do rizoma de cor escura; os estipes não apresentam muitos tubérculos............. **2. *Doodia***

b. Escamas do rizoma diferentes das anteriores; os estipes têm muitos tubérculos ....**1. *Blechnum***

1. BLECHNUM L.

Blechnum orientale L., Sp. Pl. 2: 1077. 1753; Manickam e Irudayaraj, Pterid. Fl. W. Ghats S. India, 299, Pl. 229. 1992; Pterid. Fl. Nilgiris, S. Índia, 164. 2003 **(Pl.-18 H)**.

Feto de tamanho médio, com rizoma maciço, com frondes em tufos, simplesmente pinadas, estipes com muitos tubérculos, pinas oblanceoladas com margem inteira, nervuras bifurcadas, livres. Sori linear ao longo de cada lado da costa. Esporos esféricos ou ovóides.

Espécime examinado: **Binu Thomas, BUH: 7382**

Ocasionalmente em fissuras rochosas das colinas de Velliangiri a cerca de 1000-1200 m.

Nota: Esta espécie vive normalmente em cortes de terra e locais sombreados. No entanto, o presente estudo verificou que, para além destes habitats, raramente prefere as fendas das rochas dos montes, onde a humidade do solo é suficiente, como um dos micro-habitats para a sua sobrevivência.

2. DOODIA R.Br.

Doodia dives Kunze, Bot. Zeit. 144. 1848, FSI t. 222. 1865; Manickam e Irudayaraj, Pterid. Fl. Nilgiris, S. Índia, 165. 2003.

Rizoma ereto até 0,8 cm de espessura, densamente escamoso. Estípulas tufadas, até 23 * 0,1 cm, densamente escamosas na base. Lamina linear, simplesmente pinada, 37 * 2,5 cm, sub - oposta, 2,2 cm de distância na parte basal, estreitamente disposta acima, 0,9 cm de distância na parte distal, o pinna mais basal é pentagonal, ápice agudo, 1,3 * 1,3 cm, margem serrilhada, veias bifurcadas. Sori lineares, dispostos em ambos os lados da costa.

Espécime examinado: **Binu Thomas, BUH: 7389**

Ocasionalmente em fissuras rochosas das colinas de Velliangiri a cerca de 1000 m.

Nota: Esta espécie vive normalmente em locais total ou parcialmente sombreados. O presente estudo verificou que também pode preferir as falésias rochosas dos locais sombreados das colinas onde há humidade suficiente como um dos habitats para a sua sobrevivência.

6. CHEILANTHACEAE

CHEILANTHES Sw.

Chave para as espécies

1a. Lamina elíptico-lanceolada; pinas basais reduzidas a aurículas **............1.** *C. mysurensis*

b. Lamina ovado-lanceolada; pinas basais não reduzidas a aurículas **.........2.** *C.* ***tenuifolia***

1. ***Cheilanthes mysurensis*** Wall. *ex* Bedd. Fetos S. Índia, t. 190. 1864. *Cheilanthes swartzii*

Webb *et* Berth. Hist. Nat. Canar. 3 (2) pars 3. 453. 1847; Manickam e Irudayaraj, Pterid. Fl. W. Ghats S. India, 89, Pl. 65. 1992; Pterid. Fl. Nilgiris, S. Índia, 80. 2003 **(Pl.-19 A)**.

Pequena erva com rizoma escamoso ereto; estipes pretos, quebradiços; lâmina linear-lanceolada, bipinnatifida, pínulas oblongas, adnatas com a costa; nervuras bifurcadas, livres, ráquis escamosa; soros semicirculares, solitários ou aos pares, com margem reflexa. Esporos globosos, castanho-amarelados.

Espécime examinado: **Binu Thomas, BUH: 7385**

Ocasionalmente em fissuras rochosas das colinas de Madukkarai e Velliangiri a cerca de 600-1000 m.

Nota: Esta espécie ocorre normalmente em locais húmidos e sombreados. Embora o presente estudo tenha constatado isso, também pode preferir fendas ou penhascos das rochas em que a humidade do solo seja suficiente.

2. *Cheilanthes tenuifolia* (Burm.f) Sw., Syn. Fil. 129, 332, 1806. *Trichomanes tenuifolia* Burm.f., Fl. Ind. 237. 1768. Manickam e Irudayaraj, Pterid. Fl. W. Ghats S. India, 90, Pl. 66. 1992; Pterid. Fl. Nilgiris, S. Índia, 80. 2003 **(Pl.-19 B)**.

Planta pequena com rizoma escamoso curto e rastejante e lâmina bipinada (em cima) e quadripinada (em baixo); lóbulos alternos ovados, subagudos, inteiros ou pouco lobados; nervuras livres bifurcadas; soros marginais em cada lóbulo final, protegidos por uma margem reflexa. Esporos castanho-escuros.

Espécime examinado: **Binu Thomas, BUH: 7388**

Ocasionalmente em fissuras rochosas dos montes Madukkarai e Velliangiri a cerca de 1200-1600 m.

Nota: O presente estudo constatou que está adaptada a falésias rochosas em locais sombreados das colinas, onde a humidade suficiente é um dos habitats para a sua sobrevivência.

7. DENNSTAEDTIACEAE

PTERIDIUM Glotitsch *ex* Scopoli

Pteridium aquilinum (L.) Kuhn, V. Deck. Reisen. Bot. 3 (3): 11. 1879. *Pteris aquilina* L., Sp. Pl. 2: 1075. 1753; Manickam e Irudayaraj, Pterid. Fl. W. Ghats S. India, 109, Pl. 86. 1992; Pterid. Fl. Nilgiris, S. Índia, 108. 2003.

Planta colonial de tamanho médio com rizoma longo e peludo. Lamina deltoide-ovada, tripinnatifida na base, bipinada no ápice; pínulas sésseis, oblongas, densamente pilosas;

nervuras obscuras. Sori submarginais, lineares, protegidos por indúsios fimbriados superiores e inferiores.

Espécime examinado: **Binu Thomas, BUH : 7396**

Raro nas fissuras rochosas das colinas de Velliangiri a cerca de 1600 m.

Nota: Esta espécie cresce normalmente em grandes colónias em locais secos e clareiras totalmente expostos. O presente estudo raramente observou que esta espécie também pode ser encontrada em fendas de rochas nos terrenos de relva das colinas.

8. DRYOPTERIDACEAE

Chave dos géneros

1a. Frondes geralmente alongadas; nervuras não anastomosadas .... **1. *Dryopteris***

b. Frondes maioritariamente pinadas; veias anastomosadas **.....................2. *Tectária***

1. DRYOPTERIS Adanson

Chave das espécies

1a. Sori poucos pares por lóbulo; lâmina simplesmente pinada .... **1. *D. atrata***

b. Sori em duas filas; lâmina bipinnatifida............................... **2 *D. cochleata***

1. ***Dryopteris atrata*** (Kunze) Ching, Sinensia 3: 326. 1933; *Dryopteris hirtipes* Kunze, Rev. Gen. Pl. 2: 813. 1891. Manickam e Irudayaraj, Pterid. Fl. W. Ghats S. India, 277, Pl. 213. 1992; Pterid. Fl. Nilgiris, S. Índia, 147. 2003.

Planta de tamanho médio, com rizoma ereto e escamoso, com uma fronde simplesmente pinada, com as pinas basais não reduzidas, lobadas no terceiro sentido da costa; nervuras bifurcadas, livres; ráquis; costa e cóstulas escamosas em cima e em baixo. Sori poucos pares por lóbulo. Esporos reniformes.

Espécime examinado: **Binu Thomas, BUH: 7391**

Raro nas falésias rochosas húmidas das colinas de Velliangiri a cerca de 1600 m.

Nota: Esta espécie ocorre normalmente em margens de ribeiras total ou parcialmente sombreadas. O presente estudo verificou que, para além destes habitats, esta espécie também prefere fendas húmidas de rochas para a sua sobrevivência e crescimento.

2. ***Dryopteris cochleata*** (Buch.- Ham. *ex* D. Don) C. Chr., Ind. Fil. 258. 1905. *Nephrodium cochleatum* Buch. - Ham *ex* D. Don, Prodr. Fl. Nepal, 6. 1825. *Arhobotrys avana* Wallich, Num. List. no. 1034. 1828; Manickam e Irudayaraj, Pterid. Fl. W. Ghats S. India, 279, Pl.

215. 1992; Pterid. Fl. Nilgiris, S. Índia, 149. 2003.

Planta de tamanho médio com rizoma escamoso curto e rastejante; frondes dimórficas, bipinadas; pínulas estéreis oblongo-lanceoladas, veias bifurcadas, livres; pínulas férteis contraídas. Soros em duas filas, indusiados. Esporos proeminentes, reniformes.

Espécime examinado: **Binu Thomas, BUH: 7394**

Raro em falésias rochosas húmidas das colinas de Velliangiri a cerca de 1600 - 1800 m.

Nota: Esta espécie ocorre normalmente em locais húmidos e sombreados. Embora o presente estudo tenha constatado isso, também pode preferir fendas ou falésias das rochas em que a humidade do solo é suficiente para a sua sobrevivência.

2. TECTARIA Cav.

Tectaria wightii (C.B. Clarke) Ching, Sinensia 2: 28. 1931. *Nephrodium wightii* Clarke, Trans. Linn. Soc. Lond. II. Bot. 1: 538. 1880. Manickam e Irudayaraj, Pterid. Fl. W. Ghats S. India, 258, Pl. 199. 1992; Pterid. Fl. Nilgiris, S. Índia, 144. 2003.

Planta pequena com rizoma escamoso curto e rasteiro. Lamina ovada, simplesmente pinada, ovada-lanceolada com margem inteira, veias copiosas anastomosadas, soros numerosos, exindusiate. Esporos elipsoides.

Espécime examinado: **Binu Thomas, BUH: 7407**

Raro em falésias rochosas húmidas das colinas de Velliangiri a cerca de 1000 - 1200 m.

Nota: Esta espécie ocorre normalmente em locais total ou parcialmente sombreados. O presente estudo verificou que também pode preferir falésias rochosas em locais sombreados das colinas onde haja humidade suficiente como um dos habitats para a sua sobrevivência.

9. HEMIONITIDÁCEAS

Chave para os géneros

1a. Plantas pequenas; rizoma curto e rasteiro ....**1. *Parahemionite***

b. Plantas De tamanho médio; rizoma ereto ....**2. *Pityrogramma***

1. PARAHEMIONITIS Panigr.

Parahemionitis cordata (Roxb. *ex* Hook. & Grev.) Fras. Jenk., Síndrome de espécie nova em Pteridol. 187. 1997. *Asplenium arifolium* Burm., Fl. Ind. 231. 1768. *Hemionitis cordifolia* Roxb. *ex* Bedd. Ferns S. India t. 53. 1864; Manickam e Irudayaraj, Pterid. Fl. W. Ghats S. India, 93, Pl. 68. 1992; Pterid. Fl. Nilgiris, S. Índia, 98. 2003 **(Pl.-19 C)**.

Planta pequena com rizoma escamoso curto e rasteiro. Lamina simples; dimorfa cordiforme, margem inteira, nervuras copiosamente anastomosadas. Soros contínuos ao longo das nervuras, preenchendo toda a superfície inferior da folha. Esporos trilobados, esféricos.

Espécime examinado: **Binu Thomas, BUH: 7395**

Comum nos penhascos rochosos das colinas de Madukkarai, Maruthamalai e Velliangiri a cerca de 400 - 1600 m.

Nota: Esta espécie colonizou ou ocorreu de forma agressiva nas arribas rochosas ou nas fendas.

2. PITYROGRAMMA Link.

Pityrogramma calamelanos (L.) Link, Handb. Gew. 3: 20. 1833. *Acrostichum calomelanos* L., Sp. Pl. 2: 1072. 1753. Manickam e Irudayaraj, Pterid. Fl. W. Ghats S. India, 94, Pl. 69. 1992; Pterid. Fl. Nilgiris, S. Índia, 99. 2003 **(Pl.-19 D)**.

Plantas de tamanho médio com rizoma ereto, lâmina lanceolada, bipinada; pínulas adnadas com a costa, margem inteira, superfície inferior coberta por pó ceroso de cor prateada, soros ao longo das nervuras. Esporos trilobados.

Espécime examinado: **Binu Thomas, BUH: 7398**

Ocasionalmente em penhascos rochosos das colinas de Velliangiri a cerca de 1200 - 1600 m.

Nota: O presente estudo verificou que esta espécie pode preferir as falésias rochosas de rochas expostas que se encontram nas colinas como um dos micro-habitats para a sua sobrevivência.

10.LINDSAEACEAE

Taxa de ODONTOSORIA.

Odontosoria chinensis (L.) J. Sm. Bot. Voy Herald, 430. 1857. *Trichomanes chinense* L., Sp. Pl. 2: 1099. 1753. *Odontosoria teunifolia* (Lamk) J. Smith. Cat. Cult. Fetos 67. 1857. *Sphenomeris chinensis* (L.) Maxon em J. Wash. Acad. Sci. 3: 144. 1913. Manickam e Irudayaraj, Pterid. Fl. W. Ghats S. India, 121, Pl. 95. 1992; Pterid. Fl. Nilgiris, S. Índia, 110. 2003.

Planta de tamanho médio, com rizoma curto e rasteiro, coberto por escamas semelhantes a pêlos; lâmina lanceolada, tripinnatifida, lóbulos finais obcónicos, sésseis, inteiros; nervuras bifurcadas, livres; soros submarginais, indusiados.

Espécime examinado: **Binu Thomas, BUH: 7393**

Ocasionalmente em penhascos rochosos das colinas de Velliangiri a cerca de 1000 - 1600 m.

Nota: Esta espécie prefere normalmente locais húmidos da floresta e das colinas. Mas o presente estudo verificou que esta espécie também pode preferir as falésias rochosas de rochas expostas, onde se encontra nas colinas, como um dos micro-habitats para a sua sobrevivência.

11.NEFROLEPIDÁCEAS

NEPHROLEPIS Schott.

Nephrolepis biserrata (Roxb.) Jarret in Morton, Conrtib. U.S Nat Herb. 38: 309. 1974. *Davallia multiflora* Roxb. Cal. J. Nat. Hist. 4: 55. T. 31. 1844. Manikam & Irudayraj, Pterid, Fl. W Ghats S. Índia, 142. 109.1992.

Plantas terrestres de grande porte com rizoma ereto; frondes simplesmente pinadas, pinas oblongo-lanceoladas, margem serrilhada. Indúsio castanho escuro. Sori submarginal na extremidade das nervuras. Esporos reniformes.

Espécime examinado: **Binu Thomas, BUH: 7392**

Raro em penhascos rochosos nas terras de erva das colinas de Velliangiri a cerca de 800 - 1200 m.

Nota: Esta espécie vive normalmente em locais total ou parcialmente sombreados. O presente estudo verificou que também pode preferir falésias rochosas ou locais sombreados das colinas onde haja humidade suficiente para a sua sobrevivência.

12.POLIPODIACEAE

PYRROSIA Mirbel

Pyrrosia porosa (C. Presl) Hovenkamp, Blumea 30 (1): 208. 1984; *Niphobolus prosus* C. Presl, Tent. Pterid. 200. 1836; Manickam e Irudayaraj, Pterid. Fl. W. Ghats S. India, 323, Pl. 246. 1992; Pterid. Fl. Nilgiris, S. Índia, 71. 2003 (**Pl.-19 E**).

Planta pequena, rizoma curto, rasteiro, escamoso. Frondes simples, lineares, elíptico-lanceoladas, margem inteira, coriáceas espessas, densamente revestidas por pêlos estrelados abaixo. Soros numerosos, orbiculares, distribuídos em direção à metade distal do ramo. Esporos reniformes.

Espécime examinado: **Binu Thomas, BUH : 7403**

Ocasionalmente em fissuras rochosas das colinas de Velliangiri a cerca de 1200-1600 m.

Observações: Esta espécie é normalmente encontrada em rochas como litófita ou epífita, mas o presente estudo verificou que também é observada em fissuras rochosas com uma fina película de solo.

13.PTERIDACEAE

PTERIS L.

Chave para as espécies

1a. Pínulas com uma faixa branca prateada proeminente ao longo da costa .... 1 *P. argyraea*

b. Pínulas sem banda branca prateada proeminente ao longo da costa 2

2a. Veias basais que se anastomosam para formar uma série de aréolas .... 2. *P. biaurita*

b. As nervuras basais não são como acima 3

3a. Pínulas flexuosas; costa com pequenos espinhos .... 3. *P. confusa*

b. Pínulas não flexuosas; costa sem espínulas pequenas4 **4a.** Pinas basais progressivamente reduzidas; soros contínuos ao longo da margem. .... .5. *P. vittata*

b. Pínulas basais não reduzidas; soro linear ao longo da margem .... 4. *P. pellucida*

1. ***Pteris argyraea*** T. Moore em Gard. Chron. 671. 1859. *Pteris quadriaurita* Retz. Bedd. Handb. Ferns Brit. India 111. 1883. Manickam e Irudayaraj, Pterid. Fl. W. Ghats S. India, 78, Pl. 54. 1992; Pterid. Fl. Nilgiris, S. Índia, 87. 2003.

Planta de porte médio com rizoma escamoso ereto. Lamina bipinada; pinas com larga faixa branca ao longo da costa, nervuras livres. Sori linear ao longo da margem dos lóbulos, indusiata. Esporos minuciosamente reticulados.

Espécime examinado: **Binu Thomas, BUH : 7399**

Ocasionalmente em fissuras rochosas húmidas das colinas de Velliangiri a cerca de 1600-1800 m.

Nota: Esta espécie ocorre normalmente em locais total ou parcialmente sombreados. O presente estudo verificou que também pode preferir falésias rochosas de locais sombreados das colinas onde existe humidade suficiente como um dos micro-habitats para a sua sobrevivência.

2. ***Pteris biaurita*** L., Sp. Pl. 2: 1076. 1753. *Campteria biaurita* (L.) Hook, Gen. Fil. T. 65A. 1841. Manickam e Irudayaraj, Pterid. Fl. W. Ghats S. India, 73, Pl. 49. 1992; Pterid. Fl. Nilgiris, S. Índia, 86. 2003 **(Pl.-19 F)**.

Planta de porte médio com rizoma escamoso ereto. Lamina bipinada; as nervuras basais anastomosam-se para formar as aereolas costais. Soros lineares - oblongos. A margem dos lóbulos é indusiada. Esporos castanho-escuros.

Espécime examinado: **Binu Thomas, BUH : 7397**

Ocasionalmente em fissuras rochosas das colinas de Velliangiri a cerca de 800-1000 m.

Nota: O presente estudo verificou que esta espécie raramente prefere as fendas das rochas das colinas em que a humidade do solo é suficiente como um dos habitats potenciais para a sua sobrevivência.

3. *Pteris confusa* T.G. Walker, Kew Bull. 14: 329, Pl. 5 t. 5 (B). 1960; Manickam e Irudayaraj, Pterid. Fl. W. Ghats S. India, 80, Pl. 57. 1992; Pterid. Fl. Nilgiris, S. Índia, 89. 2003.

Planta de tamanho médio com rizoma escamoso ereto. Lamina bipinada; pinas lobadas até 1-2 mm na costa, pínulas lineares-oblongas, margem inteira, nervuras livres. Sori marginal, indusia rígida. Esporos castanho-escuros.

Espécime examinado: **Binu Thomas, BUH : 7400**

Raro nas fissuras rochosas das colinas de Velliangiri a cerca de 800-1000 m.

Nota: Esta espécie ocorre em habitats diversificados, incluindo também fendas de rocha.

4. *Pteris pellucida* C. Presl, Rel. Haenk, 1: 55. 1825; Manickam e Irudayaraj, Pterid. Fl. W. Ghats S. India, 69, Pl. 44. 1992; Pterid. Fl. Nilgiris, S. Índia, 85. 2003.

Planta de porte médio com rizoma ereto. Folhas simplesmente pinadas, pinas lanceoladas com margem cartilanginosa, nervuras livres. Sori linear, marginal indusiata. Esporos trilobados, castanho-amarelados.

Espécime examinado: **Binu Thomas, BUH : 7405**

Raro nas fissuras rochosas das colinas de Velliangiri e Madukkarai a cerca de 400-1000 m.

Nota: Esta espécie ocorre normalmente em margens de ribeiras total ou parcialmente sombreadas. O presente estudo verificou que, para além destes habitats, esta espécie pode também preferir fendas húmidas de rochas para a sua sobrevivência e crescimento.

5. *Pteris vittata* L., Sp. Pl. 2: 1074. 1753. *Pteris longifolia* auct. Quoad Pl. Asiat., Bedd. Handb. Ferns Brit. India 106, 55. 1883; Manickam e Irudayaraj, Pterid. Fl. W. Ghats S. India, 68, Pl. 42. 1992; Pterid. Fl. Nilgiris, S. Índia, 83. 2003.

Planta de porte médio com rizoma escamoso suberecto. Folhas lanceoladas, simples, pinadas, pinas basais progressivamente redireccionadas para aurículas deflexionadas, outras linearmente lanceoladas; glabras; nervuras simples ou formadas livres. Soros contínuos ao longo da margem. Esporos verde-amarelados.

Espécime examinado: **Binu Thomas, BUH : 7401**

Raro nas fissuras rochosas húmidas das colinas de Velliangiri a cerca de 1500 m.

Nota: Esta espécie pode ocorrer tanto em habitats terrestres como litofíticos. Embora o presente estudo tenha verificado que, para além destes habitats, esta espécie pode também preferir fendas húmidas de rochas nas quais se encontra uma fina película de solo como um dos habitats para a sua sobrevivência.

14.SCHIZAEACEAE

ANEMIA Sw.

Anemia wightiana Gardner, Calc. Jour. 7: 10, t. 1. 1847. *Osmunda tomentosa* Sav. in Link Ecycl. 4: 652. 1797. *Anemia tomentosa* (Sav.) Sw. Fil. 156. 1806. Manickam e Irudayaraj, Pterid. Fl. W. Ghats S. Índia, 64. Pl, 40. 1992 **(Pl.-19 G)**.

Rizoma ereto ou suberecto até 2 cm de espessura, densamente revestido, lã multicelular macia. Estípulas tufadas, 30 x 0,4 cm nas frondes férteis, até 20 x 0,4 cm nas frondes estéreis. Pinnae cerca de oito pares. Ramos férteis dois, muito contraídos, nascidos abaixo da lâmina estéril, cerca de 10 x 1 cm com um pedúnculo de cerca de 3 cm de comprimento, esporângios nascidos na superfície dos lóbulos

Espécime examinado: **Binu Thomas, BUH : 7376**

Ocasionalmente em fissuras rochosas húmidas das colinas de Velliangiri a cerca de 100-1200 m.

Nota: O presente estudo verificou que, para além de outros habitats terrestres, esta espécie pode também preferir falésias rochosas húmidas e fendas de rochas expostas como um dos micro-habitats para a sua sobrevivência.

15.SELAGINELLACEAE

SELAGINELLA P. Beauv.

Chave para as espécies

1a. Folhas dispersas no caule principal; esporofilos acuminados .... **1.** *S.* ***delicatula***

b. Folhas uniformes no caule principal; esporofilos inteiros .... **3.** *S.* ***involvens***

2a. Folhas medianas aristadas; esporofilos uniformes .... **2. *S. intermedia***

b. Folhas medianas não aristadas; esporofilos dimórficos ....**4 *S. tenera***

1. *Selaginella delicatula* (Desv.) Alston in Journ. Bot. 70: 282. 1932. *Lycopodium delicatulum* Desv. *ex* Poir., Encycl. Suppl. 3: 584. 1814. *Lycopodium crassicaule* Hook. & Grev. in Hook. Bot. Misc. 2: 382. 1831. *Lycopodium flaccidum* Bory in Bel. Voy. Bot. 2: 9. 1833. *Selaginella flaccida* (Bory) Spring. in Bull. Ac. Brux. 10: 145. 1843. *Selaginella semicordata* Spring. in Mem. Ac. Sc. Brux. 24: 107. 1850; Manickam e Irudayaraj, Pterid. Fl. W. Ghats S. India, 40, Pl. 19. 1992.

Caule ereto ou suberecto, enraizado apenas na base, até 4 mm de espessura. Ramos laterais muitos alternos, tripinados. Folhas dispersas e oblíquas no caule principal, dispostas em quatro filas nos ramos laterais; folhas laterais 2,5 x 1,5 mm, ovadas, obtusas, inteiras; folhas medianas ovadas 2 x 1 mm, aristadas. Espiga nos ramos terminais; esporofilos uniformes, ovados acuminados, inteiros, 2 x 1 mm.

Espécime examinado: **Binu Thomas, BUH : 7404**

Raro nas fissuras rochosas húmidas das colinas de Velliangiri a cerca de 1200 m.

Nota: O presente estudo verificou que, para além de outros habitats terrestres, esta espécie pode também preferir falésias rochosas húmidas e fendas de rochas expostas como um dos habitats para a sua sobrevivência.

2. *Selaginella intermedia* (BI.) Spring in Bull. 10 (66): 144. 1983. *Lycopodium intermedium* BI., Enum. Pl. Jav. 2: 20, 269. 1828. *Lycopodium atroviride* Wall, Cat. 120: 6. 1829. *Selaginella artoviridis* (Wall.) Spring. in Flora, 21: 183. 1838. Manickam e Irudayaraj, Pterid. Fl. W. Ghats S. India, 39, Pl. 17. 1992.

Caule ereto ou suberecto, até 2 mm de espessura, plantas inteiras com cerca de 30 * 15 cm. Folhas dimórficas em toda a sua extensão; folhas laterais oblongas - lanceoladas, cerca de 5 * 2 mm, base desigual, ápice subagudo ou obtuso; folhas medianas ovadas, 4 * 1,5 mm, ápice aristado, margem denticulada. Cones com cerca de 1 * 0,3 cm. Esporofilos uniformes, ovados, 2 * 1 mm, acuminados, margem denticulada.

Espécime examinado: **Binu Thomas, BUH : 7406**

Raro nas fissuras rochosas húmidas das colinas de Velliangiri a cerca de 1600 m.

Nota: O presente estudo constatou que esta espécie pode preferir as falésias rochosas de rochas expostas nas colinas como um dos habitats para a sua sobrevivência e crescimento.

3. ***Selaginella involvens*** (Sw.) Spring in Bull. Ac. Brux. 10 (6): 136. 1843. *Lycopodium involvens* Sw., Syn. Fil. 182. 1806. *Lycopodium caulescens* Wall, Cat. 137. 1829. *Selaginella caulescens* (Wall.) Spring in Bull. Ac. Brux. 10: 137. 1843. *Selaginella pennula* Spring in Mem. Ac. Brux. 24. 101: 160. 1850; Manickam e Irudayaraj, Pterid. Fl. W. Ghats S. India, 35, Pl. 12. 1992; Pterid. Fl. Nilgiris, S. Índia, 61. 2003.

Planta pequena, caule ereto, enraizamento apenas na base. Folhas do caule principal uniformes, comprimidas; folhas da parte mais distal do eixo principal e dos ramos laterais dimórficas. Cones terminais nos últimos ramos, quandragulares, esporofilos uniformes.

Espécime examinado: **Binu Thomas, BUH : 7402**

Ocasionalmente em fissuras rochosas das colinas de Velliangiri a cerca de 1500-1700 m.

Nota: Esta espécie é normalmente encontrada em rochas como litófita, mas o presente estudo observou que também é vista em fissuras rochosas com uma fina película de solo.

4. ***Selaginella tenera*** (Hook. & Grev.) Spring in Bull. Ac. Brux. 10. 144: 232. 1843. *Lycopodium tenerum* Hook. & Grev. Em Hook., Bot. Misc. 2 (181): 400. 1831. *Lycopodium debile* Bory in Belanger, Voy. Bot. 2 (7): 8. 1834. *Selaginella debilis* (Bory) Spring in Bull. Ac. Brux. 10 (56): 143. 1843; Manickam e Irudayaraj, Pterid. Fl. W. Ghats S. India, 41, Pl. 20. 1992.

Planta pequena, caule ereto, enraizado apenas na base, até 3 mm de espessura. Folhas dimórficas, verdes a cor-de-rosa quando frescas, estramíneas a cor-de-rosa quando secas. Planta inteira até 30 * 15 cm. Folhas laterais 3 * 1,5 mm, oblongo-ovadas. Esporofilos dimórficos, esporofilos laterais com megasporângios, outros com microsporângios.

Espécime examinado: **Binu Thomas, BUH : 7408**

Ocasionalmente em fissuras rochosas das colinas de Velliangiri a cerca de 800-1200 m.

Nota: O presente estudo verificou que também pode preferir fendas de rocha húmidas como um dos microhabitats para a sua sobrevivência.

16.SINOPTERIDACEAE

DORYOPTERIS J. Smith

Doryopteris concolor (Langsd. Et Fisch.) Kuhn in v. Decken Reis. 3 (3): 19. 1879. *Pteris concolor* Langsd. et. Fish., Icon. Fill. 19 t. 21. 1810; Manickam e Irudayaraj, Pterid. Fl. W. Ghats S. India, 83, Pl. 59. 1992; Pterid. Fl. Nilgiris, S. Índia, 78. 2003 **(Pl.-19 H)**.

Planta pequena, rizoma ereto ou suerecto, escamoso, estipes negros e polidos. Lamina simples, cordiforme, ternada, peltada, lóbulos primários pinnatifidos, glabra, nervuras indistintas. Sori marginal. Esporos trilobados, globosos.

Espécime examinado: **Binu Thomas, BUH : 7409**
Ocasionalmente em fissuras rochosas das colinas de Velliangiri a cerca de 1000-1200 m.
Nota: Esta espécie é normalmente encontrada em margens de riachos total ou parcialmente expostos em florestas decíduas secas entre 900 e 1200 m. Mas o presente estudo observou que também é vista em fissuras rochosas com uma quantidade óptima de solo e humidade para a sua sobrevivência.

17.THELYPTERIDACEAE

CHRISTELLA H. Lev.

Christella dentata (Forssk.) Brownsey & Jermy, Fern Gaz. 10: 338. 1973. *Polypodium dentatum* Forssk. Fl. Aegypt. Abrab. 185. 1773. *Aspidium molle* Sw. J. Bot. Gottinge. 1800: 34. 1801. *Dryopteris mollis* (Sw.) Hieron, Hedwigia 46: 348. 1907. *Cyclosorus dentatus* (Forssk.) Ching in Bull. Fan. Mem. Inst. Biol. Bot. 8: 206. 1938. Manickam e Irudayaraj, Pterid. Fl. W. Ghats

S .India, 198, Pl. 149. 1992; Pterid. Fl. Nilgiris, S. Índia, 114. 2003.

Plantas de tamanho médio com rizoma curto ou rasteiro. Lamina simplesmente pinada com pinas basais progressivamente reduzidas; pinas normais oblongo-lanceoladas, rasa ou profundamente lobadas, veias anastomosadas. Sori mediano nas nervuras, indusiato. Esporos reniformes.

Espécime examinado: **Binu Thomas, BUH : 7387**
Ocasionalmente em fissuras rochosas das colinas de Velliangiri e Madukkarai a cerca de 400-1600 m.

Nota: Esta espécie ocorre normalmente em margens de ribeiras total ou parcialmente expostas ou em locais secos e clareiras. No entanto, o presente estudo verificou que, para além de todos estes habitats, esta espécie pode raramente preferir fendas húmidas de rochas em que a humidade do solo é óptima como um dos habitats para a sua sobrevivência.

PARTE III - ANGIOSPÉRMICAS

18.CLEOMACEAE

CLEOME L.

Chave para as espécies

1a. Ervas prostradas; estames numerosos .... **1. *C. felina***

b. Ervas erectas; estames poucos **..2**

2a. Folhas simples; flores cor-de-rosa .... **3. *C. monophylla***

b. Folhas 3 ou 5-foliadas; flores não cor-de-rosa **...3**

3a Flores amarelas; ginóforo 0 .... **4. *C. viscosa***

b. Flores brancas; ginóforo presente .... **2. *C. gynandra***

1. ***Cleome felina*** L.f. Suppl. Pl. 300. 1781. *Polanisia felina* (L.f.) DC. Prodr. 1: 242. 1824; Sp. Pl. 671. 1753. Hook. f., Fl. Brit. India 1: 170. 1872; Gamble, Fl. Madras 41. 1915; Nair & Henry, Fl. Tamil Nadu 1: 15. 1983; Matthew, Fl. Central Tamilnadu 16. 1991 (**Pl.-4 A**).

Erva, prostrada. Folhas apicalmente simples, basalmente 3 foliadas, as centrais 1,5 - 2,5 x 0,7 - 1 cm, as laterais 0,5 - 1 x 0,3 - 0,7 cm, , folíolos obovados. Flores com 1 cm de diâmetro. Sépalas 4, lineares, 4 x 0,5 mm. Pétalas 4, rosa, obovadas. Estames 25-30; filamentos até 4 mm. Ovário 6 mm, estreitamente estriado, glabro, bico 3 mm, sementes a, 1,5 mm de diâmetro com fendas oblíquas fechadas.

Fl. e Fr: Set. - Dez.

Espécime examinado: **Binu Thomas, BUH : 7410**

Raramente nos penhascos rochosos das colinas de Madukkarai.

Nota: Esta erva ocorre imediatamente após a estação das chuvas nas colinas. Os numerosos estames com uma bela flor são o atrativo no campo.

2. ***Cleome gynandra*** L., Sp. Pl. 671. 1753. *Gynandropsis pentaphylla* DC. Prodr. 1: 238. 1824. *Gynandropsis gynandra* (L.) Briq. Ann. Conserv. Jard. Bot. Geneve 17: 382. 1914; Hook. f., Fl. Brit. India 1: 171. 1872; Gamble, Fl. Madras 40. 1915; Nair & Henry, Fl. Tamil Nadu 1: 16. 1983; Matthew, Fl. Central Tamilnadu 16. 1991. ***"Nalla velai "***

Erva, erecta até 80 cm. Folhas 3-5 foliáceas, 7,5 * 6,5 cm, folíolos obovados, o do meio 2,5 - 5,5 * 1,5 - 2,5 cm, laterais 1-3 * 0,5-1,5 cm. Flores c. 2,5 cm de diâmetro. Pétalas 4, brancas. Estames 6. Cápsula terete, estriada, glandular. Sementes a, fenda fechada, cristas transversais, pubescentes.

Fl. e Fr: maio - Ago.

Espécime examinado: **Binu Thomas, BUH : 7363**

Ocasionalmente em falésias rochosas das colinas de Madukkarai, Maruthamalai e Kanuvai.

Nota: O presente estudo verificou que, para além dos outros habitats terrestres, esta infestante pode também preferir fendas de rocha em que o solo seja arejado durante os períodos de monção.

3. ***Cleome monophylla*** L., Sp. Pl. 672. 1753; Hook. f., Fl. Brit. India 1: 168. 1872; Gamble, Fl. Madras 41.1915; Nair & Henry, Fl. Tamil Nadu 1: 16. 1983; Matthew, Fl. Central Tamilnadu 16. 1991. ***"Ellukkusakkalathi"***

Erva, erecta até 90 cm. Folhas simples, oblongo-lanceoladas, 3 - 6,5 * 1-2 cm. Flores com cerca de 1,5 cm de diâmetro. Racemos terminais, alongados. Sépalas 4, pétalas 4; cor-de-rosa, oblongas. Estames 6. Cápsula glandular; estriada. Sementes c. 40, com fenda fechada, estriadas concentricamente e com cristas transversais.

Fl. e Fr: Jun. - Ago.

Espécime examinado: **Binu Thomas, BUH : 7165**

Ocasionalmente em falésias rochosas de Madukkarai e Maruthamalai a 300 - 600 m.

Nota: Ocorre normalmente em fendas de rocha com solo recentemente acumulado das áreas circundantes durante a estação das chuvas.

4. ***Cleome viscosa*** L., Sp. Pl. 672. 1753. *Polanisia icosandra* Wight & Arn., Prodr. 22. 1834. Hook. f., Fl. Brit. India 1: 170. 1872; Gamble, Fl. Madras 41. 1915. Nair & Henry, Fl. Tamil Nadu 1:16.1983; Matthew, Fl. Central Tamilnadu 16. 1991. ***"Nai - velai"***

Erva, erecta até 40 cm de altura. Folhas 3 ou 5- foliadas; alternas, folíolos obovados-elípticos. Inflorescência em racemo axilar. Flores amarelas, 4 sépalas, polipétalas. Pétalas-4, polipétalas. Estames mais de 8. Semente numerosa, sub-globosa.

Fl. e Fr: Durante todo o ano

Espécime examinado: **Binu Thomas, BUH : 7166**

Ocasionalmente nas fendas das rochas dos montes Madukkarai, Maruthamalai e Kanuvai.

Nota: O presente estudo concluiu que esta espécie prefere o habitat rochoso para a sua sobrevivência e crescimento.

19.VIOLACEAE

Chave dos géneros

1a. Folhas subsésseis; pétalas desiguais; sementes ovóides .... **1.** ***Hybanthus***

b. Folhas pecioladas; pétalas iguais; sementes obovóides .... 2. ***Viola***

1. HYBANTHUS Jacq.

Chave para as espécies

1a. Flores rosadas; cápsula subglobosa .... **1.** ***H. enneaspermus***

b. Flores cor-de-rosa; cápsula angular................................. **2.** ***H. puberulus***

1. ***Hybanthus enneaspermus*** (L.) F. Muell, Fragm. Phyt. Austr. 10: 81. 1876. *Viola enneasperma* L., Sp. Pl. 937. 1753. *Viola suffruticosa* L., Sp. Pl. 937. 1753. *lonidium enneaspermum* (L.) Vent., Jard. Malm. Sub. t. 27. 1803. *lonidium suffruticosum* (L.) Ging. in. DC., Prodr. 1: 311. 1824; Hook. f., Fl. Brit. India 1: 185. 1872; Gamble, Fl. Madras 49.1915; Nair & Henry, Fl. Tamil Nadu 1: 16. 1983; Matthew, Fl. Central Tamilnadu 18. 1991. "***Otilaithamarai***" (**Pl.- 4 B**).

Erva até 25 cm. Folhas linearmente lanceoladas, subsésseis 2,5 x 0,7 cm. Flores solitárias, com 8 mm de diâmetro; pétalas rosadas, desiguais, obovadas; as superiores oblongas, laterais falcadas. Estames conatos; filamentos anteriores apendiculados, pubérulos, anteras vilosas. Cápsula subglobosa. Sementes ovóides.

Fl. e Fr: Durante todo o ano

Espécime examinado: **Binu Thomas, BUH : 7234**

Ocasionalmente nas fendas das rochas das colinas de Madukkarai e Mruthamali ou a cerca de 300-600 m.

2. ***Hybanthus puberulus*** M. Gilbert em Nord. J. Bot. 12 (6): 689 - 693. 1992; Sasi *et al,*

Zoo's Print XXVI (12): 30 - 31. 2011.

Erva até 17 - 20 cm de altura. Caule verde quando jovem, base rosada, peludo. Folhas verdes por cima e ligeiramente mais pálidas por baixo, simples, alternas, agrupadas no ápice, peludas, 25 - 35 x 3 - 5mm. Flores rosadas com padrões mais escuros, solitárias, inflorescência axilar; pedúnculo delgado, densamente curto pubescente, 8 - 10mm de comprimento. Pétalas 5, desiguais, superiores cor-de-rosa pálido, oblongas, 4 - 5 mm de comprimento, pétalas laterais cor-de-rosa pálido, oblongas terminando num ápice agudo, cerca de 3 mm de comprimento; pétalas inferiores cor-de-rosa com padrões mais escuros. Estames 5. Cápsulas com 3 ângulos, com pubescência curta, com cerca de 6 mm de comprimento; sementes amarelo-pálido, elipsoides, com nervuras, glabras, com cerca de 3 mm de comprimento.

Fl. e Fr: Jul. - Out.

Espécime examinado: **Binu Thomas, BUH : 7235**

Raramente nas fendas das rochas das colinas de Maruthamalai.

Nota: O *Hybanthus puberulus* cresce misturado com o *H. enneaspermus* e tem um aspeto semelhante e muito próximo do *H. ennaespermaus.* Mas distingue-se pelo seu indumento denso e curto, que cobre todas as partes, incluindo a cápsula. Em *H. enneaspermus* o indumento é muito mais frouxo, geralmente mais longo e a cápsula é sempre glabra. Ambas as espécies ocorrem no sopé das colinas e raramente se encontram nas fendas das rochas.

2. VIOLA L.

Viola pilosa Blume, Cat. Gew. Buitenz. 57. 1823. *Viola serpens* Wall. *ex* Ging. in DC., Prodr.1: 296. 1824. *Viola wightiana* Wall. *ex* Wight, Ic. t. 943. 1845; Hook. f., Fl. Brit. India 1: 184. 1872; Gamble, Fl. Madras 48.1915; Nair & Henry, Fl. Tamil Nadu 1: 17. 1983;

Matthew, Fl. Central Tamilnadu 18. 1991. "***Purusharatnam***"

Erva, pequena com caule frondoso até 20 cm. Folhas ovado-cordadas, 2,5-6 x 2-6 cm, pecioladas longas. Flor com 1 cm de diâmetro; pétalas violetas; par superior oblongo-obovado, 1uniforme, obovado 1 x 0,6 cm; par lateral obovado 1,5 x 0,5 cm; lábio inferior, 1 x 0,4 cm, apicalmente 2-lobado. Cápsula globosa.

Fl. e Fr: Nov.-Mar.

Espécime examinado: **Binu Thomas, BUH : 7360**

Ocasionalmente nas fendas das rochas das colinas de Velliangiri a cerca de 600-800 m.

Nota: Uma espécie variável, que cresce em fendas de rocha, é mais pequena do que em comparação com outros habitats terrestres.

20.POLIGALACEAE

POLIGALA L.

Polygala sibirica L., Sp. Pl. 702. 1753. *Polygala sibirica* L. var. *heyneana* (Wall. *ex* Wight & Arn.) Bennet in Hook.f. Hook. f., Fl. Brit. India 1: 205. 1872. *Polygala heyneana* Wall. *ex* Wight & Am., Prodr. 38. 1834; Gamble, Fl. Madras 58. 1915; Nair & Henry, Fl. Tamil Nadu 1: 22. 1983. "***Selagachedi***" (**Pl.-4 C**).

Erva, perene, caule lenhoso na base. Folhas elípticas ou oblongas, 2 x 0,5 cm, subsésseis, margem recurvada, base aguda. Racemos até 4 cm, 2 -3 flores; pedicelo até 0,4 mm. Pétalas 3, de cor púrpura ou violeta. Estames 8, encerrados pela pétala inferior. Ovário túrgido obcordado; estilete geniculado, estigma incurvo. Cápsula orbicular 0,6 cm x 0,4 cm, assimétrica, estilo puberulento geniculado, apicalmente encapuzado, estigma incurvado cm. sementes 2, ovóides; carúncula 3.

Fl. e Fr: Abr.-Set.

Espécime examinado: **Binu Thomas, BUH : 7313**

Raro nas fendas das rochas das colinas de Velliangiri a cerca de 1200 - 1500 m.

Nota: O presente estudo concluiu que esta espécie ocorre normalmente em habitats terrestres, como colinas e planícies. Para além destes, pode raramente preferir falésias rochosas para a sua sobrevivência.

21.CARIOFILÁCEAS

Chave para os géneros

1a. Folhas arredondadas; pecíolos 2 - 6 lobados .... **1.** ***Drymaria***
b. Folhas linear-elípticas; pétalas não lobadas .... **2.** ***Polycarpaea***

1. DRYMARIA Willd.*ex* Schults

Drymaria cordata Edgew. & Hook. f., Fl. Brit. India 1: 244. 1874. *Drymaria diandra* Blume, Bijdr. 62. 1825. *Cerastium cordifolium* Roxb., Fl. Ind. 2: 458. 1832; Gamble, Fl. Madras 63. 1915; Nair & Henry, Fl. Tamil Nadu 1: 23. 1983; Matthew, Fl. Central Tamilnadu 24. 1991. **" *Puliarai*" (Pl.-4 D)**.

Erva, difusa. Folhas decussadas; ovado-suborbiculares, 1,5 x 1,5 cm, 3-5 palminervadas, arredondadas, estípulas interpetiolares. Flores com 4 mm de diâmetro. Sépalas oblongas, conadas na base. Pétalas brancas, 2 partes, 2 a 6 lóbulos. Disco anular. Estames 3. Ovário 1-célula; óvulos 6; estilo 3-fid. Cápsula 3-valvada; sementes c. 5, orbiculares, comprimidas, vermelhas e muricadas.

Fl. e Fr: Durante todo o ano

Espécime examinado: **Binu Thomas, BUH : 7191**

Raramente em fendas rochosas húmidas dos montes Madukkarai e Velliangiri a cerca de 500-800 m.

Nota: Espécie introduzida, encontra-se agora naturalizada em vários habitats nas margens sombrias e húmidas dos rios e também em fendas de rochas húmidas.

2. POLICARPAEA Lam.

Chave para as espécies

1a. Cimas contraídas; cápsula oblonga .... 2. ***P. corymbosa***
b. Cimas não contraídas; cápsula ovoide .... **1.** ***P. aurea***

1. ***Polycarpaea aurea*** Wight & Arn., Ann. Nat. Hist. ser. 1: 91. 1839. *Polycarpaea* *corymbosa* var. *aurea* (Wight & Am.) Wight, Illustr. 2: 44. t. 110. 1850; Hook. f., Fl. Brit. India 1: 245. 1874; Gamble, Fl. Madras 65. 1915; Nair & Henry, Fl. Tamil Nadu 1: 23. 1983.

Erva erecta até 25 cm de altura. Folhas lineares, c. 10 x 2 mm. Flores em cimas corimbosas terminais, com cerca de 3 mm de diâmetro. Pétalas não lobadas. Cápsula ovoide, c. 1,5 mm de diâmetro.

Fl. e Fr: Jan. - Abr.

Espécime examinado: **Binu Thomas, BUH : 7312**

Raramente em fendas de rocha expostas nas colinas de Madukkarai a cerca de 400 m.

Nota: O presente estudo constatou que esta planta observada nas fendas das rochas tem o seu tamanho reduzido quando comparada com o outro habitat da mesma localidade.

2. *Polycarpaea corymbosa* (L.) Lam., Tabl. Encycl. 2: 129. 1792. *Achyranthes corymbosa* L., Sp. Pl. 205. 1753; Hook. f., Fl. Brit. India 1: 245. 1874; Gamble, Fl. Madras 65. 1915; Nair & Henry, Fl. Tamil Nadu 1: 23. 1983; Matthew, Fl. Central Tamilnadu 24. 1991. "***Nilachadachi***" (**Pl.-4 E**).

Erva, erecta a ascendente. Folhas decussadas - lineares, 1 x 0,2 cm. Cimas contraídas. Flores com 4 mm de diâmetro; cálice companulado, sépalas 5, lanceoladas, escariosas. Pétalas 5, ovado-suborbiculares, não lobadas. Ovário 1-célula; muitos óvulos. Cápsula oblonga, com 3 valvas; sementes c. 5-7, subreniformes, granulosas.

Fl. e Fr: Nov. - Jan.

Espécime examinado: **Binu Thomas, BUH : 7314**

Comum nas fendas das rochas das colinas de velliangiri a cerca de 600-800 m.

Nota: Na área de estudo, observam-se duas formas de crescimento distintas, como o hábito ereto e o ascendente. As formas erectas são observadas em fendas de rocha com uma quantidade mínima de solo, enquanto as formas ascendentes ocorrem com uma quantidade máxima de solo e nutrientes.

22.PORTULACACEAE

Chave para os gêneros

1a. Flores amarelas ou creme; ovário semi-inferior; sementes tuberculadas .... **1. *Portulaca***

b. Flores cor-de-rosa; ovário superior; sedes lisas .... **2. *Talinum***

1. PORTULACA L.

Chave para as espécies

1a. Folhas decussadas; flores 4-merosas .... **3.** ***P. quadrifida***

b. Folhas alternas ou subopostas; flores 1 - 3 .... **2**

2a. Nós do caule não apendiculados; folhas espatuladas .... **1.** ***P. oleracea***

b. Nós do caule com apêndices escarificados; folhas de outro modo **3**

3a. Involucro foliar 6-8; pétalas 5 .... **2.** ***P. pilosa***

b. Involucro foliar denso; pétalas 4 .... **4.** ***P. wightiana***

1. ***Portulaca oleracea*** L., Sp. Pl. 445. 1753; Hook. f., Fl. Brit. India 1: 246. 1874; Gamble, Fl. Madra 66. 1915; Nair & Henry, Fl. Tamil Nadu 1: 24. 1983; Matthew, Fl. Central Tamilnadu 26.1991. ***"Karikkirai"***

Erva, prostrada. Folhas alternas a subopostas, obovadas a espatuladas, 0,7 - 2 x 0,4 - 1,5 cm, pêlos axilares carnudos diminutos. Flores com 1 cm de diâmetro, 3 a 6 num cacho terminal, raramente 1: invólucros foliares 2 a 6. Pétalas 5, amarelas, obovadas, basalmente subconectadas. Estames c. 12. Ovário obovoide, unicelular. Cápsula ovoide; sementes a, tuberculadas.

Fl. e Fr: Durante todo o ano

Espécime examinado: **Binu Thomas, BUH : 7315**

Ocasionalmente nas fendas das rochas das colinas de Madukkarai e Kanuvai.

Nota: O presente estudo constatou que esta planta observada nas fendas das rochas tem o seu tamanho reduzido quando comparada com o outro habitat da mesma localidade.

2. ***Portulaca pilosa*** L., Sp. Pl. 445. 1773. *Portulaca tuberosa* Roxb., Fl. Ind. 2: 464. 1832; *Portulaca suffruticosa* Wall. *ex* Wight & Arn. Prodr. 356. 1834; Hook. f., Fl. Brit. India 1: 247. 1874; Gamble, Fl. Madras 66. 1915; Nair & Henry, Fl. Tamil Nadu 1: 24. 1983; Matthew, Fl. Central Tamilnadu 27.1991. ***"Sinnaparupukkeerai"*** **(Pl.- 4 F)**.

Erva até 10-20 cm. raiz fusiforme, 5-8 cm, folhas alternas, elípticas/lineares a oblongas, 0,5-1 x 0,4 cm, carnudas; pêlos axilares densos, 2 mm. Flores com 1 cm de diâmetro, terminais, invólucros foliares 6-8, pétalas 5, amarelas, obovadas, unidas na base, estames 35-40, ovário ovoide, unicelular. Cápsula ovoide; sementes minuciosamente tuberculadas.

Raramente nas fendas das rochas das colinas de Madukkarai e Velliangiri.

Fl. e Fr: Dez.-Fev.

Espécime examinado: **Binu Thomas, BUH : 7318**

Ocasionalmente nas fendas das rochas das colinas de Madukkarai a cerca de 300 m.

Nota: O presente estudo verificou que, para além dos habitats terrestres, esta espécie encontra nas arribas e fendas rochosas um dos habitats para a sua sobrevivência.

3. ***Portulaca quadrifida*** L., Syst. Nat. (ed. 12) 1: 328. 1766; Hook. f., Fl. Brit. India 1: 247. 1874; Gamble, Fl. Madras 66. 1915; Nair & Henry, Fl. Tamil Nadu 1: 25. 1983; Matthew, Fl. Central Tamilnadu 26.1991. ***"Neelakeearai"***

Erva, pequena, suculenta, com ramos espalhados que se enraízam nos nós; nós com um verticilo de pêlos brancos prateados densos. Folhas elípticas a ovado-lanceoladas, ápice inteiro agudo, 4 -6 x 3 - 8 mm. Flores solitárias, amarelas, terminais. Sépalas 4, c. 3 mm. Pétalas 4, obovadas, c. 5 mm. Estames 8 ou 12. Estilete 3 - 5. Cápsula obovada, cónica, sementes numerosas.

Fl. e Fr: Durante todo o ano

Espécime examinado: **Binu Thomas, BUH : 7316**

Ocasionalmente nas fendas das rochas das colinas de Madukkarai a cerca de 300 m.

Nota: O presente estudo verificou que esta espécie raramente ocorre nas arribas rochosas.

4. ***Portulaca wightiana*** Wall. *ex* Wight & Arn., Prodr. 356. 1834; Hook. f., Fl. Brit. India 1: 247. 1874; Gamble, Fl. Madras 66. 1915; Nair & Henry, Fl. Tamil Nadu 1: 25. 1983; Matthew, Fl. Central Tamilnadu 27.1991. ***"Pasalai"***

Herbáceas até 8 cm; estolhos com nós estreitamente unidos, apêndices nodais c. 6, escariados, persistentes. Folhas alternas, lanceoladas, 6*2 mm, membranosas. Flores terminais, 1: invólucros foliares densos, apêndices agrupados. Pétalas 4, creme, excedendo e adnadas às sépalas, Estames 8. Ovário ovoide, unicelular.

Fl. & Fr.:Nov.-Fev.

Espécime examinado: **Binu Thomas, BUH : 7319**

Raramente nas fendas das rochas das colinas de Velliangiri a cerca de 300 - 400 m.

Nota: Esta espécie ocorre raramente nas falésias e fendas rochosas das serras.

2. TALINUM Adans.

Talinum portulacifolium (Forssk.) Aschers *ex* Schweinf. Weinf., Bull. Herb. Boiss. 4. App. 172. 1896. *Oryia portulacifolia* Forssk., Fl. Aeg. - Arab. 103. 1775. *Portulaca cuneifolia* Vahl., Symb. Bot. 1: 33. 1790. *Talinum cuneifolium* (Vahl.) Willd., Sp. Pl. 2: 864. 1799. *Talinum indicum* Wight & Arn., Prodr. 356. 1834; Hook. f., Fl. Brit. India 1 : 247. 1874;

Gamble, Fl. Madras 66. 1915; Nair & Henry, Fl. Tamil Nadu 1: 25. 1983; Matthew, Fl. Central Tamilnadu 27.1991. "***Pasali***"

Erva, robusta; ramos glabros. Folhas alternas, obovado-oblanceoladas, 6 -8 * 2 - 3 cm, carnudas, glabras, brilhantes por cima, com nervuras obscuras, subsésseis; estípulas 0. Panículas terminais. Flores com 2 cm de diâmetro. Sépalas 2, lanceoladas, 6 * 3 mm, com 3 nervuras. Pétalas 5, cor-de-rosa, obovadas, 1 * 0,6 cm, redondas, apiculadas. Estames a, conados na base; filamentos desiguais. Ovário superior, unicelular; óvulos a em placentas centrais livres; estilo 3 -fid. Cápsula globosa, 3 valvulada; sementes c. 35, ovóides com estrias concêntricas regulares.

Raramente encontrada em fendas de rocha húmida nas colinas de Madukkarai a cerca de 500 m.

Fl. e Fr: Out.-Fev.

Espécime examinado: **Binu Thomas, BUH : 7349**

Nota: Esta espécie foi introduzida a partir de África e agora percorre vários habitats, incluindo fendas de rocha e falésias. A natureza suculenta da planta é mais adaptável a estes micro hábitats.

23.HYPERICACEAE

HYPERICUM L.

Chave para as espécies

1a. Folhas ovado-lanceoladas; flores axilares .... **1. *H. japonicum***
b. Folhas elíptico-lanceoladas; flores solitárias .... **2. *H. mysurense***

1. *Hypericum japonicum* Thumb. *ex* Murr. in L., Syst. Veg. 702. 1784; Hook. f., Fl. Brit. India 1: 256. 1874; Gamble, Fl. Madras 70. 1915; Nair & Henry 1: 26. 1983; Matthew, Fl. Central Tamilnadu 29. 1991.

Erva, procumbente até 5-30 cm. Folhas ovadas - lanceoladas, até 7,5 x 2 mm. Flores axilares. Pétalas amarelas, oblanceoladas. Estames c. 20. Ovário ovoide, 4 mm, 3-lobado; 1-célula, óvulos α , placentae 3. Cápsula ovoide, 3 valvulada; sementes oblongas.

Fl. e Fr: Nov. - Dez.

Espécime examinado: **Binu Thomas, BUH : 7235**

Comum nas fendas das rochas das colinas de velliangiri a cerca de 1200 m.

Nota: Espécie muito variável, com habitats variados, com ocorrência tanto mesofítica como casmofítica.

2. ***Hypericum mysurense*** Heyne *ex* Wight & Arn., Prodr. 99. 1834. *Norisca mysurensis* (Heyne *ex* Wight & Arn.) Wight, Ic. t. 56. 1838; Hook. f., Fl. Brit. India 1: 253. 1874; Gamble, Fl. Madras 70. 1915 Nair & Henry, Fl. Tamil Nadu 1: 26. 1983. "***Avaram chedi***" (**Pl.- 4 G**).

Arbusto, ramos com 4 ângulos. Folhas elípticas - lanceoladas, sésseis. Flores solitárias, amarelas. Sépalas 5, pétalas 5, ovário unicelular com 5 placentas parietais, os estilos excedem o ovário em comprimento, os óvulos são numerosos; cápsula septicida, dividindo-se através das placentas.

Fl. e Fr.: Set. - Dez.

Espécime examinado: **Binu Thomas, BUH : 7238**

Comum nas fendas das rochas das colinas de velliangiri a cerca de 1000-1400 m.

Nota: O presente estudo constatou que esta planta raramente prefere as arribas rochosas para a sua sobrevivência.

24.MALVACEAE

Chave para os géneros

1a. Epiciclo ausente; folhas basais sub-orbiculares .... **3.** ***Sida***

b. Epiciclo presente; folhas basais de outra forma **2**

2a. Óvulo 1 por célula; folhas lobadas .... **2.** ***Pavónia***

b. Óvulo 3 ou mais por célula; folhas simples .... **1.** ***Hibisco***

1. HIBISCO L.

Hibiscus ovalifolius (Forssk.) Vahl, Symb. Bot. 1: 50. 1790. *Urena ovalifolia* Forssk., Fl. Aeg. - Arab. 124. 1775. *Hibiscus micranthus* L.f., Suppl. Pl. 308. 1781; Hook. f., Fl. Brit. India 1: 335. 1874; Gamble, Fl. Madras 97. 1915; Nair & Henry, Fl. Tamil Nadu 1: 34. 1983. Matthew, Fl. Central Tamilnadu 38. 1991 "***Pachachakadalmaaru***"

Subarbusto até 1,5 m; ramos estrelado-tomentosos. Folhas simples; ovadas, suborbiculares,

I. 5 - 2,5 x 1 - 2 cm. Flores com 1 a 1,5 cm de diâmetro. Segmentos do epiciclo 6. Pétalas brancas, oblongas - elípticas. Coluna estaminal anterífera em toda a extensão, glabra. Ovário com 5 células; 3 óvulos por célula. Cápsula que não excede o cálice, puberulenta; sementes peludas.

Fl. e Fr: Durante todo o ano

Espécime examinado: **Binu Thomas, BUH : 7233**

Frequentemente nas fendas das rochas das colinas de Madukkarai, Maruthamalai e Kanuvai.

Nota: O presente estudo verificou que esta planta se encontra normalmente distribuída nas falésias rochosas das colinas com flores brancas atractivas.

2. PAVÓNIA Cav.

Pavonia zeylanica (L.) Cav., Diss. 3: 134, t. 48, f. 2. 1787. *Hibiscus zeylanicus* L., Sp. Pl. 697. 1753; Hook. f., Fl. Brit. India 1: 331. 1874; Gamble, Fl. Madras 93. 1915; Nair & Henry, Fl. Tamil Nadu 1: 36. 1983. Matthew, Fl. Central Tamilnadu 41. 1991 "***Mammatti; Thaengaai poondu***"

Subarbusto até 1,5 m; ramos viscosos e estrelado-pubescentes. Folhas profundamente trilobadas, 0,7-1,7 x 0,7 x 1,7 cm, lóbulos obovados. Flores com 1,5 cm de diâmetro, 1. Segmentos do epiciclo 8 -

II. Pétalas rosadas ou brancas. Óvulo 1 por célula. Mericarpo alado nos bordos; sementes pubescentes.

Fl. e Fr: Durante todo o ano

Espécime examinado: **Binu Thomas, BUH : 7283**

Comum nas fissuras rochosas das colinas de Madukkarai, Maruthamalai e Kanuvai, a cerca de 400 - 600 m.

Nota: O presente estudo constatou que esta planta está normalmente distribuída nas falésias rochosas das colinas de Madukkarai, com atraentes pétalas de rosa.

3. SID A L.

Sida cordata (Burm.f.) Borss., Blumea 14: 182. 1966. *Melochia cordata* Burnm.f., Fl. Ind. 143. 1768. *Sida veronicaefolia* Lam., Encycl. 1: 5. 1783. *Sida humilis* Cav. var. *veronicaefolia* (Lam.) Mast. in Hook. f., Fl. Brit. India 1: 322. 1874; Gamble, Fl. Madras 89. 1915; Nair & Henry, Fl. Tamil Nadu 1: 36. 1983. Matthew, Fl. Central Tamilnadu 42. 1991 "***Vallikurunthottai***" (**Pl.- 4 H**).

Erva até 60 cm; ramos prostrados a ascendentes, com idumento de pêlos esparsamente estrelados - tomentosos. Folhas basais suborbiculares, superiores cordato-ovadas, 1,5 - 3,5 * 1-3 cm. Flores com 1 cm de diâmetro, 1 ou 2, por vezes em racemos frouxos. Pétalas amarelas, oblíquas-obovadas. Ovário com 5 células. Mericarpos 5, 4-hedrais, esparsamente pilosos no ápice, bico curto, 2 - dentado, glabro; sementes ovóides ou 3-

gonosas, lado dorsal oco.

Fl. e Fr: Durante todo o ano

Espécime examinado: **Binu Thomas, BUH : 7335**

Raro nas fendas das rochas das colinas de Madukkarai e Kanuvai

Nota: O presente estudo verificou que esta espécie ocorre em falésias rochosas que possuem um tamanho reduzido quando comparadas com as plantas noutros habitats terrestres.

25.ZYGOPHYLLACEAE

TRIBULUS L.

Tribulus terrestris L., Sp. Pl. 387. 1753. *Tribulus lanuginosus* L., Sp. Pl. 387. 1753; Hook. f., Fl. Brit. India 1: 423. 1874; Gamble, Fl. Madras 130. 1915; Nair & Henry, Fl. Tamil Nadu 1: 49. 1983; Matthew, Fl. Central Tamilnadu 59. 1991. "***Nerunchimul***" (**Pl.-5 A**).

Erva, prostrada. Folhas 2-4 cm; folíolos 4 ou 5 pares, oblongos, 7 * 4 mm. Flores com 1,5 cm de diâmetro. Pétalas amarelo-douradas, obovadas, 7,5 * 4,5 mm. Disco anular, com 10 lóbulos. Estames 5+5, subtendidos por 5 escamas glandulares. Ovário lobado, com 5 células. Esquizocarpo com 5 ângulos; cocos 5, lenhosos, cada um com um par de espinhos desiguais; semente 1 por cocos.

Fl. e Fr: Durante todo o ano.

Espécime examinado: **Binu Thomas, BUH : 7354**

Ocasionalmente em fendas de rocha nas colinas de Madukkarai e Kanuvai.

Nota: Esta espécie pode ocorrer em vários habitats, tendo o presente estudo constatado que esta espécie pode também preferir habitats raros como fendas de rocha para a sua sobrevivência e crescimento.

26.OXALIDACEAE

Chave para os géneros

1a. Folhas pinadas; cápsulas valvulares ligadas ao eixo .... **1.** ***Biophytum***

b. Folhas 3-foliadas; cápsulas valvulares separadas do eixo .... **2.** ***Oxalis***

1. BIOPHYTUM DC.

Chave para as espécies

1a. Sementes proeminentemente 9-cristas, glabras .... **3.** ***B. sensitivum***

b. Sementes não semelhantes às anteriores, pubescentes **2**

2a. Folíolos 7-12 pares; nervura mediana excêntrica .... **2.** ***B. reinwardtii***

b. Folíolos 9 - 18 pares; nervura mediana não excêntrica ....**1.** ***B. longipedunculatum***

1. ***Biophytum longipedunculatum*** Govind., JETB 20: 312. 1996; Fl. Ind. 4: 234. 1997. (**Pl.-5 B**).

Erva, erecta até 35 cm de altura. Folhas obovadas, 7,5 - 12 x 2 - 3 cm; folíolos 9 -18 pares; cuspidados, margens espessadas, densamente estrigosos acima, pedúnculos 15 - 25 cm, densamente peludos; brácteas ovadas - lanceoladas, 1 - 1,3 mm, peludas ao longo das margens. Flores 6 -8 em umbela, 3 - 3,5 x 0,2 - 0,3 mm, 7 nervuras. Pétalas obovadas, 3.5 - 4.5 x 0.5 - 0.7 mm, 4-nervadas. Filamentos estaminódios 2,5 mm. Ovário 5 - lobado; sementes 3 - 4 por loculo.

Fl. e Fr: Set. - Dez.

Espécime examinado: **Binu Thomas, BUH : 7131**

Raro em fendas de rocha em zonas húmidas e sombrias das colinas de Velliangiri a cerca de 1500 m.

Nota: Esta espécie é endémica dos Ghats Ocidentais do Sul (Murugesan e Balasubramanian, 2010).

2. ***Biophytum reinwardtii*** (Zucc.) Klotzsch, Reise mossam. Bot. 1: 85. 1862. *Oxalis reinwardtii* Zucc. in Abh. Math - Phys. Cl. Koenigl. Bayer Akad. Wiss. 1: 274. 1829- 1830; Hook. f., Fl. Brit. India 1: 437. 1874; Gamble, Fl. Madras 133. 1915; Nair & Henry, Fl. Tamil Nadu 1: 50. 1983. "***Nagathalai***" (**Pl.-5 C**).

Erva, erecta até 25 cm de altura. Folhetos 7-12 pares; os terminais são os maiores, obovados 8 - 15 x 5 - 8 mm; nervura média excêntrica, curvada. Pedúnculos c. 12 cm, estrigosos a glandulares, com pêlos. Sépalas ovadas - lanceoladas, agudas 2 -4 x 1- 1,5 mm. Pétalas elípticas a oblanceoladas, 6-8 x 1-2 mm. Filamentos 2 -3 mm. Ovário c. 1 x 0,5 mm; glabro; estigma achatado.

Fl. e Fr: Set. - Nov.

Espécime examinado: **Binu Thomas, BUH : 7132**

Muito raro em fendas de rocha nas bordas de shola das colinas de velliangiri a cerca de 1500 m.

Nota: O presente estudo observou que esta espécie se encontra muito raramente nas fendas das rochas das margens dos sholas e dos prados nas colinas de Velliangiri. Isto indica que as fendas das rochas constituem um abrigo para a sobrevivência desta espécie.

3. *Biophytum sensitivum* (L.) DC. Prodr. 1: 690. 1824, var. *sensitivum* Edgew. & Hook. Hook. f., Fl. Brit. India 1: 436. 1874. *Oxalis sensitiva* L., Sp. Pl. 434. 1753; Gamble, Fl. Madras 133. 1915; Nair & Henry, Fl. Tamil Nadu 1: 50. 1983; Matthew, Fl. Central Tamilnadu 61. 1991. ***"Mukkutti"*** (**Pl.-5 D**).

Erva. Folhas 1,5-8 cm; folíolos 7-15 pares, o par terminal maior, obovado, curvo, 1,2 x 0,7 cm; os superiores oblongos, 1 x 0,6 cm; os basais ovados, 7 x 4 mm. Umbelas 5-10, cada uma com 7 a 10 flores. Flores com 8 mm de diâmetro; pétalas amarelas. Cápsula glandular-pubescente ao longo dos septos; sementes 2-4 por célula, concentricamente 9-cristais.

Fl. e Fr: Durante todo o ano.

Espécime examinado: **Binu Thomas, BUH : 7133**

É frequente ver-se nas fendas das rochas de todas as colinas selecionadas a cerca de 600-1400 m.

Nota: Esta espécie pode ser observada em vários habitats terrestres, tendo o presente estudo constatado que também ocorre em fendas de rochas em que a humidade do solo é óptima.

2. OXALIS L.

Chave para as espécies

1a. Erva difusa com caules; flores amarelas; bolbos 0 .... **1. *O. corniculata***

b. Erva erecta sem caule; flores rosa-púrpura; bulbífera .... **2. *O. latifolia***

1. *Oxalis corniculata* L., Sp. Pl. 435. 1753. *Oxalis corniculata* L. var. *hispida* Blatt. JBNHS 34: 898. 1931; Hook. f., Fl. Brit. India 1: 436. 1874; Gamble, Fl. Madras 133. 1915; Nair & Henry, Fl. Tamil Nadu 1: 51. 1983; Matthew, Fl. Central Tamilnadu 61. 1991. ***"Pulivayilai"***

Erva, difusa, rasteira. Folhas digitadas, 3 foliáceas; folíolos obcordados, 0,4-1,5 x 0,7-1,7 cm. Pseudo-umbelos axilares, c. 1-6 floridos. Flores com 8 mm de diâmetro. Pétalas amarelas, oblanceoladas. Cápsula oblonga, afunilando abruptamente acima, puberulenta; sementes α por lóculo, ovoide-elipsoide, estriadas transversalmente.

Fl. e Fr: Durante todo o ano.

Espécime examinado: **Binu Thomas, BUH : 7278**

Frequentemente em fendas de rocha de todas as colinas de pé selecionadas ou a cerca de 300-800 m .

Nota: Normalmente esta espécie apresenta uma distribuição cosmopolita. A planta que ocorre em fendas de rochas secas apresenta um tamanho muito reduzido do que em fendas de rochas húmidas.

2. ***Oxalis latifolia*** HBK, Nov. Gen. Sp. 5: 237. 1822; Fyson, Fl. South Indian Hill St. 2: t. 51. 1932; Matthew em Rec. Bot. Surv. India 20 (1): 57. 1969; Nair & Henry, Fl. Tamil Nadu 1: 51. 1983; Matthew, Fl. Central Tamilnadu 62. 1991. ***"Puliva"*** (**Pl.- 5 E**).

Erva, anual até 20 cm. Folhas 3- foliadas; folíolos subsésseis, amplamente deltóides com 2 lóbulos obtusos divergentes, 1,5 x 2,5 cm. Flores 9-12, cada uma com 1,2 cm de diâmetro; rosa a violeta, pétalas oblanceoladas, estames 5 + 5; os externos curtos, opostos às pétalas, os internos longos, opostos às sépalas. Ovário com 5 células; óvulos α, sementes com tegumento.

Fl. e Fr: Jan. - Mar.

Espécime examinado: **Binu Thomas, BUH : 7280**

Raramente nas fendas das rochas das colinas de velliangiri a cerca de 1200 m.

Nota: Esta planta foi introduzida a partir da América Central e Tropical, atualmente ocorre em vários habitats, incluindo fendas de rochas.

27.BALSAMINACEAE

IMPATIENS L.

Chave para as espécies

1a. Folhas decussadas com nervuras rosadas abaixo de .... **3. *I. chinensis***

b. Folhas alternas sem nervuras rosadas abaixo de .... **2. *I. balsamina***

2a. Sementes tuberculadas; inflorescência não escafiforme .... 5. ***I. flaccida***

b. Sementes não semelhantes às anteriores; inflorescência escafoide **3**

3a. Folhas radicais; pubescentes .... **1. *I. acaulis***

b. Folhas orbiculares; glabras .... **4. *I. clavicornu***

1. ***Impatiens acaulis*** Am., Comp. Bot. Mag. 1: 325. 1835; Hook. f., Fl. Brit. India 1: 443. 1874; Gamble, Fl. Madras 138. 1915; Nair & Henry, Fl. Tamil Nadu 1: 52. 1983; Matthew, Fl. Central Tamilnadu 63. 1991. ***"Parattumbai"***

Erva, escápiforme com raiz tuberosa até 15 cm. Folhas radicais, suorbiculares-ovadas, 3-5 * 4-6 cm. Escapo até 15 cm; pedicelo 1-2,5 cm. Flores com 3 cm de diâmetro. Pétalas rosadas; uma dorsal orbicular. Cápsula elipsoide, glabra.

Fl. e Fr: Out.-Dez.

Espécime examinado: **Binu Thomas, BUH : 7240**

Raro em fendas de rochas gotejantes das colinas velliangiri a cerca de 800-1000 m.

Notas: Esta espécie endémica dos Ghats Ocidentais está listada na categoria Ameaçada (Nayar e Sastry, 1987,1988 & 1990; Murugesan e Balasubramanian, 2009). Esta espécie está normalmente presente nas fendas das rochas gotejantes. A planta torna-se saudável quando a água flui através das rochas. Durante os dias quentes de verão, o escoamento da água é reduzido ou pode ser interrompido. Isto afectará o crescimento e a sobrevivência da planta.

2. *Impatiens balsamina* L., Sp. Pl. 938. 1753. *Impatiens dahlii* Warb. in K. Schum. & Lauterb, Nachtr. Fl. Deutsch. Sudsee 313. 1905; Hook. f., Fl. Brit. India 1: 453. 1874; Gamble, Fl. Madras 97. 1915; Nair & Henry, Fl. Tamil Nadu 1: 52. 1983; Matthew, Fl. Central Tamilnadu 63. 1991. ***"Kasittumbai"*** (**Pl.-5 F**).

Erva suculenta até 75 cm. Folhas linear- lanceoladas; alternas, 3,5 - 6,5 * 0,5 -1 cm. Inflorescência racemo lateral. Flores com 2 cm de diâmetro, 1 ou em grupos de 2-3; sépalas pequenas, verdes; a inferior petaloide com um esporão, pétalas rosadas. Cápsula oblongo-elipsoide, tomentosa; sementes ovóides, tuberculadas.

Fl. e Fr: Jul. - Out.

Espécime examinado: **Binu Thomas, BUH : 7241**

Comum em fendas de rocha húmidas das colinas de velliangiri a cerca de 750-1000 m.

Nota: Esta planta ocorre normalmente em locais húmidos imediatamente após os períodos de monção. O presente estudo observou que, ocasionalmente, é vista em fendas húmidas de rochas para a sua sobrevivência.

3. *Impatiens chinensis* L., Sp. Pl. 2: 937. 1753. *Impatiens fasciculata* Lam., Dict. 1: 359. 1873; Hook. f., Fl. Brit. India 1: 444. 1874; Gamble, Fl. Madras 139. 1915; Nair & Henry, Fl. Tamil Nadu 1: 52. 1983; Matthew, Fl. Central Tamilnadu 63. 1991. ***"Onnapoovu"*** (**Pl.-5 G**).

Erva suculenta até 70 cm. Folhas decussadas-lanceoladas, 2,5 - 5,5 x 0,5 -1 cm, vilosas, esbranquiçadas por baixo, com nervuras rosadas, subsésseis. Flores com 3,5 cm de diâmetro, em grupos de 2-3; pétalas cor-de-rosa. Cápsula elipsoide-ovoide, atenuada nas extremidades. Ovário 5-células; óvulos α, axilares; estigma séssil, 5-dentado.

Fl. e Fr: Durante todo o ano.

Espécime examinado: **Binu Thomas, BUH : 7244**

Comum em fendas de rocha húmidas das colinas de velliangiri a cerca de 800-1000 m.

Nota: A natureza suculenta da planta é um fator importante para a sua adaptação nas fendas das rochas. Quando a humidade do solo é menor durante os dias quentes de verão, esta espécie seca e dispersa as sementes nas mesmas fendas. Ao obter condições ambientais adequadas, a planta cresce normalmente.

4. ***Impatiens clavicornu*** Turcz. Bull. Soc. Imp. Naturalis. Moscou 32: 271. 1859. *Impatiens scapiflora* sensu Wight & Arn., Prodr. 137. 1834. *Impatiens beddomei* Hook. f., Fl. Brit. India 1: 442. 1874; Gamble, Fl. Madras 138. 1915. Nair & Henry, Fl. Tamil Nadu 1: 52. 1983. ***"Kalpoovai"*** (**Pl.-5 H**).

Erva, escafoide, cor-de-rosa por toda a parte. Folhas orbiculares, 2 - 4 x 2 - 4,5 cm, cordadas na base, obtusas a agudas no ápice, obscuramente crenadas ao longo das margens, glabras, subflesas. Pecíolos com 2-5,5 cm de comprimento. Flores em racemos terminais, com 1,5 cm de comprimento, cor-de-rosa; pedicelos c. 2,5 de comprimento. Sépalas ovadas; esporão com 1 cm de comprimento, asas 3 - lobadas. Cápsula elipsoide até 4 cm de comprimento; sementes peludas.

Fl. e Fr: Jul. - Dez.

Espécime examinado: **Binu Thomas, BUH : 7242**

Raro em fendas de rochas gotejantes das colinas de velliangiri a cerca de 1700 m.

Nota: Espécie rara, endémica dos Ghats Ocidentais do Sul (Ahmedullah e Nayar 1987). A floração completa ao longo das encostas rochosas abertas e húmidas, logo após a monção, é graciosa. Durante os dias quentes de verão, o escoamento da água é reduzido ou pode ser interrompido. Isto afectará o crescimento e a sobrevivência da planta.

5. ***Impatiens flaccida*** Am., Comp. Bot. Mag. 1: 322. 1836; Hook. f., Fl. Brit. India 1: 457. 1874; Gamble, Fl. Madras 143. 1915; Matthew, Fl. Central Tamilnadu 63. 1991.

Erva até 60 cm. Folhas alternas, ovado-elípticas, 6-9 x 3,5-5,5 cm. Inflorescência em racemo lateral. Flores em cachos axilares, com 4 cm de diâmetro. Lâminas glabras, pedicelos não agrupados nos pedúnculos. Pétalas brancas, pétala dorsal erecta, pétalas laterais unidas aos pares, cada pétala inteira-2 lobada. Cápsula elipsoide. Ovário com 5 células; óvulos a, estigma séssil, sementes tuberculadas.

Fl. e Fr: Out. - Dez.

Espécime examinado: **Binu Thomas, BUH : 7245**

Comum em fendas de rocha húmidas das colinas de velliangiri a cerca de 1200 m.

Nota: Esta espécie ocorre nas falésias rochosas húmidas das colinas durante os períodos pós-monção. Durante os dias quentes de verão, o escoamento da água é reduzido ou pode ser interrompido. Isto afectará o crescimento e a sobrevivência da planta.

28.VITACEAE

CISSUS L.

Cissus quadrangularis L., Mant. Pl. 1: 39. 1767. *Vitis quadrangularis* (L.) Wall. *ex* Wight, Cat. Ind. Pl. 26. 1833; Hook. f., Fl. Brit. India 1: 645. 1875; Gamble, Fl. Madras 233. 1915; Nair & Henry, Fl. Tamil Nadu 1: 81. 1983; Matthew, Fl. Central Tamilnadu 139. *1991.* "***Perandai***" (**Pl.- 6 A**).

Ramblers; ramos quadrangulares com ângulos geralmente alados, suculentos; gavinha - folha oposta. Folhas espiraladas, sésseis, 2- 5 * 1,5 - 4,5 cm. Flores esverdeadas - vermelhas, em cimas umbeladas opostas às folhas. Cálice em forma de taça. Pétalas 4, triangulares - ovadas. Estames 4. Disco pequeno, 4 lóbulos. Ovário bicelular com 2 óvulos em cada célula; estilo subulado; estigma pequeno. Bago globoso, castanho-avermelhado, semente 1, obovada, lisa.

Fl. e Fr: Jun. - Jan.

Espécime examinado: **Binu Thomas, BUH : 7162**

Nota: Normalmente esta planta ocorre em habitat terrestre. O presente estudo observou que, ocasionalmente, pode preferir habitats casmofíticos para a sua sobrevivência.

29.FABACEAE

Chave para os géneros

1a. Estípulas apendiculadas na base; flores amarelas .... **6. *Smithia***

b. Estípulas não apendiculadas; flores não amarelas **2**

2a. Artigos túrgidos; cálice glumoso .... **1. *Alysicarpus***

b. Artigos comprimidos; cálice não glumoso .... **3. *Desmodium***

3a. Nervuras da folha estreitamente paralelas; sépalas subiguais .... **5. *Tefrosia***

b. Nervuras da folha não estreitamente paralelas; sépalas de outro modo 3

4a. Quilhas bicudas; vagens insufladas .... **2. *Crotalária***

b. Quilhas espigadas na base; vagens septadas .... **4. *Indigofera***

1. ALYSICARPUS Necker *ex* Desv.

Chave para as espécies

1a. Ervas sub-erectas; pétala standard amarela .... **2. *A. glumaceus***

b. Ervas prostradas; pétala principal não amarela **2**

2a. Vagens teretéreas; pecíolo com 2-3 mm de comprimento .... **1. *A. bupleurifolius***

b. Vagens moniliformes; pecíolo com 12 mm de comprimento .... **3. *A. monilifer***

1. *Alysicarpus bupleurifolius* (L) DC., Prodr. 2: 352. 1825. *Hedysarum bupleurifoliumi* L., Sp.

Pl. 745. 1753. *Alysicarpus grcilis* Edgew. in J. Linn. Soc. Bot. 9: 312. 1869; Gamble, Fl. Madras 295.1918; Nair & Henry, Fl. Tamil Nadu 1: 91. 1983; Matthew, Fl. Central Tamilnadu 114. 1991.

Erva, prostrada. Folhas elíptico-oblongas, 1-2 x 0,2 - 0,4 cm. Racemos até 10 cm. Flores com 6 mm de diâmetro. Corola rosa a violeta. Vagem estipitada, subterete, glabra, 4 - gonosa, ápice apiculado; artículos 3 - 6, não rugosos transversalmente.

Fl. e Fr: Dez. -Jan.

Espécime examinado: **Binu Thomas, BUH : 7107**

Raramente nas fendas das rochas das colinas de Madukkarai a cerca de 250 m.

Observações: O presente estudo constatou que esta planta raramente prefere falésias e fendas rochosas para o seu crescimento e sobrevivência.

2. *Alysicarpus glumaceus* (Vahl) DC., Prodr. 2: 353. 1825; Hook. f., Fl. Brit. India 2: 159. 1876; Gamble, Fl. Madras 338. 1918. *Hedysarum rugosum* Willd., Sp. Pl. 3:1172.1803. *Alysicarpus rugosus* (Willd.) DC., Prodr. 2: 353.1825; Matthew, Fl. Central Tamilnadu 114. 1991.

Erva, suberecta. Folhas oblongo-lanceoladas, 1,5-3,5 x 0,5-0,7 cm. Racemos 2,5-15 cm. Flores com 4 mm de diâmetro. Corola rosa-púrpura. Vagem geralmente incluída no cálice, com 1 x 0,4 cm de diâmetro, moniliforme, mucro apical robusto; artículos 3-6, com nervuras transversais, pubescentes em forma de gancho.

Fl. e Fr: Set. - Mar.

Espécime examinado: **Binu Thomas, BUH : 7109**

Raramente nas fendas das rochas das colinas de velliangiri a cerca de 750-1000 m.

Observações: Esta planta pode preferir vários habitats para a sua sobrevivência. Entre estes, o habitat rochoso também pode ser preferido como um dos micro-habitats para o seu crescimento e sobrevivência.

3. ***Alysicarpus monilifer*** (L.) DC. Prodr. 2: 353. 1825. *Hedysarum monilifer* L., Mant. Pl. 1: 102. 1767; Hook. f., Fl. Brit. India 2: 157. 1876; Gamble, Fl. Madras 338. 1918; Nair & Henry, Fl. Tamil Nadu 1: 91. 1983; Matthew, Fl. Central Tamilnadu 114. 1991. (**Pl.- 6 B**).

Erva, prostrada. Folhas ovado-oblongas, 0,8-3,5 x 0,6-2 cm. Racemos 2-4 cm. Flores com 6 mm de diâmetro. Corola rosa-violeta. Estames 9 + 1; anteras uniformes. Ovário sub-séssil; óvulos α; estilete filiforme, incurvado no ápice. Vagem moniliforme, 2,5 x 0,3 cm, com pêlos felpudos e em gancho, nervos obscuros; artículos subglobosos, 5-7, túrgidos.

Fl. e Fr: Durante todo o ano.

Espécime examinado: **Binu Thomas, BUH : 7108**

Habitualmente em fendas de rocha nas colinas de Velliangiri e Madukkarai a cerca de 400-800 m.

Observações: O presente estudo verificou que, para além de outros habitats terrestres, esta planta pode também preferir arribas rochosas para a sua sobrevivência e crescimento.

2. CROTALARIA L.

Chave para as espécies

1a. Corola igual ou mais curta do que o cálice; estípulas 0 .... **1. *C. albida***

b. Corola não como acima; estípulas persistentes .... **3.*C. evolvuloides***

2a. Folhas lineares, obtusas; sementes reniformes.............. **4. *C. ramosissima*** Roxb. var. ***kanuvayensis***

b. Folhas ovado-oblongas; sementes não reniformes .... **2. *C. clarkei***

1. ***Crotalaria albida*** Heyne *ex* Roth, Nov. Pl. Sp. 333. 1821. *Crotalaria montana* Roxb., Fl.

Ind. 3: 365. 1832; Hook. f., Fl. Brit. India 2: 71. 1876; Gamble, Fl. Madras 295. 1918; Nair & Henry, Fl. Tamil Nadu 1: 95. 1983; Matthew, Fl. Central Tamilnadu 125. 1991.

Erva até 30 cm. Folhas simples, oblanceoladas-elípticas, 0,6-1,5 χ 0,2-0,4 cm. Racemos 10 ou α-floridos; bractéolas comprimidas no cálice. Flores com 8 mm de diâmetro. Corola ligeiramente mais pequena que o cálice, amarela. Ovário subséssil, glabro; estilo geniculado, pubescente em ambos os lados. Vagem oblonga, 1,5 χ 0,6 cm, com nervuras proeminentes, sementes c.10.

Fl. e Fr: Jan.-Apl.

Espécime examinado: **Binu Thomas, BUH : 7170**

Raramente nas fendas das rochas das colinas de velliangiri a cerca de 800-1200 m.

Nota: O presente estudo verificou que a planta que ocorre em falésias rochosas e fendas apresenta um tamanho muito reduzido quando comparada com outros habitats terrestres vizinhos.

2. ***Crotalaria clarkei*** Gamble, Bull. Misc. Inform. Kew. 1917: 27. 1917 & Gamble, Fl. Madras 296. 1918; Nair & Henry, Fl. Tamil Nadu 1: 96. 1983 (**Pl.- 6 C**).

Erva, espalhada. Folhas ovado-oblongas, lanceoladas. c. 5 * 2 cm. Racemos axilares, também terminais, ferrugíneos, 0-5 flores; flores c.1 * 0.7 cm. Cálice c. 1 cm, peludo no exterior; lóbulos 5, c. 9 mm. Corola amarela, orbicular padrão; 0,1 * 0,8 cm; asas obovadas, 0,9 * 4 mm; quilhas ovadas c. 8 * 4 mm. Estames 10. Ovário séssil, vagem oblonga, 2-3 * 0,8 cm, sedosa e peluda; sementes c. 6 mm de diâmetro.

Fl. e Fr: Set. - Nov.

Espécime examinado: **Binu Thomas, BUH : 7172**

Ocasionalmente em fendas de rocha nas encostas relvadas das colinas velliangiri a cerca de 900 m.

Nota: O presente estudo verificou que a planta que ocorre em falésias rochosas e fendas apresenta um tamanho muito reduzido quando comparada com outros habitats terrestres vizinhos.

3. ***Crotalaria evolvuloides*** Wight *ex* Wight & Arn. Prodr. Fl. Ind. Orient. 188. 1834; Hook. f., Fl. Brit. India 2: 68. 1876; Gamble, Fl. Madras 292. 1918; Nair & Henry, Fl. Tamil Nadu 1: 96. 1983.

Erva, prostrada; ramos pouco híspidos. Folhas simples, ovadas, por vezes oblongas - lanceoladas, 1,5 - 2,5 * 0,5 - 1 cm. Racemos terminais, 3 - 8 flores; brácteas ovadas, pedicelo 4 mm. Flores com 1 cm de diâmetro. Tubo cálice 2 mm, pubescente; lóbulos lanceolados. Corola amarela, 8 * 6 mm. Bainha estaminal 2 mm; filamentos 3, 6 mm de diâmetro. Ovário séssil, 4 mm; óvulos 8 a 10; estilete 5 mm. Vagem oblonga, 2 * 1 cm, suavemente pubescente; sementes com cerca de 1,5 mm de diâmetro.

Fl. e Fr: Nov. - Fev.

Espécime examinado: **Binu Thomas, BUH : 7171**

Ocasionalmente em fendas de rocha nas colinas de Maruthamalai a cerca de 500 - 800 m

Nota: Esta espécie é endémica da Índia Peninsular e do Sri Lanka (Udayan, 2003).

4. *Crotalaria ramosissima* Roxb. var. ***kanuvayensis*** Binu T., Prabhu, K.M. *et* Rajendran, A. in *Asian Pac. J. Trop. Biomed.* S1412-S1414.

Erva decumbente até 20 cm de altura. Caule densamente pubescente com pêlos sedosos, muito aromático, pegajoso e totalmente coberto de óleos. Folhas Lineares, sésseis, simples, aromáticas, obtusas na ponta, densamente pubescentes. Bráctea 3 - 3,5 mm de tamanho, glabra na parte superior, densamente pubescente na parte inferior com pêlos apressados. Cálice 5, 7 - 8,5 mm, glabro na parte superior, densamente pubescente na parte inferior, recurvado. Flor com 7-8 mm de comprimento. Vexílio: face externa vermelha e face interna amarela, não pontiagudo, 6,5 - 7 mm, obovado, superfície inferior glabra, superfície superior pubescente exceto na base. Pétala da asa: branco-creme, elíptico-obovado, mucrunculado na ponta, 6,5 - 7 x 4 mm de comprimento, glabro na face inferior e superior; Pétala da quilha: elíptica, obtusa na ponta, superfície superior glabra, superfície inferior pubescente. 5 - 5,5 mm de comprimento. Ovário pubescente, 3 mm de comprimento. Coluna estaminal glabra. Estames com 3 mm de comprimento. Fruto totalmente coberto de pêlos brancos prateados, oblongo com ápice apiculado, de 7 a 9 mm de comprimento. Semente glabra, em forma de rim, com 5-7 mm de comprimento (***C. ramosissima*** var. ***kanuvayensis*** - **Pl. -1**).

Fl. e Fr: Out. - Mar.

Espécimes examinados: Índia, Tamil Nadu, distrito de Coimbatore, colinas de Kanuvai: Prabhu Kumar & Binu Thomas, 17.02.2012, 7498 (BUH); Prabhu Kumar & Binu Thomas, 18.02.2011, 7500 (BUH), Prabhu Kumar & Binu Thomas, 18.02.2011, 7502 (BUH).

Nota: A espécie está confinada à sua localidade tipo (Kanuvai hills). Devido à raridade e à distribuição muito restrita deste taxa, foi-lhe atribuído um estatuto provisório de ameaça. No entanto, são necessários mais estudos de campo para confirmar o estatuto.

3. DESMODIUM Desv.

Chave para as espécies

1a. Arbusto; pedúnculos nodosos .... **1. *D. ferrugineum***

b. Erva; pedicelos não nodulares **..........................2**

2a. Ervas prostradas; flores rosa-violeta .... **3. *D. triflorum***

b. Ervas erectas; flores cor de laranja .... **2. *D. repandum***

1. *Desmodium ferrugineum* Wall. *ex* Thwaites, Enum. Pl. Zeyl. 87. 1859. *Desmodium rufescens* Wight & Arn., Prodr. Fl. Ind. Orient: 228. 1834. *Desmodium polycarpum* (Poir.) DC. var. fischeri Gamble, Fl. Madras: 243. 1918. Hook. f., Fl. Brit. India 2: 171. 1876; Gamble, Fl. Madras 345. 1918; Nair & Henry, Fl. Tamil Nadu 1: 105. 1983.

Subarbusto até 1 m de altura. Folhas 3-folioladas; folíolos amplamente obovados ou orbiculares, agudos ou arredondados na margem, obtusos e mucronados, 0,4 - 2,4 x 0,4 - 1,8 cm; coriáceas finas, glabrescentes em cima, densamente tomentosas em baixo. Pedicelos nodosos. Racemo de 4 a 10 cm de comprimento, terminal. Flores numerosas, 2 a 4 em cachos na ráquis, com 0,7 a 1,2 cm de comprimento, de cor azul-violeta. Vagens oblongas, apiculadas e recortadas lateralmente, c. 3 * 0,3 cm, comprimidas, pubescentes, 5 - 8 articuladas.

Fl. e Fr: Durante todo o ano.

Espécime examinado: **Binu Thomas, BUH : 7364**

Raramente em fendas de rocha expostas nas margens de shola das colinas de Velliangiri a cerca de 400-800 m.

Nota: Esta espécie encontra-se normalmente em locais húmidos no chão da shola. O presente estudo constatou que também pode preferir fendas de rocha onde o solo e os nutrientes são óptimos.

2. *Desmodium repandum* (Vahl.) DC., Prodr. 2: 334. 1825. *Hedysarum repandum* Vahl., Symb. Bot. 2: 82. 1791. *Desmodium scalpe* DC., Prodr. 2: 334. 1825. *Desmodium strangulatum* Wight & Arn., Prodr. 228. 1834; Hook. f., Fl. Brit. India 2: 165. 1876; Gamble, Fl. Madras 345. 1918; Nair & Henry, Fl. Tamil Nadu 1: 107. 1983; Matthew, Fl. Central Tamilnadu 131. 1991.

Erva até 50 - 75 cm. Folhas 3-folioladas, 5 - 8 cm; folíolos ovados, 3,5 - 5 * 3 - 4,5 cm; laterais a partir da metade. Racemos até 20 cm. Corola laranja, vermelho-tijolo. Estames mono-adelfos. Vagem pedunculada, 1,5 cm; artículos 1 ou 2, em forma de crescente, em gancho, pubescentes. Vagens 1- 3 articuladas.

Fl. e Fr: Out. - Dez.

Espécime examinado: **Binu Thomas, BUH : 7188**

Ocasionalmente em fendas de rocha expostas nas colinas de Madukkarai a cerca de 300-400 m.

Nota: O presente estudo concluiu que pode preferir as fendas das rochas para a sua sobrevivência.

3. *Desmodium triflorum* (L.) DC., Prodr. 2: 334. 1825. *Hedysarum triflorum* L., Sp. Pl. 249. 1753. *Desmodium triflorum* (L.) DC. var. *minus* Wight & Arn., Prodr. 229.1834. *Hedysarum stipulaceum* Burn.f., Fl. Ind. t. 54. f. 2. 1768; Hook. f., Fl. Brit. India 2: 173. 1876; Gamble, Fl. Madras 347. 1918; Nair & Henry, Fl. Tamil Nadu 1: 107. 1983; Matthew, Fl. Central Tamilnadu 132. 1991. "***Cherupulladi***" (**Pl.-6 D**).

Erva, prostrada e formando tapetes compactos. Folhas 3- foliadas, 6 mm de diâmetro; folíolos obovados, 4-6 * 4-5 mm; laterais equiláteras. Flores com 3 mm de diâmetro, 3-5 num cacho. Tubo cálice subigualmente 5-lobado. Corola rosa-violeta. Vagem de 1 cm; artículos 4-6, pubescentes em forma de gancho; sementes oblongas em geral.

Fl. e Fr: Durante todo o ano.

Espécime examinado: **Binu Thomas, BUH : 7186**

Frequentemente nas fendas das rochas das colinas de velliangiri ou a cerca de 500-1000 m.

Observações: Espécie com grande variedade de habitats. O seu tamanho ótimo é em solos argilosos, especialmente nos leitos ou margens dos rios, sob a forma de tapetes compactos. O presente estudo verificou que esta espécie também pode preferir fendas de rocha para o seu crescimento e sobrevivência.

4. INDIGOFERA L.

Chave para as espécies

1a. Racemos curtos; vagens com 2 sementes .... **1. *I. linnaei***
b. Racemos longos; vagens agrupadas .... **3. *I. spicta***
2a. Flores em racemos alongados; folhas 1-foliadas .... **2.*I. nummularifolia***
b. Flores minúsculas; folhas 3- foliáceas .... **4. *I. uniflora***

1. *Indigofera linnaei* Ali, Bot. Not. 111. 549. 1958. *Hedysarum prostratum* L., Mant. Pl. 1: 102. 1767. *Indigofera enneaphylla* L., Mant. Pl. 2: 272. 1771; Hook. f., Fl. Brit. India 2: 94.

1876; Gamble, Fl. Madras 309. 1918; Nair & Henry, Fl. Tamil Nadu 1: 112. 1983; Matthew, Fl. Central Tamilnadu 139. 1991. "*Sheppunerunji*" (**Pl.- 6 E**).

Erva, prostrada, profusamente ramificada. Folhas ímpares, pinadas, até 3,5 cm; folíolos 4 ou 5 pares, alternos - oblanceolados, 2-5 x 5-9 mm. Racemos subcapitados até 8 mm, 10 a 20 flores. Flores com 2,5 mm de diâmetro. Corola exserta, cor-de-rosa. Vagem elipsoide, 4 mm, túrgida, branca hirsuta; sementes 2.

Fl. e Fr: Durante todo o ano.

Espécime examinado: **Binu Thomas, BUH : 7246**

Habitualmente nas fendas das rochas das colinas de Madukkarai, Maruthamalai e Kanuvai, a cerca de 300 - 400 m.

Observações: Esta espécie ocorre sob a forma de tapetes densos em terrenos nus e pedregosos, campos de pousio, etc. Para além destes habitats, o presente estudo verificou que também pode preferir fendas de rocha como um dos habitats para a sua sobrevivência.

2. *Indigofera nummularifolia* (L.) Livera *ex* Alston in Trimen, Handb. Fl. Ceylon 6: 72. 1931. *Hedysarum nummularifolium* L., Sp. Pl. 746. 1753. *Indigofera echinata* Willd., Sp. Pl. 3: 1222. 1800; Hook. f., Fl. Brit. India 2: 92. 1876; Gamble, Fl. Madras 308. 1918; Nair & Henry, Fl. Tamil Nadu 1: 112. 1983; Matthew, Fl. Central Tamilnadu 139. 1991. "*Cherupullatai*"

Erva, prostrada. Folhas 1-foliadas, obovado-orbiculares, 1-2 x 0,8-1,5 cm, pontilhadas de glândulas. Racemos 5-10 floridos. Flores com 2 mm de diâmetro. Corola vermelha. Vagem indeiscente, reniforme 5 x 2 mm, com os ângulos inferiores com espinhos rígidos e em gancho; semente 1, oblongo-subreniforme, comprimida dorsalmente, estriada no meio.

Fl. e Fr: Durante todo o ano.

Espécime examinado: **Binu Thomas, BUH : 7247**

Habitualmente nas fendas das rochas das colinas de Velliangiri, a cerca de 500-800 m.

Observações: Esta espécie pode preferir fendas de rocha onde esteja presente uma fina camada de solo.

3. *Indigofera spicata* Forssk. Fl. Aegypt. - Arab. 138. 1775. *Indigofera endecaphylla* Jacq. Icon. Pl. Rar. 3 (3): 13 t. 570. 1789. *Indigofera kleinii* Wight & Arn. Prodr. Fl. Ind. Orient. 204. 1834; Hook. f., Fl. Brit. India 2: 98. 1876; Gamble, Fl. Madras 311. 1918; Nair & Henry,

Fl. Tamil Nadu 1: 112. 1983; Matthew, Fl. Central Tamilnadu Carnatic 192. 1983.

Erva, prostrada; ramos apressados-pubescentes. Folhas 3 - foliáceas, 2 cm; folíolos elíptico-obovados, 2-2,5 x 0,5-0,7 cm. Racemos axilares até 1 cm, 3-5 flores; pedicelo 0,5 mm. Flores com 4 mm de diâmetro. Tubo cálice 0,5 mm. Corola exserta, rosa a púrpura. Bainha estaminal 3,5 mm. Ovário 2 mm, séssil; estilete 1 mm. Vagem terete, 1,5 cm. deflexionada, ligeiramente alada, sementes 0,5 mm.

Fl. e Fr: Nov. - Fev.

Espécime examinado: **Binu Thomas, BUH : 7418**

Raramente nas fendas das rochas das colinas de Velliangiri a cerca de 750 m.

Observações: O presente estudo constatou que esta espécie prefere fendas de rocha em que haja solo e nutrientes suficientes como um dos habitats para a sua sobrevivência.

4. ***Indigofera uniflora*** Buch.-Ham. *ex* Roxb., Fl. Ind. 3: 374. 1832; Hook. f., Fl. Brit. India 2: 94. 1876; Gamble, Fl. Madras 309. 1918; Nair & Henry, Fl. Tamil Nadu 1: 113. 1983; "***Kalluchadchai***" (**Pl.- 6 F**).

Erva, prostrada com ramos avermelhados. Folíolos geralmente 5, finos, oblanceolados, planos; pedicelos filiformes, de 3 a 4 cm de comprimento. Flores minúsculas vermelhas. Estames diadelfos. Ovário séssil, vagem cilíndrica, de 1,5 cm de comprimento.

Fl. e Fr: Out. - Jan.

Espécime examinado: **Binu Thomas, BUH : 7249**

Habitualmente em fendas de rocha nas colinas de Madukkarai a cerca de 300 m.

Notas: Esta espécie é endémica dos Ghats Ocidentais (Induchoodan, 1996).

5. SMITHIA Aiton

Smithia racemosa Heyne *ex* Wight & Arn., Prodr. 221. 1834. *Smithia blanda* Wall. *ex* Wight & Arn. var. *racemosa* (Heyne *ex* Wight & Arn.) Baker in Hook. f., Fl. Brit. India 2: 151. 1876; Gamble, Fl. Madras 330. 1918; *Smithia bigemina* Matthew, Illustr. Fl. Tamil. Car. T. 222. 1982; Fl. Central Tamilnadu 149. 1991. "***Tholukanni***"

Erva, prostrada. Folhas abruptamente pinadas; folíolos 1 - 2(4) pares, opostos a obovados, 4 - 8 x 2 - 4 mm. Inflorescência de corimbos até 2 cm, 3 - 5 flores. Flores com 7 mm de diâmetro. Tubo do cálice com 2 lábios cerdosos; lábio superior ovado, emarginado, lábio inferior 3- dentado. Corola amarela. Estames 5 + 5. Ovário constrito e curvo. Vagem encerrada no cálice, septada entre si. Sementes orbiculares - elipsoides.

Fl. e Fr: Out. - Fev.

Espécime examinado: **Binu Thomas, BUH : 7365**

Raramente nas fendas das rochas das colinas de Velliangiri a cerca de 1300 m.

Observações: Esta espécie ocorre normalmente em locais húmidos das colinas, mas o presente estudo verificou que, sazonalmente, ocorre em falésias rochosas com uma fina camada de solo incrustada.

6. TEPHROSIA Pers.

Tephrosia pumila (Lam.) Pers., Syn. 2: 339. 1807. *Galega pumila* Lam., Encycl. 2: 599. 1788. *Tephrosia purpurea* (L.) Pers. var. *ciliata* Craib. Fl. Siam, Enum. 1: 384. 1928. *Tephrosia purpurea* (L.) Pers. var. *pumila* (Lam.) Baker in Hook. f., Fl. Brit. India 2: 113. 1876. *Tephrosia procumbens* Buch. - Ham. *ex* Dunn em Gamble, Fl. Madras 318. 1918. *Tephrosia diffusa* Wight & Arn., Prodr. 213. 1834; Nair & Henry, Fl. Tamil Nadu 1: 123. 1983; Matthew, Fl. Central Tamilnadu 132. 1991. "***Kozhinji***

Erva, prostrada. Folhas até 5 cm; folíolos 4 - 9 pares, obovado-oblanceolados, 0,8-1 * 0,3-0,7 cm. Pseudoracemes laxos; flores 1-3 num cacho. Flores com 8 mm de diâmetro. Corola branca. Vagem 3 * 0,4 cm, pubescente, rígida-hispida, contínua no interior; sementes c. 10, trapezoidais, estrófio subapical na semente.

Fl. e Fr: Nov. - Fev.

Espécime examinado: **Binu Thomas, BUH : 7350**

Raramente em fendas rochosas húmidas das colinas de Velliangiri e Madukkarai.

Nota: O presente estudo observou que esta espécie ocorre nas fendas das rochas em que o solo é suficiente como um dos micro-habitats para a sua sobrevivência e crescimento.

30.CAESALPINIACEAE

CHAMAECRISTA Irwin

Chave para as espécies

1a. Folhetos 2 emparelhados; estames 4 ou 5 .... **1. *C. absus***
b. Folhetos 8 - 10 pares; estames 10 .... **2. *C. kleinii***

1. ***Chamaecrista absus*** (L.) Irwin & Barneby, Mem. New York Bot. Gard. 35: 664. 1982. *Cassia absus* L. Sp. Pl. 376. 1753; Hook. f., Fl. Brit. India 2: 255. 1878; Gamble, Fl. Madras 103. 1919; Nair & Henry, Fl. Tamil Nadu 1. 129. 1983. Matthew, Fl. Central Tamilnadu 161.1991. "***Mulaipalyirai***" (**Pl.- 6 G**).

Subarbusto até 50 - 75 cm. Folhetos ovados - obovados, oblíquos, cuneiformes, inteiros, obtusamente apicualados, 2 - emparelhados, pubescentes, 1,5 * 1,5 cm. Racemos foliares - opostos e terminais até 7,5 cm. Sépalas 5, oblongas. Pétalas 5, amplamente ovadas, com garras, desiguais. Estames 4 ou 5, com deiscência transversal. Vagens liguladas, estipitadas, falcadas até 4,5 cm. Sementes 7, ovóides.

Fl. e Fr: Out. - Dez.

Espécime examinado: **Binu Thomas, BUH : 7155**

Raro nas fendas das rochas dos montes Madukkarai e Kanuvai a cerca de 350 m.

Nota: Esta espécie raramente prefere as fendas das rochas e as falésias são um dos habitats potenciais para a sua sobrevivência e crescimento.

2. ***Chamaecrista kleinii*** (Wight & Arn.) Matthew, Kew Bull. 48: 760. 1993. *Cassia kleinii* Wight & Arn., Prodr. 293. 1834; Hook. f., Fl. Brit. India 2: 266. 1878; Gamble, Fl. Madras 403.1919; Nair & Henry, Fl. Tamil Nadu 1: 130. 1983. Matthew, Fl. Central Tamilnadu 162.1991. "***Kalchikundu***" (**Pl.- 6 H**).

Erva, prostrada. Folhas de 2 cm; folíolos 8-10 pares, oblongo-elípticos, 5-9 x 3 mm, glândula 1, estipitados, peltados na base do pecíolo. Racemo com 2 flores. Flores com 1 cm de diâmetro. Pétalas amarelas, ovado-oblongas. Estames 10, todos anteríferos. Vagem curto-estipulada, plana, 3 x 0,4 cm, verrugosa, comprimida, felpudo-tomentosa, obtusa; sementes c. 10, planas, ovóides, longitudinais.

Comum nas fendas das rochas áridas das colinas de Madukkarai a cerca de 1000-1400 m.

Fl. e Fr: Durante todo o ano

Espécime examinado: **Binu Thomas, BUH : 7156**

Observações: O presente estudo verificou que, para além de outros habitats terrestres, esta planta pode também preferir fendas de rocha para a sua sobrevivência e crescimento.

31.CRASSULACEAE

KALANCHOE Adans.

Chave para as espécies

1a. Folhas subterete; flores vermelhas .... **4.** ***K. tubiflora***

b. Folhas dorsiventrais; flores amarelas **2**

2a. Flores pendentes; estames inseridos na base da corola .... **2. *K. pinnata***

b. Flores ereto-patentes; estames inseridos acima do meio da corola **3**

3a. Folhas simples; acastanhadas; subsésseis .... **1. *K. lanceolata***

b. Folhas 2-pinnatifidas; esverdeadas; pecioladas .... **3 *K. schweinfurthii***

1. *Kalanchoe lanceolata* (Forssk.) Pers. Syn. 1: 446. 1805. *Cotyledon lanceolata* Forssk., Fl. Aeg.-Arab. 89. 1775. *Kalanchoe floribunda* Wight & Arn., Prodr. 359. 1834; Hook. f., Fl. Brit. India 2: 414. 1878; Gamble, Fl. Madras 450. 1919; Nair & Henry, Fl. Tamil Nadu 1: 145. 1983; Matthew, Fl. Central Tamilnadu 181. 1991. "***Kallukalli; Chothuthalai***"

Erva, erecta até 60-100 cm. Folhas obovadas-oblongas 5-8 * 2-4 cm; frequentemente acastanhadas, sub-sésseis. Cimas em panículas, 10-20 cm, difusas. Flores com 2 cm de diâmetro, ereto-patentes. Tubo do cálice lobado quase até à base. Corola langeniforme, amarelada. Estames inseridos acima do meio do tubo da corola. Estilos 4; carpelos 4, livres, oblongo-ovóides, óvulos a, inseridos na face adaxial. Folículos até 1 cm; sementes a.

Fl. e Fr: Dez. - Mar.

Espécime examinado: **Binu Thomas, BUH : 7256**

Habitualmente nas fendas das rochas das colinas de Velliangiri a cerca de 1200-1600m.

Observações: Espécie que se encontra normalmente nas fendas das rochas. A natureza suculenta do corpo da planta é a principal caraterística adaptativa neste habitat.

2. *Kalanchoe pinnata* (Lam.) Pers., Syn. 1: 446. 1805. *Cotyledon pinnata* Lam., Dict. 2: 141. 1786. *Brophyllum calycinum* Salisb., Parad. Lond. t. 3. 1805. *Bryophyllum pinnatum* (Lam.) Kurz, J. Asiat. Soc. Bengal, Pt. 2, Nat. Hist. 40: 52. 1871; Hook. f., Fl. Brit. India 2: 413. 1878; Gamble, Fl. Madras 451. 1919; Nair & Henry, Fl. Tamil Nadu 1: 146. 1983; Matthew, Fl. Central Tamilnadu 181. 1991. "***Runakalli***" (**Pl.- 7 A**).

Erva, erecta até 1 m. Folhas amontoadas em rebentos jovens; 3-5 foliáceas, oblongo-elípticas, 7,5-15 * 4-6,5 cm; pecíolo esverdeado com manchas violetas. Cimas em panículas até 20 cm; brácteas foliares, pedicelo nodoso até 1,5 cm. Flores com 2-3 cm de diâmetro; pendentes. Tubo do cálice lobado acima do meio, corola até 5 cm, base esverdeada, ápice avermelhado, estreitada acima dos carpelos. Estames inseridos acima da constrição da corola. Folículos até 1,5 cm; sementes a, lineares.

Fl. e Fr: Jan. - Apl.

Espécime examinado: **Binu Thomas, BUH : 7158**

É frequente ver-se nas fendas das rochas das colinas de Velliangiri a cerca de 1200 m.

Observações: O presente estudo observou que esta espécie é normalmente encontrada na camada fina do solo junto a rochas expostas. A natureza suculenta da planta é adequada para se adaptar a habitats peculiares como falésias rochosas e cevados.

3. ***Kalanchoe schweinfurthii*** Penzig in Atti Congr. Bot. Genova 341. 1893. *Cotyledon laciniata* L. Sp. Pl. 430. 1753. *Kalanchoe laciniata* Sensu. Wight, Ic. t. 1158. 1846; Hook. f., Fl. Brit. India 2: 415. 1878; Gamble, Fl. Madras 451. 1919; Nair & Henry, Fl. Tamil Nadu 1: 146. 1983; Matthew, Fl. Central Tamilnadu 182. 1991. "***Malakalli***" (**Pl.- 7 B**).

Erva, peluda até 1 m. Folhas profundamente 2- pinadas, 6-8 cm; pecioladas, segmentos esverdeados com manchas roxas, linear-lanceoladas. Cimas até 30 cm, em panículas; brácteas simples a 3 foliáceas. Flores com 1 cm de diâmetro, erectas. Tubo cálice lobado na base. Corola amarela, langeniforme, com o ápice em forma de salva. Estames inseridos acima do meio do tubo da corola. Folículos 0,8 - 1 cm; sementes a, lineares.

Fl. e Fr: Jan. - maio

Espécime examinado: **Binu Thomas, BUH : 7157**

Habitualmente nas fendas das rochas das colinas de Velliangiri a cerca de 1200-1400m.

Observações: Esta espécie prefere normalmente as fendas das rochas e o chão húmido ou sombreado da floresta. Em condições ambientais adequadas, pode absorver enormes quantidades de água para se adaptar e sobreviver em condições xerofíticas nas fendas das rochas.

4. ***Kalanchoe tubiflora*** (Harvey) Raym-Hamet in Beih Bot. Centralbl. 29 (2): 41. 1912; Nair & Henry, Fl. Tamil Nadu 1: 146. 1983; Matthew, Fl. Central Tamilnadu 182. 1991 (**Pl.-7 C**).

Herbácea, suculenta até 1,5-2 m. Folhas em espirais de 3, simples, lineares, subterete, 2-5,5* 0,1-0,4 cm, castanhas, glabras. Cimas até 15 cm; pedicelo nodoso, até 1 cm. Flores com 1,5-2 cm de diâmetro, pendentes. Tubo do cálice glabro. Corola laranja a avermelhada, até 2 cm. Estames inseridos abaixo do meio da corola, na constrição.

Fl. e Fr: Set. - Mar.

Espécime examinado: **Binu Thomas, BUH : 7159**

Habitualmente nas fendas das rochas das colinas de Velliangiri, a cerca de 1200 m.

Observações: A propagação vegetativa da planta é a caraterística notável em que numerosas plantações em ápices. O facto de esta espécie se agregar nas fendas das rochas deve-se à facilidade de propagação e à forma de crescimento em solos limitados disponíveis nestes micro habitats.

32.MELASTOMATACEAE

Chave para os géneros

1a. Erva; folhas serrarte; flores 3-merosas .... **3. *Sonerila***

b. Arbustos ou subarbustos; folhas inteiras; flores 4 ou 5-merosas **2**

2a. Tubo do cálice com cerdas de base bulbosa; sem bordo ondulado ....**2. *Osbeckia***

b. Tubo do cálice diferente do anterior; com bordo ondulado .... **1. *Medinilla***

1. MEDINILLA Gaud.

Medinilla beddomei Clarke in Hook. f., Fl. Brit. India 2: 548. 1879. *Medinilla radicans* sensu Bedd., Ic. t. 184. 1868. 1874. Gamble, Fl. Madras 496. 1919; Nair & Henry, Fl. Tamil Nadu 1: 159. 1983. "***Neerkodiver***" (**Pl.- 7 D**).

Arbusto, prostrado. Folhas c. 3 x 3 cm, cuneiformes a arredondadas na base e no ápice, inteiras nas margens, glabras, verdes a rosa pálido. Flores com cerca de 2 cm de diâmetro. Anteras curvas, acuminadas com tubérculos e esporão proeminente. Bagas sub-campanuladas com cerca de 6 mm de comprimento, glabras, brilhantes.

Fl. e Fr: Abr. - Set.

Espécime examinado: **Binu Thomas, BUH : 7265**

Raro nas fendas das rochas das colinas de Velliangiri a cerca de 1500 m.

Nota: Esta espécie é endémica dos Ghats Ocidentais do Sul (Ahmedullah e Nayar, 1987; Murugesan e Balasubramanian, 2009). É normalmente encontrada em habitat epifítico, mas raramente pode preferir falésias rochosas como um dos micro-habitats para a sua sobrevivência.

2. OSBECKIA L.

Chave para as espécies

1a. Folhas ovadas ou elípticas; cimeiras umbeladas .... **1. *O. brachystemon***

b. Folhas oblongo-lanceoladas; cimeiras corimbosas .... **2. *O. zeylanica***

1. *Osbeckia brachystemon* Naud., Ann. Sci. Nat. Bot. Ser. 3. 14: 457. 1850. *Osbeckia truncata* D.Don. *ex* Wight & Arn., Prodr. 322. 1834. *Osbeckia cupularis* D.Don. *ex* Wight & Arn., Prodr. 323. 1834; Hook. f., Fl. Brit. India 2: 514.1879; Gamble, Fl. Madras 494. 1919. Nair & Henry, Fl. Tamil Nadu 1:162.1983 (**Pl.- 7 E**).

Erva, 30 cm. Folhas ovadas ou elípticas, 1,5 - 2,5 x 1 - 1,5 cm. Densamente estrigosas, com 3 nervuras. Cimas umbeladas, terminais e axilares, c. 2 x 2 cm. Flor com c. 7 mm de diâmetro. Tubo do cálice urceolado c. 5 x 3 mm; pêlos cerdosos agrupados, lóbulos 4, lanceolados. Pétalas 4, obcordadas, c. 4 x 4 mm. Estames 8. Ovário 4 - celular e 4 - angular. Cápsula c. 1 x 0,5 cm; sementes numerosas.

Fl. e Fr: Durante todo o ano

Espécime examinado: **Binu Thomas, BUH : 7277**

Raro nas fendas das rochas das colinas de Velliangiri a cerca de 1300 m.

Notas: Esta espécie é endémica da Índia Peninsular (Udayan, 2003). O presente estudo verificou que, raramente, esta espécie prefere as fendas das rochas como um dos habitats para a sua sobrevivência.

2. ***Osbeckia zeylanica*** L.f., Suppl. Pl. 215. 1781; Hook. f., Fl. Brit. India 2: 516.1879; Gamble, Fl. Madras 494. 1919. Nair & Henry, Fl. Tamil Nadu 1:163.1983. ***"Kadukadaldai"***

Erva a subarbusto, 10 - 30 cm. Folhas oblongo-lanceoladas, 1,5 - 3,5 x 0,4 - 1 cm. Cimas com 3 a 5 flores, corimbosas. Flores com 1,5-2 cm de diâmetro. Tubo cálice sem nervuras cruzadas. Pétalas 4, rosa, obovadas. Estames 8. Ovário com 4 células. Cápsula com 6,5 x 3,5 mm. Sementes a.

Fl. e Fr: Nov. - Mar.

Espécime examinado: **Binu Thomas, BUH : 7279**

Raro nas fendas das rochas das colinas de Velliangiri a cerca de 1000 m.

Nota: O presente estudo observou que, no habitat rochoso, as plantas possuem raízes robustas para se ancorarem e absorverem água e minerais do micro-habitat, como falésias e fendas rochosas.

3. SONERILA Roxb.

Chave das espécies

1a. Pedúnculos até 0,3 in de comprimento; caule quadrangular .... **2.** ***S. rheedei***

b. Pedúnculos não como acima; caule de outra forma **2**

2a. Folhas lanceoladas; agudas no ápice; tubo do cálice em forma de funil .... **1.** ***S. grandiflora***

b. Folhas orbiculares; arredondadas no ápice; cálice companulado .... **3.** ***S. rotundifolia***

1. ***Sonerila grandiflora*** R.Br. *ex* Wight & Arn. Prodr. 322. 1834; Hook. f., Fl. Brit. India 2: 535.1879; Gamble, Fl. Madras 499. 1919 . Nair & Henry, Fl. Tamil Nadu 1: 163. 1983 (**Pl.- 7 F**).

Erva, caulescente com caule carnudo espesso; caule glabro. Folhas até 3,5 x 1,2 cm, lanceoladas, agudas no ápice, estreitas e ligeiramente auriculadas na base, serrilhadas, visivelmente com 3 nervuras a partir do topo do pecíolo curto. Flores de cor púrpura em cimas escorpióides terminais. Tubo do cálice em forma de funil, companulado; dentes 3, curtos. Pétalas 3, lanceoladas, estames 3, anteras lanceoladas, ovário 3-células, muitas ovadas. Cápsula com 1,5 cm de comprimento, oblonga, com nervuras, deiscente apicalmente em 3 valvas.

Fl. e Fr: Out.-Nov.

Espécime examinado: **Binu Thomas, BUH : 7338**

Raro nas fendas das rochas do topo de Velliangiri a cerca de 1700 m.

Nota: As folhas com nervuras triplas são a caraterística desta espécie. Devido a este facto, pode ser facilmente identificada no campo. O presente estudo verificou que a planta prefere fendas de rocha sombreadas de grandes rochas como habitat para a sua sobrevivência.

2. *Sonerila rheedei* Wight & Arn., Prodr. 321. 1834. *Sonerila wallichii* sensu Clarke in Hook. f., Fl. Brit. India 2: 538.1879; "*rheedii*" Gamble, Fl. Madras 500. 1919. Nair & Henry, Fl. Tamil Nadu 1:164. 1983 (**Pl.- 7 G**).

Erva, caules de 0,6 in de comprimento, quadrangulares, por vezes quase nenhuns, folhas peninervadas, ovadas - lanceoladas, agudas, arredondadas ou cordadas, esparsamente cerdosas. Pedúnculos até 3 in de comprimento com 4 - 8 flores. Pétalas 3. Cor-de-rosa. Estames 3; anteras oblongas - lanceoladas. Ovário inferior Cápsula encerrada no tubo cálice persistente, deiscente apicalmente por 3 valvas. Sementes minúsculas.

Fl. e Fr: Jul. - Out.

Espécime examinado: **Binu Thomas, BUH : 7366**

Raro em fendas de rochas gotejantes das colinas de Velliangiri a cerca de 1200 - 1500 m.

Nota: Esta espécie é endémica dos Ghats Ocidentais do Sul (Sasidharan, 2004) e geralmente prefere penhascos rochosos gotejantes para a sua sobrevivência e crescimento.

3. *Sonerila rotundifolia* Bedd., Madras J. Lit. Sci. - Ser. 2. 22: 74. 1861; Hook. f., Fl. Brit. India 2: 538. 1879; Gamble, Fl. Madras 499. 1919 . Nair & Henry, Fl. Tamil Nadu 1.164.1983.

Erva, escápigeo até 7 cm de altura. Folhas 3-5 * 4-6 cm; orbiculares, arredondadas no ápice, cordadas na base, serrilhadas. Flores púrpura em cimeiras escorpióides terminais; escapo c. .15 cm. Tubo do cálice c. 5 mm; companulado; lóbulos 3, c. 3 mm, triangular-ovados. Lóbulos da corola 3-0,7 * 0,5 - 1 cm, suborbiculares. Estames 3; filamentos 4 - 7 mm; anteras 4-6 mm. Ovário subgloboso, c. 5 mm. Cápsula c. 7 mm, trigónica. Sementes numerosas.

Fl. e Fr: Jul. - Set.

Espécime examinado: **Binu Thomas, BUH : 7367**

Raro nas fendas das rochas gotejantes das colinas de Velliangiri a cerca de 1700 m.

Nota: Esta espécie é endémica dos Ghats Ocidentais do Sul (Ahmedullah & Nayar, 1987; Udayan, 2003; Murugesan e Balasubramanian, 2009) e geralmente prefere penhascos rochosos gotejantes para a sua sobrevivência e crescimento.

33.LYTHRACEAE

AMMANNIA L.

Ammannia baccifera L., Sp. Pl. (ed. 2) 175. 162. *Ammannia vesicatoria* Roxb., Fl. Ind. 1: 426. 1832; Hook. f., Fl. Brit. India 2: 569.1879; Gamble, Fl. Madras 510. 1919. Nair & Henry, Fl. Tamil Nadu 1:165.1983; Matthew, Fl. Central Tamilnadu 198. 1991. "***Kallurvi***"

Erva até 70 cm. Folhas oblongo-elíptico-ovais, 2 - 6 * 0,4 - 0,7 cm. Cymes dichasial, subsessile. Flores 4-5 merosas. Tubo do cálice campanulado; lóbulos 4. Pétalas 0. Estames 4 - 5. Ovário com 4-5 células. Cápsula com 1,5 mm de diâmetro, excedendo o tubo do cálice; sementes c. 20, túrgidas.

Fl. e Fr: Durante todo o ano

Espécime examinado: **Binu Thomas, BUH : 7110**

Ocasionalmente em fendas húmidas das colinas de Maruthamalai a cerca de 300-500 m.

Observações: Esta espécie ocorre normalmente em locais húmidos e sombrios. O presente estudo verificou que, para além destes habitats, pode também preferir falésias e fendas rochosas húmidas para o seu crescimento e sobrevivência.

34.BEGONIACEAE

BEGONIA L.

Begonia malabarica Lam., Encycl. 1: 393.1785. *Diploclinium dipetala* Wight, Ic. t. 1813. 1852; Hook. f., Fl. Brit. India 2: 655. 1879; Gamble, Fl. Madras 546. 1919; Nair & Henry, Fl. Tamil Nadu 1: 175. 1983; Matthew, Fl. Central Tamilnadu 217. 1991. ***"Rathasoori"***

(Pl.- 7 H).

Erva, suculenta até 1 m. Caules avermelhados. Folhas ovado-cordadas, 6-15 * 4-8 cm, com nervuras vermelhas, base profundamente oblíqua. Cimas em corimbos dichasiais até 6 cm. Flores com 1 cm de diâmetro, de cor rosa a branca. Tépalas 2, orbicular-lunadas, 1 * 1,5 cm. Estames a. Ovário obovoide, 3 células, 3 asas; óvulos a, axilares. Cápsula 1,5 * 2 cm, asas 5-7 mm de largura; sementes a, oblongas.

Fl. e Fr: Mar.-maio

Espécime examinado: **Binu Thomas, BUH : 7128**

Habitualmente em fendas de rocha húmidas das colinas de Velliangiri e Madukkarai a cerca de 1000-1500 m.

Nota: Esta planta é endémica dos Ghats Ocidentais (Udayan, 2003). As plantas das falésias rochosas são muito variáveis em altura, forma da folha, serrilha e também na cor da flor, quando comparadas com as plantas de outros habitats. Atualmente, são utilizadas numerosas variedades hortícolas para fins ornamentais e também para jardinagem em rocha.

35.CACTACEAE

Chave para os géneros

1a. Caule colunar; látex leitoso presente .... **1.** ***Cereus***
b. Caule achatado; látex leitoso ausente .... **2.** ***Opuntia***

1. CEREUS Miller

Cereus pterogonus Lam., Cact. Gen. Sp. Nov. 59. 1839; Burkill, Rec. Bot. Surv. India 4: 294. 1911; Matthew, Fl. Tamilnadu Central 217.1991. "***Ottha-kalli***

Arbusto, até 6 m; caule profusamente ramificado, colunar, 3-9 angulado, látex leitoso; aréolas equinadas, sem glochídeos, lanadas; espinhos desiguais 0,5-3 cm. Folhas 0. Flores sésseis até 15 cm de diâmetro. Perianto em forma de funil com algumas escamas por baixo; tépalas a; as exteriores branco-esverdeadas, as interiores brancas, oblongas, lanceoladas. Estames a, inseridos em vários níveis do perianto. Ovário com 2,5-3 cm de comprimento, 1 cm de largura, óvulos a.

Fl. e Fr: Mar.-Jul.

Espécime examinado: **Binu Thomas, BUH : 7154**

Habitualmente em fendas de rochas áridas das colinas de Madukkarai e Kanuvai a cerca de 300-400 m.

Nota: Introduzida a partir da América Tropical; atualmente vive em habitats rochosos secos e selvagens. Esta espécie é frequentemente utilizada para vedações onde forma matagais impenetráveis.

2. OPUNTIA Miller

Chave para as espécies

1a. Aerólios com 5-7 espinhos; flores sem cor-de-rosa sombreado **.......1.** ***O. stricta*** var. ***dillenii.***

b. Aerolas com 1-3 espinhos; flores com cor-de-rosa sombreado .... **2.** ***O. vulgaris***

1. ***Opuntia stricta*** Haw. var. ***dillenii*** (Ker - Gawl.) L., Benson, Car. Succ. J. 41. 126. 1969. *Cactus strictus* Haw., Misc. Nat. 188. 1803. *Opuntia dillenii* (Ker-Gawl.) Haw. Suppl. Pl. Succ. 79. 1819; Hook. f., Fl. Brit. India 2: 657. 1879; Gamble, Fl. Madras 548. 1919; Nair & Henry, Fl. Tamil Nadu 1: 176. 1983; Matthew, Fl. Central Tamilnadu 218.1991. ***"Sappathikalli"*** **(Pl.- 8 A)**.

Arbusto, suculento até 1-2 m; aréolas elevadas, densamente alongadas e cerdosas, glocídias; caule achatado, articulações largamente obovadas; espinhos afiados, subulados, amarelados, espinhos 5-7 por aréola. Folhas caducas, verde-pálido, reduzidas a escamas na base das articulações. Flores de até 5 cm de diâmetro, amarelas, tingidas de laranja. Estames numerosos, filamentos desiguais.

Fl. e Fr: Durante todo o ano

Espécime examinado: **Binu Thomas, BUH : 7274**

Comummente em fendas de rochas áridas das colinas do sopé das colinas de Kanuvai e Maruthamalai

Nota: Introduzida a partir da América; atualmente vive em habitats rochosos secos e terrenos baldios. A natureza suculenta do corpo da planta é uma importante adaptação xerofítica para sobreviver em habitats como penhascos rochosos e fendas de colinas rochosas secas.

2. ***Opuntia vulgaris*** Mill., Gard. Dict. (ed. 8) 1. 1768. *Cactus monacanthos* Willd., Enum. Pl. Suppl. 33. 1813. *Opuntia monacantha* (Willd.) Haw., Suppl. Pl. Succ. 81. 1819. *Cactus indicus* Roxb., Fl. Ind. 2: 475. 1832; Gamble, Fl. Madras 548. 1919; Nair & Henry, Fl. Tamil Nadu 1: 176. 1983; Matthew, Fl. Central Tamilnadu 218.1991. ***"Parathikalli"***

Arbusto, suculento até 1,5 - 2,5 m; aréolas densamente lanosas, acastanhadas-glocidiadas; espinhos 1-3 por aerole, 0,7 - 6,5 cm de comprimento, muito desiguais, com pontas castanhas. Folhas subuladas; lanceoladas até 4 mm, de folha caduca precoce. Flores até 8 cm de diâmetro. Perianto a; tépalas exteriores amarelas, cor-de-rosa; obovoide, 6 x 4 cm.

Fl. e Fr: Durante todo o ano

Espécime examinado: **Binu Thomas, BUH : 7275**

Habitualmente em fendas de rochas áridas dos sopés das colinas de Madukkarai e Maruthamalai.

Nota: Introduzida a partir do Brasil; atualmente encontra-se em estado selvagem, em habitats rochosos secos e em terrenos baldios. Os frutos maduros são também utilizados como comestíveis.

36. AIZOACEAE

TRIANTHEMA L.

Chave para as espécies

1a. Flores 6-8 em cacho, axilares; estilos 2 .... **1. *T. deccandra***

b. Flor solitária, inserida na bainha peciolar; estilo 1 .... **2. *T. portulacastrum***

1. *Trianthema deccandra* L., Mant. Pl. 70. 1767; Hook. f., Fl. Brit. India 2: 661. 1879; Gamble, Fl. Madras 551. 1919; Nair & Henry, Fl. Tamil Nadu 1: 176. 1983; Matthew, Fl. Central Tamilnadu 222. 1991. "***Vellaichaaranai***"

Erva, prostrada. Folhas oblongo-ovais, 1.5 - 2.5 x 0.7- 2 cm, sub-suculentas; pecíolo dilatado, amplexicaul. Flores com 4,5 mm de diâmetro, 6 a 8 num cacho subumbelado; pedicelo não encerrado no pecíolo. Cálice - tubo obcónico. Sépalas verdes por fora, cor-de-rosa por dentro. Estames 10, desiguais, cor-de-rosa. Ovário com 2 células; estilos 2. Cápsula 4,5 mm, bico 2 - lobado; sementes 2 no bico, 2 na parte basal, com nervuras concêntricas.

Fl. e Fr: Dez. - Abr.

Espécime examinado: **Binu Thomas, BUH : 7352**

Ocasionalmente nas fendas das rochas das colinas de Maruthamalai e Kanuvai.

Observações: Esta planta prefere normalmente planícies, margens de rios, etc. O presente estudo observou que também pode preferir fendas de rochas em que haja solo húmido e arejado.

2. *Trianthema portulacastrum* L., Sp. Pl. 223. 1753. *Trianthema monogyna* L., Mant. Pl. 69.

1767; Hook. f., Fl. Brit. India 2: 660. 1879; Gamble, Fl. Madras 550. 1919; Nair & Henry, Fl. Tamil Nadu 1: 177. 1983; Matthew, Fl. Central Tamilnadu 222. 1991. ***"Pasalikeera"***

Erva, semi-suculenta. Folhas desiguais, sub - orbiculares a obovadas, 1,5 - 4 x 1-4 cm, cuneiforme na base, obtusa no ápice, glabra. Flor axilar, c. 7 cm de diâmetro; inserida na bainha peciolar. Tubo do cálice aderente à base do pecíolo; lóbulos branco-rosados. Estames c. 20. Estilete 1. Cápsula bilobada, comprimida, c. 5 mm de comprimento; sementes reniformes com linhas muricadas.

Fl. e Fr: Durante todo o ano

Espécime examinado: **Binu Thomas, BUH : 7353**

Habitualmente em fendas de rochas áridas nos sopés das colinas de Madukkarai e Maruthamalai.

Nota: Espécie variável com duas formas distintas, uma com caule verde e outra com caule cor-de-rosa com flores de cor-de-rosa esverdeado a rosa pálido. Curiosamente ambas crescem juntas sem qualquer intermediário. Folhas utilizadas como verduras.

37.MOLLUGINACEAE

Chave dos géneros

1a. Flores em fascículos axilares; sementes com apêndices hilares .... **1. *Glinus***

b. Flores em cimeiras terminais; sementes sem apêndices hilares .... **2. *Mollugo***

1. GLINUS L.

Glinus oppositifolius (L.) A. DC., Bull. Herb. Boissier Ser. 2, 1: 552. 1901. *Mollugo oppositifolia* L., Sp. Pl. 89. 1753. *Mollugo spergula* L., Syst. Nat. (ed. 10) 881. 1759; Hook. f., Fl. Brit. India 2: 662. 1879; Gamble, Fl. Madras 552. 1919; Nair & Henry, Fl. Tamil Nadu 1: 177. 1983; Matthew, Fl. Central Tamilnadu 220. 1991. ***"Siruseruppadi"*** (**Pl.- 8 B**).

Erva, prostrada. Folhas 3-5 em verticilo, oblongo-oblanceoladas, desiguais, 0,5-2 x 0,20,4 cm. Flores com 4 mm de diâmetro, 5-7 em fascículos axilares. Sépalas 5, verdes. Estames 5; estaminódios 2-fidos. Ovário 3-lobado, 3-células; óvulos a. Cápsula 3 mm; sementes a, subreniformes, avermelhadas, nitidamente granulosas; estrófio com um longo apêndice.

Fl. e Fr: Dez.-Apl.

Espécime examinado: **Binu Thomas, BUH : 7222**

Frequentemente nas fendas das rochas das colinas de Madukkarai e Maruthamalai.

Nota: Esta espécie é abundante ao longo das margens dos rios, campos de pousio e planícies. Esta ocorrência cosmopolita desta espécie indica que pode preferir habitats variáveis para a sua sobrevivência. O presente estudo observou que também pode preferir as fendas das rochas como um dos habitats para a sua sobrevivência e crescimento.

2. MOLLUGO Lam.

Chave para as espécies

1a. Folhas radicais; cápsula elipsoide .... **1.** ***M. nudicaulis***

b. Folhas caulinares; cápsula oblonga ....**2.*M. pentaphylla*** **1.** ***Mollugo nudicaulis*** Lam., Encycl. 4: 234. 1797; Hook. f., Fl. Brit. India 2: 664. 1879; Gamble, Fl. Madras 553. 1919; Nair & Henry, Fl. Tamil Nadu 1: 177. 1983; Matthew, Fl. Central Tamilnadu 221. 1991. "***Parpadagam***"

Erva ascendente, ramificação frequentemente dicotómica. Folhas espatuladas, 4 x 2 cm; radicais, inteiras, estípulas membranosas. Inflorescência em cimeiras policástricas. Flores com 3 mm de diâmetro. Sépalas-5; brancas, longas, oblongas, presistentes. Estames - 3 a 5, alternados com as sépalas. Cápsula elipsoide, 2 mm; sementes c. 30 mm. granulosas.

Fl. e Fr: Dez.-Mar.

Espécime examinado: **Binu Thomas, BUH : 7269**

Ocasionalmente nas fendas das rochas das colinas de Maruthamalai e Velliangiri a cerca de 400 m.

Nota: O presente estudo verificou que, para além de outros habitats terrestres, esta espécie pode preferir as fendas das rochas como um dos habitats para a sua sobrevivência.

2. ***Mollugo pentaphylla*** L., Sp. Pl. 89.1753. *Mollugo stricta* sensu Clarke in Hook. f., Fl. Brit. India 2: 663. 1879; Gamble, Fl. Madras 553. 1919; Nair & Henry, Fl. Tamil Nadu 1: 178. 1983; Matthew, Fl. Central Tamilnadu 221. 1991. "***Seerakappoondu***" (**Pl.- 8 C**).

Erva, ascendente. Folhas oblanceoladas-espatuladas; caulinares 3-5 em verticilo, obovadas, 1-4,5 * 0,5-1,5 cm. Cimas policástricas até 5 cm; pedicelo curvo até 8 mm de diâmetro. Flores com 2 mm de diâmetro. Sépalas brancas. Cápsula oblonga, 2 mm; sementes 15-20, castanho-escuras, proeminentemente granulosas.

Fl. e Fr: Durante todo o ano.

Espécime examinado: **Binu Thomas, BUH : 7271**

Habitualmente em fendas de rocha húmidas das colinas de Maruthamalai a cerca de 600-800 m.

Nota: O presente estudo verificou que esta espécie estava saudável durante a estação das chuvas, enquanto no verão a planta secava e dispersava as suas sementes nas mesmas fendas.

38.APIACEAE

Chave para os géneros

1a. Plantas estoloníferas; caules prostrados .... **2.** ***Centelha***
b. Plantas não estoloníferas; caule ereto .... **1.** ***Bupleurum***

1. BUPLEURUM L.

Bupleurum wightii Kozo - Poji., Epit. Bupl. Ross. 166. 1913. *Bupleurum virgatum* Wight & Arn., Prodr. 370. 1834. *Bupleurum mucronatum* Wight & Arn. var. *virgatum* (Wight & Arn.) Clarke in Hook. f., Fl. Brit. India 2: 676. 1879; Gamble, Fl. Madras 558. 1919; Nair & Henry, Fl. Tamil Nadu 1: 178. 1983.

Erva, erecta até 50 - 120 cm de altura. Folhas sésseis ou subsésseis, 3 - 15 x 0,3 - 1 cm, estreitas e bainhas na base, agudas no ápice, glabras. Flores em umbelas compostas, terminais ou axilares, com cerca de 2 mm de diâmetro, amarelas. Pedúnculos até 30 cm de comprimento. Frutos elipsoides com estrias salientes.

Fl. e Fr: Dez. - Abr.

Espécime examinado: **Binu Thomas, BUH : 7140**

Escassa em encostas de erva rochosa em fendas de rocha húmidas nas colinas de Velliangiri a cerca de 800 - 1300 m.

Nota: Esta espécie raramente prefere as fendas das rochas como um dos habitats para a sua sobrevivência.

2. CENTELLA L.

Centella asiatica (L.) Urban em Mart., Fl. Bras. 11: 287. t. 78.f. 1879. *Hydrocotyle asiatica* L., Sp. Pl. 234. 1753. *Achyranthes corymbosa* L., Sp. Pl. 205. 1753; Hook. f., Fl. Brit. India 2: 669. 1879; Gamble, Fl. Madras 556. 1919; Nair & Henry, Fl. Tamil Nadu 1: 179. 1983; Matthew, Fl. Central Tamilnadu 224. 1991. "***Nilaisedachi***"

Erva, prostrada; porta-enxerto perene. Folhas simples, orbicular-reniforme, 1-2,5 x 3,5 cm de diâmetro. Pecíolo com bainha na base. Umbelas simples, c. 3-fidas; brácteas involucrais 2. Flores com 1,5 mm de diâmetro. Lóbulos do cálice 5, triangulares. Pétalas

5, arroxeadas. Estames 5. Ovário bicelular; óvulos 1; estilos 2, estigmas 2. Mericarpos lateralmente achatados até 1,5 mm, estriados.

Fl. e Fr: Durante todo o ano

Espécime examinado: **Binu Thomas, BUH : 7152**

Ocasionalmente em fendas rochosas húmidas das colinas de Velliangiri e Madukkarai a cerca de 600-1200 m.

Nota: É uma espécie muito variável, ocorrendo normalmente em locais húmidos e sombrios. O presente estudo observou que, raramente, esta espécie pode preferir fendas húmidas de rochas como um dos micro-habitats para a sua sobrevivência e crescimento.

39.RUBIACEAE

Chave para os géneros

1a. Herbácea prostrada; óvulo 2 a muitos em cada lóculo .... **1.** ***Hedyotis***

b. Herbácea erecta; óvulo 1 em cada loculo **2**

2a. Cápsula com mericarpos indeiscentes .... **2.** ***Knoxia***

b. Cápsula com mericarpos deiscentes **3**

3a. Estípula ausente; fruto globoso; carnoso .... **4.** ***Psicortia***

b. Estípula presente; fruto elipsoide; não carnudo .... **5.** ***Rubia***

4a. Cápsula circuncisa; tubo da corola glabro .... **3.** ***Mitracarpo***

b. Cápsula loculicida; tubo da corola viloso em .... **6.** ***Espermacoce***

1. HEDYOTIS L.

Chave para as espécies

1a. Coroa da cápsula saliente; cálice - lóbulos agudos .... **1.** ***H. corymbosa***

b. Coroa da cápsula achatada; cálice - lóbulos aristados .... **2.** ***H. herbacea***

1. ***Hedyotis corymbosa*** (L.) Lam., Encycl. 1: 272. 1792. *Oldenlandia corymbosa* L., Sp. Pl. 119. 1753; Hook. f., Fl. Brit. India 3: 64. 1880; Gamble, Fl. Madras 600. 1919; Henry *et al.*, Fl. Tamil Nadu 2: 7. 1987; Matthew, Fl. Central Tamilnadu 241. 1991. "***Kattukothumalli***" (**Pl.- 8 D**).

Erva, que se espalha até 30 cm. Folhas linearmente obovadas a lanceoladas, 1 - 2 x 0,1 - 0,3 cm, margem revoluta. Flores geralmente 3, raramente em pares atalcados. Lóbulos do cálice agudos. Corola branca a rosada. Estames exercitados. Cápsula loculicida, 3 x 3,5 mm; coroa da cápsula saliente, óvulo 2 ou mais. Sementes reticuladas.

Fl. e Fr: Durante todo o ano

Espécime examinado: **Binu Thomas, BUH : 7227**

Comum em fendas de rocha expostas nas colinas de Madukkarai e Maruthamalai.

Nota: Esta espécie é localmente abundante no solo de matagais e planícies. O presente estudo verificou que também prefere camadas finas de solo junto a rochas expostas nas encostas nuas das colinas.

2. *Hedyotis herbacea* L., Sp. Pl. 102. 1753. *Oldenlandia herbacea* (L.) Roxb., Fl. Ind. 1: 495. 1820. *Oldenlandia heynei* R. Br. *ex* G. Don. Gen. Hist. 3: 531. 1834. *Hedyotis heynei* R. Br. *ex* Wight & Arn., Prodr. 416. 1834; Hook. f., Fl. Brit. India 3: 65. 1880; Gamble, Fl. Madras 601. 1919; Henry *et al.*, Fl. Tamil Nadu 2: 8. 1987; Matthew, Fl. Central Tamilnadu 241. 1991. "***Monganamppullu***"

Erva, profusamente ramificada até 30 cm, de secagem preta; ramos 4 - alados. Folhas lineares - lanceoladas, 1,5-3 x 0,2 - 0,4 cm, margem revoluta. Flores 1, 2-4 por nó. Cálice tubular; lóbulos aristados. Corola branca, 3 mm de diâmetro. Estames incluídos. Cápsula loculicida, 2,5 * 2,5 mm; coroa da cápsula achatada. Sementes reticuladas.

Fl. e Fr: Out. - Abr.

Espécime examinado: **Binu Thomas, BUH : 7228**

Ocasionalmente nas fendas das rochas das colinas de Maruthamalai e Kanuvai a cerca de 350 - 400 m.

Nota: O presente estudo observou que as plantas presentes nas arribas rochosas são muito variáveis em termos de hábito e tamanho quando comparadas com as plantas de outros habitats terrestres.

2. KNOXIA L.

Knoxia mollis Wight & Arn. Prodr. 439.1934; Hook. f., Fl. Brit. India 3: 129. 1880; Gamble, Fl. Madras 622. 1921.

Erva até 60 cm; ramos 4 - angulados, lenhosos na base, pubescentes. Folhas elípticas - ovais, 3,5 * 2,5 cm, agudas no ápice, cuneiforme na base, densamente pubescentes na parte superior e nervosas por baixo; pecíolos de 0,6 cm de comprimento; estípulas subuladas de 1,3 cm de comprimento. Lóbulos do cálice 4, 0,15 cm, subiguais, dentes triangulares. Corola púrpura, em forma de funil, tubo com 0,8 cm de comprimento; lóbulos com 0,3 cm. Mericarpos indeiscentes. Fruto elipsoide.

Fl. e Fr: Set. - Nov.

Espécime examinado: **Binu Thomas, BUH : 7150**

Raro nas fendas das rochas das colinas de Velliangiri a cerca de 1700 m.

Observações: Esta espécie geralmente prefere habitats que gostam de sombra no chão da floresta. O presente estudo observou que esta planta também pode preferir fendas subterrâneas de grandes rochas em colinas como um dos micro-habitats para a sua sobrevivência.

3. MITRACARPUS Sw.

Mitracarpus villosus (Sw.) DC., Prodr. 4: 572. 1830. *Spermacoce villosa* Sw., Prodr. 29. 1788. *Staurospermum verticillatum* Schum. & Thonn., Besker. Guin. Pl. 73. 1827. *Mitracarpus hirtus* (L.) DC., Prodr. 4: 572. 1830. *Mitracarpus verticillatus* (Schum. & Thonn.) Vatke, Linnaea 40: 196; Henry *et al.*, Fl. Tamil Nadu 2: 14. 1987. (**Pl.-8 E**).

Erva, erecta. Caule viloso. Folhas opostas - decussadas, elípticas, sésseis, 2-3 * 1-1,5 cm. Flores brancas em verticilos axilares; lóbulos do cálice 4, desiguais, c. 2,2 * 1 mm. Corola infundibuliforme, ca 2 - mm; lóbulos ca 0,5 mm; tubo ca 1,5 mm. Anteras 4. Ovário subgloboso, 2 - loculado. Estilete c. 1,5 mm; estigma bífido. Cápsula globosa, deiscência circuncisa.

Fl. e Fr: Nov. - Abr.

Espécime examinado: **Binu Thomas, BUH : 7268**

Ocasionalmente em fendas de rochas expostas nas colinas de Madukkarai e Maruthamalai.

Nota: O presente estudo verificou que, após os períodos de monção, esta espécie pode ser encontrada nas fendas das rochas. Nos dias quentes de verão, as sementes da planta são dispersas nas mesmas fendas e crescem quando as condições ambientais são adequadas.

4. PSYCHOTRIA L.

Psychortia bisulcata Wight & Arn., Prodr. 434. 1834; Hook. f., Fl. Brit. India 3: 171. 1880; Gamble, Fl. Madras 641. 1921; Henry *et al.*, Fl. Tamil Nadu 2: 22. 1987. "***Thagiri***"

Arbusto rasteiro até 1 m de altura. Folhas 2,5- 6*1-4 cm, obovadas-oblongas, coriáceas. Flores em cimas corimbosas terminais e raramente axilares, sésseis, 5 - 7 mm, tubulares. Hipanto obovoide, c. 1 mm. Cálice 1,5 - 2 * 2 - 3 mm, cupular, 5-lobado. Tubo da corola 2,5 - 3,5 mm. Estames 5. Ovário 0,6 mm; estigma 2 lobado. Fruto séssil, 7 - 12 * 3,5 mm; pirénios 2; sementes elipsoides.

Fl. e Fr: Dez. - Fev.

Espécime examinado: **Binu Thomas, BUH : 7324**

Raro em rochas expostas nos limites de shola das colinas de Velliangiri a cerca de 1700 m.

Nota: O presente estudo verificou que esta espécie raramente prefere as fendas das rochas das margens dos sholas nas altitudes mais elevadas das colinas de Velliangiri como um dos habitats para a sua sobrevivência.

5. RUBIA L.

Rubia cordifolia L., Syst. Nat. (ed. 12) 3: 229. 1768. *Rubia munjista* Roxb., Fl. Ind. 1: 383. 1820; Hook. f., Fl. Brit. India 3: 202. 1880; Gamble, Fl. Madras 655. 1921; Henry *et al.*, Fl. Tamil Nadu 2: 23. 1987; Matthew, Fl. Central Tamilnadu 245. 1991. "***Manjiti; Shelvikodi***" (**Pl.- 8 F**).

Erva, trepadeira, escabrosa. Ramos 4 - gonosos. Folhas obovadas, 2-5 * 1-2 cm, com 5 nervuras na base, escabrosas. Pecíolo até 3 cm. Cimas dichasiais, flores 5- merosas; pedicelo articulado; cálice truncado, corola branca, 4 mm de diâmetro, pouco companulada. Estames 5, exsertos. Ovário com 2 células; óvulo 1 por célula, drupa azul escura quando madura, globosa, carnuda, semente 1, adnata ao epicarpo.

Fl. e Fr: Nov. - Mar.

Espécime examinado: **Binu Thomas, BUH : 7326**

Ocasionalmente nas fendas das rochas das colinas de Velliangiri a cerca de 600-800 m.

Nota: Esta trepadeira rugosa profusamente ramificada ocorre normalmente em matagais no chão da floresta. O presente estudo concluiu que esta espécie raramente prefere as fendas das rochas no solo das florestas decíduas e semi-perenes das colinas como um dos habitats para a sua sobrevivência.

6. SPERMACOCE L.

Spermacoce hispida L., Sp. Pl. 102. 1753. *Spermacoce articulatus* L. f. Suppl. Pl. 119. 1781. *Borreria hispida* (L.) K. Schum. in Engl. & Prantl. Nat. Pflanzenf. 4: 144. 1891. *Borreria articulatus* (L.f.) F. N. Will. var. *hispida* (L.) Sivar. & Manilal., New Botanist 2: 88. 1975; Hook. f., Fl. Brit. India 3: 200. 1881; Gamble, Fl. Madras 654. 1921; Henry *et al.*, Fl. Tamil Nadu 2: 24. 1987; Matthew, Fl. Central Tamilnadu 245. 1991. "***Nattaichuri***" (**Pl.- 8 G**).

Erva, híspida procumbente até 50-75 cm. Folhas elíptico-ovais, 1-3 * 0,5-2 cm. Flores em fascículos axilares. Cálice híspido. Corola branca pinicada, com 5,5 mm de diâmetro; tubo viloso no interior, lóbulos oblongos. Estigmas recurvados. Cápsula globosa; 6 * 4 mm de diâmetro, septo membranoso, persistente.

Fl. e Fr: Durante todo o ano

Espécime examinado: **Binu Thomas, BUH : 7339**

Frequentemente nas fendas das rochas das colinas de Madukkarai e Kanuvai.

Nota: Esta espécie é abundante em planícies e forma um colonizador agressivo em campos de pousio. O presente estudo verificou que também pode preferir fendas de rocha em planícies e colinas como um dos micro-habitats para a sua sobrevivência.

40.ASTERACEAE

Chave para os géneros

1a. Pappus com escamas paleáceas; estames não incluídos .... **1.** ***Ageratum***

b. Pappus sem escamas paleáceas; estames incluídos **2**

2a. Phyllaris hialina; lanosa; folhas brancas pilosas .... **2.** ***Anaphalis***

b. Phyllaris não como acima; folhas não pilosas de cor branca **3**

3a. Floretes do raio estéreis; estípulas barbeladas .... **3.** ***Bidens***

b. Floretes dos raios férteis; estípulas não barbeladas **4**

4a. Ervas aromáticas; estames exsertos .... **4.** ***Blumea***

b. Ervas não aromáticas; estames não exsertos **5**

5a. Base da antera obtusa; aquénios com 10 nervuras .... **5.** ***Crassocephalum***

b. Base da antera não obtusa; aquénios não estriados **6**

6a. Phyllaris multi-seriada; glomérulo não substituído por brácteas folhosas **19**

b. Phyllaris 2-seriate; glomérulo substituído por brácteas folhosas .... **6.** ***Elefantopus***

7a. Pecíolo alado; flores de cor púrpura .... **7.** ***Emília***

b. Pecíolo não alado; flores amarelas .... **11.** ***Gynura***

8a. Recetáculo epaleáceo; pêlos do pappus 2-seriados .... **8.** ***Erigeron***

b. Recetáculo diferente do anterior; pappus liso .... **10.** ***Glossocardia***

9a. Ervas glabras; capitula axilar .... **9.** ***Galinsoga***

b. Ervas pubescentes; capitulo solitário .... **14.** ***Pentanema***

10a. Ervas erectas; folhas lineares lanceoladas .... **12.** ***Helichrysum***

b. Erva escafoide. Radical das folhas .... **13.** ***Hypochoeris***

11a. Capitula companulada; pappus macio; sedoso .... **15.** ***Sonchus***

b. Capitulo solitário; pappus 0 .... **16.** ***Espiláceas***

12a. Achenes alados e espinhosos; pappus de 2-4 horus .... **17.** ***Synedrella***

b. Achenes and pappus not as above **13**

13a. Folhas não caulinares, profundamente lobadas; caule hirsuto .... **18.** ***Tridax***

b. Folhas caulinares, não profundamente lobadas; caule não hirsuto .... **19.**

1. AGERATUM L.

1a. Corymbs laxos; brácteas involucrais oblongas lanceoladas .... 1. *A. conyzoides*

b. Corymbs densos; brácteas involucrais lineares lanceoladas **.................2.** *A. houstonianum*

1. ***Ageratum conyzoides*** L., Sp. Pl. 839. 1753; Clarke, Comp. Ind. 30. 1876; Hook. f., Fl. Brit. India 3: 243. 1881; Gamble, Fl. Madras 677. 1921; Henry *et al.*, Fl. Tamil Nadu 2: 29. 1987; Matthew, Fl. Central Tamilnadu 252. 1991. "***Pumppillu***"

Erva, suavemente peluda; ramos cotonosos. Folhas oblongo-lanceoladas, serrilhadas e agudas até 4-8 x 3-5 cm. Capitulo com 5 mm de diâmetro. Brácteas involucrais oblongo-lanceoladas. Floretes 50-75, brancos a azuis. Achenes esparsamente escabrosos.

Fl. e Fr: Dez.-Jun.

Espécime examinado: **Binu Thomas, BUH : 7102**

Ocasionalmente nas fendas das rochas das colinas de Velliangiri a cerca de 400-600 m.

Nota: Nativo da América, atualmente naturalizado em vários habitats, incluindo penhascos rochosos e fendas para a sua sobrevivência e crescimento.

2. ***Ageratum houstonianum*** Mill. Gard. Dict. (ed. 8) n. 2. 1768; Gamble, Fl. Madras 1881.1936; Henry *et al.*, Fl. Tamil Nadu 2: 29. 1987; Matthew, Fl. Central Tamilnadu 252. 1991. "***Kattappai***"

Erva, anual, densamente pubescente até 60 cm. Folhas opostas, amplamente ovadas a obovadas; margens grosseiramente serrilhadas, ápice agudo, 5 x 5,5 cm. Corymb terminal, denso. Capitulo homogéneo; disciforme, recetáculo convexo, 1,2 cm de diâmetro. brácteas involucrais lineares lanceoladas. Filárias linear-lanceoladas. Floretes c. 75. azuis. Aquénios 5- angulados.

Fl. e Fr: Durante todo o ano

Espécime examinado: **Binu Thomas, BUH : 7105**

Habitualmente nas fendas das rochas das colinas de Velliangiri ou a cerca de 800-1000 m.

Nota: Nativa do México, atualmente naturalizada em vários habitats. Com base nos critérios da IUCN esta planta tornou-se indeterminada. O presente estudo verificou que também se adapta às falésias e fendas rochosas da área de estudo.

2. ANAPHALIS DC.

Chave para as espécies

1a. Margens das folhas superiores dobradas para trás; filárias cor-de-rosa .... **1. *A. lawii***

b. Margens das folhas superiores não dobradas para trás; filaris não cor-de-rosa **2**

2a. Subarbusto; ramos lenhosos .... **3. *A. neelgerryana***

b. Erva; ramos não lenhosos .... **2. *A. leptophylla***

1. *Anaphalis lawii* (Hook.f.) Gamble, Fl. Madras 696. 1921. *Anaphalis oblonga* DC. var. *lawii* Hook. f., Fl. Brit. India 3: 283. 1881; Henry *et al.*, Fl. Tamil Nadu 2: 30. 1987; Matthew, Fl. Central Tamilnadu 253. 1991. "***Kalthamarai***

Erva, erecta até 30 cm. Folhas oblongo-espatuladas, 2-3,5 * 0,5-0,9 cm. Pilosa, margens das folhas superiores reflexas. Panículas até 7 cm. Capitulos pequenos; densamente agrupados, com 3 mm de diâmetro. Involucre companulate, Phyllaris pink, woolly, 3 mm across. Pappus 1- seriado, Achenes 0,6-0,8 mm. terete, minuciosamente escamoso.

Fl. e Fr: Dez.-Fev.

Espécime examinado: **Binu Thomas, BUH : 7111**

Raro nas fendas das rochas das colinas de Velliangiri a cerca de 1300 m.

Nota: Endémica dos Ghats Ocidentais do Sul (Murugesan e Balasubramanian, 2009). Esta espécie encontra-se normalmente nas encostas nuas das colinas. O presente estudo constatou que a planta que ocorre nas fendas das rochas é saudável durante a estação das chuvas, enquanto nos dias de verão reduz o seu crescimento devido às condições ambientais adversas.

2. *Anaphalis leptophylla* (DC.) DC. Prodr. 6: 273. 1838. *Helichrysum leptophyllum* DC. em Wight, Contrib. 20. 1834; Hook. f., Fl. Brit. India 3: 285. 1881; Gamble, Fl. Madras 696. 1921; Henry *et al.*, Fl. Tamil Nadu 2: 30. 1987.

Erva, erecta até 40 cm; cotonosa. Folhas lineares-oblanceoladas até 4 * 0,4 cm, cotonosas, com 1 nervura, ápice mucronado - corimbos terminais, c. 6,5 cm, largos e com muitas flores; pedúnculo até 3 cm. Capitulo heterogéneo, amarelo, c. 0,8 cm de largura. Filaris amarelada. Pappus 8-10 * 0,3 cm de comprimento. Floretes bissexuais 40-60 em 4-5 séries, tubo da corola 2,5 mm. lóbulos 5. Estames

5, Estilete 3 mm. exercido. Floretes femininos 30-40 em 2 ou 3 séries. Tubo da corola 3 mm, dentes 4 ou 5, estilete *c.* 6,3 cm, exercitado. Aquénio ovoide-oblongo, ligeiramente estriado. Papiloso.

Fl. e Fr: Out.-Nov.

Espécime examinado: **Binu Thomas, BUH : 7113**

Raramente nas fendas das rochas das colinas de Velliangiri a cerca de 1000 m.

Nota: Endémica dos Ghats Ocidentais do Sul (Ahmedullah e Nayar, 1987; Murugesan e Balasubramanian, 2009). O presente estudo observou que esta espécie raramente ocorre em fendas húmidas de rochas nas colinas, sendo este um dos habitats para a sua sobrevivência.

3. *Anaphalis neelgerryana* (Sch. - Bip. *ex* DC.) DC., Prodr. 6: 272. 1838. *Gnaphalium neelgerryanum* Sch. - Bip. *ex* DC. em Wight, Contrib. 21. 1834; Hook. f., Fl. Brit. India 3: 287.1881; Gamble, Fl. Madras 697. 1921; Henry *et al.*, Fl. Tamil Nadu 2: 30. 1987. "***Kalthamai***" (**Pl.- 8 H**).

Subarbusto, perene até 25 cm; ramos lenhosos, amontoados; cobertos de lã de algodão. Folhas até 1,5 cm de comprimento, estreitamente lineares, margens recurvadas, agudas em ambas as extremidades com uma nervura central. Flores em panículas corimbosas terminais com 7,5 cm de diâmetro; brácteas com 0,4 cm de comprimento, elíptico-oblongas ou lanceoladas, obtusas ou agudas, brancas e opacas.

Fl. e Fr: Set. - Out.

Espécime examinado: **Binu Thomas, BUH : 7114**

Ocasionalmente em fendas de rocha nas colinas de Velliangiri a cerca de 1700 m

Nota:- É uma das espécies endémicas de Nilgiris. A área de estudo atual (Velliangiri hills) faz parte da Reserva da Biosfera de Nilgiri (NBR). Esta espécie pode ser facilmente localizada no campo pelos seus ramos compactos com cabeças brancas mais pequenas (Nayar, 1996).

3. BIDENS L.

Bidens pilosa L., Sp. Pl. 832. 1753; var. *minor* (Blume) Sherff, Bot. Gaz. 80: 387. 1925. *Bidens sundaica* var. *minor* Blume, Bijdr. 914. 1826. *Bidens pilosa* sensu Hook. f., Fl. Brit. India 3: 309. 1881; Gamble, Fl. Madras 709. 1921; Henry *et al.*, Fl. Tamil Nadu 2: 31. 1987; Matthew, Fl. Central Tamilnadu 254. 1991. "***Ootu***" (**Pl.- 9 A**).

Erva até 75-100 cm; folhas opostas, 3 foliáceas, folha terminal obovada a lanceolada, 5-9 * 2-4 cm, laterais mais pequenas. Capitulo heterogéneo, com 1 cm de diâmetro, involucro companulado. Floretes exteriores $, 1- seriados. As internas são bissexuais. Pappus de 2-4, com auréolas retrorsas e barbeladas. Achenes pretos, lineares, com 8 * 0,7 mm de diâmetro.

Fl. e Fr: Out. - Abr.

Espécime examinado: **Binu Thomas, BUH : 7130**

Ocasionalmente nas fendas das rochas das colinas de Velliangiri ou a cerca de 500-800 m.

Nota: Nativo da América Tropical. Atualmente está colonizada em vários habitats como as fendas das rochas. As sementes das plantas são dispersas nas fendas das rochas. Ao obterem condições ambientais adequadas, crescem como chasmófitas e dependem principalmente de factores como a quantidade de solo, nutrientes e largura das falésias.

4. BLUMEA DC.

Chave para as espécies

1a. Planta com caules castanho-avermelhados; aquénios terete .... **1. *B. belangeriana***

b. Planta sem caule castanho-avermelhado; aquénios não terete **2**

2a. Inflorescência de propagação laxa; corola amarela .... **2. *B. membranaceae***

b. Inflorescência densa corimbosa; corola rosa-rosada .... **3. *B. mollis***

1. *Blumea belangeriana* DC., Prodr. 5: 444. 1836; Hook. f., Fl. Brit. India 3: 266. 1881; Gamble, Fl. Madras 686. 1921; Henry *et al*, Fl. Tamil Nadu 2: 32. 1987.

Erva, erecta com caules castanho-avermelhados. Folhas ovado-obovadas, densamente esbranquiçadas por baixo, irregularmente dentadas. Lóbulos da corola das flores bissexuais pubescentes em botão, aquénios terete, quase glabros.

Fl. e Fr: Dez. - Fev.

Espécime examinado: **Binu Thomas, BUH : 7134**

Raramente nas fendas das rochas das colinas de Velliangiri ou a cerca de 600-1000 m.

Nota: Endémica da Índia Peninsular (Udayan, 2003). O presente estudo observou que esta planta endémica pode também preferir as fendas das rochas como um dos micro-habitats para o seu crescimento e sobrevivência.

2. *Blumea membranaceae* Wall. *ex* DC., Prodr. 5: 440. 1836; Hook. f., Fl. Brit. India 3: 265. 1881; Gamble, Fl. Madras 687.1921; Henry *et al.*, Fl. Tamil Nadu 2: 34. 1987; Matthew, Fl. Central Tamilnadu 255. 1991. ***"Poksunka"***

Erva, robusta até 80 cm. Folhas espatuladas a lanceoladas; as inferiores lira- pinnatifidas, 7 * 1,5 cm; as superiores 1,5 * 0,7 cm, membranosas. Inflorescência de corimbos laxos espalhados. Capitulo 5-9. Floretes do disco; corola amarela.

Fl. e Fr: Dez. - Mar.

Espécime examinado: **Binu Thomas, BUH : 7136.**

Ocasionalmente em fendas de rocha de Velliangiri a cerca de 600-1000 m.

Observações: O presente estudo observou que as sementes desta planta estão dispersas no solo limitado disponível nas fendas das rochas. Ao obter condições ambientais adequadas, cresce e sobrevive como chasmófito.

3. *Blumea mollis* Wall. *ex* DC. Phillip. J. Sci. 5: 395. 1910. *Erigeron molle* D. Don, Prodr. Fl. Nepal 172. 1825. *Blumea wightianiana* DC. em Wight, Contrib. 14. 1834. *Blumea neilgherrensis* Hook. f., Fl. Brit. India 3: 261. 1881; Gamble, Fl. Madras 686.1921; Henry *et al.*, Fl. Tamil Nadu 2: 34. 1987; Matthew, Fl. Central Tamilnadu 255. 1991. ***"Thulukalichedi"*** (**Pl.- 9 B**).

Erva, erecta até 80 cm. Folhas obovadas, 2,5-7 * 1-3,5 cm. Inflorescência densa, corimbosa, c. 8 mm de diâmetro, filárias multiseriadas, aquénios angulados, glabros. Pappus peludo, branco, tão longo quanto o tubo da corola. Capitula companulate, floretes bissexuais, corolla rose to pink.

Fl. e Fr: Jan. - Apl.

Espécime examinado: **Binu Thomas, BUH : 7135**

Ocasionalmente nas fendas das rochas das colinas de Velliangiri ou a cerca de 600-800 m.

Observações: O presente estudo observou que as sementes desta planta são dispersas no solo limitado disponível nas fendas das rochas. Ao obter condições ambientais adequadas, ela crescerá e sobreviverá como chasmófita.

5. CRASSOCEPHALUM Moench.

Crassocephalum crepidioides (Benth.) S. Moore, J. Bot. 50: 211. 1912. *Gynura crepidioides* Benth. in Hook, Niger Fl. 438. 1849. *Erechtites valerianaefolia* sensu Fischer in Gamble, Fl. Madras 1882. 1936; Henry *et al*, Fl. Tamil Nadu 2: 37. 1987.

Erva, erecta, até 1 m de altura. Folhas de 9 a 12 cm de comprimento, simples, oblanceladas ou elíptico-lanceoladas, esparsamente pilosas, dentadas, cuneadas na base e acuminadas no ápice. Cabeças de 1 a 1,5 x 0,7 a 1 cm, terminais ou axilares; brácteas involucrais com cerca de 1 cm de comprimento, linear-lanceoladas. Pappus branco sedoso; tubo da corola c. 1,5 cm de comprimento. Achenes muricados.

Fl. e Fr: Out. - Jan.

Espécime examinado: **Binu Thomas, BUH : 7169**

Ocasionalmente nas fendas das rochas das colinas de Velliangiri a cerca de 600-1000 m.

Observações: O presente estudo verificou que, quando comparada com a mesma espécie noutros habitats terrestres, a planta que ocorre nas fendas apresenta um tamanho muito reduzido durante os dias de verão.

6. ELEFANTOPUS L.

Elephantopus scaber L., Sp. Pl. 814. 1753; Hook. f., Fl. Brit. India 3: 242. 1881; Gamble, Fl. Madras 676. 1921; Henry *et al.*, Fl. Tamil Nadu 2: 38. 1987; Matthew, Fl. Central Tamilnadu 258. 1991. "***Anashovadi***"

Erva até 30-50 cm. Folhas sub-radicais, obovadas - oblanceoladas, 10-14 x 3,5-5 cm de diâmetro. Capitulo homogéneo, 1 cm de diâmetro; subtendido por 3 folhas florais ovadas, recetáculo plano, involucro tubular. Floretes 3-5, púrpura, bissexuais. Pappus 1-seriado. Achenes 10 com nervuras.

Fl. e Fr: Set.-Mar.

Espécime examinado: **Binu Thomas, BUH : 7195**

Ocasionalmente em fendas de rocha nas colinas de Velliangiri até 600 m.

Observações: Esta erva escápia pode também preferir as fendas das rochas como um dos microhabitats para a sua sobrevivência. Esta planta torna-se saudável quando as fendas têm humidade suficiente no solo e minerais essenciais. Durante a dispersão de sementes, as sementes da mesma planta são dispersas nas fendas das rochas e crescem como chasmófitas.

7. EMILIA Cass.

Emilia sonchifolia (L.) DC. em Wight, Contrib. 24. 1834. *Cacalia sonchifolia* L., Sp. Pl. 835. 1753; Hook. f., Fl. Brit. India 3: 336. 1881; Gamble, Fl. Madras 716. 1921; Henry *et al*, Fl. Tamil Nadu 2: 38. 1987; Matthew, Fl. Central Tamilnadu 259. 1991. "***Pooshathalai***" (**Pl.- 9 C**).

Erva, erva macia e rasteira até 30-50 cm. Folhas radicais e caulinares, 6-12 x 1,5-4 cm, base auriculada, ápice agudo, lóbulos da corola muito curtos, púrpura, braços estilares curtos com ponta aguda; aquénios híspidos nos ângulos.

Fl. e Fr: Dez. - Apl.

Espécime examinado: **Binu Thomas, BUH : 7198**

Ocasionalmente nas fendas das rochas das colinas de Velliangiri a cerca de 600-1000 m.

Observações: Esta planta é normalmente encontrada em habitats húmidos. O presente estudo verificou que também pode preferir fendas de rocha em que o solo húmido com nutrientes essenciais é um dos habitats potenciais para a sua sobrevivência.

8. ERIGERON L.

Erigeron karvinskianus DC. Prodr. 5: 285. 1836. *Erigeron mucronatus* DC. Prodr. 5: 285. 1836; Gamble, Fl. Madras 682. 1921; Henry *et al.*, Fl. Tamil Nadu 2: 39. 1987; Matthew, Fl. Central Tamilnadu 259. 1991 (**Pl.-9 D**).

Erva, espalhada, ramificada. Folhas alternas; as inferiores pinnatifidas, 3-7 lobadas, 4 x 1,5 cm; as superiores linear- lanceoladas, 2 x 0,5 cm. Capitulo pedunculado, axilar, solitário, 1-1,5 cm de diâmetro. Cabeças; disco amarelo; raios que se abrem brancos e desvanecem-se em rosa. Pappus filiforme; aquénios minuciosamente pubescentes.

Fl. e Fr: Fev. - maio

Espécime examinado: **Binu Thomas, BUH : 7207**

Comum nas fendas das rochas das colinas de Velliangiri a cerca de 800-1000 m.

Nota: Nativa do México, atualmente naturalizada em vários habitats e predominantemente em altitudes mais elevadas. O presente estudo verificou que esta planta também se adapta em falésias rochosas. Os ramos floridos que pendem sobre as rochas são uma bela atração no campo. Esta espécie é sugerida para a jardinagem em rochas ou em jardins ornamentais.

9. GALINSOGA Ruiz Lopez & Pavon.

Galinsoga parviflora Cav., Ic. 3: 41. t. 281. 1796; Hook. f., Fl. Brit. India 3: 311. 1881; Gamble, Fl. Madras 711. 1921; Henry *et al.*, Fl. Tamil Nadu 2: 40. 1987; Matthew, Fl. Central Tamilnadu 260. 1991.

Erva até 75 cm. Folhas ovado-lanceoladas, 3-4,5 * 1,5- 2,5 cm. Capitula 5 mm de diâmetro; pappus subagudo a obtuso, 1- seriado; florzinhas bissexuais; paleae 2 ou 3, corolla amarelo. Floretes raiados; corola branca. Ovário 3-quetrous, aquénios comprimidos.

Fl. e Fr: Dez. - Apl.

Espécime examinado: **Binu Thomas, BUH : 7219**

Ocasionalmente nas fendas das rochas das colinas de Velliangiri ou a cerca de 500 m.

Nota: Nativa da América do Sul tropical. O presente estudo observou que esta espécie pode também alargar a sua área de distribuição a habitats naturalmente raros como fendas de rocha e falésias.

10. GLOSSOCARDIA Cass.

Glossocardia bosvallea (L.f.) DC. em Wight, Contrib. 19. 1834. *Verbesina bosvallea* L. f. Suppl. Pl. 379. 1781. *Glossocardia linearifolia* Cass. in F. Curvier, Dict. Sci. Nat. 19. 62. 1821; Hook. f., Fl. Brit. India 3: 308. 1881; Gamble, Fl. Madras 2: 709. 1957 (repr.ed.); Henry *et al.*, Fl. Tamil Nadu 2: 161. 1987 (**Pl.-9 E**).

Ervas. Folhas com 1-1,5 cm de comprimento, alternas, bi-pinatisectas, pecíolos até 5 mm de comprimento, glabras. Cabeças amarelas, com 4 mm de diâmetro, cilíndricas, terminais, solitárias. Achenes castanhos, elípticos-oblongos, achatados, pilosos, pappus com dois awns.

Fl. e Fr: Set. - Fev.

Espécime examinado: **Binu Thomas, BUH : 7223**

Raro em fissuras rochosas húmidas das colinas de Madukkarai a cerca de 300 m.

Nota: Endémica da Índia Peninsular (Udayan, 2003). Esta planta muito pequena, com folhas bipinadas, ocorre normalmente em terrenos muito pobres e pedregosos. O presente estudo verificou que as fendas das rochas fornecem abrigo à planta para a sua sobrevivência saudável.

11. GYNURA Cass.

Gynura nitida DC. em Wight, Contrib. 24. 1834. *Erigeron mucronatus* DC. Prodr. 5: 285. 1836; Hook. f., Fl. Brit. India 3: 333. 1881; Gamble, Fl. Madras 714. 1921; Henry *et al.*, Fl. Tamil Nadu 2: 41. 1987; Matthew, Fl. Central Tamilnadu 262. 1991.

Erva, erecta, carnuda. Folhas oblanceoladas; 6-8 x 1,5 -2,5 cm. Capitulo 3-5 pedunculado, 2 cm de diâmetro; recetáculo plano; sem caroço, Involucro cilíndrico, floretes amarelados, pappus 1- seriado, filiforme, c. 1 cm de comprimento. Base da antera obtusa, aquénios com nervuras.

Fl. e Fr: Set. - Dez.

Espécime examinado: **Binu Thomas, BUH : 7224**

Habitualmente nas fendas das rochas das colinas de Velliangiri ou a cerca de 400-500 m.

Nota: Endémica da Índia Peninsular (Udayan, 2003). O presente estudo observou que o micro-habitat, como as fendas das rochas, proporciona abrigo para a sobrevivência desta planta. As brácteas involucrais esmagadas desta espécie, com cheiro a manga, foram observadas por Fyson, (1932).

12. HELICHRYSUM P. Miller

Chave para as espécies

1a. Floretes do raio com corola filiforme; brácteas não amarelas .... **2. *H. wightii***

b. Floretes do raio sem corola filiforme; brácteas amarelas .... **1.*H. buddleioides*** **1. *Helichrysum buddleioides*** DC. em Wight, Contrib. 20. 1834. *Hedysarum hookerianum* Wight & Arn. in DC., Prodr. 6: 201. 1838. *Helichrysum buddleioides* var. *hookerianum* (Wight & Arn.) Hook. f., Fl. Brit. India 3: 291. 1881. Gamble, Fl. Madras 699. 1921; Henry *et al*, Fl. Tamil Nadu 2: 42. 1987.

Subarbusto, 0,5 - 1,5 m de altura; ramos cotonosos e lanosos. Folhas sésseis, elíptico-lanceoladas, 4 - 12 x 1-2 cm, subamplexicaul na base, obtusas a agudamente aduncas no ápice, brancas cotonosas em cima, castanhas cotonosas em baixo, 5-7 estriadas na base. Cabeças em corimbos terminais com cerca de 4 mm de diâmetro. Amarelo pálido a branco; brácteas amarelas. Achenes minúsculos, escabrosos.

Fl. e Fr: Jan. - Mar.

Espécime examinado: **Binu Thomas, BUH : 7229**

Raro em fendas de rocha húmidas nas margens de shola das colinas de Velliangiri a cerca de 1500 m.

Nota: Esta espécie raramente prefere as fendas das rochas como um dos habitats para a sua sobrevivência.

2. *Helichrysum wightii* Clarke *ex* Hook. f., Fl. Brit. India. 3: 291. 1881; Gamble, Fl. Madras 698. 1921; Henry *et al.*, Fl. Tamil Nadu 2: 42. 1987.

Erva, erecta, até 30 cm de altura. Folhas de braquiária sem flores, agrupadas, lineares-lanceoladas, 3-6 * 0,3-1 cm; ramos floridos alternos, lineares, subamplexicaules na base, recurvados nas margens, 1,5-4 * 0,4-1 cm; cinamomo densamente comprimido, lanoso em ambas as superfícies. Capitula em clusters sub globosos, corimbosos. Floretes do raio com corola filiforme, c. 1,8 mm, minuciosamente dentada. Floretes do disco com corola c. 2 mm, 4-5 dentada. Achenes c. 0.3 mm. Pêlos do pappus brancos. Minuciosamente cerdoso.

Fl. e Fr: Out. -Jan.

Espécime examinado: **Binu Thomas, BUH : 7230**

Muito raro em fendas de rocha em prados abertos das colinas de Velliangiri a cerca de

1700 m.

Notas: Endémica dos Ghats Ocidentais do Sul, esta espécie está agora criticamente ameaçada (Murugesan e Balasubramanian, 2009; Sasidharan, 2004). O presente estudo observou que esta espécie raramente pode preferir as fendas das rochas das colinas como um dos micro habitats para a sua sobrevivência.

13.HYPOCHOERIS L.

Hypochoeris glabra L., Sp. Pl. 1141. 1753; Hook. f., Fl. Brit. India 3: 401. 1881; Gamble, Fl. Madras 729. 1921; Henry *et al*, Fl. Tamil Nadu 2: 42. 1987.

Erva, perene, escafiforme. Folhas radicais rosuladas, pinatífidas até 12 * 2, chartáceas, subsésseis, caule escapiforme, não ramificado até 25 cm. Capitulo solitário, homogâmico, amarelo até 1,6 * 0,6 cm. Involucro 2 - 3 seriado. Filários lanceolados, os exteriores 0,3 cm, os interiores até 1,6 cm. Recetáculo plano, com cerca de 0,3 cm de largura. Pappus numa só série. Corola 5 - dentada, 0,8 cm. Estames 5; base das anteras sagitada, acuminada. Achenes oblongo-lineares, 4 mm de diâmetro.

Fl. e Fr: Jul. - Nov.

Espécime examinado: **Binu Thomas, BUH : 7237**

Raro em fendas rochosas abertas das colinas de Maruthamalai e Kanuvai.

Observações: Introduzida da Europa; atualmente naturalizada em vários habitats. O presente estudo observou que também pode preferir fendas de rocha e falésias como um dos habitats para a sua sobrevivência e crescimento.

14.PENTANEMA Ling.

Pentanema indicum (L.) Ling, Ata Phyt. Sin. 10: 179. 1965. *Inula indica* L., Sp. Pl. (ed. 2) 1237. 1763. *Vicoa auriculata* Cass., Ann. Sci. Nat. Bot. Ser. 1, 17: 418. 1829. *Vicoa indica* (L.) DC. em Wight, Contrib. 10. 1834; Hook. f., Fl. Brit. India 3: 297. 1881; Gamble, Fl. Madras 701. 1921; Henry *et al.*, Fl. Tamil Nadu 2: 54. 1987; Matthew, Fl. Central Tamilnadu 270. 1991. "***Jimikipoo***" (**Pl.- 9 F**).

Erva até 75 cm. Folhas alternas, sub-opostas - lanceoladas, 3 - 5 * 0,4 - 0,7 cm de diâmetro. Capitulo solitário; heterogéneo, 1,5 - 2 cm, recetáculo convexo; involucros companulados. Floretes exteriores $, 1- seriados. Flores internas bissexuais, pappus de floretes discais filiformes. Raios amarelos, aquénios obovados.

Fl. e Fr: Dez.-Mar.

Espécime examinado: **Binu Thomas, BUH : 7287**

Ocasionalmente em fendas de rocha nas colinas de Madukkarai e Knuvai a 300 - 400 m.

Nota: O presente estudo verificou que esta espécie pode também preferir habitats naturalmente raros como fendas de rocha e falésias para a sua sobrevivência e crescimento.

15.SONCHUS L.

Sonchus oleraceus L., Sp. Pl. 794. 1753; *Sonchus ciliatus* Lam., Fl. Franc. 287. 1805; Hook. f., Fl. Brit. India 3: 414. 1881; Gamble, Fl. Madras 732. 1921; Henry *et al.*, Fl. Tamil Nadu 2: 49. 1987; Matthew, Fl. Central Tamilnadu 266. 1991. ***"Oosithagarai"***

Erva, anual, glabra. Folhas espatuladas; 25 * 9 cm, espinuladas, dentadas; caulinares, semi-amplexicaules; aurículas espalhadas. Cabeças umbeladas, apinhadas; capitulo homogéneo, ligulado.

Fl. e Fr: Dez. - Apl.

Espécime examinado: **Binu Thomas, BUH : 7336**

Habitualmente em fendas de rocha húmidas das colinas de Velliangiri ou a cerca de 600-800 m.

Observações: Esta planta foi introduzida a partir do Norte de África e da Europa, tendo-se agora naturalizado em vários habitats, incluindo também em fendas de rochas.

16.SPILANTHES jacq.

Spilanthes calva DC. em Wight, Contrib. 19. 1834. *Spilanthes acmella* var. *calva* (DC.) Clarke, Comp. Ind. 138. 1876. *Spilanthes acmella* sensu Hook. f., Fl. Brit. India 3: 307. 1881; Gamble, Fl. Madras 708. 1921; Henry *et al.,* Fl. Tamil Nadu 2: 50. 1987; Matthew, Fl. Central Tamilnadu 266. 1991. ***"Naikoppu"***

Erva, erecta, pubescente até 75 cm. Folhas opostas, ovadas, com 3-5 * 2-4 cm de diâmetro. Capitulo solitário; terminal, longo, com 0,5-1 cm de comprimento, homogéneo; recetáculo alongado, involucro companulado. Floretes amarelos; bissexuais, pálpebras oblongas, pappus 0, aquénios comprimidos.

Fl. e Fr: Jan. - Apl.

Espécime examinado: **Binu Thomas, BUH : 7340**

Ocasionalmente em fendas de rocha em zonas pantanosas das colinas de Velliangiri e Kanuvai.

Nota: Esta espécie prefere normalmente terrenos pantanosos e planícies próximas de cursos de água. O presente estudo verificou que também pode preferir as fendas das rochas para a sua sobrevivência.

17. SINÉDULA J. Gaertner

Synedrella nodiflora (L.) Gaertn., Fruct. 2: 456. t. 171. f. 7. 1791. *Verbesina nodiflora* L., Cent. Pl. 1: 28. 1755; Hook. f., Fl. Brit. India 3: 308. 1881; Gamble, Fl. Madras 708. 1921; Henry *et al.*, Fl. Tamil Nadu 2: 50. 1987; Matthew, Fl. Central Tamilnadu 267. 1991. "***Mudianpacha***"

Erva, erecta até 1,5 m de altura. Folhas ovado-elípticas, 3-10 * 1,5 cm, arredondadas ou crenadas na base. Capitulo radiado, 1-4, agregado, 4-6 mm de diâmetro. Brácteas involucrais em 2-3 séries. Recetáculo convexo. Flores do raio 5-8. Corola amarela, *c.* 3-4 mm. Flores do disco várias. Corola amarela, c. 4 mm. Aquénios dimórficos; aquénios dos raios oblanceolados de cor negra, c. 5 mm; aquénios do disco comprimidos, c. 4 mm.

Fl. e Fr: Durante todo o ano

Espécime examinado: **Binu Thomas, BUH : 7348**

Ocasionalmente em fendas de rocha em zonas pantanosas ao longo dos cursos de água das colinas de Maruthamalai e Velliangiri.

Observações: Nativo das Índias Ocidentais, atualmente naturalizou-se em vários habitats, incluindo também fendas de rochas.

18. TRIDAX L.

Tridax procumbens L., Sp. Pl. 900. 1753; Hook. f., Fl. Brit. India 3: 311. 1881; Gamble, Fl. Madras 711. 1921; Henry *et al.*, Fl. Tamil Nadu 2: 51. 1987; Matthew, Fl. Central Tamilnadu 268. 1991. "***Ucchchi moopan thazhai***" (**Pl.- 9 G**).

Erva, híspida até 50 -75 cm. Folhas alternas; ovadas - lanceoladas, 6-10 x 3-5 cm, glaucas por baixo. Capitulo solitário; heterogâmico, radiado, com 5 cm de diâmetro. Recetáculo plano, invólucro amplamente companhado. Floretes exteriores $, 1-seriados; floretes interiores bissexuais, em forma de disco. Floretes do raio, corola amarela, aquénios marginados.

Fl. e Fr: Nov. - Fev.

Espécime examinado: **Binu Thomas, BUH : 7355**

Ocasionalmente, nas fendas das rochas das colinas de Velliangiri.

Nota: Esta espécie foi introduzida a partir da América Central, encontrando-se atualmente disseminada em vários habitats, incluindo falésias rochosas e fendas.

19. VERNONIA Schreber.

Vernonia cinerea (L.) Less., em Linnaea 4: 291. 1829. *Conyza cinerea* L., Sp. Pl. 862. 1753; Hook. f., Fl. Brit. India 3: 233. 1881; Gamble, Fl. Madras 2: 676. 1921; Henry *et al.*, Fl. Tamil Nadu 2: 52. 1987; Matthew, Fl. Central Tamilnadu 267.1991. ***"Puvankurunnilai"***.

Erva até 75 cm. Folhas simples ovado-elípticas, 1,5-3 x 1,2 cm. Panículas de inflorescência corimbosas. Capitulo cor-de-rosa a púrpura. 10-15 fld. Involucro companulado. Filárias agudas a acuminadas; externas linear-lanceoladas. Pappus 2-seriados; os externos setosos; os internos barbelados. Achenes villous.

Fl. e Fr: Nov. - maio

Espécime examinado: **Binu Thomas, BUH : 7359**

Raramente nas fendas das rochas de todas as colinas selecionadas a cerca de 300 - 600 m.

Nota: O presente estudo observou que, para além dos outros habitats terrestres, esta espécie pode também preferir fendas de rocha para a sua sobrevivência. Na altura da dispersão de sementes, pode dispersar as suas sementes nas mesmas fendas e crescer como colonizador agressivo.

41.PLUMBAGINACEAE

PLUMBAGO L.

Plumbago zeylanica L., Sp. Pl. 151. 1753; Hook. f., Fl. Brit. India 3: 480. 1882; Gamble, Fl. Madras 744. 1921; Henry *et al.*, Fl. Tamil Nadu 2: 59. 1987; Matthew, Fl. Central Tamilnadu 274.1991. ***"Sittragam"*** (**Pl.- 9 H**).

Subarbusto, ereto ou escandente com ramos ascendentes até 1-1,5 m. Folhas elípticas - ovadas, 4-9 x 2-4. 5 cm; pecíolos até 1 cm de comprimento. Flores em espigas terminais; cálice com 1 a 1,3 cm de comprimento. Corola branca, c. 1,5 x 1 cm; estames 5; filamentos até 1,5 cm de comprimento. Ovário c. 3 mm de comprimento; estilete até 1 cm de comprimento.

Fl. e Fr: Dez. - Abr.

Espécime examinado: **Binu Thomas, BUH : 7307**

Raramente nas fendas das rochas das colinas de Velliangiri

Nota: O presente estudo verificou que esta espécie também pode preferir as fendas rochosas sombreadas das colinas como um dos habitats para a sua sobrevivência.

42. APOCYNACEAE

Catharanthus Don.

Chave para as espécies

1a. Folha - ápice agudo a acuminado; mericarpos glabros .... **1. *C. pusillus***

b. Folha - ápice obtusamente apiculado; mericarpos pubérulos .... **2. *C. roseus***

1. *Catharanthus pusillus* (Murr.) G. Don. Gen. Hist. 4: 95. 1837-1838; Henry *et.al,* Fl. Tamil Nadu, 2: 76.1987. *Vinca pusilla* Murr., Comment. Goetting. 3: 66. t. 2, f. 1. 1773.

Lochnera pusilla (Murr.) K. Schum. in Engl. & Prantl., Nat. Pflanzenf., 4 (2): 145. 1895; Hook. f., Fl. Brit. India 3: 640. 1882; Gamble, Fl. Madras 809. 1923; Matthew, Fl. Central Tamilnadu 292. 1991. ***"Paalai chetthai"*** (**Pl.-10 A**).

Erva, anual até 40 80 cm. Folhas elíptico-lanceoladas, 2-6 * 1-1,5 cm, ápice agudo a acuminado. Corymb. 5-7 flores, Corola branca, 6 mm de diâmetro. Estames 5. Ovário 1,2 mm. Mericarpos 4,5 * 0,3 cm de diâmetro, glabros.

Fl. e Fr: julho-dezembro.

Espécime examinado: **Binu Thomas, BUH : 7147**

Raramente nas fendas das rochas das colinas de Velliangiri a cerca de 1000-1400 m.

Nota: O presente estudo concluiu que, durante a estação das chuvas ou imediatamente após a mesma, as fendas com humidade suficiente e o solo tornam-se arejáveis. Durante este período, esta espécie pode preferir estas fendas para a sua sobrevivência e crescimento.

2. *Catharanthus roseus* (L.) G. Don, Gen. Syst. 4: 95: 1837-1838; *Vinca rosea* L., Syst. Nat. (ed. 10): 944. 1759; Hook. f., Fl. Brit. India 3: 640. 1882; *Lochnera rosea* (L.) Reich, Consp. Reg. Veg. 134. 1828; Gamble, Fl. Pres. Madras 2: 809. 1921; Henry *et al.,* Fl. TamilNadu 2: 77. 1987; Matthew, K.M., Fl. Central Tamilnadu 292. 1991. ***"Nithya kalyani"*** (**Pl.- 10 B**).

Erva até 75 cm de altura. Folhas opostas, elípticas-obovadas, de ápice obtusamente apiculado. Inflorescência em cimeiras axilares. Flores cor-de-rosa pálido ou brancas, com 4 cm de diâmetro. Cálice 5-lobado, eglandular. Corola em forma de salva, lóbulos 5. Estames numerosos, no tubo da corola. Ovário 4 mm; estilete 3 cm. Mericarpos 3-4 * 0,3 cm, puberulentos.

Fl. e Fr: Durante todo o ano.

Espécime examinado: **Binu Thomas, BUH : 7150**

Ocasionalmente nas fendas das rochas das colinas de Maruthamalai e Madukkarai.

Nota: Esta espécie ocorre normalmente nas regiões tropicais e subtropicais. O presente estudo verificou que estas plantas também podem preferir as falésias rochosas como um dos habitats para a sua sobrevivência. A planta nas fendas rochosas apresenta algumas adaptações xerófilas, tais como base robusta, raízes fortes e tamanho muito reduzido quando comparada com as plantas noutros habitats terrestres.

43.ASCLEPIADACEAE

CARALLUMA R. Br.

Chave para as espécies

1a. Inflorescência em umbela; lóbulos da corola expandidos .... **5.** *C. umbellata*

b. Inflorescência em racemo; lóbulos da corola não expandidos**2** **2a.** Corola com faixas concêntricas; pedicelo não terete.**1.** ***C. adscendens*** var. ***attenuata***

b.Corola com estrias castanho-avermelhadas; pedicelo terete .... **2.** ***C. bicolor***

3a. Raízes brancas; caule delgado... **4.** ***C. indica***

b. Raízes não semelhantes às anteriores; caule difuso e ereto .... **3.** *C. diffusa*

1. ***Caralluma adscendens*** (Roxb.) Haw. var. ***attenuata*** (Wight) Grav. & Mayur., Bull. Madras Govt. Mus. n. s. 4: 13. 1931. *Caralluma attenuata* Wight, Ic. t. 1268. 1848; Hook. f., Fl. Brit. India 4: 76. 1883; Gamble, Fl. Madras 861. 1923; Henry *et al.,* Fl. Tamil Nadu 2: 81.

1987. ***"Pachaipuli; Eluvan"*** (**Pl.-10 C**).

Erva até 50 cm de altura; caule obtusamente 4 - angulado, ramos gradualmente em racemo afunilado. Flores c. 8 mm de diâmetro; corola castanho-púrpura escura, 1 cm de diâmetro, lóbulos oblongos com faixas concêntricas na base. Folículos oblongos, lineares c. 9 x 0,5 cm; sementes oblongas; vírgula branca.

Fl. e Fr: Jun.-Nov.

Espécime examinado: **Binu Thomas, BUH : 7145**

Coomon nas fendas das rochas dos montes Madukkarai e Kanuvai a cerca de 350 m.

Nota: O carácter suculento do corpo da planta é a principal caraterística de adaptação às condições ambientais adversas impostas pelos microhabitats das falésias e fendas rochosas.

2. ***Caralluma bicolor*** Ramach. & al., Nord. J. Bot. 29: 447 - 450. 2011.

Erva, suculenta, ramos quadrangulares-sagitados. Flores 5- merosas, axilares, brácteas e bractéolas 3. Pedicelo terete. Cálice dividido na base, 1,5 cm. Corola c. 2,0 cm de diâmetro, glabra; amarelo-esverdeado pálido com algumas estrias castanho-avermelhadas; lóbulos 5, c.1,2 cm. Corona stamina bisseriada. Massas polínicas com c. 1 mm de comprimento, amarelas, cerosas, ligadas por caudículos castanho-avermelhados. Gnóstegium c. 1 mm de comprimento com pequena depressão no centro. Ovário apocárpico; óvulos sobre placenta marginal. Sementes oblongo-obovóides.

Fl. e Fr: Ago.-Dez.

Espécime examinado: **Binu Thomas, BUH : 7146**

Raramente em fendas de rochas nas matas de Maruthamalai.

Nota: Esta espécie é localmente rara (Ramachandran *et al.*, 2011).

3. *Caralluma diffusa* (Wight.) N. E. Br. in Gard. Chron. 2: 369. 1892. *Boucerosia diffusa* Wight. Ic. t. 1599. 1850; Hook. f., Fl. Brit. India 4: 78. 1883; Gamble, Fl. Madras 862. 1923; Henry *et al.*, Fl. Tamil Nadu 2: 81. 1987. ***"Muyalkombuchedi"*** (**Pl.-10 D**).

Herbácea, erecta, ramificada; caule e ramos angulosos, inflorescência umbelical, lóbulos do cálice 5, corola rota, valvulada, margem inteira, polínias erectas, coroa dupla, estaminal; copula externa com 5, bífida, estigma sub-séssil, folículos emparelhados; sementes achatadas, amplamente marginadas.

Comum nas fendas das rochas áridas das colinas de Madukkarai a cerca de 300 m.

Fl. e Fr: Jul.-Set.

Espécime examinado: **Binu Thomas, BUH : 7148**

Nota: Esta espécie é endémica de Tamil Nadu (Chithra e Nair, 1999). O presente estudo verificou que esta espécie ocorre habitualmente nas fendas das rochas e nas falésias. A natureza suculenta deste membro das crassuláceas é uma das caraterísticas importantes para a adaptação às condições ambientais adversas que ocorrem em habitats rochosos.

4. *Caralluma indica* (Wight & Arn.) N.E. Br., Gard. Chron. 2: 369. 1892. *Hutchinia indica* Wight & Arn. in Wight, Contrib. 34. 1834. *Boucerosia hutchinia* Decne. in DC., Prodr. 7: 649. 1839; Hook. f., Fl. Brit. India 4: 78. 1883; Gamble, Fl. Madras 862. 1923; Henry *et al.*, Fl. Tamil Nadu 2: 81. 1987 (**Pl.-10 E**).

Erva suculenta com muitos caules delgados até 15 cm de altura; caule 4 angulado. Folhas agudas. Flores com c. 2 cm de diâmetro, corola branco-esverdeada pálida, exteriormente tingida de pêlos e franjas roxas e arroxeadas. Folículos lineares, c. 7 x 0,7 cm, glabros; coma branco.

Fl. e Fr: Out. - Dez.

Espécime examinado: **Binu Thomas, BUH : 7149**

Raro em fendas de rocha exposta nas colinas de Madukkarai a cerca de 350 m.

Nota: Esta espécie é endémica dos Ghats Ocidentais do Sul (Sasidharan, 2004).

5. *Caralluma umbellata* Haw., Syn. Pl. Succ. 47. 1812; Gamble, Fl. Madras 861. 1923. *Boucerosia campanulata* Wight, Ic. t. 1287. 1848. *Boucerosia umbellata* Wight & Arn. var. *campanulata* Hook. f., Fl. Brit. India 4: 77. 1883. *Caralluma campanulata* (Wight) N.E. Br., Gard. Chron. 2: 369. 1892. Gamble, Fl. Madras 861. 1923; Henry *et al.*, Fl. Tamil Nadu 2: 82. 1987. "***Paarai sirumaan; Yerumaikalli***" (**Pl.- 10 F**).

Erva, suculenta, ramificada com caules carnudos angulosos. Folhas minúsculas, caducas nos ângulos dos caules. Flores em umbelas terminais; lóbulos da corola largos, de cor vermelha ou púrpura, estriados concentricamente com muitas linhas finas vermelhas, púrpuras e amarelas. Folículos delgados, em forma de gancho.

Fl. e Fr: Nov. - Fev.

Espécime examinado: **Binu Thomas, BUH : 7145**

Raro em fendas de rocha exposta nas colinas de Kanuvai a cerca de 350 m.

Nota: O presente estudo verificou que esta planta pode preferir fendas de rocha em zonas sombrias das colinas, que são o micro-habitat para a sua sobrevivência.

44.GENTIANACEAE

Chave dos géneros

1a. Estigmas 2-lobados; estames todos férteis .... **1. *Canscora***

b. Estigmas inteiros; 1 ou mais estames estéreis .... **2. *Exacum***

1. CANSCORA Lam.

Chave para as espécies

1a. Cálice proeminentemente alado; sementes arredondadas .... **3. *C. perfoliata***

b. Cálice não alado; sementes **2**

2a. Brácteas largamente ovadas; pedicelo terete .... **1. *C. diffusa***

b. Brácteas lanceoladas; pedicelo alado .... **2. *C. heteroclita***

1. *Canscora diffusa* (Vahl.) R. Br. *ex* Roem. & Schult., Syst. Veg. 3: 301. 1820. *Gentiana diffusa* Vahl, Symb. Bot. 3: 47. 1794. *Canscora decurrens* Dalz. em Hook.'s J. Bot. Kew. Gard. Misc. 2. 136. 1850. *Canscora lawii* Wight, Ic. t. 1327. 1848; Hook. f., Fl. Brit. India 4: 103. 1883; Gamble, Fl. Madras 878. 1923; Henry *et al.*, Fl. Tamil Nadu 2: 93. 1987; Matthew, Fl.

Central Tamilnadu 312. 1991. "***Arivaavatta***" (**Pl.-10 G**).

Erva, erecta profusamente ramificada até 30-50 cm. Caule estreitamente 4 - alado. Folhas; 2-4,5 * 1,2 cm. Panículas laxas até 8 cm, pedicelo terete. Brácteas amplamente ovadas. Lóbulos do cálice iguais. Corola cor-de-rosa a esbranquiçada, com 2,5 mm de diâmetro. Estigma 2 lamelar. Cápsula oblonga comprimida, 6,5 * 2 mm; sementes minuciosamente rugosas.

Fl. e Fr: Dez. - Apl.

Espécime examinado: **Binu Thomas, BUH : 7143**

Habitualmente em fendas de rocha húmidas das colinas de Velliangiri a cerca de 800 m.

Nota: Esta espécie prefere normalmente locais húmidos e sombrios. O presente estudo observou que esta espécie também pode preferir fendas húmidas de rochas como um dos habitats para a sua sobrevivência.

2. *Canscora heteroclita* (L.) Gling. In Engl. & Prantl, Nat. Pflanzenf. 4 (2): 76. 1895. *Gentiana heteróclita* L., Mant. Pl. 2: 560. 1771. *Canscora sessiliflora* Schult & Schult. f., Syst. 3: 230. 1827; Hook. f., Fl. Brit. India 4: 104. 1883; Gamble, Fl. Madras 878. 1923; Henry *et al*, Fl. Tamil Nadu 2: 93. 1987; Matthew, Fl. Central Tamilnadu 312. 1991.

Erva, erecta profusamente ramificada até 15 - 30 cm. Caule 4 - alado. Folhas amplamente ovadas; 1-2 * 0,5 - 1 cm. Cimas dichasiais; pedicelo alado. Brácteas lanceoladas. Lóbulos do cálice acuminados. Corola rosa a cor-de-rosa, 2 mm de diâmetro. Estigma com 2 lóbulos. Cápsula oblongo-comprimida; sementes arredondadas.

Fl. e Fr: Dez. - Mar.

Espécime examinado: **Binu Thomas, BUH : 7141**

Habitualmente em fendas húmidas de rochas nas colinas de Velliangiri a cerca de 600 m.

Nota: Esta espécie encontra-se habitualmente na camada fina do solo em fendas expostas de rochas húmidas.

3. *Canscora perfoliata* Lam. Encycl. 1: 601. 1785. *Canscora grandiflora* Wight, Ic. t. 1326. 1848; Hook. f., Fl. Brit. India 4: 104. 1883; Gamble, Fl. Madras 878. 1923; Henry *et al.*, Fl. Tamil Nadu 2: 93. 1987.

Erva, caule 4 - alado. Folhas lanceoladas - agudas, sésseis. Cálice proeminentemente alado, tubular. Pedicelo alado. Tubo da corola cilíndrico, rosa a rosado, com 2 mm de diâmetro. Ovário unicelular. Cápsula oblongo-comprimida; sementes arredondadas.

Fl. e Fr: Dez. - Mar.

Espécime examinado: **Binu Thomas, BUH : 7144**

Raro em fendas de rocha perto de partes húmidas das colinas de Velliangiri a cerca de 600 m.

Nota: Esta espécie é endémica dos Ghats Ocidentais (Udayan, 2003) e é normalmente encontrada na camada fina do solo em fendas de rochas húmidas expostas.

2. EXACUM L.

Chave para as espécies

1a. Folhas decussadas- oblanceoladas; cimas dichasiais .... **1.** ***E. peduncUlatum***

b. Folhas membranosas, ovado-lanceoladas; cimas espalhadas .... **2.** ***E. wightianun***

1. ***Exacum peduncUlatum*** L., Sp. Pl. 111. 1753; Hook. f., Fl. Brit. India 4: 97. 1883; Gamble, Fl. Madras 874. 1923; Henry *et al.*, Fl. Tamil Nadu 2: 94. 1987; Matthew, Fl. Central Tamilnadu 313. 1991 "***Chakkalathi***".

Erva, erecta até 15-30 cm. Caule 4 - gonoso. Folhas decussadas- oblanceoladas; 1-3,5 x 0,5-1,5 cm. Cimas dichasiais até 3 cm. Lóbulos do cálice alados dorsalmente. Corola azul. Estigma capitado. Cápsula 0,5 x 0,4 cm; sementes circulares, diminutas.

Fl. e Fr: Jan. - Mar.

Espécime examinado: **Binu Thomas, BUH : 7217**

Raro em fendas húmidas de rochas das colinas de Velliangiri a cerca de 600-800 m.

Observações: Esta espécie prefere normalmente terrenos húmidos ao longo das margens dos cursos de água e campos de pousio. O presente estudo observou que também prefere fendas de rocha em que a humidade do solo é óptima como um dos micro-habitats para a sua sobrevivência.

2. ***Exacum wightianun*** Arn., Ann. Sci. Nat. Bot. Ser. 2, 1: 176. 1839. *Exacum atropurpureum* Bedd. var. *palghatense* Gamble, Fl. Madras 874. 1923; Hook. f., Fl. Brit. India 4: 97. 1883; Henry *et al.*, Fl. Tamil Nadu 2: 95. 1987.

Erva, erecta. Folhas membranosas, ovado-lanceoladas. Cimas que se espalham; pedicelos recurvados. Lóbulos da corola apiculados; cálice lanceolado, setáceo-acuminado com asa dorsal larga e arredondada. Brácteas lineares-lanceoladas.

Fl. e Fr: Ago. - Set.

Espécime examinado: **Binu Thomas, BUH : 7299**

Ocasionalmente nas fendas das rochas das colinas de Velliangiri a cerca de 400-800 m.

Observações: Esta espécie prefere normalmente locais húmidos. O presente estudo verificou que também prefere fendas de rocha com uma quantidade óptima de solo, água e nutrientes. Nos períodos quentes de verão, esta espécie não aparece nestas fendas.

45.BORAGINACEAE

HELIOTRÓPIO L.

Heliotropium marifolium Retz., Obs. Bot. 2: 8. 1781. *Heliotropium scabrum* Retz., Obs. Bot. 2: 8. 1781; Hook. f., Fl. Brit. India 4: 152. 1883; Gamble, Fl. Madras 897. 1923; Henry *et al.*, Fl. Tamil Nadu 2: 99. 1987; Matthew, Fl. Central Tamilnadu 317. 1991 (**Pl.-10 H**).

Erva, procumbente. Folhas elíptico-oblongas, 1-1,5 x 0,3-0,5 cm. Racemos até 3 cm. Lóbulos do cálice obovado-lanceolado. Corola branca, com 5 mm de diâmetro, em forma de salva; lóbulos amplamente ovados, estrigosos-hirsutos sem. Anteras ovado-cordadas, pouco produzidas, coniventes, separando-se facilmente. Estilete disciforme na parte superior, ponta cónica, pontiaguda. Frutos secos apressados e hirsutos.

Fl. e Fr: Durante todo o ano

Espécime examinado: **Binu Thomas, BUH : 7231**

Pouco frequente nas fendas das rochas dos montes Madukkarai e Kanuvai a cerca de 300 m.

Nota: É normalmente encontrada nas planícies e nas colinas. O presente estudo verificou que esta espécie também prefere as fendas rochosas húmidas das colinas. Durante a estação das chuvas, ou imediatamente depois, esta planta torna-se saudável quando comparada com os dias de verão. A fenologia desta planta depende principalmente do teor de humidade nas fendas.

46.CONVOLVULACEAE

Chave para os géneros

1a. Folhas oblongo-lanceoladas; corola rotativa .... **1. *Evolvulus***

b. Folhas espatuladas; corola companulada .... **2. *Xenostegia***

1. EVOLVULUS L.

Chave para as espécies

1a. Corola azul; cápsula com duas células .... **1. *E. alsinoides***

b. Corlla creme; cápsula unicelular .... **2. *E. nummularis***

1. ***Evolvulus alsinoides*** (L.) L., Sp. Pl. (ed. 2) 392. 1762. *Convolvulus alsinoides* L., Sp. Pl. 157. 1753; Hook. f., Fl. Brit. India 4: 220. 1883; Gamble, Fl. Madras 922. 1923; Henry *et al.*, Fl. Tamil Nadu 2: 105. 1987; Matthew, Fl. Central Tamilnadu 326. 1991. "***Vishnukarandi***"

Erva, vilosa, prostrada. Folhas elípticas a oblongas; 1-1,5 * 0,3-0,7 cm, seríceas. Flores axilares solitárias, pedicelo c. 2 cm; sépalas 5, c. .3-.5 mm de comprimento. Corola azul, raramente branca, 1 cm de diâmetro, rotativa. Estilo 2, cada um dividido em 2 novamente. Cápsula com 2 células, sementes glabras.

Fl. e Fr: Durante todo o ano

Espécime examinado: **Binu Thomas, BUH : 7215**

Comum nas fendas das rochas de todas as colinas selecionadas a cerca de 300-800 m.

Nota: Esta espécie é abundante nas colinas em que habitats variados como encostas nuas expostas, planícies, matagais e chão de floresta decídua seca. Para além destes habitats, esta espécie pode também preferir falésias e fendas rochosas para a sua sobrevivência e crescimento.

2. ***Evolvulus nummularis*** (L.) L., Sp. Pl. (ed. 2) 391. 1762. *Convolvulus nummularis* L., Sp. Pl. 175. 1753. *Volvulopsis nummularia* (L.) Rob. Candollea 14: 28. 1952; Henry *et al.*, Fl. Tamil Nadu 2: 105. 1987; Matthew, Fl. Central Tamilnadu 326. 1991.

Erva, prostrada, enraizando-se nos nós. Folhas quadradas a suborbiculares; 1-2 * 1-2 cm. Flores solitárias axilares; pedicelo delgado, c. 2,5 cm de comprimento, lóbulos do cálice ciliados, sépalas 5, corola creme, 6 mm de diâmetro, pouco tubular-companulada. Cápsula unicelular, sementes castanho-escuras.

Fl. e Fr: Durante todo o ano

Espécime examinado: **Binu Thomas, BUH : 7216**

Ocasionalmente em fendas rochosas das colinas de Madukkarai, Maruthamalai e Kanuvai a cerca de 300 - 600 m.

Nota: O presente estudo concluiu que esta espécie pode preferir as falésias e as fendas das rochas como um dos habitats de refúgio para a sua sobrevivência.

2. XENOSTEGIA (L.) Austin.

Xenostegia tridentata (L.) Austin & Staples, Brittonia 32: 533. 1980, ssp. *tridentata. Convolvulus tridentatus* L., Sp. Pl. 157. 1753. *Ipomoea tridentata* (L.) Roth in Roem., Arab. Bot. 1: 38. 1797. *Merremia tridentata* (L.) Hall. f. in Engl., Bot. Jahrb. Syst. 16: 552. 1893; Hook. f., Fl. Brit. India 4: 205. 1883; Gamble, Fl. Madras 928. 1923; Henry *et al*, Fl. Tamil

Nadu 2: 110. 1987; Matthew, Fl. Central Tamilnadu 333. 1991. ***"Negikulovu"*** **(Pl.- 11 A)**.

Erva, prostrada com vários ramos que irradiam de uma base lenhosa. Folhas espatuladas; oblongas a panduratas, 1,5-2,5 * 0,7-1 cm, mais largas em direção ao ápice. Flores 1; lóbulos do cálice subiguais, 3 externos acuminados; 2 internos agudos. Corola creme a amarelada com garganta roxa; companulada, 1,5 de diâmetro. Cápsula com 0,7 cm de diâmetro; sementes glabras.

Fl. e Fr: Dez. - Jan.

Espécime examinado: **Binu Thomas, BUH : 7361**

Habitualmente nas fendas das rochas das colinas de Madukkarai, Maruthamalai e Kanuvai, a cerca de 400-600 m.

Nota: Trata-se de uma espécie muito variável, as plantas ocorrem em fendas de rocha que possuem dimensões reduzidas quando comparadas com outros habitats terrestres.

47.SCROPHULARIACEAE

Chave para os géneros

1a. Estames inseridos no tubo da corola; corola com 2 lâminas .... **1. *Lindernia***
b. Estames não semelhantes aos anteriores; corola **2**
2a. Cápsula encerrada no cálice .... **3. *Scoparia***
b. Cápsula não encerrada no cálice **3**
3a. Herbácea escabrosa; corola incursa perto do meio .... **4. *Striga***
b. Erva semi-parasitária; corola não como acima **4**
4a. Folhas espiraladas em baixo; cálice não alado .... **2. *Pedicularis***
b. Folhas não espiraladas em baixo; cálice alado .... **5. *Torena***

1. LINDERNIA Todos.

Lindernia ciliata (Colsm.) Pennell. Brittonia 2: 182. 1936. *Gratiola ciliata* Colsm., Prodr. Desc. Grat. 14. 1793. *Gratiola serrata* Roxb., Fl. Ind. 1: 140. 1820. *Bonnaya brachiata* Link & Otto, Ic. Pl. Select. 25, t. 11. 1820. *Ilysanthes serrata* (Roxb.) Urban, Berl. Deutsch. Bot. Ges, 2: 436. 1884. *Lindernia bracteoides* (Blatt. & Hallb.) Mukherjee, J. Indian Bot. Soc. 24: 133. 1945; Hook. f., Fl. Brit. India 4: 284. 1884; Gamble, Fl. Madras 962. 1923; Henry *et al.*, Fl. Tamil Nadu 2: 122. 1987. Matthew, Fl. Central Tamilnadu 349. 1991. ***"Kakkappovu"*** **(Pl.- 11 B)**.

Erva, erecta, gregária. Folhas elíptico-obovadas, 2,5-3,5 x 0,5-1 cm. Racemos até 10 cm, brácteas lineares, escariosas; pedicelo até 1,5 cm. Lóbulos do cálice lanceolados, Corola branca com garganta cor-de-rosa, 1 cm de diâmetro. Estames 2; ganchos dos estaminódios divergentes, inseridos no tubo da corola. Cápsula linear-lanceolada, 1,5 cm, excedendo o cálice.

Fl. e Fr: Nov. - Fev.

Espécime examinado: **Binu Thomas, BUH : 7266**

Raramente em fendas húmidas de rochas das colinas de Velliangiri a cerca de 500 -700 m.

Nota: O presente estudo verificou que, durante os períodos pós-monção, esta espécie pode preferir as fendas húmidas das rochas como um dos habitats para a sua sobrevivência.

2. PEDICULARIS L.

Pedicularis perrottetii Benth. in DC., Prodr. 10: 565. 1846; Hook. f., Fl. Brit. India 4: 317. 1884; Gamble, Fl. Madras 973. 1924; Henry *et al.*, Fl. Tamil Nadu 2: 125. 1987 **(Pl.-11 C)**.

Erva, anual, semi-parasitária até 30 cm de altura; ramos glabros. Folhas alternas, espiraladas em baixo, pinadas, oblanceoladas a elípticas - oblongas 8 x 1,5 cm, coriáceas, escabrosas em baixo, base atenuada, crenada, ápice arredondado, glandularmente pilosas em cima. Racemos terminais e nas axilas superiores. Tubo do cálice com 2,5 cm de comprimento e dentes com crista. Corola branca até 15 cm de comprimento, com tubo fino. Estames 4, didínamos, inseridos numa cápsula falcada com 2,5 cm de comprimento; sementes numerosas, minúsculas.

Fl. e Fr: Set. - Nov.

Espécime examinado: **Binu Thomas, BUH : 7285**

Raro em fendas de rocha de prados abertos nas colinas de Velliangiri a cerca de 1700 m.

Nota: Esta espécie efémera é rara, está ameaçada e é endémica dos Ghats Ocidentais do Sul (Sasidharan, 2004; Murugesan e Balasubramanian, 2009). Só se pode colher esta curiosa planta durante a monção sudoeste; os longos tubos brancos da corola chamam a atenção no campo.

3. SCOPARIA L.

Scoparia dulcis L., Sp. Pl. 116. 1753; Hook. f., Fl. Brit. India 4: 289. 1881; Gamble, Fl. Madras 2: 964. 1924; Henry *et al.*, Fl. Tamil Nadu 2: 125. 1987; Matthew, Fl. Central Tamilnadu 353. 1991. ***"Sarak-kotthini"***

Erva, erecta até 50- 75 cm. Folhas espiraladas, 1-3,5 x 0,5 - 1,5 cm, decussadas, lineares, pinadas, serrilhadas, inteiras. Inflorescência terminal ou axilar. Flores brancas. Cálice pequeno, 4-5 partes, lóbulo imbricado Corola 5 mm, 4 lóbulos, lóbulo obtuso. Estames - 4 iguais, exsertos; antera com 2 células. Cápsula globosa, encerrada no cálice. Sementes truncadas, reticuladas.

Fl. e Fr: Durante todo o ano

Espécime examinado: **Binu Thomas, BUH : 7330**

Raro nas fendas das rochas das colinas de Madukkarai e Maruthamalai.

Nota: Nativo da América Tropical, agora naturalizado em vários habitats, incluindo fendas de rochas e falésias.

4. STRIGA Lour.

Chave para as espécies

1a. Nervuras laterais dos lóbulos do cálice convergindo para o ápice; sementes com nervuras **...........1. *S. angustifolia***

b. As nervuras laterais dos lóbulos do cálice terminam acima dos seios; sementes não estriadas ..... **.2. *S. asiatica***

2a. Folhas estreitamente oblongas; flores brancas .... **3. *S. densiflora***
b. Folhas lineares escamosas; flores de cor branca cremosa .... **4. *S. indica***

1. *Striga angustifolia* (D. Don) Said., BBSI 5: 70. 1963. *Buchnera angustifolia* D. Don, Prodr. Fl. Nepal 91. 1825. *Striga euphrasioides* auct. Non Benth. excl. basionym.; Hook. f., Fl. Brit. India 4: 299. 1884; Gamble, Fl. Madras 968.1924; Henry *et al.,* Fl. Tamil Nadu 2:126.1987; Matthew, Fl. Central Tamilnadu 354.1991; ***"Thiduvai"***

Erva até 40 cm. Folhas pequenas, 1 - 5 x 0,2 - 0,5 cm. Lóbulos do cálice iguais, lanceolados, cada um com 3 nervuras, com as nervuras laterais convergindo para o ápice. Corola branca, com 1,5 cm de diâmetro; lóbulos subiguais. Estigma inteiro, espesso. Cápsula 6 x 5 mm; sementes oblongas, cuneadas, com nervuras longitudinais.

Raramente nas fendas das rochas dos montes Madukkarai e Kanuvai a cerca de 400 m.

Fl. e Fr: Durante todo o ano

Espécime examinado: **Binu Thomas, BUH : 7343**

Nota: O presente estudo observou que, para além de outros habitats terrestres, esta espécie pode preferir as fendas das rochas como micro habitats para a sua sobrevivência e crescimento.

2. *Striga asiatica* (L.) O. Ktze, Rev. Gen. Pl. 2: 466. 1981. *Buchnera asiatica* L., Sp. Pl. 1630. 1753. *Striga lutea* Lour., Fl. Cocchinch. 22. 1790; Hook. f., Fl. Brit. India 4: 299. 1881. *Striga asiatica* (L.) Kuntz. var. *albiflora* (Kuntz.) Sant. in J. Bombay Nat. Hist. Soc. 49: 44. 1950; Gamble, Fl. Madras 2: 968. 1924; Henry *et al*., Fl. Tamil Nadu 2: 126. 1987; Matthew, Fl. Central Tamilnadu 354. 1991 **(Pl.-11 D)**.

Erva, escabrosa. Folhas alternas, oblongo-lineares, base atenuada, ápice agudo, 1,5 - 2,5 x 0,2 cm. Flores amarelas em espigas axilares bracteadas. Lóbulos do cálice 5, estrigosos e peludos, c. 6 mm, as nervuras laterais dos lóbulos do cálice terminam imediatamente acima dos seios. Corola c. 1,5 m; abruptamente incursa perto do meio. Estames 2; anteras c. 1 mm; filamentos glabros. Ovário globoso, c. 2.5 mm; estilete c. 7 mm. Estigma 2 - lamelar. Cápsula oblonga, c. 4 mm, castanha; sementes numerosas.

Raro em fendas de rocha em prados e margens de shola das colinas de Velliangiri a cerca de 1400 m.

Fl. e Fr: Ago. - Dez.

Espécime examinado: **Binu Thomas, BUH : 7346**

Nota: O presente estudo verificou que esta espécie ocorre em fissuras rochosas de terrenos de erva de grande altitude e nas margens de shola do monte. Isto indica que, raramente, esta espécie pode preferir falésias rochosas como um dos habitats para a sua sobrevivência.

3. *Striga densiflora* (Benth.) Benth. in Companion Bot. Mag. 1: 363. 1836. *Buchnera densifolra* Benth. Scroph. Ind. 41. 1835; Hook. f., Fl. Brit. India 4: 299. 1884; Gamble, Fl. Madras 967. 1924; Henry *et al.*, Fl. Tamil Nadu 2: 126. 1987; Matthew, Fl. Central Tamilnadu 354. 1991; ***"Kalchendai"***

Erva, robusta até 10 cm. Caules e ramos rígidos, estrigosos. Folhas 0,7-5*0,2-5cm, sésseis, opostas inferiores, alternas superiores, lineares a estreitamente oblongas, estrigosas, agudas ou obtusas. Flores com 1,2-1,5 cm de comprimento, brancas, axilares, solitárias, sésseis. Cápsulas 4*2,5mm, oblongo-elipsoides, obtusas, com base estilar.

Raro nas fendas das rochas das colinas de Madukkarai e Maruthamalai.

Fl. e Fr: Durante todo o ano

Espécime examinado: **Binu Thomas, BUH : 7345**

Nota: O presente estudo concluiu que esta espécie pode preferir as falésias e as fendas das rochas como um dos habitats de refúgio para a sua sobrevivência.

4. ***Striga indica*** K.M. Prabhu, P. Jayanthi, A. Rajendran *et* M. Sabu, em *Fedd. Reprt.* 123: 1-8.

Planta herbácea, perene, aclorofilada, erecta, com 15-55 cm de altura. Caule terete e muito ramificado na metade inferior, densamente pubescente. Folhas amarelo-esverdeadas, lineares, em forma de escama, opostas a alternas, sésseis, aderidas ao caule, pubescentes nas faces abaxial e adaxial e ciliadas nas margens, 7-9 x 2-3 mm. Brácteas tão longas ou mais curtas que o cálice, ovadas, agudas no ápice, 5-7 x 2-4 mm, pubescentes em ambos os lados e ciliadas nas margens. Bracteolos 2, iguais, lineares. 5-6 mm de comprimento. Flores opostas ou alternas, sésseis, com 9-10 mm de comprimento, branco-creme. Cálice com 5 nervuras; 5-6 mm de comprimento, dentes do cálice lineares, pubescentes em ambos os lados. Corola obovada, branco-creme, ligeiramente recurvada; tubo com 5-7 mm de comprimento, 2/3 da porção encerrada pelas brácteas; lábio inferior tripartido, glabro, ciliado nas margens; lábio superior bilobado. Estames 4, fixados na extremidade distal do tubo, logo abaixo da garganta; filamentos com 1,5 mm de comprimento; anteras com 5 mm de comprimento. Ovário elíptico-oblongo, com 3 mm de comprimento; estilete longo, até 5 mm de comprimento. Cápsula oblonga, 6-7 mm de comprimento, apiculada no ápice, mais longa que o cálice (*S. indica* - **Fig. -1**).

Raramente em fendas de rochas áridas das colinas de Madukkarai a cerca de 250-300 m.

Fl. e Fr: maio-Fev.

Espécime examinado: Índia, Tamil Nadu, distrito de Coimbatore, colinas de Madukkarai: 21 de junho de 2011, Prabhu kumar & Jayanthi 7090 & 7091; 23 de junho de 2011, Prabhu kumar & Jayanthi 7094; 24 de junho de 2011, Prabhu kumar, Jayanthi & Binu Thomas 7096; 27 de junho de 2011, Prabhu kumar & Jayanthi 7099; Kanuvai hills: 17 de fevereiro de 2012, prabhu kumar e Binu Thomas 7495 e 7497; 18 de fevereiro de 2012, prabhu kumar e Binu Thomas 7499 e 7504 (BUH)

Habitat & Ecologia: Esta espécie ocorre nas fendas das rochas das matas das colinas de Madukkarai e é parasita das raízes de *Euphorbia antiquorum* L.

5. TORENA Dalz.

Torena bicolor Dalz. em Hook's J. Bot. Kew Gard. Misc. 3: 38. 1851; Hook. f., Fl. Brit. India 4: 278. 1884; Gamble, Fl. Madras 957. 1923; Henry *et al.*, Fl. Tamil Nadu 2: 126. 1987. ***"Kakkapoovu; Sirukaambuchedi"***

Erva, rasteira. Folhas deltóides, ovadas, crenadas, subcordadas, esparsamente hirsutas.

Flores axilares, bractéolas 0. Cálice e corola com dois lábios; cálice não alado, estreitamente oblongo, de 1,5 a 1,75 cm de comprimento. Corola com lábio superior azul escuro ou violeta e inferior branco. Estames 4, didínamos. Ovário com muitos óvulos; estilete fino; estigma 2-lamelar. Fruto oblongo; sementes numerosas, rugosas.

Raramente em fendas rochosas húmidas das colinas de Velliangiri a cerca de 1500-1600 m.

Fl. e Fr: Set. - Jun.

Espécime examinado: **Binu Thomas, BUH : 7351**

Nota: Esta espécie é endémica dos Ghats Ocidentais (Udayan, 2003). O presente estudo mostra que esta espécie pode preferir as falésias húmidas como um dos micro-habitats para a sua sobrevivência.

48.LENTIBULARIACEAE

UTRICULARIA L.

Utricularia graminifolia Vahl. Enum. Pl. 1: 195. 1804. *Utricularia smithiana* Wight em Hook.'s J. Bot. Kew Gard. Misc. 1: 373. 1849. *Utricularia uliginoides* Wight em Hook.'s J. Bot. Kew Gard. Misc. 1: 372. 1849. *Utricularia pedicellata* Wight em Hook.'s J. Bot. Kew Gard. Misc. 1: 373. 1849. *Utricularia conferta* Wight, Ic. t. 1575. 1850. *Utricularia caerulea* sensu. Clarke in Hook. f., Fl. Brit. India 4: 331. 1884; Gamble, Fl. Madras 982. 1924; Henry *et al.*, Fl. Tamil Nadu 2: 130. 1987; Matthew, Fl. Central Tamilnadu 358. 1991. "***Choothumkula***" **(Pl.- 11 E)**.

Erva, profusamente ramificada até 10-15 cm. Folhas lineares. Armadilhas refundidas - ovadas. Escalos 3-5 fid; escamas e brácteas lanceoladas, basifixas. Lóbulos do cálice desiguais, estreitamente ovados. Corola púrpura azulada, 7-10 x 2-5 mm de diâmetro, curvada para cima. Anteras bicelulares. Cápsula sub-globosa, 2,5 x 2 mm; persistente; sementes globosas, elipsoides; testa alongada-reticulada.

Fl. e Fr: Nov. - Apl.

Espécime examinado: **Binu Thomas, BUH : 7358**

Habitualmente nas fendas rochosas húmidas das colinas de Velliangiri, a cerca de 900 m.

Nota: O presente estudo constatou que esta espécie prefere normalmente as rochas húmidas das colinas. Durante os períodos de verão, o escoamento da água através das rochas pode diminuir ou parar. Nestas condições, esta espécie não consegue sobreviver nas fendas. Quando as rochas ficam húmidas durante os próximos períodos de monção, podem surgir novas plântulas no mesmo habitat.

49.GESNERIACEAE

DIDYMOCARPUS Wallich.

Chave para as espécies

1a. Corola lilás pálida; folhas arredondadas na base; .... **2.** ***D. humboldtiana***

b. Corola de outra forma; folhas não arredondadas na base; **2**

2a. Folhas ovado-elípticas; cápsula ligeiramente curvada .... **3.** ***D. tomentosa***

b. Folhas ovado-obovadas; cápsula não ligeiramente curvada .... **1.** ***D. gambleanus*** **1.** ***Didymocarpus gambleanus*** Fischer in Kew Bull. 1938: 36. 1938. *Didymocarpus tomentosa* Wight var. *lanuginosa* Clarke in DC., Monog. Phan. 5: 102. 1883. *Didymocarpus lanuginosa* (Clarke) Gambe, Fl. Pres. Madras 989. 1924; Hook. f., Fl. Brit. India 4: 353. 1884; Henry *et al.*, Fl. Tamil Nadu 2: 132. 1987 "***Paraioti***" **(Pl.- 11 F)**.

Erva, escápiforme com folhas espessas tomentosas cinamomosas. Folhas em roseta basal, espessas, ovadas ou obovadas, 2,6-5 x 1-3,5 cm, ir-regularmente crenadas nas margens, obtusas ou retusas no ápice, escapos 2, raramente 3, c. 12 cm, esparsamente companhados, ventricosos, 1-1,2 cm, espessamente vilosos e crispados. Estames 2 + 2. Ovário oblongo lanceolado, c. 3,5 x 1,2 mm. Cápsula vilosa, c. 2,5 cm, espessamente críspida vilosa; sementes diminutas.

Fl. e Fr: Apl. - Jun.

Espécime examinado: **Binu Thomas, BUH : 7189**

Raramente nas fendas das rochas das colinas de Velliangiri, a cerca de 1200 m.

Nota: Esta planta é endémica dos Ghats Ocidentais do Sul de Tamil Nadu e Kerala (Murugesan e Balasubramanian, 2009). A sobrevivência desta espécie depende essencialmente da disponibilidade do solo, da humidade, dos nutrientes e dos minerais nas fendas.

2. ***Didymocarpus humboldtiana*** Gard., Calcutta J. Nat. Hist. 6: 477. 1846; Hook. f., Fl. Brit. India 4: 353. 1884; Gamble, Fl. Madras 989. 1924; Henry *et al.*, Fl. Tamil Nadu 2: 132. 1987. "***Eanan-kolli***"

Erva, acaulescente. Folhas em roseta basal, ovadas, c. 13 x 10 cm, esparsamente pilosas, arredondadas na base e decurrentes para o estreitamente alado. Escapo c. 2,5 cm, esparsamente piloso. Cimas terminais. Lóbulos do cálice 5, lanceolados. Corola tubular-ventricosa, lilás pálido. Estames 2 + 2. Ovário 1-célula. Cápsula linear, c. 4 cm; sementes numerosas.

Fl. e Fr: Jul. - Nov.

Espécime examinado: **Binu Thomas, BUH : 7187**

Ocasionalmente nas fendas das rochas das colinas de Velliangiri a cerca de 1000 m.

Nota: O crescimento saudável e a sobrevivência desta espécie no habitat rochoso dependem essencialmente da disponibilidade do solo, da humidade, dos nutrientes e dos minerais acumulados nas fendas.

3. ***Didymocarpus tomentosa*** Wight, Ic. t. 1349. 1848; *Didymocarpus rottleriana* var. *tomentosa* (Wight) Clarke in A. & C. DC., Monogr. Phan. 5: 101. 1883; Hook. f., Fl. Brit. India 4: 353. 1884; Gamble, Fl. Madras 989. 1924; Henry *et al.*, Fl. Tamil Nadu 2: 133. 1987; Matthew, Fl. Central Tamilnadu 359. 1991. "***Elichuzhien***" **(Pl.- 11 G)**.

Erva, escapigerada. Folhas ovadas a amplamente elípticas, 3-10 x 2-6 cm, densamente pubescentes em ambos os lados. Flores azuladas a arroxeadas, com 1 cm de diâmetro. Ovário densamente pubescente. Cápsulas ligeiramente curvadas; sementes reticuladas.

Fl. e Fr: Set.-Nov.

Espécime examinado: **Binu Thomas, BUH : 7190**

Comum nas fendas das rochas das colinas de Madukkarai e Velliangiri a cerca de 350-800 m.

Nota: Esta espécie é normalmente abundante nas fendas das rochas, onde existe uma quantidade óptima de humidade e nutrientes no solo. A natureza suculenta do corpo da planta é a principal caraterística adaptativa para suportar condições ambientais adversas.

50.PEDALIACEAE

Chave para os géneros

1a. Flores solitárias, axilares; fruto uma drupa .... **1.** ***Pedúnculo***
b. Flores em racemos; cápsula do fruto .... **2.** ***Sésamo***

1. PEDALIUM D. Royen. *ex* L.

Pedalium murex L., Syst. Nat. (ed. 10) 1123. 1759; Hook. f., Fl. Brit. India 4: 386. 1884; Gamble, Fl. Madras 1001. 1924; Henry *et al*, Fl. Tamil Nadu 2: 137. 1987; Matthew, Fl. Central Tamilnadu 364. 1991. "***Perunernunji***

Erva, suculenta até 50 cm; Folhas alternas - opostas, repandentes-anguladas. Flor- 1, axilar; pedicelo com um par de glândulas amarelas. Lóbulos do cálice valvulados. Corola amarela, com 2 cm de diâmetro. Estames 4; estaminódio 1. Ovário 2 locular; óvulos 2 por célula, pendentes. Drupa indeiscente com 4 espinhos.

Fl. e Fr: Out. - Dez.

Espécime examinado: **Binu Thomas, BUH : 7284**

Ocasionalmente nas fendas das rochas das colinas de Madukkarai e Maruthamalai.

Nota: O crescimento saudável e a sobrevivência desta espécie no habitat rochoso dependem essencialmente da disponibilidade do solo, da humidade e dos minerais nas fendas.

2. SESAMUM L.

Chave para as espécies

1a. Erva prostrada; pedicelo com 2 glândulas amarelas .... **1. *S. laciniatum***

b. Erva erecta; pedicelo com 2 glândulas amarelas **..............................2.*S.*** *indicum*

1. ***Sesamum laciniatum*** Klein. *ex* Willd., Sp. Pl. 3: 359. 1800; Hook. f., Fl. Brit. India 4: 387. 1884; Gamble, Fl. Madras 1002. 1924; Henry *et al.*, Fl. Tamil Nadu 2: 138. 1987; Matthew, Fl. Central Tamilnadu 364. 1991. "***Kattu ellu***" **(Pl.- 11 H)**.

Erva, prostrada até 50-75 cm. Raiz robusta. Folhas elípticas, sinuadas, as mais velhas pinadas. Corola púrpura, 2 x 1 cm de diâmetro; tubo 2,5 cm; lóbulos até 1 cm. Cápsula ovoide com 2 bicos apicais curtos, 1,5 x 0,7 cm, apicalmente bicuda.

Fl. e Fr: Set. - Dez.

Espécime examinado: **Binu Thomas, BUH : 7332**

Raramente nas fendas das rochas das colinas de Madukkarai.

Nota: Esta espécie é endémica da Índia Peninsular (Udayan, 2003), e encontra-se normalmente em penhascos rochosos húmidos durante a estação das chuvas.

2. *Sesamum indicum* L., Sp. Pl. 634. 1753. ***Sesamum orientale*** L., Sp. Pl. 634. 1753; Hook. f., Fl. Brit. India 4: 387. 1884; Gamble, Fl. Madras 1002. 1924; Henry *et al.*, Fl. Tamil Nadu 2: 138. 1987; Matthew, Fl. Central Tamilnadu 365. 1991. "***Yelluchedi***"

Erva, erecta até 75-150 cm. Folhas opostas em baixo, alternas em cima, elípticas a lanceoladas, 12 x 6 cm, lobadas, serrilhadas. Pedicelo com 2 glândulas amarelas. Corola branco-rosada. 2,5 x 1,8 cm de diâmetro; tubo 2,5 cm; lóbulos até 1,5 cm. Cápsula ovoide - oblonga, 2 x 0,8 cm, apicalmente bicuda.

Fl. e Fr: Jul.-Dez.

Espécime examinado: **Binu Thomas, BUH : 7334**

Raramente nas fendas das rochas das colinas de Madukkarai.

Nota: Esta espécie cultivada foi recolhida nas fendas das rochas das colinas de Madukkarai. As sementes desta planta podem ter sido introduzidas neste habitat a partir da aldeia vizinha.

51.ACANTHACAE

Chave para os géneros

1a. Panículas axilares e terminais; cápsula > 8 sementes .... **1.** ***Andrographis***

b. panículas exclusivamente axilares; cápsula com 4 sementes; .... **7.** ***Indoneesiella***

2a. Planta armada; cálice profundamente 4-partido .... **2.** ***Barleria***

b. Planta não armada; cálice não como acima **3**

3a. Corola verde-azulada; células das anteras paralelas .... **3.** ***Ecbólio***

b. Corola azul brilhante; células da antera não paralelas .... **6.** ***Haplantódios***

4a. Folhas sub-radicais; lóbulos da corola apicalmente bifurcados .... **4.** ***Elytraria***

b. Folhas elíptico-lanceoladas; lóbulos da corola não como acima **5**

5a. Espigas com 1 semente e 2 filas de brácteas estéreis .... **11.** ***Rungia***

b. Espigas sem 1 semente ou com brácteas estéreis .... **8.** ***Justicia***

6a. Tubo da corola uniformemente cilíndrico; espigas com pêlos glandulares; .... **5.** ***Eranthemum***

b. Corola e espinhos não como acima **7**

7a.Células da antera rotundas; sementes papiladas .... **9.** .***Perístrofe***

b. Células da antera oblongas; sementes lisas .... **10.** ***Phaulopsis***

1. ANDROGRAPHIS Wallich *ex* Nees

Chave das espécies

1a. Ápice foliar truncado a obtuso; retináculos em forma de colher .... **2.** ***A. serpyllifoila***

b. Ápice da folha não como acima; retináculos não em forma de colher **2**

2a. Corola branca; lóbulos do cálice glandulares .... **1.** ***A. alata***

b. Corola com riscas vermelho-escuras; cálice glabro .... **3.** ***A. stenophylla***

1. ***Andrographis alata*** (Vahl) Nees em DC. Prodr. 11: 516. 1847. *Justicia alata* Vahl, Enum.

Pl. 1: 139. 1804; Hook. f., Fl. Brit. India 4: 502. 1884; Gamble, Fl. Madras 1049.1925; Henry *et al.*, Fl. Tamil Nadu 2: 138. 1987; Matthew, Fl. Central Tamilnadu 369. 1991 "***Periyanangai***" (**Pl.-12 A**).

Subarbusto até 1 m de altura. Folhas elíptico-obovadas, 7 x 3,5 cm. Flores de cor branca Lóbulos do cálice 5, c. 4 mm, glandularmente pilosos. Corola c. 10 x 0,2 cm, tubo c. 6 mm, pubescente na garganta inferior, lábio superior c. 7 mm; lábio inferior c. 8 mm. Estames 2, c. 1 mm. Ovário oblongo,

c. 1,5 x 0,4 cm, glandular, pilosa; sementes ovóides.

Fl. e Fr: Nov. - Fev.

Espécime examinado: **Binu Thomas, BUH : 7112**

Raro nas fendas das rochas das colinas de Velliangiri.

Nota: O presente estudo constatou que esta espécie é raramente observada em falésias rochosas para a sua sobrevivência e crescimento. As plantas das fendas possuem raízes fortes com base robusta para se fixarem neste micro-habitat peculiar.

2. *Andrographis serpyllifoila* (Vahl) Wight, Icon. Pl. Ind. Orient. t. 517. 1841. *Justicia serpyllifolia* Rottler *ex* Vahl, Enum. Pl. 1: 169. 1804; Hook. f., Fl. Brit. India 4: 506. 1884; Gamble, Fl. Madras 1051. 1925; Matthew Fl. Tamilnadu Carnatic 2: 1153. 1983. "***Thutuppoondu***"

Erva, prostrada; ramos densamente híspidos até 50 cm. Folhas rotundas-orbiculares, com 1,5 - 2,5 cm de diâmetro. Flores subsésseis, solitárias, axilares ou em racemos curtos nas axilas superiores; pedúnculos até 4 cm; brácteas orbiculares. Lóbulos do cálice 5. Corola branca com tonalidade rosa, 8 x 2 mm. Estames 2; filamentos pouco peludos. Ovário elíptico-ovoide, 1 mm, puberulento. Cápsula 1 x 0,4 cm; sementes com 1 mm de diâmetro; retináculos em forma de colher.

Fl. e Fr: Jan. - Apl.

Espécime examinado: **Binu Thomas, BUH : 7417**

Raro nas fendas das rochas das colinas de Madukkarai a cerca de 350 m de diâmetro.

Nota: O presente estudo concluiu que esta espécie raramente prefere falésias rochosas para a sua sobrevivência e crescimento.

3. *Andrographis stenophylla* Clarke in Hook. f., Fl. Brit. India 4: 503. 1884; Gamble, Fl. Madras 1048. 1925; Henry *et al.*, Fl. Tamil Nadu 2: 140. 1987. "***Periynagai***" (**Pl.-12 B**).

Erva, glabra, com folhas muito estreitas e caules de um porta-enxerto robusto, a corola pálida com riscas vermelho-escuras. Folhas lineares, com menos de 1 cm de comprimento; pedicelos com 0,15 cm de comprimento; lóbulos do cálice glabros, lineolados. Cápsula linear oblonga.

Fl. e Fr: Dez. - Jan.

Espécime examinado: **Binu Thomas, BUH : 7115**

Raro nas fendas das rochas das colinas de Maruthamalai a cerca de 800-900 m.

Nota: Esta espécie é endémica do sul do Gahts Ocidental. O presente estudo verificou que esta espécie pode preferir fendas de rocha em matagais das colinas como um dos micro-habitats para a sua sobrevivência.

2. BARLERIA L.

Chave para as espécies

1a. Folhas orbiculares a elíptico-ovais; flores brancas .... **1. *B. buxifolia***

b. Folhas linear-lanceoladas; flores amarelas; .... **2. *B. tamilnadensis***

1. *Barleria buxifolia* L., Sp. Pl. 636. 1753; Hook. f., Fl. Brit. India 4: 484. 1884; Gamble, Fl. Madras 1059. 1925; Henry *et al.*, Fl. Tamil Nadu 2: 141. 1987; Matthew, Fl. Central Tamilnadu 372. 1991. "***Rosemullippoondu***"

Subarbusto, hispídeo armado, hemisférico rígido até 75 cm. Folhas orbiculares a elíptico-ovais, 1-2 x 0,7 - 1,2 cm. Flores 1, brácteas 0. Lóbulos do cálice agudos, escariados quando velhos; 2 externos ovados, os internos oblongos. Corola branca, 3 cm de diâmetro. Estames 2; estaminódios 2 com células anteras estéreis. Ovário 4-ovulado. Cápsula elipsoide, 1,5 x 1 cm; sementes com pêlos comprimidos.

Fl. e Fr: Nov. - Mar.

Espécime examinado: **Binu Thomas, BUH : 7127**

Ocasionalmente, em fendas de rochas das florestas de Maruthamalai e Kanuvai, a cerca de 350 - 500 m.

Nota: Esta espécie é normalmente encontrada em planícies e matagais. O presente estudo concluiu que esta espécie raramente prefere as fendas das rochas nas matas das colinas como um dos micro-habitat para a sua sobrevivência.

2. *Barleria tamilnadensis* Prabhu Kumar, K.M. *et al.*, sp. nov.

Arbusto, decumbente até 50 cm de comprimento, muito ramificado desde a base, ramos castanho-acinzentados claros, caule terete, glabro. Espinhos simples, 4 ou 8 por nó, com 1,5-2,5 cm de comprimento e esbranquiçados na base e castanhos na ponta; o nó é pubescente, o comprimento internodal varia de 3-3,5 cm. Folhas linear-lanceoladas, 2,5-6 cm de comprimento, base da folha embainhada, ciliada na margem, aguda, mucronada no ápice. Pecíolo séssil, 0-2 cm, margens e nervura central esparsamente pubescentes, nervuras glabras, brácteas linear-lanceoladas, 1,4-1,8 cm. Sépala externa estreitamente ovalada, longa e acuminada no ápice, 1,5-2,5 x 0,5, interna pubescente e externa glabra. Sépala interna estreitamente ovalada, longamente acuminada, 1,3-1,7 x 0,3, faces interna e externa pubescentes. Flores sésseis, solitárias, 3,2-3,5 cm, bilobadas 4/1, pubescentes no tubo, pétalas glabras, de cor amarela dourada, tubo de 1,3-1,5 cm de comprimento. Lóbulos da corola oblongo-obovados, 1,6-1,8 x 0,8-1 cm. Estames férteis 2, exercitados; filamento com 1.4-1.7 cm de comprimento, anteras com c. 3 mm de comprimento, acastanhadas; estames estéreis 2, anteras com 1.5-2mm de comprimento, c. 1mm de comprimento, estaminoide presente. Ovário ovoide, 0.3mm, estilo terete, 2-2.5 cm de comprimento. Estigma linear, c. 1mm de comprimento, acastanhado. Cápsula ovoide, com 1-2 sementes (***B. tamilnadensis* - Pl.-1**).

Fl. e Fr: Out.-Fev.

Espécime examinado: Índia, Kanuvai hills, 20th fevereiro de 2012, Prabhu Kumar & Binu Thomas 103698 (CMPR). Tamil Nadu, distrito de Coimbatore, colinas de Kanuvai, 21 de fevereiro de 2012, Prabhu Kumar e Binu Thomas 103699 (CMPR); **Binu Thomas, 7129 (BUH).**

Habitat e Ecologia: Esta espécie ocorre normalmente nas encostas de selvas arbustivas em florestas decíduas secas das colinas de Maruthamalai e Kanuvai. As espécies vegetais que ocorrem em habitats rochosos possuem uma base robusta e raízes fortes para se fixarem neste habitat peculiar.

3. **ECBOLIUM** Kurz.

Ecbolium viride (Forssk.) Alston in Trimen, Handb. Fl. Ceyl. 6: 229. 1931, var. *viride; Justicia ecbolium* L., Sp. Pl. 15. 1753. *Ecboilium linneanum* Kurz, J. Asiat. Soc. Bengal 2: 75. 1871. *Justicia viridis* Forssk., Fl. Aeg. Ar. 5. 1774. 1983; Hook. f., Fl. Brit. India 4: 544. 1885; Gamble, Fl. Madras 1074. 1924; Henry *et al.,* Fl. Tamil Nadu 2: 146. 1987; Matthew, Fl. Central Tamilnadu 376. 1991. ***"Nilambari"***

Arbusto até 1,5 m. Folhas elíptico-ovais, 4-10 x 2-5 cm. Espigas folhosas de 5-15 cm; brácteas imbricadas, redondas, bractéolas 2, lanceoladas. Lóbulos do cálice 5, subiguais. Corola verde-azulada, 4 x 0,3 cm de diâmetro; tubo estreitamente cilíndrico, 3 cm;

lóbulos 5, com 2 lábios; lábio superior linear, lábio inferior espalhado. Estames 2, exercitados; células da antera oblongas, desiguais. Ovário 2 0vulado. Cápsula ovoide, comprimida, 2 x 0,8 cm, sementes 2, orbiculares, tuberculadas.

Fl. e Fr: Durante todo o ano.

Espécime examinado: **Binu Thomas, BUH : 7192**

Raramente nas fendas das rochas das colinas de Velliangiri ou a cerca de 800-1000 m.

Nota: As plantas que ocorrem em habitats rochosos têm uma base robusta e raízes fortes para se fixarem e absorverem água e minerais destes micro-habitats.

4. ELYTRARIA Michaux

Elytraria acaulis (L. f.) Lindau, Nat. Pflanzenfam. Nachtr. 1: 304. 1897. *Elytraria crenata* Vahl, Enum. Pl. 1: 106. 1804. *Justicia acaulis* Linn. f. Roxb. Cor. Pl. t. 127; Hook. f., Fl. Brit. India 4. 394. 1883; Gamble, Fl. Madras 2: 1009. 1921; Matthew, Fl. Central Tamilnadu 377. 1991. ***"Perumpinaachi"***

Erva, acaulescente até 30 cm, erecta, raiz robusta. Folhas sub-radicais, em espirais estreitas, obovadas a oblanceoladas, 8-18 x 3-6 cm. Espigas de inflorescência, escápulas, com as bases rodeadas de pêlos lanosos. Flores pequenas, brancas, em longos caules bracteados. Corola branca tingida de rosa, 0,7 cm, tubo 4 mm, lóbulos 5, 2 lábios, lábio inferior bifurcado. Estames 2; estaminódios 2. Óvulos c. 10 por célula, sobrepostos em 2 filas. Cápsula oblonga, 1 x 0,3 cm; sementes a, achatadas; retináculos imperceptíveis.

Fl. e Fr: Durante todo o ano.

Espécime examinado: **Binu Thomas, BUH : 7197**

Raramente nas fendas rochosas dos montes Madukkari ou a cerca de 600-800 m.

Nota: O presente estudo verificou que a principal caraterística adaptativa das plantas nas fendas é o facto de terem porta-enxertos robustos para se fixarem neste micro-habitat.

5. ERANTHEMUM L.

Eranthemum capense L., Sp. Pl. 9. 1753, var. *capense. Justicia montana* Roxb., Pl. Corom. t. 176. 1798. *Eranthemum montanum* Roxb., Fl. Ind. 1: 100. 1820. *Daedalacanthus montanus* (Roxb.) Anders. em Thw., Enum. Pl. Zeyl. 229. 1860; Hook. f., Fl. Brit. India 4: 525. 1885; Gamble, Fl. Madras 1078. 1924; Henry *et al.*, Fl. Tamil Nadu 2: 146. 1987; Matthew, Fl. Central Tamilnadu 377. 1991. ***"Kurungu"***

Arbusto, pequeno até 1,5 m, frequentemente com ramos escandentes. Folhas obovadas, 8-14 x 3-5 cm. Espigas densas, paniculadas até 8 cm, peludas glandulares; brácteas e bractéolas linear-lanceoladas. Lóbulos do cálice 5, iguais. Corola azul, 1,5 cm de diâmetro, em forma de salva; tubo 3,5 cm; lóbulos subiguais. Estames 2, exsertos; estaminódios 2, conados na base. Ovário 4-ovulado. Cápsula oblonga, 1,5 x 4 cm; sementes 4, discóides.

Fl. e Fr: Durante todo o ano.

Espécime examinado: **Binu Thomas, BUH : 7206**

Raramente nas fendas das rochas das florestas de shola das colinas de Velliangiri a cerca de 500-1000 m.

Nota: As plantas que ocorrem em habitats rochosos possuem uma base robusta e raízes fortes para se fixarem e absorverem a água e os minerais deste habitat peculiar.

6. **HAPLANTHODES** Nees.

Haplanthodes neilgherryensis (Wight) Majumdar, Bull. Bot. Soc. Bengal 25: 76.1971. *Haplanthus neilgherryensis* Wight, Ic. t. 1556. 1850. *Haplanthus tentaculatus* Nees. var. *neilgherryensis* (Wight) Clarke in Hook. f., Fl. Brit. India 4: 507. 1884. *Bremekampia neilgherryensis* (Wight) Sreem., BBSI 6: 323. 1965; Gamble, Fl. Madras 1052. 1924; Henry *et al.*, Fl. Tamil Nadu 2: 148. 1987.

Erva, erecta. Folhas inteiras, pecioladas. Flores axilares, cálice 5; partito, lóbulos linear-lanceolados. Corola azul brilhante, tubular, com 2 lábios; lábio superior 2-fid. Estames 2, anteras 2-células, disco proeminente. Ovário 2-células; pubescente, óvulos 3-8 em cada célula; estigma linear. Fruto linear-oblongo, comprimido perpendicularmente ao septo, sementes elipsóides.

Fl. e Fr: Set.-Jan.

Espécime examinado: **Binu Thomas, BUH : 7226**

Raramente nas fendas das rochas das colinas de Velliangiri a cerca de 1500 m.

Nota: O presente estudo verificou que esta espécie raramente prefere as fendas das rochas das colinas como um dos micro-habitats para a sua sobrevivência.

7. **INDONEESIELLA** Sreemadh.

Indoneesiella echioides (L.) Sreem. Phytologia 16: 466. 1968. *Justicia echioides* L., Sp. Pl. 16. 1753. *Andrographis echioides* (L.) Nees in Wall., Pl. Asiat. Rar. 3: 117. 1832. *Neesiella* *echioides* (L.) Sreem., Phyt. 15: 271. 1967. Hook. f., Fl. Brit. India 4: 505. 1884; Gamble, Fl. Madras 1051. 1924; Henry *et al.*, Fl. Tamil Nadu 2: 149. 1987; Matthew, Fl. Central Tamilnadu 379. 1991. ***"Adukkuchatti"*** **(Pl.-12 C)**.

Erva, com pêlos vilosos brancos; ramos até 50 cm. Folhas oblongas a oblanceoladas, 3 - 5 x 0,7 - 1 cm. Racemos até 5 cm, geralmente não excedendo as folhas, pouco ramificados. Corola branca com manchas roxas no lábio inferior, 8 x 3 mm de diâmetro. Cápsula 1 x 0,5 cm.

Fl. e Fr: Durante todo o ano.

Espécime examinado: **Binu Thomas, BUH : 7243**

Raramente nas fendas das rochas das colinas de Maruthamalai e Madukkarai a cerca de 300 m

Nota: O presente estudo observou que esta espécie pode adaptar-se a vários habitats, incluindo fendas de rocha.

8. JUSTICIA L.

Chave para as espécies

1a. Ramos do caule em ziguezague; folhas orbiculares .... **1. *J. nagpurensis***

b. Ramos do caule não semelhantes aos anteriores; folhas ovado-sub-orbiculares .... **4. *J. tranquebariensis***

2a.Cálice 5; corola esbranquiçada, manchada de vermelho .... **2. *J. nilgherrensis***

b. Lóbulos do cálice 4; corola cor-de-rosa .... **3. *J. prostrata***

1. *Justicia nagpurensis* Graham, Kew Bull. 43: 597. 1988. *Justicia serpyllifolia* (Benth. *ex* Clarke) Gamble, FPM 1080. 1924. *Justicia simplex* var. *serpyllifolia* Benth. *ex* Clarke in Hook. f., Fl. Brit. India 4: 539. 1885. *Rostellularia serpyllifolia* (Benth. *ex* Clarke) Bremek, Verh. Acad. Wet. Afd. Natuurk. Sect. 2, 45: 62. 1948. *Justicia hansenii* Sivar. & Philip Mathew, Taxon 38: 486. 1989.

Erva, pequena prostrada; enraizamento nos nós, ramos em ziguezague. Folhas muito pequenas, orbiculares, com pêlos brancos articulados. Flores sésseis, espigas cilíndricas, de 2 in. de largura, com o corolábio mais curto que o limbo. Estames 2; filamentos muitas vezes dilatados; anteras 2 células. Ovário com 2 células; óvulos muito pequenos. Sementes 4, ovóides, tuberculadas e rugosas.

Fl. e Fr: Set. - Fev.

Espécime examinado: **Binu Thomas, BUH : 7252**

Ocasionalmente nas fendas das rochas das colinas de Velliangiri a cerca de 1200 m.

Nota: O presente estudo observou que esta espécie pode preferir as falésias rochosas como um dos micro-habitats para a sua sobrevivência e crescimento.

2. *Justicia nilgherrensis* (Nees) Wall. *ex* Anders., J. Linn. Soc. Bot. 7: 118. 1863. *Adhatoda nilgherrensis* Nees in Wall, Pl. Asiat. Rar. 3: 103. 1832; Hook. f., Fl. Brit. India 4: 526. 1885; Gamble, Fl. Madras 1078. 1924; Henry *et al.*, Fl. Tamil Nadu 2: 50. 1987.

Subarbusto; porta-enxerto com folhas sésseis-oblongas, glabras. Cálice 5, corola esbranquiçada, manchada de vermelho, limbo com 2 lábios. Estames 2; filamentos frequentemente dilatados; anteras bicelulares. Cápsula de 0,75 in. de comprimento; clavada, puberulenta. Sementes grandes, equinadas quando molhadas.

Fl. e Fr: Durante todo o ano.

Espécime examinado: **Binu Thomas, BUH : 7253**

Ocasionalmente nas fendas das rochas das colinas de Velliangiri a cerca de 600 m.

Nota: O presente estudo verificou que as plantas nas fendas das rochas possuem raízes robustas para se ancorarem e absorverem os nutrientes disponíveis nas fendas das rochas.

3. *Justicia prostrata* (Roxb. *ex* Clarke) Gamble, Fl. Madras 1081. 1924. *Rostellularia prostrata* (Roxb. *ex* Clarke) Majumdar, Bull. Bot. Soc. Bengal 25: 75. 1971. *Justicia diffusa* Willd., Sp. Pl. 1: 87. 1800, var. *prostrata* Roxb. *ex* Clarke em Hook. f., Fl. Brit. India 4: 538. 1885; Matthew, Fl. Central Tamilnadu 381. 1991.

Erva, prostrada; ramificações difusas. Folhas ovado-suborbiculares, 1-2 x 0,5-1 cm. Ráfides dispersas e ascendentes, densamente transversais ao longo da margem. Espigas lineares até 8 cm; brácteas e bractéolas lanceoladas. Lóbulos do cálice 4, lanceolados, verticalmente côncavos. Corola rosa, 4 x 1,2 mm, glabra exceto na extremidade; sementes minuciosamente papiladas.

Fl. e Fr: Durante todo o ano.

Espécime examinado: **Binu Thomas, BUH : 7254**

Ocasionalmente em fendas de rocha nas encostas das colinas de Velliangiri e Kanuvai a cerca de 800 m.

Nota: Esta erva difusa prostrada pode também preferir rochas expostas como um dos habitats para a sua sobrevivência e crescimento.

4. *Justicia tranquebariensis* L.f., Suppl. Pl. 85. 1781. *Gendarussa tranquebariensis* (L.f.) Nees em Wall., Pl. Asiat. Rar. 3: 105. 1832; Hook. f., Fl. Brit. India 4: 530. 1885; Gamble,

Fl. Madras 1079.1924; Henry *et al.*, Fl. Tamil Nadu 2: 151. 1987; Matthew, Fl. Central Tamilnadu 381. 1991. ***"Sivanarvembu"***

Subarbusto, lenhoso. Folhas ovado-suborbiculares, 1-1,5 x 0,8-1,2 cm. Espigas até 10 cm; brácteas elípticas a amplamente ovadas; bractéolas lanceoladas. Lóbulos do cálice 5, lanceolados. Corola branca com linhas cor-de-rosa. Cápsula 0,8 x 0,3 cm, pubescente, pontiaguda em cima, afilando em baixo num bico sólido. Sementes espinhosas.

Fl. e Fr: Durante todo o ano.

Espécime examinado: **Binu Thomas, BUH : 7255**

Ocasionalmente, nas fendas das rochas de todas as colinas selecionadas.

Nota: Os ramos rígidos e a base lenhosa desta espécie são uma caraterística adaptativa importante para a planta se fixar e absorver a água e os minerais disponíveis neste micro-habitat.

9. PERISTROPHE C.G.D. Nees.

Peristrophe paniculata (Forssk.) Brummitt, Kew Bull. 38: 451. 1984. *Dianthera paniculata* Forssk., Fl. Aeg.- Arab. 7. 1775. *Peristrophe bicalyculata* (Retz.) Nees in Wall, Pl. Asiat. Rar. 3: 113. 1832. *Dianthera bicalyculata* Retz., Ata Holm. 1775: 297, t. 9. 1776; Hook. f., Fl. Brit. India 4: 554. 1885; Gamble, Fl. Madras 1084. 1924; Henry *et al.*, Fl. Tamil Nadu 2: 155. 1987; Matthew, Fl. Central Tamilnadu 382. 1991. ***"Nei - Kaaichum poondu"***

Erva, erecta até 1 m de altura. Folhas elípticas a lanceoladas, c. 7 x 3 cm. Panículas em cimas laxas, divaricadas, terminais ou nas axilas superiores. Lóbulos do cálice 5, basalmente conados, lineares, c. 3,5 mm. Corola rosada; tubo cilíndrico, c. 4 mm; limbo com 2 lábios, lábios desiguais. Lábio superior 2 - fid; inferior 3 - fid. Estames 2. Ovário com 2 células. Cápsula elipsoide, c. 1,3 x 0,4 cm; sementes 4, orbiculares.

Fl. e Fr: Durante todo o ano.

Espécime examinado: **Binu Thomas, BUH : 7300**

Raramente nas fendas das rochas das colinas de Madukkarai e Kanuvai.

Observações: Esta espécie encontra-se normalmente em habitats terrestres como margens de ribeiras e zonas pantanosas, mas o presente estudo verificou que também se adaptou a habitats como fendas de rochas e falésias.

10. PHAULOPSIS Willd.

Phaulopsis imbricata (Forssk.) Sweet, Hort. Brit. (ed. 1) 327. 1827. *Ruellia imbricata*

Forssk., Fl. Aeg. - Arab. 113. 1775. *Ruellia dorsiflora* Retz., Obs. Bot. 6: 31. 1791; *Micranthus oppositifolius* Wendl., Bot. Boeobacht. 39. 1798. *Phaulopsis parviflora* Willd., Sp. Pl. 3: 342. 1800. *Aetheilema reniforme* Nees em Wall. Pl. Asiat. Rar. 3: 94. 1832. *Phaulopsis dorsiflora* (Retz.) Sant., Kew. Bull. 1948; Gamble, Fl. Madras 1022. 1924; Henry *et al.*, Fl. Tamil Nadu 2: 156. 1987.

Erva; estendendo-se até 30 cm. Folhas obliquamente ovadas a elípticas, 2,5-7 x 1,5-4 cm. Espigas de 1 lado, folhosas, densas; bractéolas 0. Lóbulos do cálice 5, desiguais, corola branca, 4 x 1,5 mm de diâmetro, lóbulos 5, subiguais, com 2 lábios, 2 + 3. Estames 4, subexertos; células da antera oblongas, subiguais, divergentes, ligeiramente mucronadas em baixo. Ovário 4 ovulado. Cápsula oblonga, 7 x 3 mm; sedas 4, orbiculares, testa lisa.

Fl. e Fr: Dez. - Apl.

Espécime examinado: **Binu Thomas, BUH : 7294**

Ocasionalmente nas fendas das rochas das colinas de Velliangiri a cerca de 600 - 750 m.

Nota: O presente estudo verificou que, para além de outros habitats terrestres, esta espécie pode preferir fendas rochosas húmidas como um dos habitats para a sua sobrevivência.

11. RUNGIA Nees.

Rungia repens (L.) Nees em Wall, Pl. Asiat. Rar. 3: 110. 1832. *Justicia repens* L., Sp. Pl. 15. 1753; Hook. f., Fl. Brit. India 4: 549. 1885; Gamble, Fl. Madras 1070. 1924; Henry *et al.*, Fl. Tamil Nadu 2: 160. 1987; Matthew, Fl. Central Tamilnadu 383. 1991. "***Siru kodiurinji***"

Erva, decumbente até 30 cm; folhas elíptico-lanceoladas, 1-4 x 0,7-1,5 cm. Espigas de 3-7 cm; brácteas 4-cariosas, geralmente 2 fileiras estéreis, 2 férteis, elíptico-lanceoladas; bractéolas lanceoladas. Lóbulos do cálice 5, subiguais. Corola rosada, 5 x 2 mm de diâmetro; tubo 3 mm; lóbulos 5, com 2 lábios, 2+3; lábio inferior com crista. Estames 2, subexcitados. Cápsula elíptico-oblonga, plana, 5 mm; sementes sub-orbiculares, concentricamente tuberculadas, separando-se elasticamente das valvas.

Fl. e Fr: Nov.-Fev.

Espécime examinado: **Binu Thomas, BUH : 7327**

Ocasionalmente nas fendas das rochas das colinas ou a cerca de 800 m.

Nota: O presente estudo observou que esta espécie pode adaptar-se a vários habitats, incluindo fendas de rocha.

52.LAMIACEAE

Chave para os géneros

1a. Corola coberta de glândulas vermelhas; lóbulos do cálice desiguais; 2 - labelos...**1.** ***Anisochilus***

b. Corola não igual à anterior; lóbulos do cálice subiguais; não com 2 lábios .... **8.** ***Pogostemon***

2a. Folhas ovado-obovadas; lábio superior da corola plano .... **2.** ***Anisomeles***

b. Folhas lineares lanceoladas; lábio superior da corola cuculado .... **5.** ***Leucas***

3a. Filamentos estaminais livres; nutlets oblongos .... **3.** ***Hyptis***

b. Filamentos estaminais conados; nutlets orbiculares .... **7.** ***Plectranthus***

4a. Cálice tão longo como o tubo da corola; tubo da corola não cilíndrico .... **6.** ***Ocimum***

b. Cálice não semelhante ao anterior; tubo da corola cilíndrico .... **4.** ***Isodonte***

1. ANISOCHILUS Wallich *ex* Benth.

Chave para as espécies

1a. Lábio inferior da corola ovado .... **3.** ***A. scaber***

b. Lábio inferior da corola não como acima **2**

2a. Folhas obovadas; com 3-4 pares de nervuras principais oblíquas .... **2.** ***A. dysophylloides***

b. Folhas ovadas; sem nervuras principais oblíquas............................... **1.** ***A. carnosus***

1. ***Anisochilus carnosus*** (L. f.) Wall. *ex* Benth. in Wall., Pl. Asiat. Rar. 2: 18. 1830. *Lavandula carnosa* L.f., Suppl. Pl. 273. 1781; Hook. f., Fl. Brit. India 4: 627. 1885; Gamble, Fl. Madras 1127. 1924; Henry *et al.*, Fl. Tamil Nadu 2: 171. 1987; Matthew, Fl. Central Tamilnadu 399. 1991. "***Saetthupunthazhai***"

Erva, erecta até 50-100 cm. Folhas ovadas; 6 x 5 cm. Espigas até 5 cm. Tubo da corola anulado no interior, delicado, púrpura, 5 x 1,5 mm de diâmetro. Estames 4, didínamos, descendo até ao lábio inferior; anteras com 2 células. Disco desenvolvido anteriormente.

Fl. e Fr: Out.-maio

Espécime examinado: **Binu Thomas, BUH : 7116**

Habitualmente em fendas de rocha húmidas das colinas de Velliangiri a cerca de 400-

1500 m.

Nota: O presente estudo constatou que esta espécie prefere normalmente fendas de rocha em que o solo húmido e pouco profundo é um dos habitats para a sua sobrevivência.

2. ***Anisochilus dysophylloides*** Benth. Gamble, Fl. Madras 1128. 1924. *Anisochilus albidus* Wight, Ic. t. 1436. 1849. *Anisochilus purpureus* sensu Hook. f., Fl. Brit. India 4: 628. 1885; Henry *et al.*, Fl. Tamil Nadu 2: 171. 1987. ***"Kalthamarai"***

Arbusto. Folhas pequenas, opostas-obovadas, fulvo-tomentosas com 3-4 pares de nervuras principais muito oblíquas, até 2 in. de comprimento. Folhas carnudas, florais e brácteas frequentemente caducas. Cálice suberecto, inflado abaixo do meio, com 2 lábios, o superior frequentemente inteiro e muito deflectido, o inferior truncado. Corola muito diminuta, com os lábios alargados. Fruto de 4 nozes secas ovóides, com uma pequena cicatriz basal.

Fl. e Fr: Set.-maio

Espécime examinado: **Binu Thomas, BUH : 7118**

Comum nas fendas das rochas das colinas de Velliangiri a cerca de 1200-1400 m.

Nota: O presente estudo observou que esta espécie pode também preferir as falésias rochosas como um dos micro-habitats para a sua sobrevivência e crescimento.

3. ***Anisochilus scaber*** Benth. in DC., Prodr. 12: 81. 1848; Hook. f., Fl. Brit. India 4: 629. 1885; Gamble, Fl. Madras 1127. 1924; Henry *et al,* Fl. Tamil Nadu 2: 172. 1987; Matthew, Fl. Central Tamilnadu 399. 1991 **(Pl.-12 D)**.

Erva, erecta até 100 cm. Folhas ovadas; base aguda a atenuada, 3-5 χ 3-4 cm. Corola branca tingida de rosa, 5 χ 1 mm de diâmetro, lábio inferior da corola ovalado. Espiga com menos de 2 cm de diâmetro, estames 4, didínamos, descendo até ao lábio inferior; anteras com 2 células. Disco desenvolvido anteriormente. Frutos secos erectos, basilares.

Fl. e Fr: Out. - Mar.

Espécime examinado: **Binu Thomas, BUH : 7117**

Habitualmente em fendas de rocha húmidas das colinas de Velliangiri e Madukkarai.

Nota: O presente estudo verificou que esta espécie prefere normalmente as fendas das rochas, nas quais o solo pouco húmido é um dos micro-habitats para a sua sobrevivência.

2. ANISOMELES R.Br.

Chave para as espécies

1a. Folhas ovadas a obovadas; ramos pubescentes .... **1.** ***A. indica***

b. Folhas oblanceoladas; ramos com tomentose amarelada .... **2.** ***A. malabarica***

1. *Anisomeles indica* (L.) Ktze, Rev. Gen. Pl. 2: 512. 1891. *Nepeta indica* L., Sp. Pl. 571. 1753. *Anisomeles ovata* R. Br. em Ait. f., Hort. Kew. (ed.) 3: 364. 1811; Hook. f., Fl. Brit. India 4: 672. 1885; Gamble, Fl. Madras 1140. 1924; Henry *et al.,* Fl. Tamil Nadu 2: 172. 1987; Matthew, Fl. Central Tamilnadu 399. 1991. "***Vattachadachi***"

Erva, pubescente, perene, pouco aromática até 1,5 m. Folhas ovadas a obovadas, 3 - 8 * 1,5-4 cm. Espigas de 7 a 16 cm. Corola azul, com dois lábios, pubescente sem, 1,5 * 0,4 cm de diâmetro. Estames 4, filamentos vilosos. Frutos secos lenticulares, castanhos.

Fl. e Fr: Durante todo o ano.

Espécime examinado: **Binu Thomas, BUH : 7119**

Ocasionalmente nas fendas das rochas das colinas de Madukkarai, Maruthamalai e Kanuvai, a cerca de 350 m.

Nota: O presente estudo verificou que, para além de outros habitats terrestres, pode também preferir fendas de rochas como um dos habitats para a sua sobrevivência.

2. *Anisomeles malabarica* (L.) R. Br. *ex* Sims., Bot. Mag. 46: t. 2017. 1819. *Nepeta malabarica* L., Mant. Alt. 556. 1771; Gamble, Fl. Madras 1140. 1924; Henry *et al.*, Fl. Tamil Nadu 2: 172. 1987; Matthew, Fl. Central Tamilnadu 399. 1991. **"*Peyameratti*"** **(Pl.-12 E)**.

Erva, densamente branca e alva até 1,5-2 m, gregária e aromática. Ramos tomentosos. Folhas oblanceoladas, 5-8 * 1,5-2,5 cm, margem serrilhada. Lóbulos do cálice 5. Estames 4. Espigas de 10-30 cm. Corola púrpura, 1,5 * 0,3 de diâmetro.

Fl. e Fr: Durante todo o ano.

Espécime examinado: **Binu Thomas, BUH : 7120**

Frequentemente nas fendas das rochas das colinas de Madukkarai e Kanuvai a cerca de 400 m.

Nota: O presente estudo verificou que, para além de outros habitats terrestres, esta espécie pode também preferir as fendas das rochas das colinas como um dos habitats para a sua sobrevivência.

3. **HYPTIS** Jacq.

Hyptis suaveolens (L.) Poit., Ann. Mus. Nat. Hist. Nat. Paris 7: 472. t. 27. f. 2. 1806. *Ballota suaveolens* L., Syst. Nat. (ed. 10.) 1100. 1759; Hook. f., Fl. Brit. India 4: 630. 1885; Gamble, Fl. Madras 1129. 1924; Henry *et al.*, Fl. Tamil Nadu 2: 174. 1987; Matthew, Fl. Central Tamilnadu 401. 1991.

Subarbusto, ereto, aromático até 3 m. Folhas ovadas, 2-7 * 1-6 cm. Flores em verticilos ou cimas, c. 6-floridas. Cálice campanulado; tubo com 10 nervuras; lóbulos subiguais. Corola azul, 5 * 2 mm de diâmetro; lóbulos 2 + 3; lábio inferior sacado. Estames 4, didínamos, descendo para o lábio inferior, parcialmente exercitados; anteras 2-células. Disco desenvolvido anteriormente, nozes 2.

Fl. e Fr: Nov.-Apl.

Espécime examinado: **Binu Thomas, BUH : 7239**

Ocasionalmente nas fendas das rochas das colinas de Velliangiri e Kanuvai.

Nota: Esta espécie é nativa da América Central, atualmente naturalizada em vários habitats, incluindo falésias rochosas e fendas.

4. **ISODON** Benth.

Chave para as espécies

1a. Folhas com tom castanho-tomentoso por baixo; cálice frutífero giboso .... **1. *I. nilgherricus***

b. Folhas crispadas-pubescentes; cálice frutífero não giboso .... **2. *I. wightii*** **1. *Isodon nilgherricus*** (Benth.) H. Hara. J. Jap. Bot. 60: 236. 1985. *Robdosia nilgherrica* (Benth.) Hara. J. Jap. Bot. 47: 198. 1972. *Plectranthus nilgherrians* Benth. in DC., Prodr. 12: 57. 1848; Hook. f., Fl. Brit. India 4: 619. 1885; Gamble, Fl. Madras 1120. 1924; Henry *et al.*, Fl. Tamil Nadu 2: 182. 1987.

Erva, erecta até 75 cm. Folhas ovadas, 3-8 * 2,5 cm, cordadas na base, crenadas nas margens, com tomentose castanha por baixo, agudas no ápice. Flores em panículas terminais racemosas. Cálice campanulado; limbo com 2 lábios, 1+4, lábio superior inteiro, cálice frutífero giboso, inferior com 4 lóbulos, denso, lanoso para fora, tubo da corola cilíndrico, tubo oblíquo, lóbulos hispido-ciliados. Estames 4. Frutos secos orbiculares, ovóides, erectos.

Fl. e Fr: Out.-Jan.

Espécime examinado: **Binu Thomas, BUH : 7250**

Raramente nas fendas das rochas das colinas de Velliangiri a cerca de 1400 m.

Nota: Esta espécie é endémica dos Ghats Ocidentais do Sul (Nayar, 1996).

2. ***Isodon wightii*** (Benth) H. Hara, J. Japan Bot. 60: 237.1985. *Plectranthus wightii* Benth. Labiat. Gen. Sp. 41. 1832. *Plectranthus nepetaefolius* Benth. in DC., Prodr. 12: 57. 1848. *Plectranthus pulneyensis* Hook. f., Fl. Brit. India 4: 617. 1885. *Robdosia wightii* (Benth.) Hara. J. Jap. Bot. 47: 203. 1972; Hook. f., Fl. Brit. India 4: 619. 1855; Gamble, Fl. Madras 1120. 1924.

Erva, erecta até 75 cm. Folhas ovadas, 8 * 4,5 cm, crispadas-pubescentes, cordadas na base, serrilhadas nas margens, agudas a acuminadas no ápice. Flores em panículas terminais. Cálice campanulado; c. 6 mm; limbo com 2 lábios, 4+1, estames 4. Frutos secos comprimidos, ovóides, c.1.2 mm.

Fl. e Fr: Out.-Jan.

Espécime examinado: **Binu Thomas, BUH : 7251**

Raro em fendas de rocha nas bordas de shola das colinas de Velliangiri a cerca de 1400 m.

Nota: Esta espécie é endémica da Índia Peninsular (Udayan, 2003). Esta espécie raramente prefere as falésias rochosas como um dos habitats para a sua sobrevivência e crescimento.

5. LEUCAS R. Br.

Chave para as espécies

1a. Flores 2-4, não agregadas em verticilos .... **2. *L. biflora***

b. Flores 6 ou mais, agregadas em falsos verticilos **2**

2a. Boca do cálice oblíqua; flores não globosas .... **1. *L. aspera***

b. Boca do cálice não oblíqua; flores com cabeças globosas .... **3. *L. ciliata***

1. *Leucas aspera* (Willd.) Spreng., Syst. Veg. 2: 743. 1825. *Phlomis aspera* Willd. in Link, Enum. Hort. Berol. 2: 621. 1809. *Phlomis plukenetii* Roth, Nov. Pl. Sp. 261. 1821. *Leucas plukenetii* (Roth) Spreng., Syst. Veg. 2: 743. 1825; Hook. f., Fl. Brit. India 4: 690. 1885; Gamble, Fl. Madras 1150. 1924; Henry *et al*, Fl. Tamil Nadu 2: 175. 1987; Matthew, Fl. Central Tamilnadu 403. 1991. ***"Thumbai"***

Erva, erecta até 50 cm; folhas lineares - lanceoladas, 2-6 x 0,3-0,8 cm. Boca do cálice oblíqua, 10 dentes; dentes desiguais. Corola com 4 x 2 mm de diâmetro, tubo obliquamente anulado no interior. dentes delgados, espalhados, ciliados, com 1 cm de comprimento. Corola com 2 lábios. Estames 4, ascendentes até ao lábio superior. Ovário com 4 células. Disco com 4 lóbulos. Frutos secos 4, subtrigonosos.

Fl. e Fr: Durante todo o ano

Espécime examinado: **Binu Thomas, BUH : 7262**

Frequente nas fendas das rochas de todas as colinas de pé selsectado.

Nota: Esta espécie é localmente abundante em vários habitats terrestres. O presente estudo descobriu que também pode preferir falésias rochosas nas quais esteja presente uma quantidade mínima de solo, água e minerais como um dos habitats potenciais para a sua sobrevivência.

2. *Leucas biflora* (Vahl.) R. Br. Prodr. 504. 1810. *Phlomis biflora* Vahl, Symb. Bot. 3: 42. 1794; Hook. f., Fl. Brit. India 4: 683. 1885; Gamble, Fl. Madras 1150. 1924; Henry *et al*, Fl. Tamil Nadu 2: 175. 1987; Matthew, Fl. Central Tamilnadu 403. 1991. "***Kattu thumbai;Kodithulasi***"

Erva, procumbente até 50 cm; pêlos deflexos. Folhas ovadas, 1-4 x 0,5-2 cm. Flores 2-4 por nó; brácteas lineares, mais curtas que o cálice. Tubo do cálice pubérulo sem; boca reta, 10-dentada; dentes subiguais, lineares. Corola 5 x 1,5 mm de diâmetro. Estames 4, ascendentes até ao lábio superior. Ovário 4 células. Disco 4-lobado.

Fl. e Fr: Nov. - Fev.

Espécime examinado: **Binu Thomas, BUH : 7264**

Habitualmente em fendas de rocha húmidas das colinas de Velliangiri a cerca de 600-900 m.

Nota: Espécie muito variável no que respeita à pubescência do caule, forma e tamanho das folhas, comprimento dos dentes do cálice e pedicelo. As plantas nas fendas das rochas têm um tamanho muito reduzido quando comparadas com o habitat circundante.

3. *Leucas ciliata* Benth. in Wall, Pl. Asiat. Rar. 1: 61. 1830; Hook. f., Fl. Brit. India 4: 687. 1885; Gamble, Fl. Madras 1153. 1924; Henry *et al*, Fl. Tamil Nadu 2: 176. 1987.

Erva aromática, pouco ramificada. Folhas membranosas; ovado-agudas, estreitadas na base, grosseiramente serrilhadas, pubescentes. Dentes do cálice delgados, espalhados, ciliados, com 1 cm de comprimento. Corola com 2 lábios. Estames 4, didínamos, anteras com 2 células. Ovário 4-partido; estilo subulado no ápice. Fruto com 4 nutlets secos, ovóides, triquertrados e obtusos.

Fl. e Fr: Durante todo o ano

Espécime examinado: **Binu Thomas, BUH : 7263**

Habitualmente em fendas de rocha húmidas das colinas de Velliangiri a cerca de 900-1600 m.

Nota: A natureza pubescente do corpo da planta é a principal caraterística adaptativa a estes micro-habitats, reduzindo a taxa de transpiração.

6. OCIMUM L.

Chave para as espécies

1a. Folhas elípticas a oblanceoladas; cálice não alargado no fruto .... **1. *O. americanum***

b. Folhas obovadas; cálice alargado no fruto .... **2. *O. gratissimum***

1. *Ocimum americanum* L., Cent. Pl. 1: 15. 1755. *Ocimum canum* Sims, Bot. Mag. 51: t. 2452. 1824; Hook. f., Fl. Brit. India 4: 607. 1885; Gamble, Fl. Madras 1111. 1924; Henry *et al.*, Fl. Tamil Nadu 2: 179. 1987; Matthew, Fl. Central Tamilnadu 406. 1991. ***"Nayitulasi"***

Erva, fortemente aromática até 50 cm; Folhas elípticas a oblanceoladas, 1-3,5 x 0,5-2 cm, margem moderadamente serrilhada. Pedúnculos floridos verdes, ramificados até 3 vezes em racemos difusos, 15-25 cm. Corola branca com 4 x 1 mm de diâmetro. Cálice pouco alargado na flor.

Fl. e Fr: Fev. - Dez.

Espécime examinado: **Binu Thomas, BUH : 7273**

Ocasionalmente nas fendas das rochas das colinas de Madukkarai, Maruthamalai e Kanuvai a cerca de 350-600 m.

Nota: Esta espécie é um colonizador agressivo em vários habitats, incluindo fissuras rochosas e fendas.

2. *Ocimum gratissimum* L. Sp. Pl. 1197. 1753; Hook. f., Fl. Brit. India 4: 608. 1885; Gamble, Fl. Madras 1111. 1924; Henry *et al.*, Fl. Tamil Nadu 2: 179. 1987; Matthew, Fl. Central Tamilnadu 406. 1991. ***"Elumicchan thulasi"***

Erva, aromática, profusamente ramificada até 2 m. Folhas obovadas, 4 - 11x2 - 6 cm, margem profundamente serrilhada. Racemos até 15 cm. Corola branca, 4 x 1 mm de diâmetro. Estames 4; filamentos até 4,5 mm, vilosos na base do par superior; anteras 0,8 mm. Ovário 1,5 mm, estilete 7 mm. Frutos secos 4, ou um abortado; cálice alargado no fruto.

Fl. e Fr: Dez. - Fev.

Espécime examinado: **Binu Thomas, BUH : 7368**

Ocasionalmente, nas fendas das rochas das colinas de Maruthamalai.

Nota: Esta espécie forma uma colónia agressiva em vários habitats, incluindo fissuras e fendas nas rochas.

7. PLECTRANTHUS L. Her.

Chave para as espécies

1a. Folhas sub-orbiculares; verticilos compactos .... **3. *P. caninus***

b. Folhas ovadas; verticilos não compactos .... **1. *P. amboinicus***

2a. Flores em racemos; tubo do cálice viloso no interior .... **2. *P. barbatus***

b. Flores em cimeiras; cálice não como acima .... **4. *P. mollis***

1. ***Plectranthus amboinicus*** (Lour.) Spreng., Syst. Veg. 2: 690. 1825. *Coleus amboinicus* Lour., Fl. Cochinch. 372. 1790. *Coleus aromaticus* Benth. in Wall, Pl. Asiat. Rar. 2: 16. 1830; Hook. f., Fl. Brit. India 4: 625. 1885; Gamble, Fl. Madras 1124. 1924; Henry *et al.*, Fl. Tamil Nadu 2: 181. 1987. "***Karpuravalli***"

Erva, fortemente aromática que se espalha sub-suculenta. Folhas ovadas, c. 5 x 4 cm. Espigas terminais c. 30 cm; verticilos c. 2 cm de distância, cada um com 12 a 18 flores. Cálice campanulado; tubo c. 2 mm, filamentos excedendo a corola. Frutos secos globosos.

Fl. e Fr: Out. - Fev.

Espécime examinado: **Binu Thomas, BUH : 7304**

Ocasionalmente nas fendas das rochas das colinas de Madukkarai e Maruthamalai.

Nota: O cheiro agradável e aromático atrai a atenção no campo. Esta espécie é normalmente encontrada em planícies e noutros habitats terrestres. O presente estudo concluiu que esta espécie também pode preferir fendas húmidas de rochas como um dos habitats para a sua sobrevivência.

2. ***Plectranthus barbatus*** Andr., Bot. Repos. t. 594. 1809. *Plectranthus forskohlii* Willd., Sp. Pl. 3: 169. 1800. *Coleus barbatus* (Andr.) Benth. in Wall, Pl. Asiat. Rar. 2: 15. 1830. *Coleus forskohlii* (Willd.) Briq., Pflanzenf. 4: 359. 1897. Hook. f., Fl. Brit. India 4: 625. 1885; Gamble, Fl. Madras 1124. 1924; Henry *et al.*, Fl. Tamil Nadu 2: 181. 1987; Matthew, Fl. Central Tamilnadu 407. 1991. "***Naasamarachedi***" **(Pl.-12 F)**.

Erva aromática, erecta até 50 cm; porta-enxerto perene. Folhas oblongas a elípticas, 3 - 9 * 2 - 5. Verticilos c. 9-floridos; pedúnculos até 20 cm; brácteas florais estreitamente imbricadas. Corola de cor púrpura, com 1,3 * 0,2 cm de diâmetro. Estames conotados abaixo.

Fl. e Fr: Nov. - Fev.

Espécime examinado: **Binu Thomas, BUH : 7305**

Habitualmente em fendas de rocha húmidas das colinas de Maruthamalai a cerca de 400-900 m.

Nota: Esta espécie é localmente abundante nas fendas das rochas com solo húmido, com uma quantidade óptima de água e minerais. Durante os períodos quentes de verão, as palmas secam e dispersam as suas sementes para as fendas. Quando as condições ambientais são adequadas, crescem e sobrevivem como chasmófitas.

3. ***Plectranthus caninus*** Roth, Nov. Pl. Sp. 279. 1821. *Coleus spicatus* Benth. in Wall, Pl. Asiat. Rar. 2: 15. 1830; Hook. f., Fl. Brit. India 4: 624. 1885; Gamble, Fl. Madras 1123. 1924; Henry *et al.*, Fl. Tamil Nadu 2: 181. 1987; Matthew, Fl. Central Tamilnadu 408. 1991.

Erva, gregária fortemente perfumada até 50 cm. Folhas ovadas a suborbiculares, 1 - 3 * 1,5 - 3 cm, suculentas. Verticilos muito compactados; brácteas florais muito imbricadas. Lóbulos do cálice 1 + 4. Corola azulada, com 5 * 2 mm de diâmetro. Estames conotados por baixo.

Fl. e Fr: Dez. - Fev.

Espécime examinado: **Binu Thomas, BUH : 7306**

Habitualmente nas fendas das rochas das colinas de Maruthamalai e Madukkarai a cerca de 400 -700 m.

Nota: Esta erva fortemente perfumada pode ser facilmente identificada no campo pelo seu odor caraterístico. Esta espécie é localmente abundante nos habitats rochosos.

4. ***Plectranthus mollis*** (Ait.) Spreng., Syst. Veg. 2. 690. 1825. *Ocimum molle* Ait., Hort. Kew. (ed. 1) 2: 322. 1789. *Plectranthus incanus* Link. Enum. Hort. Berol. 2: 120. 1822; Hook. f., Fl. Brit. India 4: 621. 1885; Gamble, Fl. Madras 1121. 1924; Henry *et al.*, Fl. Tamil Nadu 2: 182. 1987; Matthew, Fl. Central Tamilnadu 408. 1991.

Erva, robusta, semissuculenta, erecta até 80 - 100 cm; ramos túmidos abaixo dos nós. Folhas ovadas a subcordadas, 5-8 * 4-7 cm. Pedúnculo 15 - 30 cm; brácteas ovadas, persistentes com cachos de 6-9 flores por nó. Cálice - lóbulo 1 + 4. Corola violeta, 1ˣ 0,2 cm de diâmetro; tubo obliquamente giboso. Estames livres.

Fl. e Fr: Nov. - Fev.

Espécime examinado: **Binu Thomas, BUH : 7308**

Habitualmente em fendas rochosas húmidas das colinas de Madukkarai e Maruthamalai a cerca de 300-700 m.

Nota: Esta espécie é endémica da Índia e do Sri Lanka (Udayan, 2003) e raramente prefere as falésias rochosas como um dos habitats para a sua sobrevivência.

8. POGOSTEMON Desf.

Pogostemon vestitus Benth. in Wall, Pl. Asiat. Rar. 1: 31. 1830; Hook. f., Fl. Brit. India 4: 636. 1885; Gamble, Fl. Madras 1134. 1924; Henry *et al.*, Fl. Tamil Nadu 2: 185. 1987 **(Pl.- 12 G)**.

Subarbusto até 1 m de altura. Folhas ovadas, c. 3 * 2 cm, obtusas no ápice, crenadas na margem, densamente tomentosas em ambas as superfícies. Inflorescência em densos racemos espiculados. Cálice cupular; tubo c. 3,2 mm, densamente lanoso; lóbulos 5, ovado-lanceolados, c. 1,2 mm, lanosos. Corola liliada, c. 7 mm; tubo c. 3,5 mm; lóbulos com 2 lábios. Estames 4. Ovário 4-partido, frutos ovóides ou elipsoides.

Fl. e Fr: Out. - Dez.

Espécime examinado: **Binu Thomas, BUH : 7311**

Raro em fendas de rocha húmidas em prados abertos das colinas de Vellianhgiri a cerca de 1700 m.

Notas: Esta espécie é endémica dos Ghats Ocidentais (Nayar, 1997; Murugesan e Balasubramanian, 2009). O presente estudo observou que esta espécie raramente prefere fendas de grandes rochas como um dos habitats potenciais para a sua sobrevivência.

53.PLANTAGINACEAE

PLANTAGO L.

Plantago erosa Wall. in Roxb., Fl. Ind. 1: 423. 1820. *Plantago major* sensu Hook. f., Fl. Brit. India 4: 705. 1885. *Plantago asiatica* sensu Wight, Illustr. t. 177. 1850; Hook. f., Fl. Brit. India 5: 250. 1887; Gamble, Fl. Madras 1160. 1923; Henry *et al.*, Fl. Tamil Nadu 2: 187. 1987; Matthew, Fl. Central Tamilnadu 411. 1991. ***"Njaramboori"***

Erva, perene. Folhas em rosetas, elíptico-ovais, 5-9 * 3-5 cm, 3-5 nervuras na base; pecíolo até 10 cm. Escapo terete até 12-20 cm de diâmetro. Espigas congestionadas em direção ao ápice. Corola creme, com 3 mm de diâmetro. Estames filiformes. Ovário globoso. Sementes peltadas, mucilaginosas.

Fl. e Fr: Durante todo o ano

Espécime examinado: **Binu Thomas, BUH : 7303**

Raramente em fendas rochosas húmidas das colinas de Velliangiri a cerca de 800-1000 m.

Nota: Esta espécie ocorre normalmente em locais húmidos junto às margens dos cursos de água. No presente estudo verificou-se que, raramente, prefere fendas húmidas de rochas como um dos microhabitats para a sua sobrevivência.

54.NYCTAGINACEAE

BOERHAVIA L.

Chave para as espécies

1a. Ervas difusas; antocarpo em forma de taco .... **1.** ***B. diffusa***
b. Ervas erectas; antocarpo obcónico .... **2.** ***B. erecta***

1. ***Boerhavia diffusa*** L. Sp. Pl. 3. 1753. *Boerhavia repens* L., Sp. Pl. 3. 1753. *Boerhavia procumbens* Banks *ex* Roxb. Fl. Ind. 1: 148. 1820; Hook. f., Fl. Brit. India 4: 709. 1885; Gamble, Fl. Madras 1162. 1925; Henry *et al.*, Fl. Tamil Nadu 2: 188. 1987 Matthew, Fl. Central Tamilnadu 412.1991. ***"Kattusaaranai; Mukkurattai"***

Erva, difusa até 50 cm, enraizando-se nos nós inferiores. Folhas ovadas a sub cordiformes, 2-4 * 2-3,5 cm. Panículas de 5-6 cm, 3-7 flores. Perianto cor-de-rosa profundo, 4 mm de diâmetro. Estames 2-3. Antocarpo em forma de taco, 2,5 mm, glabro, topo truncado. Fruto clavado, glandular, peludo.

Fl. e Fr: Durante todo o ano

Espécime examinado: : **Binu Thomas, BUH : 7137**

Ocasionalmente nas fendas das rochas dos montes Madukkarai, Maruthamalai e Kanuvai.

Nota: Esta espécie distribui-se habitualmente em vários habitats, mesmo em solos pobres em nutrientes. O presente estudo observou que, para além destes habitats, esta espécie pode preferir as fendas das rochas como um dos habitats para a sua sobrevivência e crescimento.

2. ***Boerhavia erecta*** L. Sp. Pl. 3. 1753. *Boerhavia punarnava* Saha & Krishnamurthy, J. Sci. Indust. Res. 21 C. 249. 1962; Henry *et al.*, Fl. Tamil Nadu 2: 188. 1987; Matthew, Fl. Central Tamilnadu 412.1991. ***"Mukurattai"***

Erva, erecta até 50-75 cm, folhas elípticas - ovadas, 1,5 - 2,5 * 0,7-1,5 cm. Panículas 2-4 cm, 2-7 flores. Perianto branco com riscas cor-de-rosa, 3 mm de diâmetro; tubo 2,5 mm.

Estames 1 ou 3. Antocarpo obcónico, 2,5 mm, glabro, topo truncado.

Fl. e Fr: Durante todo o ano

Espécime examinado: : **Binu Thomas, BUH : 7139**

Ocasionalmente nas fendas das rochas das colinas de Madukkarai e Kanuvai.

Nota: Espécie comummente distribuída em vários habitats terrestres, ocasionalmente também em fendas de rochas.

55.AMARANTHACEAE

Chave para os géneros

1a. Erva decumbente; caule e ramos apressadamente brancos - pilosos .... **3. *Gomphrena***

b. Erva prostrada; caule e ramos não apressados branco - piloso **2**

2a. Folhas elípticas a sub-orbiculares; sementes discóides .... **1. *Alternanthera***

b. Folhas oblongas ou oblanceoladas; sementes oblongas .... **2. *Cyathula***

1. ALTERNANTHERA Forsskal

Alternanthera pungens Kunth in HBK, Nov. Gen. Sp. 2: 206. 1817. *Alternanthera echinata*

J .E. Smith em Rees, Cyclop. 39: 10. 1819; Henry *et al.*, Fl. Tamil Nadu 2:191.1987; Matthew, Fl. Central Tamilnadu 417.1991. ***"Ottaramul"***

Erva, prostrada espinhosa até 50 cm. Folhas do mesmo par desiguais, obliquamente elípticas a sub-orbiculares, 1,5-3 * 1-2 cm. Espiga 2 ou mais, 0,5-1,5 * 0,5-1 cm. Tépalas 5, Estames 5; estaminódios dentados. Semente discoide, lenticular

Fl. & Fr.:Nov. - Fev.

Espécime examinado: **Binu Thomas, BUH : 7106**

Raramente nas fendas das rochas das colinas de Kanuvai e Madukkarai ou a cerca de 600-700 m.

Nota: Esta espécie pode ocorrer em vários habitats, como planícies e colinas. O presente estudo concluiu que esta espécie raramente prefere as fendas das rochas como um dos microhabitats para a sua sobrevivência e crescimento.

2. CYATHULA Blume

Cyathula prostrata (L.) Blume, Bijdr. 549. 1826. *Achyranthus prostrata* L., Sp. (ed. 2) 296. 1762. *Desmochaeta prostrata* (L.) DC., Cat. Hort. Monsp. 102. 1813; Hook. f., Fl. Brit. India 4: 722. 1885; Gamble, Fl. Madras 1172. 1925; Henry *et al.*, Fl. Tamil Nadu 2:192.1987. ***"Cherukadaladai"***

Erva, delgada até 30 - 40 cm de altura; enraizamento nos nós, cor-de-rosa. Folhas 1,2 - 5 * 0,8 - 2,5 cm, oblongas ou oblanceoladas cuneadas na base, agudas, esparsamente pubescentes. Espigas alongadas, com 10 a 20 cm de comprimento. Flores em fascículos, pedicelos de flores imperfeitas modificados em hastes em forma de gancho. Flores perfeitas 1-2. Lóbulos do perianto 5, cor-de-rosa. Estames 5, estaminódios 2 -3 fid. Utrículo ovoide, membranoso; sementes oblongas.

Fl. & Fr.:Nov.-Fev.

Espécime examinado: : **Binu Thomas, BUH : 7181**

Raramente nas fendas das rochas das colinas de Velliangiri a cerca de 500 -700 m.

Nota: Espécie comummente distribuída em vários habitats terrestres e, ocasionalmente, em falésias e fendas rochosas.

3. GOMPHRENA L.

Gomphrena serrata L., Sp. Pl. 224. 1753. *Gomphrena decumbens* Jacq., Hort. Schoenbr. t. 482. 1805. Gamble, Fl. Madras 825. 1957; Henry *et al.*, Fl. Tamil Nadu 2:192. 1987.

Erva, decumbente. Caule e ramos apressados, brancos - pilosos. Folhas 1.5- 3.5 * 0.5 - 1.5 cm, obovadas - lanceoladas, esparsamente pubescentes, por cima, densamente por baixo. Brácteas deltóides - ovadas, c. 2,5 mm. Lóbulos do perianto 5, c. 4 mm, lanceolados; 2 internos mais compridos do que 3 externos. Estames

5. Ovário globoso, c. 1 mm. Urticária 1,5 - 2 mm, piriforme. Sementes ovóides, castanhas, brilhantes.

Fl. & Fr.:Out.-Appl.

Espécime examinado: : **Binu Thomas, BUH : 7369**

Ocasionalmente nas fendas das rochas das colinas de Madukkarai e Kanuvai.

Nota: O presente estudo observou que também alargou a sua área de distribuição a zonas rochosas para o seu crescimento e sobrevivência.

56.CHENOPODIACEAE

CHENOPODIUM L.

Chenopodium ambrosioides L., Sp. Pl. 219. 1753; Hook. f., Fl. Brit. India 5: 4. 1886; Gamble, Fl. Madras 1181. 1925; Henry *et al.*, Fl. Tamil Nadu 2: 195. 1987; Matthew, Fl. Central Tamilnadu 422. 1991. ***"Mannennachedi"***

Erva, fortemente aromática, erecta até 75 cm; ramos angulosos, com nervuras. Folhas oblongo-lanceoladas, 5 - 10× 1-2,5 cm. Panículas axilares ou terminando os ramos, 5 - 8 cm. Flores com 2 mm de diâmetro. Tépalas largamente ovadas. Ovário coberto de vesículas glandulares; estigmas 3-5.

Fl. e Fr: Dez.-Fev.

Espécime examinado: : **Binu Thomas, BUH : 7157**

Raramente nas fendas das rochas dos montes Madukkarai e Kanuvai a cerca de 300-700 m.

Nota: Esta espécie é originária da América Tropical, encontrando-se atualmente amplamente distribuída em vários habitats, incluindo falésias rochosas e fendas.

57.POLYGONACEAE

PERSICARIA (L.) Miller.

Chave para as espécies

1a. Ocreas truncadas; frutos secos biconvexos .... **3.** ***P. glabra***

b. Ocreas não truncadas; frutos secos trigonos **2**

2a. Erva, gregária; brácteas estreitamente imbricadas .... **1.** ***P. barbata***

b. Subarbusto, ramificado; brácteas não estreitamente imbricadas .... **2.** ***P. chinensis***

1. ***Persicaria barbata*** (L.) H. Hara, Fl. E. Himal. 1: 70. 1996. *Polygonum barbatum* L., Sp. Pl. 362. 1753; Hook. f., Fl. Brit. India 5: 37. 1886; Gamble, Fl. Madras 1189. 1925; Henry *et al.*, Fl. Tamil Nadu 2: 197. 1987; Matthew, Fl. Central Tamilnadu 426. 1991. "***Veluthamudelamukku***"

Erva, gregária até 1,5 m. Folhas lanceoladas, 7-12 * 1 - 2,5 cm; tubulares, truncadas, 1,5-2 cm. Estípulas conspícuas, com bainha à volta do entrenó. Espigas até 7 cm; brácteas estreitamente imbricadas, oblongas, perianto branco, 2,5 mm de diâmetro. Braços estilares 3; estigmas capitelados. Frutos secos com 3 gónadas.

Fl. e Fr: Durante todo o ano.

Espécime examinado: **Binu Thomas, BUH : 7291**

Raramente nas fendas das rochas das colinas de Velliangiri a cerca de 500-1000 m.

Nota: O presente estudo verificou que esta erva gregária se encontra em vários habitats, incluindo fendas de rocha húmidas como um dos micro-habitats para a sua sobrevivência.

2. ***Persicaria chinensis*** (L.) Gross. in Engl., Bot. Jahrb. Syst. 49: 269. 1913. *Polygonum* *chinense* L., Sp. Pl. 363. 1753; Hook. f., Fl. Brit. India 5: 44. 1886; Gamble, Fl. Madras 1190. 1925; Henry *et al.*, Fl. Tamil Nadu 2: 197. 1987; Matthew, Fl. Central Tamilnadu 426. 1991. "***Thiruthanni***" **(Pl.-12 H)**.

Subarbusto, ramificando-se até 2 m. Folhas amplamente elíptico-oblongas, 6-11 x 3-7 cm. Agregados em panículas frouxas, terminais, corimbosas, até 7 cm de diâmetro. Perianto branco, 4 mm de diâmetro. Estames subexercitados. Braços estilares 3, robustos; estigma capitelado. Frutos secos 3 gónadas lisas.

Fl. e Fr: Durante todo o ano.

Espécime examinado: : **Binu Thomas, BUH : 7292**

Comum nas fendas das rochas das colinas de Velliangiri a cerca de 900-1200 m.

Nota: Esta espécie é normalmente encontrada nas bordas de shola das colinas. O presente estudo concluiu que esta espécie também pode preferir habitats rochosos para a sua sobrevivência e crescimento.

3. *Persicaria glabra* (Willd.) Gomez, Ann. Inst. Segunda Ensef. Habana 2: 278. 1896. *Polygonum glabrum* Willd., Sp. Pl. 2: 447. 1799; Hook. f., Fl. Brit. India 5: 34. 1886; Gamble, Fl. Madras 1189. 1925; Henry *et al.*, Fl. Tamil Nadu 2: 198. 1987; Matthew, Fl. Central Tamilnadu 426. 1991. "***Kolivalan***"

Erva, erecta. Tufos densos e robustos até 2,5 m. Folhas estreitamente lanceoladas, 10-25 x 1,5-4 cm. Racemos 7-10 cm; terminais, perianto rosa, 3,5 mm de diâmetro. Braços estilares 3; estigma capitelado. Frutos secos comprimidos, faces achatadas.

Fl. e Fr: Durante todo o ano.

Espécime examinado: : **Binu Thomas, BUH : 7293**

Habitualmente em fendas de rocha húmidas das colinas de Velliangiri a cerca de 1400 m.

Nota: Esta espécie encontra-se normalmente em locais húmidos perto das margens dos cursos de água. No presente estudo verificou-se que também ocorre nas fendas húmidas das rochas junto às margens dos ribeiros.

58.PIPERACEAE

PEPEROMIA Ruiz Lopez & Pavon

Chave para as espécies

1a. Drupas punctuadas; folhas crispadas - pubescentes .... **1. *P. dindigulensis***

b. Drupas e folhas de outro modo **2**

2a. Folhas em espirais de 4; nutlets não estriados .... **3. *P. tetraphylla***

b. Folhas alternas; membranosas, nutlets com nervuras .... **2. *P. pellucida***

1. *Peperomia dindigulensis* Miq. Syst. Piperac. 122. 1843. *Peperomia heyneana* sensu Wight, Ic. t. 1922. f. 1. 1853; Hook. f., Fl. Brit. India 5: 98. 1886; Gamble, Fl. Madras 1210. 1925; Henry *et al.,* Fl. Tamil Nadu 2: 202. 1987. "***Kalporumi***" **(Pl.-13 A**).

Erva, erecta até 20- 40 cm. Folhas decussadas, as superiores em espirais de 3, elíptico-ovais, 2,5- 5 x 1- 1,5 cm. Espigas 1 - 2; brácteas ovadas, basalmente decrescentes no pedúnculo. Baga proeminentemente punctuada.

Fl. e Fr: Jul.-Dez.

Espécime examinado: : **Binu Thomas, BUH : 7288**

Comum nas fendas das rochas das colinas de Velliangiri a cerca de 900 m.

Nota: Esta espécie é endémica dos Ghats Ocidentais (Ahmedullah e Nayar, 1987), mas é localmente abundante em vários habitats terrestres, incluindo solo de camada fina nas fendas rochosas expostas das colinas.

2. *Peperomia pellucida* (L.) Kunth. Nov. Gen. Sp. 1: 64. 1815. *Piper pellucidum* L., Sp. Pl. 30. 1753. *Peperomia exigua* (Blume) Miq., Syst. Piperac. 77. 1843; Hook. f., Fl. Brit. India 5: 97. 1886; Gamble, Fl. Madras 1210. 1925; Henry *et al*., Fl. Tamil Nadu 2: 202. 1987 **(Pl.-13 B**).

Erva, delgada, suculenta até 5-30 cm. Folhas muito finas, alternas, membranosas quando secas, amplamente ovadas -deltoides, agudas, 5-7 nervuras. Espigas muito finas, opostas às folhas. Estames 2; filamentos muito curtos, anteras confluentes. Ovário unicelular; óvulo solitário, nutlets com nervuras e reticulados.

Fl. e Fr: Out.-Dez.

Espécime examinado: : **Binu Thomas, BUH : 7289**

Ocasionalmente nas fendas das rochas das colinas de Velliangiri a cerca de 800 -1000 m.

Nota: O presente estudo observou que esta espécie prefere normalmente locais húmidos. Durante os dias de monção, esta espécie aparece nas fendas onde existe humidade e nutrientes suficientes.

3. *Peperomia tetraphylla* (G. Forst.) Hook. & Arn., Bot. Beech Voy. 97. 1841. *Piper tetraphylla* G. Forst. Forst., Prod. 5. 1759; *Piper reflexum* L.f., Suppl. Pl. 91. 1781. *Peperomia reflexa* (L.f.) Dietr. Sp. Pl. 1: 180. 1839; Hook. f., Fl. Brit. India 5: 99. 1886; Gamble, Fl.

Madras 1209. 1925; Henry *et al.*, Fl. Tamil Nadu 2: 203. 1987; Matthew, Fl. Central Tamilnadu 430. 1991. "*Kal aarai; Kalbrahmi*"

Erva, suculenta até 20 cm. Folhas 4 no nó, ovadas a romboides, 0,7-1,3 x 0,6 - 0,9 cm, suculentas. Espigas até 4 cm; flores bissexuais, brácteas orbiculares, peltadas. Estames 2; filamentos muito curtos, anteras confluentes. Ovário com 1 célula. Baga glabra.

Fl. e Fr: Nov. - Apl.

Espécime examinado: : **Binu Thomas, BUH : 7290**

Comum nas fendas das rochas das colinas de Velliangiri a cerca de 1200 m.

Nota: Esta espécie ocorre normalmente como litófita, mas o presente estudo verificou que também pode preferir fendas de rocha onde o solo e os nutrientes óptimos estão presentes como um dos habitats para a sua sobrevivência.

59.EUPHORBIACEAE

Chave para os géneros

1a. Folhas linear-oblongas; cápsula espinhosa .... **3.** ***Sebastiana***

b. Folhas e cápsula de outro modo **2**

2a. Perianto ausente; estame 1 .... **1.** ***Eufórbia***

b. Perianto presente; estames 3 .... **2.** ***Phyllanthus***

1. EUPHORBIA L.

Chave para as espécies

1a. Ramos exclusivamente 3-angulares; ciatria verde .... **6.** ***E. tortilis***

b. Ramos 3-5 angulosos; ciatria avermelhada .... **1.** ***E. antiquorum***

2a. Folhas alternas em baixo; ciatria axilar, solitária .... **4.** ***E. rothiana***

b. Folhas opostas, decussadas; ciatria subséssil .... **3.** ***E. hirta***

3a. Amadurecimento da cápsula no interior do ciato; invólucro acompanhado .... **5.** ***E. thymifolia***

b. Cápsula diferente da anterior; invólucro cupular............................ **2.** ***E. chamesyce***

1. ***Euphorbia antiquorum*** L., Sp. Pl. 450. 1753; Hook. f., Fl. Brit. India 5: 255. 1887; Gamble, Fl. Madras 1277. 1921; Henry *et al*, Fl. Tamil Nadu 2: 227. 1987; Matthew, Fl. Central Tamilnadu 455. 1991. ***"Sadurakalli"*** **(Pl.-13 C)**.

Arbusto, armado, carnudo, profusamente ramificado até 4 -10 m de altura; ramos grossos, 3-5 angulares, subsuculentos. Folhas decíduas precoces. Ciatria em cimas axilares, avermelhadas, laxas. Involucro copular, 0,5 χ 1 cm; glândulas 5, semicirculares, espessas; apêndices 0. ^ floretes em 5 grupos de c. 8 cada. Cápsula com 1 cm de diâmetro,

3-gonosa; sementes globosas, com 2,5 mm de diâmetro, minuciosamente carunculadas.

Fl. e Fr: Dez. - Fev.

Espécime examinado: **Binu Thomas, BUH : 7209**

Comum nas fendas das rochas das colinas de Maruthamali, Madukkarai e Kanuvai a cerca de 400-500 m.

Nota: Arbusto profusamente ramificado que se encontra normalmente em selvas arbustivas e habitats rochosos secos. O presente estudo descobriu que também pode preferir as fendas de grandes rochas das colinas como um dos habitats para a sua sobrevivência.

2. ***Euphorbia chamesyce*** L., Sp. Pl. 455. 1753. *Euphorbia prostrata* Ait., Hort. Kew (ed. 1) 2: 139. 1789; Hook. f., Fl. Brit. India 5: 266. 1887; Gamble, Fl. Madras 1276. 1925; Henry *et al.*, Fl. Tamil Nadu 2: 227. 1987; Matthew, Fl. Central Tamilnadu 457. 1991. ***"padppai"*** **(P1.-13 D)**.

Erva, prostrada. Folhas 6 x 4 mm. Obovadas - oblongas, oblíquas na base. Ciatria axilar. Brácteas involucrais cupulares, glândulas 4. Flores masculinas c. 5, eb-bracteoladas, anteras globosas. Estilo 3. Cápsula triangular, com bico proeminente; sementes sulcadas transversalmente.

Fl. e Fr: Out.-Dez.

Espécime examinado: **Binu Thomas, BUH : 7210**

Comum nas fendas das rochas das colinas de Madukkarai e Maruthamalai.

Nota: Esta espécie foi introduzida a partir da Jamaica, estando atualmente naturalizada em vários habitats, incluindo também em fendas de rocha.

3. ***Euphorbia hirta*** L., Sp. Pl. 454. 1753. *Euphorbia pilulifera* L., Sp. Pl. 454. 1753. *Chamaesyce hirta* (L.) Millisp., Publ. Field. Columbian Mus. Bot. ser. Chicago 2: 303.1909; Hook. f., Fl. Brit. India 5: 250. 1887; Gamble, Fl. Madras 1275. 1925; Henry *et al.*, Fl. Tamil Nadu 2: 228. 1987; Matthew, Fl. Central Tamilnadu 456. 1991. ***"Amampatchaiarisi"***

Erva, ascendente até 50 cm. Folhas decussadas, amplamente oblongas a elíptico-lanceoladas, 0,5-2,5 x 0,7-1,5 cm, com 3 nervuras. Ciatria c. 20, agregada em cachos axilares simples ou emparelhados. Involucro companulado, 0,7 x 0,6 mm; glândulas 5, diminutas. <J floretes 4-6, ebracteolados. Cápsula pubescente, 2 mm de diâmetro; sementes 4 anguladas, minuciosamente sulcadas.

Fl. e Fr: Durante todo o ano

Espécime examinado: **Binu Thomas, BUH : 7211**

Comum nas fendas das rochas de todas as colinas selecionadas.

Nota: É um colonizador agressivo em terrenos baldios e planícies. O presente estudo observou que esta espécie também prefere as falésias rochosas como um dos habitats para a sua sobrevivência e crescimento.

4. *Euphorbia rothiana* Spreng., Syst. Veg. 3: 796.1826. *Euphorbia laeta* Heyne *ex* Roth, Nov. Pl. Sp. 230. 1821; Hook. f., Fl. Brit. India 5: 263. 1887; Gamble, Fl. Madras 1278. 1925; Henry *et al*, Fl. Tamil Nadu 2: 229. 1987; Matthew, Fl. Central Tamilnadu 457. 1991. ***"Palarassu"***

Erva, erecta, glacial até 1 m. Folhas alternas em baixo. Acima, espiraladas. Lineares a oblanceoladas, 6-10 * 0,5- 1,5 cm. Ciatria axilar, solitária nas axilas de brácteas amplamente ovadas a suborbiculares. Involucro 2,5 * 3 mm, compasso; glândulas 4, iguais, com 2 chifres; apêndice 0. <*J* floretes 10-12, bracteolados. Cápsula com 4 mm de diâmetro; sementes globosas, ligeiramente carunculadas.

Fl. e Fr: Out.-Abr.

Espécime examinado: **Binu Thomas, BUH : 7212**

Ocasionalmente nas fendas das rochas das colinas de Velliangiri a cerca de 1200 m.

Nota: Esta espécie encontra-se habitualmente nas colinas acima dos 1000 m. O presente estudo verificou que também prefere as fendas das rochas encontradas nos prados das colinas de Velliangiri como um dos micro-habitats para a sua sobrevivência.

5. *Euphorbia tortilis* Rottl. *ex* Ainslie, Mat. Ind. 2: 424. 1826; Hook. f., Fl. Brit. India 5: 256. 1887; Gamble, Fl. Madras 1277. 1925; Henry *et al*, Fl. Tamil Nadu 2: 230. 1987; Matthew, Fl. Central Tamilnadu 458. 1991. ***"Thirugakalli"***

Arbusto, armado até 6-8 m de altura; ramos triangulares, retorcidos, 3-5 alados, com espinhos pontiagudos. Folha caduca, minúscula, ovada; glândulas grandes, duras e finas, glabras. Flores agrupadas em ciatria. Involucro cupular, 3 * 5 mm, coriáceo. ^ floretes em 5 grupos de 5 cada, 2-5 seriados, bracteolados. Cápsula 3 gonosa, 0,7 cm de diâmetro; sementes 4 angulares, 2 cm de comprimento, lisas.

Fl. e Fr: Dez.-Fev.

Espécime examinado: **Binu Thomas, BUH : 7213**

Comum nas fendas das rochas das colinas de Maruthamalai e Madukkarai a cerca de 350 m.

Nota: Arbusto profusamente ramificado, normalmente encontrado em selvas arbustivas e habitats rochosos secos. O presente estudo descobriu que também prefere as fendas de grandes rochas das colinas como um dos habitats para a sua sobrevivência.

6. *Euphorbia thymifolia* L., Sp. Pl. 454. 1753. *Chamaesyce thymifolia* (L.) Millsp., Publ. Field Columbian Mus. Bot. ser. Chicago 2: 412. 1916; Hook. f., Fl. Brit. India 5: 252. 1887; Gamble, Fl. Madras 1276. 1925; Henry *et al.*, Fl. Tamil Nadu 2: 230. 1987; Matthew, Fl. Central Tamilnadu 458. 1991. ***"Nilamppala"***

Erva, prostrada. Folhas oblongas, 2-5 * 2-4 mm. Ciatria axilar, solitária ou em cachos. Involcro companulado, c. 1 * 0,8 mm; glândulas 4. Flores masculinas 1-4. Fêmeas lateralmente pendentes. Ovário c. 0,9 mm. Cápsula com 1,6 mm de diâmetro; sementes 4 angulares, c. 1 mm.

Fl. e Fr: Nov.-Fev.

Espécime examinado: **Binu Thomas, BUH : 7214**

Comum nas fendas das rochas das colinas de Madukkarai e Maruthamalai.

Nota: O presente estudo verificou que pode preferir as falésias rochosas e as fendas das colinas como um dos micro-habitats para a sua sobrevivência.

2. PHYLLANTHUS L.

Chave para as espécies

1a. Base da folha cuneada; cápsula lisa ....**1. *P. maderaspatensis***

b. Base da folha truncada ou obtusa; cápsula verrucosa **2**

2a. Estames livres; sementes minuciosamente tuberculadas .... **3. *P. virgatus***

b. Estames conatos; sementes estriadas transversalmente .... **2. *P. urinaria***

1. *Phyllanthus maderaspatensis* L., Sp. Pl. 982. 1753; Hook. f., Fl. Brit. India 5: 292. 1887; Gamble, Fl. Madras 1289. 1925; Henry *et al,* Fl. Tamil Nadu 2: 237. 1987; Matthew, Fl. Central Tamilnadu 467. 1991 **(Pl.-13 E)**.

Erva, lenhosa até 80 cm. Folhas lineares a obovadas, 0,7-2 * 0,3-0,7 cm, glaucas em baixo; estípulas peltadas, lanceoladas, flores $ em cima, flores $ em baixo. Tépalas 6, obovadas, margens escariadas. Estames 3; filamentos conados; anteras sub-sésseis, deiscência vertical. Estilos horizontalmente espalhados. Glândulas discais 6, oblongas em ambas as flores. Cápsula 3-valvada, globosa, 4 mm de diâmetro, 3-lobada; sementes triquetradas, muricadas verticalmente. Fl. & Fr: Durante todo o ano

Espécime examinado: **Binu Thomas, BUH : 7295**

Ocasionalmente em fendas rochosas das colinas de Kanuvai e Madukkarai.

Nota: Na área de estudo observam-se duas formas distintas, uma com plantas brancas esverdeadas e outra com plantas cor-de-rosa avermelhadas. Ambas as formas ocorrem nas falésias rochosas da mesma localidade.

2. *Phyllanthus urinaria* L., Sp. Pl. 982. 1753. *Phyllanthus leprocarpus* Wight, Ic. 1895. F. 4. 1852; Hook. f., Fl. Brit. India 5: 293. 1887; Gamble, Fl. Madras 1289. 1925; Henry *et al.*, Fl. Tamil Nadu 2: 239. 1987; Matthew, Fl. Central Tamilnadu 468. 1991.

Erva, perene até 80 cm. Folhas oblongas, 0,5-2 x 0,2-0,5 cm. *g* 3- 5 nas axilas superiores, $ nas axilas inferiores. Tépalas 6, orbiculares. Estames 3, conatos; anteras sub-sésseis, subglobosas, deiscência vertical. Estilos espalhados horizontalmente. Disco anular. Cápsula com 3 valvas, globosa, verrucosa, com 4 mm de diâmetro; sementes triquetradas; testa transversalmente rígida.

Fl. e Fr: Durante todo o ano

Espécime examinado: **Binu Thomas, BUH : 7296**

Ocasionalmente em fendas de rocha nas colinas do sopé de Madukkarai ou a cerca de 800-1400 m.

Nota: Ocorre frequentemente em camadas finas de solo em fendas de rochas expostas.

3. *Phyllanthus virgatus* G. Forst., Ins. Austr. Prod. 65. 1786. *Phyllanthus simplex* Retz., Obs. Bot. 5: 29. 1788. *Phyllanthus oblongifolia* Wight, Ic. t. 1902; Hook. f., Fl. Brit. India 5: 295. 1887; Gamble, Fl. Madras 1289. 1925; Henry *et al.*, Fl. Tamil Nadu 2: 239. 1987; Matthew, Fl. Central Tamilnadu 468. 1991.

Erva até 50-75 cm. Folhas oblongo-lanceoladas, 1-1,5 x 0,3-0,5 cm, frequentemente avermelhadas. Flor masculina nas axilas inferiores, flor bissexual nas superiores. Tépalas 6, oblongas. Estames 3, livres, inclusos, anteras subsésseis, deiscência transversal. Disco anular, crenulado. Cápsula globosa, com 3 lóbulos. Semente triquertrosa, minuciosamente tuberculada.

Fl. e Fr: Durante todo o ano.

Espécime examinado: **Binu Thomas, BUH : 7301**

Comum nas fendas e fissuras das colinas de Maruthamalai e Madukkarai a cerca de 300-800 m.

Nota: Esta espécie encontra-se normalmente em vários habitats terrestres, mas o presente estudo verificou que também pode preferir falésias rochosas e fendas para a sua sobrevivência.

3. SEBASTIANA Sprengel

Sebastiana chamaelea (L.) Muell. - Arg. in DC., Prodr. 15: 1175. 1866; *Tragia chamaelea* L., Sp. Pl. 981. 1753; Hook. f., Fl. Brit. India 5: 475. 1888; Gamble, Fl. Madras 1334. 1925; Henry *et al.*, Fl. Tamil Nadu 2: 240. 1987; Matthew, Fl. Central Tamilnadu 470. 1991. ***"Kodiyavannakku"***

Erva, glabra até 80 cm; látex leitoso. Folhas alternas, lineares - lanceoladas, 5 -10 x 0,4 - 0,6 cm. Espigas axilares, até 3 cm. *e* minúsculas em grupos de 3. Tépalas desigualmente 5-partidas. Estames 3, exercitados. $: Tépalas 3, ovadas. Ovário equinado, 3 - locular; 3 - locular; estilos 3. Disco 0. Cápsula 3 lobada, 5 mm de diâmetro, com 2 cocos valvulados; sementes oblongas, carunculadas; testa lisa.

Fl. e Fr: Durante todo o ano

Espécime examinado: **Binu Thomas, BUH : 7331**

Ocasionalmente nas fendas das rochas das colinas de Madukkarai e Kanuvai a cerca de 400 m.

Nota: Esta espécie encontra-se normalmente em vários habitats terrestres, mas o presente estudo verificou que também prefere falésias rochosas e fendas para a sua sobrevivência.

60.URTICACEAE

Chave para os géneros

1a. Plantas suculentas; filamentos inflexionados no botão .... **2. *Pilea***

b. Plantas não suculentas; filamentos não inflexionados no botão **2**

2a. Folhas inteiras; aquénios geralmente alados .... **3. *Pouzolzia***

b. Folhas serrilhadas; aquénios não alados .... **1. *Elatostema***

1. ELATOSTEMA J.R. & G. Forst

Chave para as espécies

1a. Ramos em ziguezague; folhas obliquamente lanceoladas .... **3. *E. séssil***

b. Ramos não como acima; folhas pubescentes **2**

2a. Flores com bractéolas espatuladas; cistólitos presentes .... 2. ***E. lineolatum***

b. Flores sem bractéolas espatuladas; ausência de cistólitos .... **1. *E. acuminatum***

1. *Elatostema acuminatum* (Poir.) Brongn. in Duper., Voy. Bot. 211. 1834. *Procris acuminata* Poir. in Lam., Encycl. 5: 629. 1804; Hook. f., Fl. Brit. India 5: 566. 1888; Gamble,

Fl. Madras 1377. 1928; Henry *et al.*, Fl. Tamil Nadu 2: 244. 1987.

Erva, folhas 7-8 * 2,5 cm; alternas, pubescentes, inteiras na metade basal e dentadas na metade superior; acuminadas no ápice. Inflorescência em cachos sésseis axilares; Flores unissexuais, tépalas e estames 4 em cada macho; tépalas 3-5 na fêmea; pistilódio linear. Ovário obovoide.

Fl. e Fr: Durante todo o ano

Espécime examinado: **Binu Thomas, BUH : 7193**

Raro nas fendas das rochas das colinas de Velliangiri a cerca de 800 m

Nota: Esta espécie raramente prefere as fendas húmidas das rochas como um dos microhabitats para a sua sobrevivência.

2. ***Elatostema lineolatum*** Wight, Ic. t. 1984. 1853; Hook. f., Fl. Brit. India 5: 565. 1888; Gamble, Fl. Madras 1376. 1928; Henry *et al.*, Fl. Tamil Nadu 2: 244. 1987; Matthew, Fl. Central Tamilnadu 474. 1991.

Erva, folhas 7-10 * 2,5 - 3,5 cm; alternas, pubescentes, inteiras na metade basal e dentadas na metade superior; acuminadas no ápice. Flores em cachos sésseis axilares; tépalas e estames 4 em cada macho; tépalas 3-5 na fêmea; pistilódio linear. Ovário obovoide.

Fl. e Fr: Durante todo o ano

Espécime examinado: **Binu Thomas, BUH : 7194**

Raro em fendas de rocha de florestas sempre verdes nas colinas de Velliangiri a cerca de 1000 m.

Nota: O presente estudo observou que esta espécie raramente prefere as fendas húmidas das rochas nas margens das colinas, onde a humidade e os nutrientes são óptimos para a sua sobrevivência.

3. ***Elatostema sessile*** J. R. Frost. & J.G.A. Forst. Char. Gen. Pl. (ed. 1) 53. 1775; Hook. f., Fl. Brit. India 5: 563. 1888; Gamble, Fl. Madras 1376. 1928; Henry *et al*, Fl. Tamil Nadu 2: 245. 1987.

Erva, gregária; enraizamento abaixo; ramos até 4,0 cm, em ziguezague. Folhas alternas, obliquamente lanceoladas até 10 * 3 cm, subsésseis, base obtusa, margem com mais de 8 dentes profundos, ápice agudo; estípulas lanceoladas. Flores unissexuais, brácteas livres nos receptáculos masculinos e fundidas nos receptáculos femininos carnudos. Flores masculinas e femininas, tépalas 4, dentadas, ovário 1 -celular; óvulo 1; estigma penicilado. Achenes ovóides.

Fl. e Fr: Nov. - Dez.

Espécime examinado: **Binu Thomas, BUH : 7196**

Raramente em fissuras rochosas húmidas das colinas de Velliangiri a cerca de 1500 m.

Nota: Esta espécie pode raramente preferir as fissuras rochosas húmidas das colinas como um dos habitats para a sua sobrevivência.

2. PILEA Lindley.

Pilea microphylla (L.) Liebm., Vidensk. Selsk. Skr. 5: 296. 1851. *Parietaria microphylla* L., Syst. Nat. (ed. 10): 1308, 1759. *Urtica microphylla* (L.) Sw., Fl. Ind. Occid. 1: 305. 1797. *Pilea mucosa* (L.) Lindl., Coll. Bot. t. 4. 1821; Hook. f., Fl. Brit. India 5: 551. 1888; Gamble, Fl. Madras 1379. 1928; Henry *et al.*, Fl. Tamil Nadu 2: 247. 1987; Matthew, Fl. Central Tamilnadu 475. 1991 **(Pl.-13 F)**.

Erva, pequena suculenta monóica até 20 cm. Folhas elíptico-ovais, até 4 x 2 mm, sub-suculentas, 1-nervadas; ráfides transversais. Flores 4 mérulas, pedunculadas, em cachos umbelados. Tépalas 4, estames 4; filamentos inflexionados em botão. Aquénios elipsoides, com 1 mm de diâmetro; albúmen escasso; cotilédones largos.

Fl. e Fr: Durante todo o ano

Espécime examinado: **Binu Thomas, BUH : 7302**

Comum nas fendas das rochas das colinas de Velliangiri.

Nota: Esta espécie é nativa da América do Sul e agora naturalizada em vários habitats incluindo penhascos rochosos e fendas também. Atualmente, esta planta é comummente cultivada como planta de vaso em jardins domésticos e também em rochedos.

3. POUZOLZIA Gaudich.

Chave para as espécies

1a. Inflorescência a terminal; $ botões florais truncados .... **2.** ***P. wightii***

b. Inflorescência em cacho axilar; $ botões florais arredondados .... **1.** ***P. zeylanica***

1. ***Pouzolzia wightii*** Bennett, Pl. Jav. Rar. 1: 66. 1838; Hook. f., Fl. Brit. India 5: 584. 1888; Gamble, Fl. Madras 1383. 1928; Henry *et al.*, Fl. Tamil Nadu 2: 248. 1987; Matthew, Fl. Central Tamilnadu 476. 1991. "***Parakozhuppai***"

Arbusto até 2 m. Folhas alternas, obovado-lanceoladas, 5-15 * 2-5 cm, folhas superiores gradualmente reduzidas a brácteas florais, brácteas sub-opostas, sésseis. Inflorescência a terminal; flores em cachos sésseis. ^ botões florais truncados. Tépalas 4-5, livres; ligadas e aderentes ao pistilo, plicadas. Estames 4-5. Achenes obovóides, proeminentemente alados.

Fl. e Fr: Set.-Jan.

Espécime examinado: **Binu Thomas, BUH : 7317**

Ocasionalmente nas fendas das rochas das colinas de Velliangiri a cerca de 1100 m.

Nota: Esta espécie ocorre normalmente perto de ribeiras, mas o presente estudo descobriu que também pode preferir fendas húmidas de rochas nas colinas como um dos habitats para o seu crescimento e sobrevivência.

2. *Pouzolzia zeylanica* (L.) Bennett. Pl. Java. Rar.1: 67. 1838. *Parietaria zeylanica* L., Sp. Pl. 1052. 1753. *Parietaria indica* L., Mant. Pl. 1: 128. 1767. *Pouzolzia indica* (L.) Gaud., Voy. Uranie 12: 503. 1830; Hook. f., Fl. Brit. India 5: 581. 1888; Gamble, Fl. Madras 1382. 1928; Henry *et al.*, Fl. Tamil Nadu 2: 249. 1987; Matthew, Fl. Central Tamilnadu 476. 1991. ***"Kallurukki"*** **(Pl.-13 G)**.

Subarbusto, monoico até 50 cm. Folhas alternas, 3-9 nervuras; elíptico-ovais, 2-5 * 1,5-2 cm. Inflorescência em cachos axilares; flores 4 cachos merosos, sub-sésseis. Tépalas 4, livres, plicadas transversalmente no meio, com a extremidade incurvada, aguda. <J botões florais arredondados. Pistilódio minúsculo, $; subséssil. Achenes 2 alados; testa membranosa.

Fl. e Fr: Durante todo o ano

Espécime examinado: **Binu Thomas, BUH : 7320**

Comum nas fendas das rochas das colinas de Velliangiri a cerca de 1000 m.

Nota: O presente estudo observou que esta espécie também pode preferir falésias rochosas em que a humidade do solo é óptima como um dos habitats para a sua sobrevivência.

61.ORQUIDÁCEAS

Chave para os géneros

1a. Plantas com pseudobolbos; flores branco-esverdeadas .... **1. *Eulophia***

b. Plantas sem pseudobolbos; flores brancas **2**

2a. Inflorescência glandular pubescente; estigma não pedunculado .... **3. *Zeuxina***

b. Inflorescência não como acima; estigma distintamente pedunculado .... **2. *Habenária***

1. EULOPHIA R. Br. *ex* Lindley

Eulophia epidendraea (Koen.) Schltr., Orchideen 346. 1914. *Serapias epidendraea* Koen. in Retz. Obs. Bot. 6: 65. 1791. *Limodorum virens* Roxb., Pl. Cor. t. 38. 1795. *Eulophia virens* (Roxb.) R. Br., Bot. Reg. Sub. t. 573. 1822; Hook. f., Fl. Brit. India 6: 1.1890; Gamble, Fl. Madras 3: 1434. 1928. Henry *et al.*, Fl. Tamil Nadu 3: 12. 1989; Matthew, Fl. Central Tamilnadu 499. 1991 (**Pl.-13 H**).

Erva, pseudobolbos grandes, cónicos, verdes, lisos, com 3-4 cm de comprimento. Folhas em número de 3-8, com 10-30 cm de comprimento, 1-1,5 cm de largura, uma nervura central proeminente e áspera ao tato. Inflorescência do lado do pseudobulbo, com 30-60 cm de comprimento, ramificada. Flores branco-esverdeadas, 3 cm. pedicelo com ovário de 2 cm. Sépalas e pétalas esverdeadas com nervuras acastanhadas, amplamente distribuídas. Labelo branco, com 2 cm de comprimento, 1,5 cm de largura, com nervuras purpúreas e com fimbriação proeminente, esporão curto, incurvo, corola longa, orquídea, polínias 2, globosas.

Fl. e Fr: Nov. - Mar.

Espécime examinado: **Binu Thomas, BUH : 7208**

Raramente nas fendas das rochas das colinas de Madukkarai a cerca de 350 m.

Nota: Devido à presença dos pseudobolbos, adaptou-se também às fendas das rochas em que a humidade do solo é óptima como um dos habitats para a sua sobrevivência.

2. HABENARIA Willd.

Habenaria polyodon Hook. f., Fl. Brit. India 6: 139. 1890. *Habenaria fimbriata* Wight Ic. t. 1712. 1851; Gamble, Fl. Madras 3: 1470. 1928. Henry *et al.*, Fl. Tamil Nadu 3: 16. 1989 (**Pl.-14 A**).

Erva, tuberosa erecta até 10 cm de altura. Tubérculos elíptico-oblongos, c. 1,5 cm. Folhas ovado-lanceoladas, agudas-acuminadas, c. 7 x 2,5 cm. Inflorescências densas, com muitas flores. Brácteas foliáceas, cimbiformes. Flores brancas. Sépalas largamente ovadas. Sépalas laterais mais pequenas que as dorsais. Pétalas laterais mais curtas do que as sépalas, triangular-ovadas. Labelo trilobado; lobos laterais largos, fimbriados; lobo médio curto; oblongo-ligulado. Estigma nitidamente pedunculado. Esporão clavado.

Fl. & Fr.:Nov.-Mar.

Espécime examinado: **Binu Thomas, BUH : 7225**

Muito raro em fendas de rocha em prados abertos do topo de Velliangiri a cerca de 1700 m.

Notas: Esta espécie é endémica, rara e ameaçada de Nilgiris, Tamil Nadu (Ahmedullah & Nayar, 1987; Sarkar, 1995; Murugesan e Balasubramanian, 2009).

3. ZEUXINA Lindl.

Zeuxine longilabris (Lindl.) Benth. *ex* Hook. f., Gen. Sp. Pl. 3: 600. 1883. *Monochilus lonilabris* Lindl., Gen. Sp. Orquídea. Pl. 478. 1840. *Monochilus affine* Wight, Ic. t. 1728. 1858; Hook. f., Fl. Brit. India 6: 107. 1890; Gamble, Fl. Madras 3: 1456. 1928. Henry *et al.*, Fl. Tamil Nadu 3: 26. 1989; Matthew, Fl. Central Tamilnadu 509. 1991.

Erva, rizomatosa, perene, delgada. Folhas membranosas, com a nervura central esbranquiçada. Espiga terminal, erecta, pubescente. Flores brancas. Sépalas desiguais, laterais livres, dorsais adnadas com as pétalas formando um capuz. Lábio sacado na base, com garras, emarginado, bilobado apicalmente, hipocílio um saco com 1 - 2 glândulas de cada lado no interior. Coluna sem pé, com rostelo geralmente verticalmente ascendente; estigmas 2.

Fl. e Fr: Dez. - Abr.

Espécime examinado: **Binu Thomas, BUH : 7290**

Muito raro em penhascos rochosos nas margens do shola das colinas de Velliangiri a cerca de 1200 m.

Observações: Esta espécie é normalmente encontrada junto a folhas e madeira em decomposição no chão da floresta. No entanto, o presente estudo verificou que esta espécie também se encontra em fendas de rochas, onde se encontram folhas e folhagem em decomposição.

62. ASPARAGACEAE

PROTASPARAGUS Willd.

Chave para as espécies

1a. Pedicelos articulados no meio; espinhos recurvados .... **1. *P. fysonii***

b. Pedicelos não articulados no meio; espinhos erectos .... **2. *P. racemosus***

1. *Protasparagus fysonii* (Macbr.) Gamble, JETB 15: 709. 1991. *Asparagus asiaticus* Wight, Ic. tt. 2053. 1853, não L. 1753. *Asparagus fysonii* Macr., Contr. Gray Herb., n.s. 56: 17. 1918. *Asparagus subulatus* Steud. *ex* Baker, J. Linn. Soc. Bot. 14: 614. 1875; Hook. f., Fl. Brit. India 6: 315. 1892; Gamble, Fl. Madras 1517. 1928; Henry *et al*, Fl. Tamil Nadu 3: 37. 1989.

"Kadumullai"

Trepadeira, armada, caule escandente, delgado, terete, liso; ramos estriados; espinhos curtos, recurvados; cladódios 6-15 nados, terete mucronados, .16-.25 de comprimento. Flores solitárias ou poucas e umbeladas, pedicelos articulados no meio. Ovário 3 células, 3 gónadas, estilo 1, colunar; estigmas 3. Fruto globoso, baga polposa. Sementes 1-6, testa preta, quebradiça; embrião dorsal.

Fl. e Fr: Fev.-Set.

Espécime examinado: **Binu Thomas, BUH : 7321**

Ocasionalmente em fendas de rocha húmidas das colinas de Velliangiri a cerca de 1200-1400 m.

Nota: O presente estudo observou que esta espécie também pode preferir falésias rochosas em que a humidade do solo é óptima como um dos habitats para a sua sobrevivência.

2. *Protasparagus racemosus* (Willd.) Oberm., S. Afr. J. Bot. 2: 244.1983. *Asparagus racemosus* Willd., Sp. Pl. 2: 152. 1799; Hook. f., Fl. Brit. India 6: 316. 1892; Gamble, Fl. Madras 1517. 1928; Henry *et al.*, Fl. Tamil Nadu 3: 38. 1989; Matthew, Fl. Central Tamilnadu 520. 1991. ***"Ammaikodi"*** **(Pl.-14 B)**.

Trepadeira, armada até 6-10 m; espinhos erectos, até 2 cm. Folhas escamosas, triangulares até 6 mm de diâmetro. Rijo-acuminado. Cladódios 2-6, lineares até 2 x 0,7 cm. Inflorescências em racemo(s). Flores bissexuais, com 6 mm de diâmetro, fortemente perfumadas. Lóbulos do perianto 6, brancos, 3 x 0,8 mm. Estames 6, adnatos à base do perianto; anteras pretas. Ovário obovoide, com 3 células; óvulos 2, axilares, estilo terminal, estigma 3, recurvado. Bago globoso até 6 mm; sementes 3-6, globosas.

Fl. e Fr: Durante todo o ano.

Espécime examinado: **Binu Thomas, BUH : 7322**

Comum nas fendas rochosas húmidas das colinas de Velliangiri a cerca de 1200-1400 m.

Nota: Esta espécie encontra-se normalmente no solo de matagais e planícies. O presente estudo verificou que, para além destes habitats, as falésias rochosas também podem ser um habitat adequado para a sobrevivência desta espécie.

63.AGAVACEAE

AGAVE L.

Chave para as espécies

1a. Folhas em rosetas; margens espinescentemente dentadas .... **1.** ***A. augustifolia***

b. Folhas radiculares, margem espinhosa .... **2.** ***A. cantula***

1. ***Agave augustifolia*** Haw., Syn. Pl. Succ. 72. 1812. Henry *et al.,* Fl. Tamil Nadu 3: 34. 1989. *Agave vivipara* Wight, Ic. t. 2024. 1853. *Agave wightii* Drumm. & Prain em Bengal Agric. Bull. 8: 11. 1906; Hook. f., Fl. Brit. India 6: 277. 1892; Gamble, Fl. Madras 3: 1505. 1957 (ed. repr.). ***"Kathalai"***

Arbusto, robusto, caule lenhoso. Folhas em rosetas; margens espinescentemente dentadas, ápice com uma espinha escura. Caules robustos. Flores em panículas. Estames - 6.

Fl. e Fr: Durante todo o ano.

Espécime examinado: **Binu Thomas, BUH : 7101**

Raro nas fissuras rochosas das colinas de Madukkarai e Kanuvai

Nota: Esta espécie é frequentemente encontrada em matagais e habitats rochosos secos. O presente estudo verificou que também se encontra em fendas de grandes rochas das colinas como um dos habitats para a sua sobrevivência. Esta espécie é utilizada para vedações.

2. ***Agave cantula*** Roxb., Fl. Ind. 2: 167. 1832; Hook. f., Fl. Brit. India 6: 277. 1892; Gamble, Fl. Madras 3: 1505. 1931. *Agave americana* L., Sp. Pl. 323. 1753; Henry *et al.,* Fl. Tamil Nadu 3: 34. 1989; ***"Anakathalai"***.

Arbusto. Folhas radiculares, carnudas, subteretes, frequentemente espinhosas na margem. Os caules geralmente excedem largamente as folhas, robustos. Flores em racemo; brácteas folhosas; bractéolas escariosas. Flores bissexuais; perianto em forma de funil. Estames-6, inseridos nos lóbulos do perianto; os filamentos ultrapassam os lóbulos do perianto.

Fl. e Fr: Durante todo o ano.

Espécime examinado: **Binu Thomas, BUH : 7103**

Raro nas fissuras rochosas das colinas de Madukkarai, Maruthamalai e Kanuvai

Nota: Esta espécie encontra-se normalmente em habitats rochosos secos das colinas. Atualmente, esta espécie é frequentemente plantada em jardins de pedra pelo seu valor estético.

64.DRACAENACEAE

SANSEVIERIA Thunb.

Sansevieria roxburghiana Schult. & Schult. F., Syst. 7: 357. Fl. 12 D & E. 1829. *Sansevieria zeylanica* Roxb., Pl. Corom. t. Syst. Veg. 7: 357. f. 12 D & E. 1829; Hook. f., Fl. Brit. India 6: 271. 1892; Gamble, Fl. Madras 1520. 1928; Henry *et al*, Fl. Tamil Nadu 3: 34. 1989; Matthew, Fl. Central Tamilnadu 517. 1991. ***"Nagamalli, Pambukali"*** **(Pl.-14 C)**.

Erva, carnuda. Porta-enxerto robusto, de raiz firme. Folhas basais, 30-60 x 0,7-1,5 cm, subsuculentas, inteiras, estriadas, subterete na base, ápice plano. Escapo frequentemente 1, robusto. Flores bissexuais, 2 x 1,5 cm. Tubo perianto até 1 cm; lóbulos 6, esverdeados, tingidos de púrpura, 1 x 0,5 mm. Estames 6, inseridos perto do meio dos lóbulos do perianto. Ovário 3 células, obovoide; óvulo 1: estigma simples, obscuramente lobado. Baga globosa.

Fl. e Fr: Durante todo o ano.

Espécime examinado: **Binu Thomas, BUH : 7328**

Frequentemente nas fendas das rochas das colinas de Velliangiri e Madukkari, a cerca de 400-600 m.

Nota: Esta espécie carnuda pode também adaptar-se aos habitats rochosos secos das colinas.

65.HYPOXIDACEAE

CURCULIGO J. Gaertner

Curculigo orchiodes Gaertn., Frunct. 1: 63. t. 11. 1788. *Curculigo malabàrica* Wight, Ic. t. 204. 1853. *Curculigo brevifolia* Dryand. in Ait. f., Hort. Kew (ed. 2) 2: 253. 1811; Hook. f., Fl. Brit. India 6: 279. 1892; Gamble, Fl. Madras 1502. 1928; Henry *et al.*, Fl. Tamil Nadu 3: 35. 1989. Matthew, Fl. Central Tamilnadu 516. 1991 ***"Nilappanaikizhangu"*** **(Pl.-14 D)**.

Erva com rizoma alongado. Folhas lanceoladas, 9- 25 x 1,5 - 3,5 cm, pecíolo até 25 cm de diâmetro. Escapo até 7 cm, escondido entre as bases das folhas. Racemos até 8 cm. Flores bissexuais, sésseis, regulares, com 1,2 cm de diâmetro. Perianto com 6 lóbulos na base; lóbulos amarelos, oblongo-elípticos. Estames

6. Ovário tricelular, oblongo, ápice rostrado, 0,5-6 cm. Óvulos numerosos, sementes c. 8, globosas, bicudas.

Fl. e Fr: Durante todo o ano

Espécime examinado: **Binu Thomas, BUH : 7175**

Habitualmente em fendas de rocha das colinas de Madukkarai e Velliangiri a cerca de 1200-1500 m.

Nota: Esta espécie é normalmente encontrada no solo de selvas e planícies. O presente estudo observou que também pode preferir fendas húmidas das rochas, onde a humidade do solo é óptima, como um dos habitats para a sua sobrevivência.

66.ALOACEAE

ALOE L.

Aloe vera (L.) Burm. f., Fl. Ind. 83. 1768. *Aloe perfoliata* var. *vera* L., Sp. Pl. 320. 1753; Gamble, Fl. Madras 3: 1520. 1928; Henry *et al.*, Fl. Tamil Nadu 3: 37. 1989; Matthew, Fl. Central Tamilnadu 520. 1991. "***Chotthukathalai***"

Erva, suculenta com folhas radicais, rosetas, ensiformes, 40 - 60× 2-8 cm. Caules

1- **3;** racemos até 40 cm. Flores bissexuais, 2,5-3,5 cm de comprimento. Tubo perianto terete, 1-1,5 cm, um pouco curvo; lóbulos 6. Laranja, oblongo, 1× 0,5 cm, 3 nervuras. Estames 3 + 3. Ovário 3 - celular; óvulos a, axilares; estilete alongado até 2,5 cm; estigma obscuramente lobado. Cápsula elipsoidoblonga, 1,5× 1 cm.

Fl. e Fr: Set.-Dez.

Espécime examinado: **Binu Thomas, BUH : 7104**

Ocasionalmente em fissuras rochosas das colinas de Madukkarai e Maruthamalai.

Observações: A natureza suculenta do corpo da planta é a principal caraterística adaptativa aos habitats rochosos, como fendas de rocha e falésias.

67.ANTHERICACEAE

CHLOROPHYTUM Ker Gav.

Chave para as espécies

1a. Perianto profundamente 6 - lobado; raízes fasciculadas .... **1. *C. laxum***

b. Lóbulos do perianto não semelhantes aos anteriores; raízes não fasciculadas **2**

2a. Caules mais curtos do que as folhas; pecíolo 0 .... **2. *C. malabaricum***

b. Escapos mais compridos do que as folhas; pecíolo presente .... **3. *C. tuberosum***

1. *Chlorophytum laxum* R. Br., Prodr. 277. 1810. *Phalangium parviforum* (Dalz.) Wight, Ic.

t. 2039. 1853. *Chlorophytum parviflorum* Dalz. em Hook's J. Bot. Kew Gard. Misc. 2: 141. 1850; Hook. f., Fl. Brit. India 6: 336. 1892; Gamble, Fl. Madras 3: 1526. 1928; Henry *et al*, Fl. Tamil Nadu 3: 39. 1989.

Erva, escápiforme com raízes tuberosas fasciculadas até 10 cm. 6 - 16 *0.5- 1cm, linear - lanceolado, falcado. Escapo c. 15 cm, delgado; brácteas 3-7 mm, lanceoladas, acuminadas. Flores brancas. Perianto profundamente 6 - lobado; lóbulos 3 - 4 mm, linear oblongo. Estames 6, c. 2 mm. Ovário 3 - lobado. Cápsula com 3 - 5 mm de diâmetro, 3 - lobada.

Fl. e Fr: Jul. - Ago.

Espécime examinado: **Binu Thomas, BUH : 7159**

Raro nas fissuras rochosas das encostas relvadas das colinas de Velliangiri a cerca de 1300 m.

Nota: As raízes tuberosas fasciculadas da planta crescem em direção às fendas. Durante os períodos de seca, a planta fica seca. Se as condições climatéricas forem adequadas, pode crescer nas mesmas fendas das rochas.

2. *Chlorophytum malabaricum* Baker in J. Linn. Soc- Bot. 15. 331. 1876; Hook. f., Fl. Brit. India 6: 335. 1892; Gamble, Fl. Madras 3: 1526. 1928; Henry *et al.*, Fl. Tamil Nadu 3: 39. 1989; Matthew, Fl. Central Tamilnadu 521. 1991.

Erva até 20-30 cm. Raízes tuberosas, folhas lineares, 4.5- 20*0.3-0.6 cm. racemos simples de 7 cm. flores solitárias. Lóbulos do perianto brancos 4,5*1,5 mm, 3-5 nervuras. Escalos mais curtos do que as folhas. Pecíolo 0. Estames 6. Ovário com 6 lóbulos. Cápsula globosa, com 3 asas; sementes 6, ovóides.

Fl. e Fr: Jun. - Nov.

Espécime examinado: **Binu Thomas, BUH : 7161**

Esporadicamente nas fissuras rochosas das colinas de Velliangiri a cerca de 400-600m.

Nota: Esta espécie pode preferir as falésias rochosas para a sua sobrevivência e crescimento.

3. *Chlorophytum tuberosum* (Roxb.) Baker, J. Linn. Soc. Bot. 15: 332. 1876. *Anthericum tuberosum* Roxb., Fl. Ind. 1: 149. 1832. *Phalangium tuberosum* (Roxb.) Wight, Ic. t. 2036. 1853; Hook. f., Fl. Brit. India 6: 334. 1892; Gamble, Fl. Madras 1526. 1928; Henry *et al.*, Fl. Tamil Nadu 3: 39. 1989; Matthew, Fl. Central Tamilnadu 521. 1991. "***Kalkilangu***" **(Pl.-14 E)**.

Erva. Raiz tuberosa, folhas ensiformes, 15-30 * 1,5-2,5 cm. Bainha de inflorescência até 8 cm. Escapo 1, racemos até 25 cm, ramificados. Flores com 2,5 cm de diâmetro. Os caules são mais compridos do que as folhas. Lóbulos do perianto brancos, oblongo-obovados, 1,7 *x* 0,6-1 cm, *c.* 13 nervuras. Estames 6. Ovário tricelular, oblongo, com 3 lóbulos. Cápsula oblonga, 1,5 * 1 cm, triquetrous; sementes subquardate, ir-regularly pitted.

Fl. e Fr: Set. -Nov.

Espécime examinado: **Binu Thomas, BUH : 7160**

Raramente em fendas rochosas húmidas das colinas de Velliangiri a cerca de 300-400 m.

Nota: As raízes tuberosas da planta podem crescer em direção às fendas ou falésias das rochas, adaptando-se assim a este micro habitat. Durante os dias quentes de verão, a planta fica seca. Quando as condições ambientais são adequadas, a planta cresce como uma planta normal nas mesmas fendas.

68.HYACINTHACEAE

Chave para os géneros

1a. Flores branco-esverdeadas; tubo perianto longo .... **1.** ***Dipcadi***
b. Flores e lóbulos do perianto **2**
2a. Bolbo globoso; cápsula globosa .... **2.** ***Escama***
b. Bolbo ovoide; cápsula elipsoide .... 3**.** ***Urgina***

1. DIPCADI Medikus

Dipcadi montanum (Dalz.) Baker in Journ. Linn. Soc. 11: 398. 1871. *Uropetalon montanum* Dalz. in Jour. Bot. 2:142.1850; Hook. f. Fl. Brit. Ind. 6: 346. 1892; Cooke, Fl. Pres. Bomb. 2: 769. 1907; Bamber, Pl. Punj. 441. 1916; Lakshmi in Sharma *et al.,* Fl. Maharashtra St. Monocot. 131. 1996. Mooney, Suppl. Bot. Bih. Or. 201.1950; Sharma *et al,* Fl. Karnataka 2:286. 1984; Yadav & Sardesai, Fl. Kolhapur Dist. 498. 2002.

Erva, bulbosa com 20 - 40 cm de altura. Folhas em roseta, 2-5 por bolbo, lineares, 14-24 x 0,2-0,3 cm de comprimento. A inflorescência é um racemo, com 15-35 cm de comprimento, 14 - 26 flores. Flores pediceladas, branco-esverdeadas, glabras, 1,2 - 1,3 cm de comprimento. Tubo perianto com 4,8 - 5 mm de comprimento, esparsamente pubescente na parte superior. Estames 6, 5.2 - 5.4 x ca. 3 mm de comprimento, filamentos 5 - 5.4 mm de comprimento. Ovário 3,8 - ca. 4 x 1,6 - 1,8 mm de comprimento, trilocular; estilete 9-13 1 mm; estigma trifido, glabro. Cápsula distintamente trilobada, elíptica, de cor verde na fase adulta *(****D.*** *montanum-Fig.* **1 & 2**).

Fl. e Fr: Jun. - Set.

Espécime examinado: **Binu Thomas, BUH : 7388**

Raramente em encostas de fendas rochosas nas matas das colinas de Madukkarai.

Nota: O presente estudo resultou na rara recolha de *D. montanum* em fendas rochosas das colinas de Madukkarai. Durante os dias quentes de verão, a planta fica seca. Ao obter condições ambientais adequadas, cresce como chasmófito nas mesmas fendas. Trata-se de um novo registo no estado de Tamil Nadu.

2. SCILLA L.

Scilla hyacinthina (Roth) Macbr., Contr. Gray Herb. 56. 14. 1918. *Ledebouria hyacinthina* Roth, Nov. Pl. Sp. 195. 1821. *Barnardia indica* Wight, Ic. t. 2041. 1853; *Scilla indica* (Wight) Baker em Sunders, Refug. Bot. 3: 12. 1870; Hook. f., Fl. Brit. India 6: 348. 1892; Gamble, Fl. Madras 1527. 1928; Henry *et al.*, Fl. Tamil Nadu 3: 40. 1989; Matthew, Fl. Central Tamilnadu 523. 1991. "***Narivengayam***" (**Pl.-14 F**).

Erva, bolbo globoso, tunicado até 6,5 x 3,5 cm, estreitando-se no colo. Folhas radicais, 4,5-15 x 2-3,5 cm, frequentemente com manchas arroxeadas. Caules 1-3; racemos 5-12 cm, 30-40 fld. Flores bissexuais até 6 mm de diâmetro. Perianto profundamente 6-lobado até à base; lóbulos verde-rosados, com 3 nervuras. Estames 6, adnatos à base do perianto. Ovário 3-lobado, 3-células; óvulos

2- 3. Cápsula globosa, 6 x 4 mm, loculicida, de paredes finas.

Fl. e Fr: Durante todo o ano

Espécime examinado: **Binu Thomas, BUH : 7329**

Raramente nas fendas das rochas das colinas de Madukkarai e Velliangiri a cerca de 1000-1400 m

Nota: Esta espécie prefere normalmente as fendas das rochas ou falésias com uma fina camada de solo. Durante os dias quentes de verão, as partes aéreas do corpo da planta ficam secas. Ao obter condições climáticas adequadas, o bolbo globoso da planta pode ressuscitar e crescer como uma planta normal a partir destas fendas.

3. URGINEA Steinh

Urginea indica (Roxb.) Kunth, Enum. Pl. 4: 333. 1843. *Scilla coromandeliana* Roxb., Fl. Ind. 2: 148. 1832. *Urginea coromandeliana* (Roxb.) Hook. f., Fl. Brit. India 6: 347. 1892. *Urginea wightiana* Hook. f., Fl. Brit. India 6: 347. 1892. *Urginea govindappae* Boraiah & Fatima, BBSI 12: 128. 1970; Gamble, Fl. Madras 1527. 1928; Henry *et al*, Fl. Tamil Nadu 3: 41. 1989. "***Kanthanga; Kattuulli***" (**Pl.-14 G**).

Erva, bulbosa, ovoide, de 2 a 4 polegadas de comprimento; folhas lineares, loradas, agudas, de 6 a 18 polegadas de comprimento, de 0,5 a 1,1 polegadas de largura; escapo ereto, robusto, quebradiço, de 12 a 30 polegadas de comprimento; segmentos periantos, lineares - oblongos, de 0,5 a 0,75 polegadas de comprimento; pedicelos de 0,5 a 1 polegada de comprimento. Cápsula elipsoide, com 1,5 a 1,75 cm de comprimento. Sementes numerosas, planas.

Fl. e Fr: Jul. - Set.

Espécime examinado: **Binu Thomas, BUH : 7389**

Raramente nas fendas das rochas das colinas de Velliangiri e Madukkarai a cerca de 600-1200 m

Nota: Esta espécie é endémica dos Ghats Ocidentais do Sul (Rajan e Sethuraman, 2008) e raramente se encontra nas fendas húmidas das rochas onde há solo e humidade suficientes.

69.COMMELINACEAE

Chave para os géneros

1a. Tépalas ligadas em forma de tubo; estames 6, todos férteis, iguais .... **2. *Cyanotis***

b. Tépalas livres; estames férteis 2 ou 3; estaminódios 2-4, desiguais **2**

2a. Inflorescência em bráctea espatácea; estaminódios não lobados .... **1. *Commelina***

b. Inflorescência não semelhante à anterior; estaminódios trilobados ....**3. *Murdannia***

1. COMMELINA L.

Chave para as espécies

1a. Flores amarelas; espata profundamente cordada .... **4. *C. wightii***

b. Flores não amarelas; espata de outra forma **2**

2a.Cápsula apertada na medula; espata ovada lanceolada .... **2. *C. clavata***

b. Cápsula e espata não como acima **2**

3a. Folhas > 1,5 cm de largura; cápsulas tricelulares .... **1. *C. benghalensis***

b. Folhas < 8 mm de largura; cápsulas com 2 células .... **3. *C. ensifolia***

1. *Commelina benghalensis* L., Sp. Pl. 41. 1753; Hook. f., Fl. Brit. India 6: 370. 1892; Gamble, Fl. Madras 1539. 1931; Henry *et al.*, Fl. Tamil Nadu 3: 43. 1989; Matthew, Fl. Central Tamilnadu 527. 1991. ***"Kanavazhi"***

Erva, rasteira e delgada com flores cleistogâmicas. Folhas ovadas, 2,5-5 * 2-3 cm. Espátulas agrupadas; em forma de funil, com 1,5 cm de comprimento, pubescentes; cimeiras superiores 2-fid; inferior 1-fid. Flores com 8 mm de diâmetro. Pétalas azuis, as maiores amplamente ovadas. Cápsula elipsoide,

3- celular; sementes 5.

Fl. e Fr: Nov. - Jan.

Espécime examinado: **Binu Thomas, BUH : 7164**

Comum nas fendas das rochas de todas as colinas selecionadas

Nota: Esta espécie encontra-se amplamente distribuída em matagais abrigados, matagais, bermas de estradas, etc. Mas o presente estudo observou que, para além destes habitats, também pode preferir fendas de rocha húmidas como um dos habitats para a sua sobrevivência.

2. *Commelina clavata* Clarke, Comm. Cryt. Bengal t. 5. 1874; Hook. f., Fl. Brit. India 6: 371. 1892; Gamble, Fl. Madras 1539. 1931; Henry *et al.*, Fl. Tamil Nadu 3: 44. 1989; Matthew, Fl. Central Tamilnadu 527. 1991 **(Pl.-14 H)**.

Erva, rasteira. Folhas elíptico-lanceoladas 3,5-5 * 0,7-1 cm. Flores do cime superior pequenas, caducas; as inferiores férteis; sépalas 3, espatas ovado-lanceoladas até 2,5 cm. Estames 3; filamentos glabros, anteras oblongas, Ovário glabro; 3 células, Cápsula apertada no meio; sementes 2 por célula, oblongas, reticuladas.

Fl. e Fr: Jun. - Nov.

Espécime examinado: **Binu Thomas, BUH : 7167**

Ocasionalmente em fendas rochosas húmidas das colinas de Velliangiri a cerca de 1200-1500 m.

Nota: O presente estudo verificou que, durante a estação das monções ou após as monções, esta espécie pode aparecer nas fendas das rochas ou nos penhascos com uma flor atraente.

3. *Commelina ensifolia* R. Br., Prodr. 269. 1810. *Commelina undulata* var. *setosa* Clarke in A. & C. DC., Monogr. Phan. 3: 179. 1881; Hook. f., Fl. Brit. India 6: 374. 1892; Gamble, Fl. Madras 1540. 1931; Henry *et al.*, Fl. Tamil Nadu 3: 44. 1989; Matthew, Fl. Central Tamilnadu 527. 1991 **(Pl.-15 A)**.

Erva, espalhada. Folhas linear- lanceoladas, 4-11 x 0,6-0,8 cm. Espata 1, cuculada e ovalada. Pedúnculo até 1 cm. Estames 3; filamentos glabros. Ovário glabro, cápsula bicelular; sementes c. 3, ovóides até 4 mm e lisas.

Fl. e Fr: Set. - Nov.

Espécime examinado: **Binu Thomas, BUH : 7168**

Raramente em fendas rochosas húmidas das colinas de Velliangiri a cerca de 900 m.

Nota: O presente estudo observou que esta espécie pode preferir falésias rochosas em que a humidade do solo é óptima como um dos micro-habitats para a sua sobrevivência. A floração de plantas em falésias rochosas atrai a atenção no campo.

4. *Commelina wightii* Rao, BBSI 3: 165. 1961. *Heterocarpus glaber* Wight, Ic. t. 2067. 1853. *Commelina glabra* (Wight) Clarke em A. & C. DC., Monogr. Phan. 3: 179. 1881. Hook. f., Fl. Brit. India 6: 371. 1892; Gamble, Fl. Madras 1539. 1931; Henry *et al*., Fl. Tamil Nadu 3: 45. 1989 **(Pl.-15 B)**.

Herbácea, prostrada ou caespitosa, ramificada, de 5 a 20 in. de altura, esguia; parte inferior linear a oblonga, obtusa a aguda, de 0,6 a 3 in. de comprimento, 0,2 a 0,5 in. de largura; bainhas curtas, margens ciliadas. Pedúnculos delgados, de 1,5 a 2,5 cm de comprimento, geralmente escabrosos - pubescentes. Espátulas ovadas - lanceoladas, acuminadas, com a base profundamente cordada, nervosas, fortemente arqueadas, com 1,5 - 2,5 cm de comprimento, margens geralmente oliadas.

Fl. e Fr: Jul. - Set.

Espécime examinado: **Binu Thomas, BUH : 7390**

Raramente em fendas rochosas húmidas das colinas de Madukkarai a cerca de 350 m.

Nota: Nayar (1997), considerou que esta espécie é uma das espécies ameaçadas e é endémica dos Ghats Ocidentais do Sul. O presente estudo observou que esta espécie pode ocorrer durante a monção ou imediatamente após os períodos de monção.

2. CYANOTIS D.Don.

Chave para as espécies

1a. Flores púrpura-azuladas; cimeiras densamente agregadas .... **1. *C. arachnoidea***

b. Flores de cor rosa-púrpura; cimeiras terminais .... **3. *C. fasciculata***

2a. Raízes tuberosas; fasciculadas; cimas não profundamente recurvadas .... **5. *C. tuberosa***

b. Raízes não tuberosas, nem fasciculadas; cimas profundamente recurvadas .... **2. *C. cristata***

3a. Folhas sedosas-vilosas em baixo, secando em cima de cor preta .... **6. *C. villosa***

b. Folhas comprimidas-pilosas em baixo, secando em germe em cima .... **4. *C. pilosa***

1. *Cyanotis arachnoidea* Clarke in A. & C. DC., Monogr. Phan. 3: 250. 1881. *Commelina* *thwaitesii* Hassk. Commelin. Ind. 136. 1870. *Commelina fasiculata* (Heyne *ex* Roth) Roem. & Schultes var. *thwaitesii* (Hassk.) Clarke in A. DC. Monog. Phan. 3: 254. 1881; Hook. f., Fl. Brit. India 6: 386. 1892; Gamble, Fl. Madras 1550. 1931; Henry *et al.*, Fl. Tamil Nadu 3: 46. 1989; Matthew, Fl. Central Tamilnadu 528. 1991 **(Pl.-15 C)**.

Erva, esguia e espalhada, com caule cotonoso. Base robusta com folhas mortas, folhas basais oblongo-lanceoladas, 7-15 * 2-3 cm. Cimas 2-5 em cacho, 1,5 cm de comprimento, densamente agregadas em rebentos florais alongados. Flores de cor púrpura com 8 mm de diâmetro. Tubo do cálice com teia de aranha. Pétalas de cor púrpura a azulada. Estames 6. Cápsula de 3 mm; sementes teretéreas, sem caroço.

Fl. e Fr: Set. - Jan.

Espécime examinado: **Binu Thomas, BUH : 7176**

Comum nas fendas das rochas das colinas de Velliangiri a cerca de 800 m.

Nota: Esta espécie é endémica da Índia Peninsular (Udayan, 2003) e prefere penhascos rochosos e fendas como um dos habitats importantes para a sua sobrevivência. Nos dias quentes de verão, o corpo da planta fica seco. Durante o escoamento da água através das falésias, a planta cresce normalmente.

2. *Cyanotis cristata* (L.) D. Don. Prodr. Fl. Nepal 46. 1825. *Commelina cristata* L., Sp. Pl. 42. 1753; Hook. f., Fl. Brit. India 6: 385. 1892; Gamble, Fl. Madras 1549. 1931; Henry *et al.*, Fl. Tamil Nadu 3: 46. 1989; Matthew, Fl. Central Tamilnadu 529. 1991.

Erva, carnuda. Folhas oblongo-lanceoladas, 2,5 * 0,8 cm. Cimas profundamente falcadas, recurvadas, 2-2,5 * 1-1,5 cm, solitárias, rosa esverdeado. Flores roxas com 6 mm de diâmetro. Pétalas de 2,5 mm; sementes trigonais, c. 6 com 2 grandes buracos em 2 lados.

Fl. e Fr: Nov. - Jan.

Espécime examinado: **Binu Thomas, BUH : 7177**

Ocasionalmente em fendas de rochas húmidas das colinas de Velliangiri e Kanuvai a cerca de 600 m.

Nota: O presente estudo verificou que, durante os períodos de monção ou pós-monção, esta espécie pode aparecer em fendas húmidas de rochas.

3. *Cyanotis fasciculata* (Heyne *ex* Roth) Schult. f., Syst. Veg. 7: 1152. 1830. *Tradescantia fasciculata* Heyne *ex* Roth, Nov. Pl. Sp. 189. 1821; Hook. f., Fl. Brit. India 6: 387. 1892; Gamble, Fl. Madras 1550. 1931; Henry *et al.*, Fl. Tamil Nadu 3: 46. 1989; Matthew, Fl. Central Tamilnadu 529. 1991 **(Pl.-15 D)**.

Erva, de crescimento fino. Ramos cotonosos. Folhas oblongo-lanceoladas, 1,3 * 0,4-0,8 cm. Cimas laxas, terminais e axilares nos caules, recurvadas, 0,5 * 0,6 cm, rosa esverdeado com teia de aranha. Flores de cor rosa-púrpura com 2,5 mm de diâmetro. Cápsula oblonga, até 3 mm; sementes c. 6, oblongas, ligeiramente rugosas.

Fl. e Fr: Set. - Dez.

Espécime examinado: **Binu Thomas, BUH : 7178**

Ocasionalmente em fendas de rocha nas colinas de Velliangiri e Madukkarai a cerca de 350 -750 m.

Nota: O presente estudo observou que esta espécie se encontra ocasionalmente em falésias rochosas onde a humidade do solo é óptima, sendo este um dos habitats para a sua sobrevivência.

4. *Cyanotis pilosa* Schult.f., Syst. Veg. 7: 1155. 1830; Hook. f., Fl. Brit. India 6: 387. 1892; Gamble, Fl. Madras 1549. 1931; Henry *et al.*, Fl. Tamil Nadu 3: 47. 1989; Matthew, Fl. Central Tamilnadu 529. 1991. ***Kannali*" (Pl.-15 E**).

Erva, decumbente. Folhas estreitamente elíptico-lanceoladas,; 5-10 * 1-2,5 cm, apressado-piloso abaixo, secando gery acima. Cimas c. 3 num cacho, até 1,5 cm. Flores cor-de-rosa a púrpura com 1 cm de diâmetro. Pétalas ovadas - suborbiculares. Cápsula até 3 mm; sementes 6, piramidais e sem caroço.

Fl. e Fr: Set. - Dez.

Espécime examinado: **Binu Thomas, BUH : 7180**

Comum nas fendas das rochas das colinas de Velliangiri a cerca de 800 m.

Nota: Esta espécie pode preferir as fissuras rochosas húmidas dos montes como um dos habitats para a sua sobrevivência.

5. *Cyanotis tuberosa* (Roxb.) Schult. f., Syst. Veg. 7: 1153. 1830. *Tradescantia tuberosa* Roxb. Pl. Corom. t. 108. 1799; Hook. f., Fl. Brit. India 7: 386. 1892; Gamble, Fl. Madras 1549. 1931; Henry *et al*, Fl. Tamil Nadu 3: 47. 1989; Matthew, Fl. Central Tamilnadu 529. 1991.

Erva que se espalha. Ramos suavemente vilosos; raízes tuberosas. Folhas oblongo-lanceoladas, 10-30 x 1-1,5 cm. as superiores lineares- ensiformes até 3 x 1 cm, cartáceas, glabras, seríceas felpudas abaixo; bainha 1-2 cm . Cimas até 2 cm, corimbosas, flores púrpuras. Cápsula até 2,5 mm; sementes c.6, piramidais, obscuramente rugosas.

Fl. e Fr: Set. - Dez.

Espécime examinado: **Binu Thomas, BUH : 7179**

Ocasionalmente nas fendas das rochas das colinas de Velliangiri a cerca de 600-800 m.

Nota: Esta espécie é endémica dos Ghats ocidentais (Udayan, 2003). As raízes tuberosas da planta podem crescer em direção às fendas. Durante o verão, as partes aéreas do corpo da planta ficam secas; depois de receberem humidade suficiente durante a estação das chuvas, os tubérculos regeneram-se e crescem normalmente.

6. *Cyanotis villosa* (Spreng.) Schult. f, Syst. Veg. 7: 1830. *Tradescantia villosa* Spreng., Syst. Veg. 2: 116. 1825. *Cyanotis lanceolata* Wight, Ic. t. 2085. 1853; Hook. f., Fl. Brit. India 6: 387. 1892; Gamble, Fl. Madras 1540. 1931; Henry *et al.*, Fl. Tamil Nadu 3: 47. 1989; Matthew, Fl. Central Tamilnadu 529. 1991. ***"Thengaipul chedi"***

Erva, base robusta. Folhas estreitamente lanceoladas, 3-6 x 0,5-1 cm. chartaceous, purpúreas, glabras em cima, silk-villous em baixo, secando preto em cima. Cimas 2 ou 3 em cacho, até 2 cm. Flores com 1 cm de diâmetro. Pétalas de cor púrpura, até 6 x 5 mm. Cápsula até 3 mm; sementes 5, rugosas.

Fl. e Fr: Set. - Nov.

Espécime examinado: **Binu Thomas, BUH : 7182**

Ocasionalmente nas fendas das rochas das colinas de Velliangiri a cerca de 600-1000 m.

Nota: O presente estudo observou que esta espécie pode aparecer nas fendas húmidas das rochas ou nas falésias em que haja humidade suficiente no solo e nutrientes.

3. MURDANNIA Royle.

Chave para as espécies

1a. Folhas filiformes; sementes 6 -8 em cada célula .... **1. *M. dimorpha***

b. Folhas lineares - lanceoladas; sementes 2 por célula .... **2. *M. nudiflora***

1. *Murdannia dimorpha* (Dalz.) Brueck. in Engl. & Prantl. Nat. Pflanzenf. (ed. 2) 15 a: 173. 1930. *Aneilema dimorpha* Dalz. in Hook.'s J. Bot. Kew Gard. Misc. 3: 138. 1851. *Aneilema paniculata* Wight, Ic. t. 2075. 1853; Hook. f., Fl. Brit. India 6: 377. 1892; Gamble, Fl. Madras 1545. 1931; Henry *et al.*, Fl. Tamil Nadu 3: 48. 1989 **(Pl.-15 F)**.

Erva, erecta. Caule tufado, revestido na base por bainhas largas e escariuosas. Folhas filiformes, estreitamente lineares - subuladas, agudas - apiculadas. Flores azuis; panículas ramificadas, espalhando ramos capilares, com poucas flores; brácteas minúsculas, apiculadas; filamentos nus. Cápsula sub-globosa; sementes 6 -8 em cada célula.

Fl. e Fr: Jul.-Nov.

Espécime examinado: **Binu Thomas, BUH : 7270**

Raro em falésias húmidas das colinas de Velliangiri e Madukkarai a cerca de 300-600 m.

Nota: O presente estudo constatou que esta espécie raramente aparece nas fendas húmidas das rochas ou nas falésias onde existe suficiente humidade e nutrientes no solo.

2. *Murdannia nudiflora* (L.) Brenan, Kew. Bull. 1952. *Commelina nudiflora* L., Sp. Pl. 41. 1753. *Aneilema nudiflorum* (L.) R. Br., Prodr. 271. 1810; Hook. f., Fl. Brit. India 6: 378. 1892; Gamble, Fl. Madras 1545. 1931; Henry *et al.,* Fl. Tamil Nadu 3: 49. 1989. Matthew, Fl. Central Tamilnadu 530. 1991.

Erva, difusa, enraizando-se nos nós. Folhas lineares - lanceoladas, ápice agudo, 3,5 - 8 x 0,3 - 0,7 cm; bainha com cerca de 8 mm de comprimento, ciliada. Flores azul-púrpura em cimas paniculadas terminais, brácteas em forma de barco, ovadas com cerca de 2 mm. Sépalas e pétalas 3. Estames 2; filamentos densamente barbudos. Sementes ovóides, com cerca de 1,5 mm, 2 por célula.

Fl. e Fr: Jun.-Out.

Espécime examinado: **Binu Thomas, BUH : 7272**

Raro em falésias húmidas das colinas de Velliangiri e Madukkarai a cerca de 300-600 m.

Nota: Esta espécie pode raramente preferir uma fina camada de solo em fendas de rocha exposta.

70. ARACEAE

ARISAEMA C. Martius

Arisaema leschenaultii Blume, Rumphia 1: 93. 1836. *Arisaema papillosum* Steud. *ex* Schott, Prodr. Syst. Aroid, 46. 1860. *Arisaema huegelii* Schott, Prodr. 44. 1860. *Arisaema pulchrum* N.E.Br., J. Linn. Soc. Bot. 18: 252, t. 6. 1880; Hook. f., Fl. Brit. India 6: 505. 1893; Gamble, Fl. Madras 1585. 1931; Henry *et al.,* Fl. Tamil Nadu 3: 55. 1989. Matthew, Fl. Central Tamilnadu 538. 1991. "***Paambukkodi***" **(Pl.-15 G)**.

Erva, tuberosa. Corm subgloboso até 4 cm de diâmetro; pecíolo até 80 cm, rosa claro a verde com pequenas manchas arroxeadas; folíolos 5-12, 8-32 x 2,5-11,5 cm, elíptico-oblongos. Pedúnculo geralmente mais curto do que o pecíolo. Espata até 21 cm esverdeada com riscas brancas; espádice até 9 cm. Espádice $; porção basal de cerca de 3 cm, subglobosa. Óvulos 4-6, estigma com papilas tufadas no estilo curto. $ espádice; a parte basal de 3 cm é ocupada por flores $, anteras subglobosas, geralmente em grupos de 4-6. Frutos secos 0. Baga com 2-3 sementes.

Fl. e Fr: maio-Jul.

Espécime examinado: **Binu Thomas, BUH : 7121**

Raramente em fendas rochosas húmidas das colinas de Velliangiri a cerca de 1000-1200 m.

Nota: Esta espécie ocorre normalmente no chão da shola. Mas o presente estudo verificou que, raramente, esta espécie pode preferir fendas húmidas de rochas nas bordas da shola das colinas como um dos micro-habitats para a sua sobrevivência.

71.CYPERACEAE

Chave para os géneros

1a. Frutos secos com tumor persistente; base do estilo dilatada .... **1. *Bulbostylis***

b. Frutos secos sem tumor persistente; base do estilo não dilatada .... **3. *Fimbristylis***

2a. Rachila da espigueta articulada na base; estigmas 2 .... **4. *Kyllinga***

b. Rachila da espigueta não articulada; estigmas 3 .... **2. *Cyperus***

1. BULBOSTYLIS Kunth nom.cons.

Bulbostylis barbata (Rottb.) Clarke em Hook. f. Fl. Brit. India 6: 651. 1893. *Scirpus barbatus* Rottb. Progr. 27. 1772. *Isolepis barbata* (Rottb.) R. Br., Prodr. 222. 1810. *Stenophyllus barbatus* (Roth.) Cooke, Fl. Pres. Bombay 2: 887. 1908; Gamble, Fl. Madras 3: 1662. 1931; Henry *et al.*, Fl. Tamil Nadu 3: 65. 1989; Matthew, Fl. Central Tamilnadu 552. 1991. ***"Mukkuthikorei"*** **(Pl.-15 H)**.

Erva, densamente tufada com raízes filiformes. Caules com 2-20 cm de comprimento, tufados, estriados, glabros. Folhas 15-70 *0,5 mm, castanhas, oblongo-lanceoladas, com poucas flores, reunidas numa cabeça terminal subglobosa; brácteas mais curtas ou mais compridas do que as espiguetas, filiformes, glabras. Frutos secos 0,5*0,5 mm, brancos, largamente obovóides, trigonais, lisos.

Fl. e Fr: Durante todo o ano.

Espécime examinado: **Binu Thomas, BUH : 7138**

Raramente nas fendas das rochas das colinas de Madukkarai.

Nota: O presente estudo concluiu que esta espécie raramente prefere as fendas húmidas das rochas ou as falésias como um dos habitats para a sua sobrevivência.

2. CYPERUS L.

Cyperus difformis L., Cent. Pl. 2: 6. 1756; Hook. f., Fl. Brit. India 6: 599. 1893; Gamble, Fl. Madras 3: 1640. 1931; Henry *et al.,* Fl. Tamil Nadu 3: 69. 1989; Matthew, Fl. Central Tamilnadu 557. 1991. ***"Koraikilangu"***

Erva, caespitosa anual; caules trigonais, 20-30 cm de altura. Folhas planas, escabrosas, 8 - 14 *0,2 - 0,3 cm. Espiguetas em umbelas simples, raios 1 - 5; brácteas involucrais 2 - 4. Espiguetas oblongas em cabeças subglobosas, castanhas a castanho-púrpura, oblongo-elipsoides. Glumas estramíneas, com ápice mutico, de 1 a 2 mm de comprimento. Estames 1-2. Aquénios castanhos claros, obovóides - elipsóides, finamente reticulados, trigonados.

Fl. e Fr: Durante todo o ano.

Espécime examinado: **Binu Thomas, BUH : 7185**

Raramente nas fendas rochosas húmidas das colinas de Madukkarai.

Nota: Esta espécie é normalmente encontrada em planícies. No entanto, o presente estudo verificou que, para além de outros habitats terrestres, esta espécie pode raramente preferir as fendas rochosas húmidas do monte como um dos micro-habitats para a sua sobrevivência.

3. FIMBRISTYLIS Vahl.

Chave para as espécies

1a. Glumas espirais; espiguetas ovóides .... **2. *F. consanguínea***
b. Glumas e espiguetas não como acima **2**
2a. Estilete 3-fid; noz trigonada .... **1. *F. complanata***
b. Estilete 2 - fid; noz obovoide, biconvexa .... **2. *F. díchotoma***

1. *Fimbristylis complanata* (Retz.) Link, Enum. Hort. Berol. 1: 292. 1827. *Scripus complanatus* Retz., Obs. Bot. 5: 14. 1788. *Trichelostylis complanata* (Retz.) Nees em Wight, Contrib. 103. 1834. *Fimbristylis autumnalis* Roem. & Schult. var. *complanata* (Retz.) Kukenth. em Engl., Bot. Jahrb. Syst. 59: 50. 1924; Hook. f., Fl. Brit. India 6: 646. 1893; Gamble, Fl. Madras 1659. 1931; Matthew, Fl. Tamil Nadu Carnatic 3 (3): 1753. 1983.

Erva, caule densamente caespitoso até 60 cm. Folhas planas, rígidas, 15 x 0,4 cm, glaciais, escabrosas. Inflorescência descomposta, 4-7 x 6-9 cm; brácteas involucrais 1 ou 2, 2 - 7 cm. Espigueta solitária, estreitamente oblonga, terete, 4-6 x 2-2,5 mm, aguda; ráquila alada. Glumas ovadas, 3 x 1 mm. Estames 3; filamentos até 3 mm; anteras lineares, até 1 mm. Estilete 3-fid. Noz obovoide, trigonal, até 0,5 mm, pouco estipitada.

Fl. e Fr: Jan.-Set.

Espécime examinado: **Binu Thomas, BUH : 7391**

Raro em fendas de rocha húmidas em terrenos de erva das colinas de Velliangiri a cerca de 600-800 m.

Nota: Esta planta está adaptada e sobreviveu nas fendas húmidas das rochas.

2. *Fimbristylis consanguinea* Kunth., Enum. Pl. 2: 228. 1837. Hook. f., Fl. Brit. India 6: 646. 1893; Henry *et al.*, Fl. Tamil Nadu 3: 77. 1989.

Erva, rizomatosa erecta até 30 cm de altura. Folhas mais curtas do que o caule, planas, lineares. Folhas frequentemente reduzidas a bainhas, cilíndricas, c. 2,5 cm, lígula 1 - 3 cm; brácteas involucrais 3. Mais curtas do que a inflorescência. Espiguetas, ovóides, 3 - 4 * 1 - 1,2 mm, com poucas flores. Glumas espiraladas, ovadas, c. 1,5 * 1,3 mm. Estames 3; filamentos c. 15 mm, antera linear oblonga, c. 0,08 mm. Estilete alongado, c. 2 mm. Estigma 3, noz trigónica, obovoide, c. 1 * 0,7 mm, esparsamente tuberculado.

Fl. e Fr: Ago. - Out.

Espécime examinado: **Binu Thomas, BUH : 7392**

Raramente em fendas rochosas húmidas das colinas de Velliangiri a cerca de 1200 m.

Nota: Esta espécie prefere raramente as fendas húmidas das rochas, que são um dos habitats para a sua sobrevivência.

3. *Fimbristylis dichotoma* (L.) Vahl. Enum. Pl. 2: 287. 1805. *Scripus dichotomous* L., Sp. Pl. 50. 1753. *Scipus diphyllus* Retz., Obs. Bot. 5: 15. 1788. *Fimbristylis diphylla* (Retz.) Vahl, Enum. Pl. 2: 289. 1805; Hook. f., Fl. Brit. India 6: 636. 1893; Gamble, Fl. Madras 1658. 1931; Henry *et al.*, Fl. Tamil Nadu 3: 78. 1989.

Erva, caespitosa até 30 cm. Folhas tão longas ou mais curtas do que o caule; lígula de pêlos curtos. Inflorescência simples até 10 cm; raios primários 3 - 5, cada um com 4 - 11 cm; raios secundários 3. Espigueta 1, ovoide - oblonga, raquila alada. Glumas amplamente ovadas a suborbiculares, mucronuladas, quilha 3 - nervurada. Estame 1. Estilete 2 - fid. Noz obovoide, biconvexa.

Fl. e Fr: Fev.-Set.

Espécime examinado: **Binu Thomas, BUH : 7218**

Raramente em fendas de rochas húmidas nas colinas de Velliangiri a cerca de 600-900 m.

Nota: O presente estudo observou que esta espécie pode raramente preferir as fendas húmidas das rochas ou as falésias em que existe suficiente humidade e nutrientes no solo.

4. KYLLINGA Rottb.

Kyllinga bulbosa P. Beauv., Fl. d' Oware & Benin 1: 11. 1804. *Kyllinga triceps* Rottb., Desc. Nov. Pl. 14. t. 4. f. 6. 1773. *Cyperus triceps* (Rottb.) Endl., Cat. Hort. Acad. Uindb. 1: 94. 1842. *Kyllinga tenuifolia* Steud., Syn. Pl. Glum. 2: 69. 1885; Hook. f., Fl. Brit. India 6: 587. 1893; Gamble, Fl. Madras 1623. 1931; Henry *et al.*, Fl. Tamil Nadu 3: 75. 1989; Matthew, Fl. Central Tamilnadu 569. 1991. ***"Korai kizhangu"***

Erva, rizomatosa, caule densamente tufado até 12 cm, triquetrous. Folhas até 13 cm, flácidas. Inflorescência capitada, frequentemente de 3, raramente de 1-5 espigas lobadas. Espiguetas oblongas, 1 flor. Glumas 4; disticuladas, fortemente quilhadas, mutiladas. A gluma inferior é bissexual, a superior é $ ou estéril. Estames 2. Noz biconvexa, oblonga.

Fl. e Fr: Fev.-Set.

Espécime examinado: **Binu Thomas, BUH : 7261**

Raramente nas fendas rochosas húmidas das colinas de Madukkarai

Nota: O presente estudo verificou que também pode ocorrer em fendas de rocha húmidas e falésias durante a estação pós-monção.

72.POACEAE

Chave para as tribos

1a. Bálsamo da folha com nervos taselados distintos .... **V. Centotheceae**

b. Bálsamo da folha sem nervos taselados **2**

2a. Lema 3 ou 4 lobado no ápice; espiguetas com toldos .... **VI. Cynodonteae**

b. Lema não lobado; espiguetas não aladas **3**

3a. Base da gluma com cerdas; lema sem nervuras .... **IV. Arundinelae**

b. Base da gluma glabra; lema 1-3 nervurado **4**

4a. Espiguetas com mais de 2 flores; panícula não plumosa .... **VII. Eragrostideae**

b. Espiguetas com 2 flores; panícula plumosa **5**

5a. Lemma viloso; espiguetas com floretes férteis e estéreis .... **III. Arundíneas**

b. Lemma glabro; espiguetas com todos os floretes férteis **6**

6a. Lemma 5-9 nervurado; sem awn espalhado .... **IX. Poáceas**

b. Lema não nodoso; com awn espalhado 7

7a. Espiguetas com 1 florete; lema com 3 aristas no ápice .... **II. Aristideae**

b. Espiguetas com muitos floretes; lema não nodoso 8

8a. Plantas masculinas e femininas separadas; lema superior não cortado .... **VIII. Paniceae**

b. Plantas não semelhantes às anteriores; lema superior com toldos .... **I. Andropogoneae**

TRIBE-I. ANDROPOGONEAE

Chave para os géneros

1a. Espiguetas subtendidas por uma espata; racemos com 1 nó .... **1.** ***Apluda***

b. Espiguetas e racemos diferentes dos indicados acima **2**

2a. Lema superior com toldos; espiguetas sésseis .... **2.** ***Arthraxon***

b. Lema superior e espiguetas não como acima **3**

3a. Ramos da panícula capilares; racemos com espiguetas sésseis .... **3.** ***Capillipedium***

b. Ramos da panícula não capilares; racemos sem espiguetas sésseis **4**

4a. Gluma inferior da espigueta séssil comprimida lateralmente .... **4.** ***Chrysopogon***

b. Gluma inferior da espigueta séssil não comprimida lateralmente **5**

5a. Plantas aromáticas; racemos emparelhados .... **5.** ***Cymbopogon***

b. Plantas não aromáticas; racemos não emparelhados **6**

6a. Racemos terete; calo pungente .... **6.** ***Heteropogon***

b. Racemos não terete; calo não pungente **7**

7a. Gluma inferior da espigueta séssil com nódulos .... **7.** ***Isquémia***

b. Gluma inferior da espigueta séssil sem nódulos **8**

8a. Espiguetas de cada par semelhantes; pedicelos longos e barbudos .... **8.** ***Pogonantherum***

b. Espiguetas de cada par desiguais; pedicelos não como acima **9**

9a. Rachis do racemo frágil; gluma inferior não alada .... **9.** ***Rottboellia***

b. Rachis e glumas de outra forma **10**

10a. Glumas de espiguetas sésseis subcoriáceas .... **10.** ***Sorgo***

b. Glumas de espiguetas sésseis não como acima **11**

11a. Folhas pseudopetioladas; espiguetas não pontiagudas .... **11.** ***Spodiopogon***

b. Folhas não pseudopetioladas; espiguetas pontiagudas .... **12.** ***Themeda***

1. APLUDA L.

Apluda mutica L., Sp. Pl. 82. 1753; Hook. f., Fl. Brit. India 7: 150. 1896; Gamble, Fl. Madras

3: 1750. 1934; Matthew, Fl. Tamil Nadu Carnatic 3 (2): 1800. 1983; Henry *et al*, Fl. Tamil Nadu 3: 89. 1989; Kabeer e Nair, Fl. Tamil Nadu Grass 359. 2009. ***"Moogilpul"*** **(Pl.- 16 A)**.

Perenes. Caules erectos até 150 cm de altura. Folhas elíptico-lanceoladas, 2 - 30 * 0,2 - 1,5 cm; lígulas 1 - 3 mm. Racemo solitário, espiguetas 3 por racemo, 1 séssil e 2 pediceladas. Gluma inferior estreitamente elíptica - ovada, 7 * 1,5 mm, 11-13 nervuras. Gluma superior amplamente ovalada c. 6,5 mm. Lema superior c. 4 mm, lema inferior c. 5 mm. Estames 3. Cariopse elipsoide, c. 1,5 mm.

Fl. e Fr: Ago.-Dez.

Espécime examinado: **Binu Thomas, BUH : 7298**

Comum nas fendas das rochas das colinas de Velliangiri, Maruthamalai e Madukkarai a cerca de 300-600 m.

2. ARTHRAXON P. Beauv.

Arthraxon hispidus (Thumb.) Makino em Bot. Mag. (Tóquio) 26: 214. 1912. *Arthraxon ciliaris* P. Beauv., Ess. Agrostr. 3. t. 11. 1812. *Alectoridia quartiniana* A. Rich., Tent. Fl. Abyss. 2: 488. t. 99. 1850. *Arthraxon quartinianus* (A. Rich.) Nash. N. Amer. Fl. 17: 99. 1912; Hook. f., Fl. Brit. India 7: 146. 1896; Gamble, Fl. Madras 3: 1728. 1934; Matthew, Fl. Tamil Nadu Carnatic 3 (2): 1805. 1983; Henry *et al.*, Fl. Tamil Nadu 3: 90. 1989; Kabeer e Nair, Fl. Tamil Nadu Grass 365. 2009.

Anuais. Caules tufados até 9,5 - 34 cm. decumbentes, lisos, nós pubescentes. Lâmina da folha ligeiramente ovada - lanceolada, 1,2 - 3 * 0,4 - 0,6 cm. Racemo curto, 1 - 3 cm. Espiguetas emparelhadas. Gluma inferior ovada - lanceolada, 2,5 - 3,5 * c. 0,8 mm, gluma superior, 3 - 3,4 * c. 6 mm. Estames 2; anteras 0,4 - 0,6 mm. Ovário oblongo - elíptico, c. 0,3 * 0,2 mm. Caryopsis ob-lanceolate, 1.6 - 2 * 0.4 - 0.6 mm.

Fl. e Fr: Abr. - Fev.

Espécime examinado: **Binu Thomas, BUH : 7123**

Ocasional nas fendas das rochas dos montes Velliangiri e Maruthamalai a cerca de 800-1200 m.

3. CAPILLIPEDIUM Steud.

Capillipedium assimile (Steud.) A. Camus in Lecomte, Fl. Indo - Chine 7: 314. 1922. *Andropogon assimilis* Steud. in Zoll, Syst. Verz. 58. 1854. *Andropogon schimidii* Hook.f., Fl. Brit. India 7: 180. 1896. *Capillipedium huegelii* (Hack.) A. Camus in Rev. Bot. Appl. Agric.

Colon. 1: 308. 1921. *Dichanthium huegelii* (Hack.) S.K. Jain Deshp. In Bull. Bot. Surv. India 20: 135. 1979.

Plantas perenes com tufos. Caules de 32 a 63 cm de altura. Lâmina da folha linear-lanceolada. Panícula 6 - 16 * c. 3 cm. Racemo capilar com poucos pares de espiguetas. Gluma inferior oblonga, 2,8 - 3

* c. 0,8 mm, aguda no ápice. Gluma superior ovada a elíptica - lanceolada, 2,8 - 3 * c. 0,6 mm. Lema inferior amplamente elíptico a obovado, 1,4 - 1,5 * c. 0,8 mm. Lema superior oblongo, 1,8 - 2 mm. Estames 3; anteras c. 1,4 mm, castanhas.

Fl. e Fr: Out. - Mar.

Espécime examinado: **Binu Thomas, BUH : 7142**

Raro nas fendas das rochas das colinas de Velliangiri a cerca de 800 - 900 m.

Observações: Foram observadas manchas de folhas desta espécie com inflorescência aromática.

4. CHRYSOPOGON Trin.

Chrysopogon hackelii (Hook.f.) Fischer, em Hook. f., Fl. Brit. India 7: 194. 1896; Gamble, Fl. Madras 3: 1739. 1934; Henry *et al.*, Fl. Tamil Nadu 3: 100. 1989; Kabeer e Nair, Fl. Tamil Nadu Grass 384. 2009 " ***Kamatchippullu*" (Pl.- 16 E**).

Perenes. Caules tufados, erectos até 80 cm de altura. Folhas lineares - lanceoladas, 15 - 30

* 0,5 - 1 cm, bainhas quilhadas; lígula tufada, peluda. Panículas de 5 a 15 cm, abertas, espiguetas sésseis oblongas, 5 a 6 mm, com nervuras. Gluma inferior linear - oblonga, 5 - 6 * 1 mm, 5 - 7 nervuras. Gluma superior oblonga - lanceolada, 0,6 mm, com nervuras. Lema inferior, linear oblongo, c. 5 mm, 3 nervuras. Lema superior, oblongo, c. 5 mm, com nervuras; nervuras c. 2,5 mm, geniculadas. Estames 3. Ovário oblongo.

Fl. e Fr: Set. - Dez.

Espécime examinado: **Binu Thomas, BUH : 7163**

Ocasionalmente em fissuras rochosas das encostas das colinas de Velliangiri.

Notas: Esta espécie é endémica dos Ghats Ocidentais (Kabeer e Nair, 2009).

5. CYMBOPOGON Spreng.

Chave para as espécies

1a. Folhas lanceoladas; panícula densa .... **1. *C. flexuosus***

b. Folhas lineares; Panícula não como acima .... **2. *C. travancorensis***

1. ***Cymbopogonflexuosus*** (Nees *ex* Steud.) Will. Watson in E.F.T. Atk. Gaz. N.W. Prov. Ind. 392. 1882. *Andropogon flexuosus* Nees *ex* Steud. Syn. Pl. Glumac. 1: 388. 1854. *Andropogon nardus* L. var. *flexuosus* (Nees *ex* Steud.) Hack. in A. DC., Monogr. Phan. 6: 603. 1889; Hook. f., Fl. Brit. India 7: 207. 1896; Gamble, Fl. Madras 3: 1756. 1934; Henry *et al.*, Fl. Tamil Nadu 3: 103. 1989; Kabeer e Nair, Fl. Tamil Nadu Grass 394. 2009. "***Sukkunaaripillu***"

Plantas perenes rizomatosas tufadas. Lâmina foliar lanceolada até 40 cm de comprimento, aromática. Espiguetas emparelhadas. Gluma inferior emarginada, com 2 nervuras e ténues nervuras intercarinais. Gluma superior acuminada, com 3 nervuras. Lema inferior ovado - lanceolado. Lema superior estreito e com uma crista. Estames 3. Estigma plumoso.

Fl. e Fr: Jul. - Dez.

Espécime examinado: **Binu Thomas, BUH : 7183**

Ocasionalmente em fissuras rochosas das colinas de Velliangiri a cerca de 1200 m.

Observações: Esta espécie é uma fonte de óleo aromático de erva-cidreira.

2. ***Cymbopogon travancorensis*** Bor in J. Bombay Nat. Hist. Soc. 52: 174. 1954; Matthew, Fl. Tamil Nadu Carnatic 3: 104. 1989; Kabeer e Nair, Fl. Tamil Nadu Grass 401. 2009.

Perenes. Caules erectos até 200 cm de altura. Folhas lineares, c. 50 cm. Panículas laxas, c. 50 cm. Racemos 0,8 - 1,2 cm. Espiguetas sésseis, oblongas, 3 - 4 x 0,7,5 mm. Gluma inferior oblonga, 3 - 3,5 x 0,75 mm. Gluma superior em forma de barco. Lema inferior oblongo-agudo, com 2 nervuras. Lema superior entalhado. Estames 3. Ovário oblongo.

Fl. e Fr: Durante todo o ano

Espécime examinado: **Binu Thomas, BUH : 7184**

Raramente nas fissuras rochosas das colinas de Maruthamalai e Velliangiri.

Notas: Esta espécie é endémica da Índia Peninsular (Kabeer e Nair, 2009).

6. HETEROPOGÃO Pessoa

Heteropogon contortus (L.) P. Beauv. *ex* Roem. & Schult., Syst. Veg. ed. 15. 2: 836. 1817. *Andropogon contortus* L., Sp. Pl. 1405. 1753; Hook. f., Fl. Brit. India 7: 199. 1896; Gamble, Fl. Madras 3: 1743. 1934; Matthew, Fl. Tamil Nadu Carnatic 3 (2): 1862. 1983; Henry *et al.*, Fl. Tamil Nadu 3: 120. 1989; Kabeer e Nair, Fl. Tamil Nadu Grass 427. 2009. "***Oosipullu***" **(Pl.- 16 H)**.

Perenes. Caules tufados erectos até 50 cm. Folhas lanceoladas, 3-10 x 0,5 - 1,5 cm. Lígulas fimbriadas, c. 1 mm. Espiguetas emparelhadas, sésseis, c. 6 mm. Gluma inferior oblonga; c. 4,5 mm, involuta. Gluma superior oblonga, c. 4. 5 mm. Lema inferior oblongo, c. 3 mm. Lema superior linear, c. 4 cm, com ponta geniculada.

Fl. e Fr: Durante todo o ano

Espécime examinado: **Binu Thomas, BUH : 7232**

Comum nas fissuras rochosas de todas as colinas selecionadas até aos 1500 m.

Observações: Boa forragem quando jovem; raízes estimulantes e diuréticas. O elevado teor de celulose da erva torna-a adequada para o fabrico de papel.

7. ISCHAEMUM L.

Ischaemum indicum (Houtt.) Merr., J. Arnold. Arbor. 19: 320. 1938. *Ischaemum ciliare* Retz, Observ. Bot. 6: 36. 1791. *Ischaemum aristatum* sensu C.E.C. Fisch, Gamble, Fl. Madras 3: 1721. 1934; Hook. f., Fl. Brit. India 7: 133. 1896; Matthew, Fl. Tamil Nadu Carnatic 3 (2): 1869. 1983; Henry *et al.*, Fl. Tamil Nadu 3: 123. 1989; Kabeer e Nair, Fl. Tamil Nadu Grass 436. 2009 **(Pl.-17 A)**.

Anuais. Caules decumbentes, 20 - 55 cm de altura; Lâmina foliar oblonga linear-lanceolada, 6 - 15 x 0,6 - 0,8 cm. Espiguetas sésseis, 4,5 - 5 x 2,4 mm. Gluma inferior ovada - lanceolada, 3,4 - 4 x 1,7 mm. Gluma superior, 4,8 - 5,0 x 0,8 - 1,2 mm. Palea inferior elíptico-lanceolada, c. 3.2 x 0.7 mm. Lema superior 3 - 3,2 x 0,6 - 1 mm. Palea superior ovado-lanceolada, 3 - 3.2 x 0.6 - 0.8 mm c. 4.5 mm. Ovário estreitamente elíptico; estigma plumoso.

Fl. e Fr: Durante todo o ano

Espécime examinado: **Binu Thomas, BUH : 7248**

Raro nas fissuras rochosas das colinas do sopé de Velliangiri a cerca de 1300 m.

Observações: A planta é utilizada como forragem para as tartarugas.

8. **POGONATHERUM** P. Beauv.

Pogonatherum crinitum (Thumb.) Kunth. Enum. Pl. 1: 478. 1833. *Andropogon crinitus Thunb.*, Fl. Jap. 40: t. 7. 1784. *Pogonatherum panicum* sensu, Gamble, Fl. Madras 3: 1714. 1934; Matthew, Fl. Tamil Nadu Carnatic 3 (2): 1891. 1983; Henry *et al.*, Fl. Tamil Nadu 3: 135. 1989. Kabeer e Nair, Fl. Tamil Nadu Grass 457. 2009 **(Pl.- 17 E)**.

Perenes, caules tufados, erectos até 30 cm de altura. Folhas lanceoladas, 1 - 8 x 0,1 - 0,4 cm. Racemo solitário, 1 - 3 cm. espiguetas sésseis, 1.5-2 mm, com costelas. Gluma inferior 1,5 - 1,8 mm, 2 nervuras, margens setosas. Gluma superior ovada, c. 2 mm, 1 - nervurada, setosa, cerrada c. 1,5 cm. Lema superior ovado, c. 1,5 mm. Estames 1 - 2. Ovário elíptico.

Fl. e Fr: maio - Mar.

Espécime examinado: **Binu Thomas, BUH : 7310**

Comum nas fissuras rochosas das colinas de Maruthamalai e Madukkarai até 600 m.

9. **ROTTBOELLIA** L.f.

Rottboellia cochinchinensis (Lour.) Clayton em Key Bull. 35: 817. 1981. *Rottboellia exaltata* L.f., Nov. Gram. Gen. 40 t. 1. 1781. *Stegosia cochinchinensis* Lour., Fl. Cochinch. 1: 51. 1790. Hook. f., Fl. Brit. India 7: 156. 1896; Matthew, Fl. Tamil Nadu Carnatic 3 (2): 1894. 1983; Kabeer e Nair, Fl. Tamil Nadu Grass 461. 2009.

Plantas perenes tufadas. Caule terete sustentado por raízes fendidas. Lâmina da folha linear, 10 - 35 x c. 1 cm, margens escabrosas, bainha da folha até 10 cm de comprimento. Espiguetas c. 4 mm, emparelhadas. Glumas subiguais, crustáceas, quilhadas. Floretes 2, inferiores masculinos, superiores bissexuais. Lemas hialinos, oblongos, agudos. Estames 3. Estigma plumoso. Cariopse elíptica.

Fl. e Fr: Ago. - Dez.

Espécime examinado: **Binu Thomas, BUH : 7325**

Raro nas fissuras rochosas das colinas de Velliangiri a cerca de 1300 m.

10. **SORGHUM** Moench.

Sorghum halepense (L.) Pers., Syn. Pl. 1: 101. 1805. *Holcus halepensis* L., Sp. Pl.: 1017. 1753. *Andropogon halepensis* (L.) Brot., Fl. Lusit. 1: 89. 1804. *Andropogon miliaceus* Roxb., Fl. Ind. 1: 276. 1820; Hook. f., Fl. Brit. India 7: 182. 1896; Matthew, Fl. Tamil Nadu Carnatic 3 (2): 1902. 1983; Henry *et al.*, Fl. Tamil Nadu 3: 140. 1989. Kabeer e Nair, Fl. Tamil Nadu Grass 472. 2009.

Perenes. Caules erectos até 2,5 m de altura. Folhas lanceoladas, c. 50 cm, planas, lígulas

- membranosas, c. 2 mm. Panículas decompostas, efusas, c. 20 cm, espiguetas sésseis, c. 5 mm. Gluma inferior plana. Gluma superior 3 - nervurada. Lema inferior 2 - lobado no ápice, com um toco de c. 1,2 cm. Palea scarious.

Fl. e Fr: Out. - Fev.

Espécime examinado: **Binu Thomas, BUH : 7337**

Ocasionalmente nas fissuras rochosas das colinas de Velliangiri até aos 900-1000 m.

11. Guarnição **SPODIOPOGON**

Spodiopogon rhizophorus (Steud.) Pilger in Engl. & Prantl, Nat. Pflanzenfam. ed. 2. 14: 119. 1940. *Spodiopogon albidus* Benth. in J. Linn. Soc., Bot. 19: 66. 1881; Hook. f., Fl. Brit. India 7: 108. 1896; Gamble, Fl. Madras 3: 1710. 1934; Henry *et al.*, Fl. Tamil Nadu 3: 141. 1989; Kabeer e Nair, Fl. Tamil Nadu Grass 475. 2009.

Plantas anuais com tufos. Caules com c. 75 cm de altura. Lâmina foliar amplamente elíptico-lanceolada, 6- 18* 1-2.4 cm, acuminada no ápice. Panícula densamente vilosa. Espiguetas, 4 - 11 * 2 - 4 cm. Racemo 2 ou 3 por nó, c. 3,5 cm de comprimento. Gluma inferior oblonga a elíptica, 4,8 - 5,3 * 1 mm. Gluma superior oblonga c. 5,3 * 1 mm. Lema inferior ovado - lanceolado, 3 * 1,2 mm. Lema superior oblongo, c. 38 mm. Palea superior amplamente ovada a elíptica. Caryopsis oblonga - elíptica, c. 1,3 * 0,6 mm.

Fl. e Fr: Nov. - Dez.

Espécime examinado: **Binu Thomas, BUH : 7341**

Raro nas falésias rochosas das encostas de Velliangiri a cerca de 1200 m.

Nota: Esta espécie é endémica dos Ghats Ocidentais (Kabeer e Nair, 2009).

12. THEMEDA Forssk.

Themeda triandra Forssk. Fl. Aegypt. - Arab. 123 & 178. 1775. *Anthistiria imberbis* Rez., Observ. Bot. 3: 11. 1783. Hook. f., Fl. Brit. India 7: 211. 1896; Matthew, Fl. Tamil Nadu Carnatic 3 (2): 1908. 1983; Henry *et al.*, Fl. Tamil Nadu 3: 144. 1989. Kabeer e Nair, Fl. Tamil Nadu Grass 483. 2009. "***Erigaithattupul***"

Plantas perenes com tufos. Caules até 2 m de altura. Lâmina da folha plana até 25 cm de comprimento; bainha da folha comprimida, glabra. Espigueta involucral séssil. Glumas lanceoladas, com muitas nervuras; lema linear. Espigueta séssil c. 6,5 mm. Gluma inferior crustácea, escabrosa por cima. Gluma superior oblonga. Lema inferior oblongo. Lema superior reduzido à base hialina da coroa, c. 6 cm. Estames 3. Estigma plumoso.

Fl. e Fr: Ago. - Dez.

Espécime examinado: **Binu Thomas, BUH : 7357**

Raro nas fissuras rochosas das colinas de Velliangiri e Madukkarai.

Observações: É uma boa forragem antes da floração e os grãos são utilizados como comestíveis, em caso de escassez. É também utilizada para colmo e para o fabrico de pasta de papel.

TRIBO-II. ARISTIDEAE

ARISTIDA L.

Chave para as espécies

1a. Glumas mucronadas; caules decumbentes .... **1. *A. adscensionis***

b. Glumas proeminentemente aristadas; caules erectos .... **2.*A. setacea*** **1. *Aristida adscensionis*** L., Sp. Pl. 82. 1753. *Aristida depressa* Retz., Observ. Bot. 4: 22. 1786; Hook. f., Fl. Brit. India 7: 224. 1896; Gamble, Fl. Madras 3: 1809. 1934; Matthew, Fl. Tamil Nadu Carnatic 3 (2): 1801. 1983; Henry *et al.*, Fl. Tamil Nadu 3: 89. 1989; Kabeer e Nair, Fl. Tamil Nadu Grass 110. 2009. "***Cheevampullu***"

Anuais. Folhas lineares até 14 x 0,15 cm, pubescentes acima, frequentemente convolutas. Panículas até 16 cm de comprimento. Espiguetas linear-lanceoladas, c. 5 mm de comprimento. Gluma inferior oblongo-lanceolada, minuciosamente mucronada, 5 - 6 x c. 1 mm, 1 nervura, arroxeada. Gluma superior oblonga - lanceolada, 7 - 9 x 0,7 - 1 mm, acuminada com um mucronado minúsculo. Lema linear - oblongo, convoluto, 7 - 8,5 x 1 mm. Palea oblonga, c. 1 x 0.1 - 0.2 mm, 2 - quilhada. Estames 3.

Fl. e Fr: Durante todo o ano.

Espécime examinado: **Binu Thomas, BUH : 7122**

Raro nas fendas das rochas das colinas de Velliangiri a cerca de 500-650 m.

Observações: Esta espécie pode ser reconhecida no campo pelas suas espiguetas purpúreas com caules delgados e rijos; as plantas jovens são pastadas pelos animais.

2. *Aristida setacea* Retz., Observ. Bot. 4: 22. 1786; Hook. f., Fl. Brit. India 7: 225. 1896; Gamble, Fl. Madras 3: 1809. 1934; Matthew, Fl. Tamil Nadu Carnatic 3 (2): 1803. 1983; Henry *et al.*, Fl. Tamil Nadu 3: 90. 1989; Kabeer e Nair, Fl. Tamil Nadu Grass 114. 2009. "*Thudappampullu*"

Anuais. Caules tufados; robustos, robustos, até 1 m. Lâminas oblongas, até 30 cm, convolutas. Panícula contraída até 30 cm. Glumas lineares, convolutas, arista até 2,5 mm; lema até 1,2 cm; cernelha séssil; cerdas 3. Ovário linear até 2 mm.

Fl. e Fr: Durante todo o ano

Espécime examinado: **Binu Thomas, BUH : 7393**

Ocasional nas fendas das rochas das colinas de Madukkarai a cerca de 300 m.

Utilizações: Os caules desta espécie são utilizados para o fabrico de vassouras e escovas.

TRIBO-III. ARUNDINEAE

ZENKERIA Trin.

Zenkeria elegans Trin. in Linnaea 11: 150. t. 3. 1837; Hook. f., Fl. Brit. India 7: 270. 1896; Gamble, Fl. Madras 3: 1805. 1934; Matthew, Fl. Tamil Nadu Carnatic 3 (2): 1914. 1983; Henry *et al.*, Fl. Tamil Nadu 3: 146. 1989. Kabeer e Nair, Fl. Tamil Nadu Grass 106. 2009. ***"Kallubothai"***

Perenes. Caules tufados até 75 cm de altura. Folhas planas; mais compridas do que os caules, c. 6 mm de diâmetro, estreitadas num pecíolo longo, rígido e canalizado; lígula ciliada. Panícula ovada, c. 10 - 15 cm, efusa. Espiguetas c. 4 mm. Gluma inferior ovada, c. 1,5 mm, 1 nervura. Gluma superior lanceolada, c. 2 mm, com 3 nervuras, apiculada. Lema acuminado, c. 4 mm, viloso abaixo do meio. Palea c. 3.5 mm. Cariopse c. 3,5 mm.

Fl. e Fr: Jun. - Jan.
Espécime examinado: **Binu Thomas, BUH : 7362**
Comum nas fissuras rochosas das colinas de Velliangiri.

TRIBO-IV. ARUNDINELLEAE

Chave para os géneros

1a. Espiguetas com muitas flores; lema superior não lobado .... **1. *Arundinella***

b. Espiguetas 1-floridas; lema superior lobado .... **2. *Garnotia***

1. ARUNDINELLA Raddi.

Chave para as espécies

1a. Folhas oblongo-lanceoladas; lema superior com 2 cerdas .... **1. *A. mesophylla***

b. Folhas elíptico-lanceoladas; lema superior sem 2 cerdas .... **2. *A. pumila***

1. *Arundinella mesophylla* Nees *ex* Steud., Syn. Pl. Glumac. 1: 115. 1854; Hook. f., Fl. Brit. India 7: 69. 1896; Gamble, Fl. Madras 3: 1801. 1934; Henry *et al.*, Fl. Tamil Nadu 3: 92. 1989; Kabeer e Nair, Fl. Tamil Nadu Grass 338. 2009 **(Pl.- 16 B)**.

Anuais. Caules erectos, delgados até 60 cm de altura. Folhas lanceoladas-oblongas, 2 - 14 x 0.1 - 0.9 cm. Panículas 3 - 12 x 1 - 3,5 cm. Espiguetas lanceoladas, 4 - 5,2 x 1 - 1,2 mm, com 5 nervuras. Gluma superior lanceolada, 4 - 6 x 1 - 1,2 mm. Florete superior bissexual. Lema inferior ovado, 3 x 1 - 1,5 mm. Palea oblongo-lanceolada 2 x 0,5-0,7 mm, lema superior ovado-elíptica, 1,8 - 2 x 1 mm. Estames 3. Ovário oblongo; estigmas c. 0,7 mm de comprimento.

Fl. e Fr: Jul.-Dez.

Espécime examinado: **Binu Thomas, BUH : 7124**

Raro nas margens rochosas dos prados das colinas de Velliangiri a cerca de 1200 - 1600 m.

Notas: Esta espécie é endémica dos Ghats Ocidentais (Kabeer e Nair, 2009). É uma erva ornamental e também utilizada como forragem.

2. ***Arundinella pumila*** (Hochst. *ex* Rich.) Steud., Syn. Pl. Glumac. 1: 144. 1854. *Acrantherum pumilum* Hochst. *ex* A. Rich., Tent. Fl. Abyss. 2: 414. t. 100. 1850. *Arundinella tenella* Nees *ex* Steud. Syn. Pl. Glumac. 1: 115. 1854; Hook. f., Fl. Brit. India 7: 71. 1896; Gamble, Fl. Madras 3: 1801. 1934; Matthew, Fl. Tamil Nadu Carnatic 3 (2): 1806. 1983; Henry *et al.*, Fl. Tamil Nadu 3: 92. 1989; Kabeer e Nair, Fl. Tamil Nadu Grass 341. 2009 **(Pl.- 16 C**).

Anuais. Caules erectos, delgados até 10 - 30 cm de altura. Folhas elípticas - lanceoladas, 1-10 * 0,2- 1,5 cm, acuminadas; bainhas comprimidas; lígulas membranosas. Panículas piramidais, 3 - 15 cm. Espiguetas elípticas, gluma inferior ovada - aguda, 1 - 1,5 * 0,5 mm, gluma superior ovada - lanceolada, 1,5 - 2 * 0,5 - 1 mm. Lema inferior ovado-lanceolado, lema superior elíptico, com uma crista. Palea oblonga, 3,5 - 1 mm. Estames 3.

Fl. e Fr: Jul.-Dez.

Espécime examinado: **Binu Thomas, BUH : 7126**

Comum em fendas de rochas gotejantes nas colinas de Velliangiri a cerca de 600 - 900 m.

Observações: É uma gramínea ornamental e também utilizada como forragem.

2. GARNOTIA Brongn.

Chave para as espécies

1a. Lâmina foliar oblongo-lanceolada; panícula 10-25 cm .... **1.** ***G. arundinacea***

b. Lâmina da folha linear; panícula 25-60 cm .... **2.*G. elata*** **1.** ***Garnotia arundinacea*** Hook.f. Fl. Brit. India 7: 243. 1896; Gamble, Fl. Madras 3: 1812. 1934; Henry *et al.*, Fl. Tamil Nadu 3: 117. 1989.

Perenes. Caules erectos até 1,5 m de altura. Folhas oblongo-lanceoladas, 5 - 15 x 1-3 cm, acuminadas; arredondadas ou estreladas na base, ciliadas nas margens; bainhas peludas; lígula truncada. Lâmina foliar amplamente lanceolada, filiforme no ápice. Panícula laxa, 10 - 25 cm. Espiguetas oblongas - lanceoladas, 2,5 - 4 mm. Gluma inferior oblonga - lanceolada, 2-3 x 1 mm. Gluma superior oblonga - lanceolada, 2 - 3 x 1 mm. Lema igual ao da gluma superior, com uma crista; crista 5 - 12 mm. Estame 3. Ovário 0,3 - 0,5 mm.

Fl. e Fr: Out. - Fev.

Espécime examinado: **Binu Thomas, BUH : 7220**

Raramente em fissuras rochosas nos limites de shola das colinas de Velliangiri a cerca de 1300 m.

Nota: Esta espécie é endémica dos Ghats Ocidentais (Murugesan *et al.*, 2009).

2. *Garnotia elata* (Arn. *ex* Miq) Janowski, Repert. Spec. Nov. Regni. 17: 86. 1921. *Berghausia elata* Arn. *ex* Miq., Verh. Ned. Inst. 3 (4). 32. 1851. *Garnotia scoparia* Stapf. *ex* Hook. f. Fl. Brit. India 7: 242. 1896; Henry *et al.*, Fl. Tamil Nadu 3: 118. 1989.

Perenes. Caules densamente tufados, erectos até 1,5 - 2 m de altura. Folhas lineares, 25 - 60 * 0,5 - 1 cm; lígula ciliolada, c. 4 mm. Panículas c. 60 cm, condensadas. Glumas lineares, lanceoladas. Gluma inferior c. 5 mm, pouco aristada. Gluma superior c. 3,5 mm. Lema oblongo, c. 3 mm agudo, cernelha c. 7 mm, geniculado com um segmento inferior alongado e retorcido e um segmento superior reto. Palea oblonga, c. 2,8 mm.

Fl. e Fr: Set. - Jan.

Espécime examinado: **Binu Thomas, BUH : 7221**

Raramente nas fissuras rochosas das colinas de Velliangiri a cerca de 1600 m.

Notas: Esta é uma das espécies raras e endémicas do sul do Ghtas Ocidental (Murugesan *et al.*, 2009).

TRIBE-V. CENTOTHECEAE

CENTOTHECA Desv.

Centotheca lappacea (L.) Desv. in Nouv. Bull. Sci. Soci. Philom. Paris. 2: 189. 1810. *Cenchrus lappaceus* L., Sp. Pl. ed. 2: 1438. 1763. *Centotheca latifolia* Trin., Fund. Agrost. 141. 1820; Hook. f., Fl. Brit. India 7: 332. 1896; Gamble, Fl. Madras 3: 1848. 1934; Matthew, Fl. Tamil Nadu Carnatic 3 (2): 1817. 1983; Henry *et al*, Fl. Tamil Nadu 3: 98 1989; Kabeer e

Nair, Fl. Tamil Nadu Grass 96. 2009.

Perenes. Caules tufados, erectos até 1 m de altura. Folhas elípticas - lanceoladas, 2 - 20 * 1- 3,5 cm, bainhas esparsamente peludas, ciliadas nas margens. Panículas piramidais 5 - 20 cm, espiguetas oblongas, 4 - 7 mm, 2-3 flores. Gluma inferior ovado-lanceolada, 2-3 * 1-1,5 mm, 5 nervuras. Lemma ovado-oblongo, 3 - 4 * 1 - 2 mm, 5 - 7 nervuras. Palea elíptica, 3 - 3,5 * 1 mm. Estames 2 - 3, anteras lineares.

Fl. e Fr: Out.-Fev.

Espécime examinado: **Binu Thomas, BUH : 7153**

Ocasionalmente em fendas de rocha húmidas das colinas de Velliangiri a cerca de 1500 m.

Observações: É utilizada como erva forrageira.

TRIBE-VI. CYNODONTEAE

CHLORIS Sw.

Chloris inflata Link, Enum. Hort. Berol. Alt. 1: 105. 1821. *Andropogon barbatus* sensu. L., Mant. Pl. 2: 302. 1771. 1759; Hook. f., Fl. Brit. India 7: 292. 1896; Gamble, Fl. Madras 3: 1838. 1934; Matthew, Fl. Tamil Nadu Carnatic 3 (2): 1820. 1983; Henry *et al.*, Fl. Tamil Nadu 3: 99. 1989; Kabeer e Nair, Fl. Tamil Nadu Grass 189. 2009. ***"Kodaipullu"*** **(Pl.- 16 D)**.

Perenifólios. Caules tufados, erectos até 50 cm de altura. Folhas lineares, 2- 15 * 0,2 - 0,6 cm, acuminadas, bainhas quilhadas; lígula truncada, c. 0,5 mm. Espigas 3 - 16, digitadas, 4 - 7 cm. espiguetas 2 - 2,5 mm, 3 - floridas, gluma inferior lanceolada, 2 -3 mm, 1 - nervurada. Gluma superior, 2 - 3 mm. Palea elíptica - oblonga, 2 - 2,5 * 1 mm, 2 nervuras. Estames 3, anteras c. 1 mm. Caryopsis trigonous, c. 1.5 * 0.2 mm.

Fl. e Fr: Durante todo o ano

Espécime examinado: **Binu Thomas, BUH : 7158**

Ocasionalmente em fissuras rochosas das colinas de Madukkarai e Maruthamalai

Observações: A planta é uma boa forragem quando jovem, resistente à seca e cresce bem em solos alcalinos.

TRIBO-VII. ERAGROSTIDEAE

Chave para os géneros

1a. Espiguetas compactamente dispostas; glumas obtusas no ápice .... **1.** ***Eleusina***

b. Espiguetas não compactamente dispostas; glumas não obtusas no ápice 2

2a. Lema não lobado; espiguetas com 8-9 mm de largura .... **3.** ***Eragrostis***

b. Lema lobado; espiguetas sem 8-9 mm de largura **3**

3a. Nervo médio ciliado na base; espigueta com um único florete .... **4.** ***Esporobolus***

b. nervura mediana não ciliada na base; espigueta com mais floretes **4**

4a. Espiguetas com uma coroa; lema 2-6 lobado no ápice .... **5.** ***Tripogon***

b. Espiguetas sem espigas; lema agudo a emarginado no ápice .... **2.** ***Eragrostiella***

1. ELEUSINE Gaertn.

Eleusine indica (L.) Gaertn., Fruct. Sem. Pl. 8. 1759. *Cynosurus indicus* L., Sp. Pl. 72. 1753; Hook. f., Fl. Brit. India 7: 293. 1896; Gamble, Fl. Madras 3: 1839. 1934; Matthew, Fl. Tamil Nadu Carnatic 3 (2): 1848. 1983; Henry *et al.*, Fl. Tamil Nadu 3: 112. 1989; Kabeer e Nair, Fl. Tamil Nadu Grass 128. 2009. ***"Thipparagi"***

Anuais. Caules erectos. Folhas lineares - lanceoladas, 1 - 40 x 0,1 - 0,8 cm, sem corte na ponta; bainhas quilhadas; lígula truncada, espiguetas digitadas, 1- 15 cm. Espiguetas ovadas - oblongas, 4-6 mm, 3 - 6 flores. Glumas lanceoladas, agudas. Gluma inferior 1,5 - 2,5 mm, 1 - nervurada. Gluma superior 2-3 mm, 4 - 6 nervuras. Lema lanceolado, 2 - 4 mm.

Fl. e Fr: Ago. - Dez.

Espécime examinado: **Binu Thomas, BUH : 7297**

Comum nas fendas das rochas das colinas de Velliangiri.

Observações: É uma boa forragem, aglutinante de solos e os grãos são consumidos em épocas de escassez.

2. ERAGROSTIELLA Bor.

Eragrostiella bifaria (Vahl.) Bor. in Indian Forester 66: 270. 1940. *Poa bifaria* Vahl. Symb. Bot. 2: 19. 1791. *Poa coromandeliana* J. Koenig *ex* Rottler in Ges. Naturf. Frunde Berlin Neu Schriften 4: 191. 1803. *Eragrostis bifaria* (Vahl.) Wight *ex* Steud., Nomencl.Bot. ed. 2. 1: 562. 1840; Hook. f., Fl. Brit. India 7: 325. 1896; Matthew, Fl. Tamil Nadu Carnatic 3 (2): 1851. 1983; Henry *et al.*, Fl. Tamil Nadu 3: 112. 1989; Kabeer e Nair, Fl. Tamil Nadu Grass 130. 2009. "***Oithupul***" (**Pl.- 16 F**).

Anuais. Caules tufados erectos até 50 cm. Folhas lineares - lanceoladas, c. 16 cm, convolutas. Lígulas membranosas, ciliadas, c. 0,6 mm. Racemos solitários, terminais, lineares - oblongos, c. 20 cm, com duas filas de espiguetas sobrepostas. Gluma inferior, lanceolada, c. 2,5 mm. Gluma superior oblonga, c. 2 mm. Lema ovalado. Palea amplamente alada nas quilhas e ciliada.

Fl. e Fr: Ago. - Nov.

Espécime examinado: **Binu Thomas, BUH : 7199**

Comum nas fissuras rochosas das colinas de Madukkarai, Maruthamalai e Kanuvai.

3. ERAGROSTIS Lobo.

Chave para as espécies

1a. Panícula efusa; axilas peludas .... 1. *E. amabilis* var. *amabilis*

b. Panícula não efusiva; axilas não pilosas **..........................2**

2a. Ramos e pedicelos capilares longos .... **2.** ***E. aspera***

b. Ramificações não como acima **3**

3a. Caryopsis truncada nas extremidades .... **3.** ***E. maderaspatena***

b. Caryopsis não como acima **4**

4a. Pêlos da quilha tão largos quanto mais curtos do que a pálpebra .... **5.** ***E. riparia***

b. Pêlos da quilha não como acima **5**

5a. Espiguetas verde-azeitona escuro a preto .... **4.** ***E. nigra***

b. Espiguetas verde-púrpura .... **6.** ***E. unioloides***

1. ***Eragrostis amabilis*** (L.) Wight & Arn. *ex* Hook. & Arn., Bot. Beechey Voy. 251. 1833. var. ***amabilis:*** Nicolson & al., Regnum Veg. 199, 309. 1988. *Poa amabilis* L., Sp. Pl. 69. 1753. *Poa tenella* L., Sp. Pl. 69. 1753. *Poa plumosa* Retz., Observ. Bot. 4: 20. 1786. *Eragrostis tenella* (L.) P. Beauv. *ex* Roem. & Schult., Syst. Veg. 2: 576. 1817; Hook. f., Fl. Brit. India 7: 315. 1896; Gamble, Fl. Madras 3: 1826. 1934; Henry *et al.*, Fl. Tamil Nadu 3: 115. 1989; Kabeer e Nair, Fl. Tamil Nadu Grass 135. 2009. ***"Poopul"***

Anuais. Caules, 40 - 100 cm de altura. Folhas lineares - lanceoladas, 30 - 0,2 x 0,2 - 0,45 cm, escabrosas nas nervuras por baixo. Panículas oblongas - lanceoladas até 55 cm de comprimento, efusivas, espiciformes. Espiguetas oblongas - lanceoladas, elíptico-oblongas, 1,5 - 1,8 x 0,5 - 0,7 mm. Gluma inferior ovada - oblonga, 0,6 - 0,8 x 0,4 mm, 1 nervura. Lemma ovado, 1 x 0,4 mm, 3 nervuras. Palea oblonga - elíptica, 0.5 - 0.7 x 0.25 mm, 2 nervuras. Estames 2.

Fl. e Fr: Nov. - Mar.

Espécime examinado: **Binu Thomas, BUH : 7202**

Comum em fissuras rochosas no sopé das colinas de todas as áreas de estudo ou até 500

m.

Nota: Tem um certo valor forrageiro, o grão é considerado nutritivo.

2. ***Eragrostis aspera*** (Jacq.) Nees, Fl. Afr. Austral. III. 3: 408. 1841. *Poa aspera* Jacq. Hort. Bot. Vindob. 3: 32. t. 56. 1777; Hook. f., Fl. Brit. India 7: 314. 1896; Gamble, Fl. Madras 3: 1825. 1934; Matthew, Fl. Tamil Nadu Carnatic 3 (2): 1853. 1983; Henry *et al.*, Fl. Tamil Nadu 3: 113. 1989; Kabeer e Nair, Fl. Tamil Nadu Grass 137. 2009.

Anuais. Caules tufados erectos até 50 cm. Folhas lineares - lanceoladas, 10 - 15 * 0,4 - 0,7 cm. Panículas ovadas, c. 30 cm, pilosas nas axilas. Espiguetas lineares - oblongas, c. .8 mm, 12 - 20 flores. Glumas ovadas a oblongas - elípticas. Gluma inferior c. 1 mm. Gluma superior c. 15 mm. Lema ovalado, c. 1,5 mm. Palea c. 1 mm. Estames 3. Cariopse subglobosa, 0,5 mm.

Fl. e Fr: Nov. - Jan.

Espécime examinado: **Binu Thomas, BUH : 7200**

Comum nas fendas das rochas das colinas de Madukkarai, Maruthamalai e Kanuvai até 600 m.

3. ***Eragrostis maderaspatena*** Bor., 509. 1916. *Eragrostis wildenowiana* Nees *ex* Stapf. in Hook. f., Fl. Brit. India 7: 322. 1896; Gamble, Fl. Madras 3: 1827. 1934; Henry *et al.*, Fl. Tamil Nadu 3: 114. 1989.

Anuais. Caules tufados, geniculados até 25 cm de altura. Folhas lanceoladas, c. 4 - 7.5 * 0.15 - 0.2 cm, planas ou involutas. Panículas ovadas, c. 10 cm. Espiguetas lineares - oblongas, 4 - 8 * 1 - 1,5 mm, 10 - 20 flores. Caules ovados, desiguais. Gluma inferior, c. 0,6 mm. Gluma superior c. 1,2 mm. Lemma braoadly ovate, c. 1.8 mm. Palea linear - oblonga. Cariopse subglobosa, c. 0,7 mm.

Fl. e Fr: Out. - Jan.

Espécime examinado: **Binu Thomas, BUH : 7201**

Ocasionalmente em fissuras rochosas das colinas de Madukkarai, Maruthamalai e Kanuvai.

4. ***Eragrostis nigra*** Nees *ex* Steud., Syn. Pl. Glumac. 1: 267. 1854; Hook. f., Fl. Brit. India 7: 324. 1896; Gamble, Fl. Madras 3: 1827. 1934; Matthew, Fl. Tamil Nadu Carnatic 3 (2): 1856. 1983; Henry *et al.*, Fl. Tamil Nadu 3: 114. 1989; Kabeer e Nair, Fl. Tamil Nadu Grass 146. 2009.

Anuais. Caules tufados erectos até 30 cm. Folhas lineares - lanceoladas, c. 5-12 x 0.2-0.3

cm, planas. Panículas ovadas - oblongas. c. 15 cm. Espigas lineares - oblongas c. 4 mm. Estames 3. Cariopse oblonga, c. .8 mm.

Fl. e Fr: Jul. - Dez.

Espécime examinado: **Binu Thomas, BUH : 7203**

Comum nas fissuras rochosas húmidas das colinas de Madukkarai, Maruthamalai e Velliangiri até 800 m.

5. ***Eragrostis riparia*** (Willd.) Nees. Agrost. Bras. 512. 1829. *Poa riparia* Willd. Ges. Natur. Freunde. Berlin Neue. Schrif. 4: 185. 1803; *Eragrostis tenella* (L.) P. Beauv. *ex* Schults, var. *riparia* (Willd.) Stapf. in Hook. f., Fl. Brit. India 7: 315. 1896; Henry *et al.*, Fl. Tamil Nadu 3: 115. 1989; Kabeer e Nair, Fl. Tamil Nadu Grass 149. 2009 **(Pl.- 16 G)**.

Anuais. Caules tufados erectos até 20 cm. Folhas lanceoladas, 2 - 8 cm, enroladas. Panículas oblongas. 3,5 x 0,5 - 1,5 cm, muito contraídas. Espiguetas oblongas, 1,5 - 2 mm, 8 - 10 flores. Gluma inferior c. 0,5 mm. Gluma superior c. 1 mm. Lema c. 1,2 mm. Palea c. 1 mm, rígida - ciliada ao longo das quilhas. Estames 3, c. 0.4 mm. Cariopse linear, c. 0,5 mm.

Fl. e Fr: Jul. - Dez.

Espécime examinado: **Binu Thomas, BUH : 7205**

Ocasionalmente em fissuras rochosas das colinas de Madukkarai e Kanuvai.

6. ***Eragrostis unioloides*** (Retz.) Nees *ex* Steud., Syn. Pl. Glumac. 1: 264. 1854. *Poa unioloides* Hook. f., Fl. Brit. India 7: 317. 1896; Gamble, Fl. Madras 3: 1826. 1934; Matthew, Fl. Tamil Nadu Carnatic 3 (2): 1858. 1983; Henry *et al.*, Fl. Tamil Nadu 3: 116. 1989; Kabeer e Nair, Fl. Tamil Nadu Grass 155. 2009.

Anuais. Caules tufados erectos até 30 cm. Folhas lineares - lanceoladas, 2.5-1.5 x 0.2-0.4 cm, planas. Panículas ovadas - oblongas. c. 15 cm. Espiguetas ovadas - oblongas c. 1 cm, 15 - 40 flores. Glumas ovadas ou elípticas, desiguais, com 1 nervura, c. 2 mm. Lemma ovado, c. 2 mm. Palea c. 2 mm. Estames 3. Cariopse elíptica - oblonga, c. 0,5 mm.

Fl. e Fr: Ago. - Jan.

Espécime examinado: **Binu Thomas, BUH : 7204**

Comum nas fissuras rochosas húmidas das colinas de Maruthamalai e Velliangiri até 800-1200 m.

Observações: Esta espécie pode ser facilmente identificada no campo pelas suas espiguetas maiores. É uma boa gramínea forrageira.

4. SPOROBOLUS R.Br.

Chave para as espécies

1a. Panícula cilíndrica com ramos compactos; caules até 30 cm .... **2. *S. spicatus***

b. Panícula não cilíndrica sem ramos compactos; caules até 75 cm_ .**1. *S. indicus***

1. *Sporobolus indicus* (L.) R. Br. in Blumea 35: 437. 1991. *Sporobolus diandrus* (Retz.) P. Beauv. var. *major* Buese in Miq., Pl. Jungh. 3: 343. 1854. *Sporobolus fertilis* (Steud.) Clayton em Kew Bull. 19: 291. 1964. *Agrostis fertilis* Steud., Syn. Pl. Glumac. 3: 170. 1855; Hook. f., Fl. Brit. India 7: 247. 1896; Kabeer e Nair, Fl. Tamil Nadu Grass 169. 2009. ***"Uppurutnamppullu"*** **(Pl.- 17 G)**.

Erva perene com tufos. Caules até 75 cm, geniculados. Lâmina foliar linear - lanceolada, 6 - 10 x 0,2 cm, glabra. Panícula até 30 cm. Espigueta estreitamente elíptica - oblonga, 1,5 x 0,6 mm. Gluma inferior ovada, c. 0,3 x 0,3 mm. Gluma superior ovada - lanceolada, 0,7 x 0,6 mm. Lema lanceolado, 1,5 x 0,5 mm. Palea inferior ovada - elíptica. Lema superior e palea ausentes. Estames 2; anteras 0,5 mm. Ovário 0,3 mm. Cayopsis oblanceolada, c. 0,8 mm.

Fl. e Fr: Jul. - Dez.

Espécime examinado: **Binu Thomas, BUH : 7342**

Comum nos penhascos rochosos húmidos das colinas de Velliangiri e Madukkarai, a 400-600 m.

Observações: É uma boa erva forrageira.

2. *Sporobolus spicatus* (Vahl.) Kunth, Revis. Gramin. 1: 67. 1829. *Agrostis spicata* Vah, Symb. Bot. 1: 9. 1790; Fl. Brit. India 7: 250. 1896; Gamble, Fl. Madras 3: 1817. 1934; Matthew, Fl. Tamil Nadu Carnatic 3 (2): 1906. 1983; Henry *et al.*, Fl. Tamil Nadu 3: 142. 1989. Kabeer e Nair, Fl. Tamil Nadu Grass 174. 2009.

Perenes. Caules geniculados até 30 cm de altura. Folhas oblongas, 2 - 7 x 0,2 - 0,4 cm, convolutas. Panículas espiciformes, estreitas, contraídas, 5 - 10 cm. espiguetas oblongas, 1,5 - 2 mm. Gluma inferior subquadrada, c. 0-4 mm. Gluma superior ovada, 0,5 - 1 mm. Lema *c.* 1,5 mm. Caryopsis ovoide, subglobosa, c. o.7 mm.

Fl. e Fr: Apl. - Jun.

Espécime examinado: **Binu Thomas, BUH : 7344**

Raramente nas fissuras rochosas das colinas de Velliangiri.

5. TRIPOGON Roem. & Schult.

Tripogon anantaswamianus Sreek & al., Bull. Bot. Surv. India 25: 185. 1983; Kabeer e Nair, Fl. Tamil Nadu Grass 179. 2009 **(Pl.-17 H)**.

Perenes. Caules tufados até 75 cm de altura. Folhas lineares, convolutas, 18-25 x 0,1 - 0,2 cm, esparsamente pilosas. Racemos até 15 cm de comprimento, contraídos. Espiguetas ovado-lanceoladas, 8 - 12 x 2 mm, com 7 - 10 floretes. Gluma inferior ovado-lanceolada, com 1 nervura. Gluma superior lanceolada, 7 - 8 x 1 mm, com uma nervura entre os entalhes. Lema 6,5 - 7,8 x 2 - 2,5 mm, 6 lóbulos. Palea elíptica, 3,2 - 3,8 x 1 - 1,2 mm, com 2 nervuras. Estames 3. Ovário obovado, c. 1 mm de comprimento.

Fl. e Fr: Nov. - Jan.

Espécime examinado: **Binu Thomas, BUH : 7356**

Raramente em fissuras rochosas abertas das colinas de Velliangiri a cerca de 1600 m.

Notas: Esta espécie é endémica dos Ghats Ocidentais (Kabeer e Nair, 2009;

Murugesan *et al.*, 2009).

TRIBO-VIII. PANICEAE

Chave para os géneros

1a. Espiguetas sustentadas por cerdas **2**

b. Espiguetas não sustentadas por cerdas **4**

2a. Lema superior rugoso ou rugoso .... **12. *Setária***

b. Lema superior suave **3**

3a. Espiguetas biconvexas; lema superior elíptico-lanceolado .... **1. *Axonopus***

b. Espiguetas adaxiais; lema superior obtuso a agudo .... **2. *Brachiaria***

4a. Lema superior com uma estrutura semelhante a uma crista no ápice .... **4. *Cryptococcum***

b. Lema superior sem estrutura semelhante a uma crista no ápice **5**

5a. Espiguetas com calo abaulado em forma de botão na base .... **5. *Eriochloa***

b. Espiguetas sem calo abaulado em forma de botão na base **6**

6a. Glumas com o ápice cortado; não cortadas .... **7. *Oplismenus***

b. Glumas não como acima **7**

7a. Espiguetas com espigas; gluma superior entalhada .... **6.** ***Melinis***

b. Espiguetas e glumas: **8**

8a. Gluma superior mais ou menos igual à espigueta .... **8.** ***Panicum***

b. Gluma superior não como acima **9**

9a. Inflorescência de muitas espigas curtas mais comprimidas .... **9.** ***Paspalídeo***

b. Inflorescência diferente das anteriores **10**

10a. Espiguetas densamente armadas com cerdas em forma de gancho .... **11.** ***Pseudoechinolaena***

b. Espiguetas não como acima **11**

11a. Cerdas involucrais em todo o sítio .... **10.** ***Pennisetum***

b. Cerdas involucrais conotadas na base .... **3.** ***Cenchrus***

1. AXONOPUS P. Beauv.

Axonopus compressus (Sw.) P. Beauv., Ess. Agrost.: 12, 154, 167. 1812. *Milium compressum* Sw., Prodr. 24. 1788; Matthew, Fl. Tamil Nadu Carnatic 3 (2): 1808. 1983; Henry *et al.*, Fl. Tamil Nadu 3: 93. 1989; Kabeer e Nair, Fl. Tamil Nadu Grass 213. 2009.

Perenifólios. Caules rastejantes, matosos, 10-25 cm de altura. Folhas oblongas a linear-lanceoladas, 2 - 3 x 0,5- 1,5 cm, bainhas quilhadas, lígula membranosa. Racemos 2 - 6, espiguetas oblongo-agudas, 2 - 2,5 x 0,5 mm, gluma inferior 0, gluma superior ovada. Lema inferior semelhante à gluma superior, palea 0. Lema superior ovado oblongo, palea oblonga. Estames 3, *c.* 1 mm. Cariopse elipsoide, *c.* 1,2 mm.

Fl. e Fr: Jul.-Dez.

Espécime examinado: **Binu Thomas, BUH : 7125**

Ocasionalmente em fendas de rocha húmidas das colinas de Velliangiri a cerca de 400-600 m.

Observações: É utilizada para fazer relvados e também como erva forrageira.

2. BRACHIARIA (Trin.) Griseb.

Chave para as espécies

1a. Lâmina da folha linear; racemos numerosos .... **2.** ***B. ramosa***

b. Lâmina foliar oblongo-lanceolada; poucos racemos .... **1.** ***B. kurzii***

1. ***Brachiaria kurzii*** (Hook. f.) A. Camus in Lectomte, Fl. Indo - China 7: 43. 1922. *Panicum kurzii* Hook. f., Fl. Brit. India 7: 38. 1896. *Urochloa kurzii* (Hook. f.) Nguyen in

Novosti Sist. Vyssh. Rast. 13. 1966. Gamble, Fl. Madras 3: 1770. 1934; Henry *et al.*, Fl. Tamil Nadu 3: 95. 1989; Kabeer e Nair, Fl. Tamil Nadu Grass 217. 2009.

Plantas anuais, erectas a decumbentes. Caules pubescentes a ciliados, 30 - 60 cm de altura; nós esbranquiçados e peludos. Lâmina da folha oblonga - lanceolada, 4 - 15,5 x 1,5 cm. Racemos alternados, c. 7 cm de comprimento. Espiguetas em número reduzido. Gluma superior amplamente elíptica - lanceolada, c. 2,4 x 1,4 mm. no ápice. Lema superior amplamente elíptico, c. 2,2 x 1,4 mm. Ovário oblongo, elíptico, c. 0,6 mm; estigma plumoso, acastanhado.

Fl. e Fr: Jun. - Apl.

Espécime examinado: **Binu Thomas, BUH : 7394**

Raramente nas fendas das rochas das colinas de Velliangiri a cerca de 600 - 1200 m.

Notas: Esta espécie é endémica dos Ghats Ocidentais (Kabeer e Nair, 2009).

2. ***Brachiaria ramosa*** (L.) Stapf. in Prain, Fl. Trop. África 9: 542. 1919. *Panicum ramosum* L., Mant. Pl.: 29. 1767; Hook. f., Fl. Brit. Índia 7: 36. 1896; Gamble, Fl. Madras 3: 1770. 1934; Matthew, Fl. Tamil Nadu Carnatic 3 (2): 1812. 1983; Henry *et al.*, Fl. Tamil Nadu 3: 96. 1989; Kabeer e Nair, Fl. Tamil Nadu Grass 220. 2009 " ***Sanampullu***"

Anuais. Caules até 70 cm. Lâminas lineares, 15 x 1,5 cm. Racemos até 15 cm; ráquis triquetrous, estreitamente alado. Espiguetas amplamente elipsóides, emparelhadas, agudas a cuspidadas com estipe. Glumas membranosas, acuminadas. Gluma inferior amplamente ovada, quase metade do comprimento da espigueta.

Fl. e Fr: Jun. - Mar.

Espécime examinado: **Binu Thomas, BUH : 7395**

Raramente nas fendas das rochas das colinas de Madukkarai a cerca de 350 m.

Utilizações: É uma gramínea forrageira.

3. CENCHRUS L.

Cenchrus ciliaris L., Mant. Pl. 2: 302. 1771; Hook. f., Fl. Brit. India 7: 88. 1896; Gamble, Fl. Madras 3: 1794. 1934; Matthew, Fl. Tamil Nadu Carnatic 3 (2): 1816. 1983; Henry *et al.*, Fl. Tamil Nadu 3: 98 1989; Kabeer e Nair, Fl. Tamil Nadu Grass 96. 2009 " ***Kozhukattaipullu***"

Perenes. Caules ascendentes até 5 cm de altura. Folhas elípticas - lanceoladas, 5 - 15 x 0,30,6 cm. Panículas cilíndricas a ovóides, c. 10 cm. Espiguetas lanceoladas, c. 6 mm;

involucros com cerdas em 2 filas, 0,6 - 1,4 cm. Glumas desiguais. Gluma inferior ovada, c. 2,5 mm. Gluma superior lanceolada, c. 3,5 mm. Lemma oblonga, c. 4 mm. Palea c. 3.5 mm. Cariopse c. 1,5 mm.

Fl. e Fr: Durante todo o ano

Espécime examinado: **Binu Thomas, BUH : 7151**

Comum nas fendas das rochas das colinas de Madukkarai e Kanuvai.

Observações: Esta espécie é uma erva forrageira de grande valor.

4. **CRYPTOCOCCUM** Stapf.

Cryptococcum oxyphyllum (Steud.) Stapf. em Hooker's Icon. Pl. Sub. t. 3096. 1922. *Panicum oxyphyllum* Steud., Syn. Pl. Glumac. 1: 65. 1854; Hook. f., Fl. Brit. India 7: 57. 1896; Gamble, Fl. Madras 3: 1786. 1934; Matthew, Fl. Tamil Nadu Carnatic 3 (2): 1830. 1983; Henry *et al*, Fl. Tamil Nadu 3: 105. 1989; Kabeer e Nair, Fl. Tamil Nadu Grass 236. 2009.

Perenes. Caules ascendentes, até 40 cm de altura. Folhas elípticas - lanceoladas, 2 - 15 x 0,5 - 1,5 cm. Panículas de 5 a 20 cm, densas, congestionadas. Espiguetas larga e obliquamente obovadas, c. 2 mm. Glumas ovadas. Palea estreitamente linear, c. 1,5 mm. Lema superior cimiforme, c. 1,5 mm.

Fl. e Fr: Nov. Jan.

Espécime examinado: **Binu Thomas, BUH : 7174**

Ocasionalmente, em fendas de rocha nas margens de Shola das colinas de Velliangiri, a cerca de 1200 m.

5. **ERIOCHLOA** Kunth

Eriochloa procera (Retz.) C.E. Hubb. in Bull. Misc. Inform. Kew 256. 1930. *Agrostis procera* Retz., Observ. Bot. 4: 19. 1786; Hook. f., Fl. Brit. India 7: 20. 1896; Gamble, Fl. Madras 3: 1767. 1934; Matthew, Fl. Tamil Nadu Carnatic 3 (2): 1859. 1983; Henry *et al*, Fl. Tamil Nadu 3: 116. 1989; Kabeer e Nair, Fl. Tamil Nadu Grass 256. 2009. ***"Kurunganipullu"***

Anuais. Caules tufados até 1,5 m; nós barbudos. Lâminas até 20 * 0,8 cm. Racemos até 20 cm, ascendentes; ráquis puberulenta, triquetrous. Espiguetas lanceoladas até 3,5 mm, comprimidas dorsalmente, emparelhadas, apoiadas numa protuberância. Gluma inferior 0. Gluma superior igual à espigueta. Lema inferior semelhante à gluma superior, sem pilosidade comprimida; lema superior crustáceo até 2 mm; muricado. Cariopse oblonga - elipsoide, comprimida dorsalmente.

Fl. e Fr: Durante todo o ano

Espécime examinado: **Binu Thomas, BUH : 7396**

Raramente em fissuras rochosas húmidas das colinas de Madukkarai até 300 m.

Utilizações: É uma boa erva forrageira.

6. MELINIS P. Beauv.

Melinis repens (Willd.) Zizke, Bibl. Bot. 138. 55. 1988. *Tricholaena wightii* Nees & Arn. *ex* Arn. *ex* Steud., Syn. Pl. Glumac. 1: 93. 1854. *Rhychelytrum villosum* (Parl.) Chiov., Ann. Reale I St. Bot. Rom. 3: 310. 1908; *Rhychelytrum repens* (Willd.) C.E. Hubb., Bull. Misc. Inform. 110. 1934; Gamble, Fl. Madras 3: 1791. 1934; Henry *et al*., Fl. Tamil Nadu 3: 136. 1989 (**Pl.- 17 B**).

Perene. Caules com c. 70 cm de altura. Folhas lanceoladas, 4-12.5 * 0.2 - 0.5 cm, glabras. Panícula c. 15 cm de comprimento, arroxeada. Espiguetas oblongas - obovadas, 3 - 6 mm de comprimento, vilosas. Gluma inferior oblonga, emarginada, 0,15 * 0,5 mm, com 1 nervura. Gluma superior ovada - lanceolada, emarginada, 5 nervuras. Lema inferior ovado-lanceolado 4 - 5 * 1,5 - 2 mm, emarginado, com 5 nervuras. Lema superior ovado-oblongo, 4-5 * 1-1,5 mm, com 2 nervuras. Lema superior ovado-oblongo, 2,5 * 1,5 mm, 5 nervuras. Palea elíptica, c. 2,2 * 1 mm. Estames 3.

Fl. e Fr: Mar. - Ago.

Espécime examinado: **Binu Thomas, BUH : 7267**

Comum em fendas de rocha em todas as colinas selecionadas até 500 - 1600 m.

Observações: Esta espécie é originária de África e atualmente encontra-se amplamente introduzida nas regiões tropicais e subtropicais do país.

7. OPLISMENUS P. Beauv.

Chave para as espécies

1a. Caules decumbentes; nervura da gluma inferior flexível .... **1. *O. burmannii***

b. Caules pendentes; nervura da gluma inferior lisa .... **2. *O. composites***

1. *Oplismenus burmannii* (Retz.) P. Beauv., Ess. Agrost. 54. 1812. *Panicum burmannii* Retz., Observ. Bot. 3: 10. 1783; Hook. f., Fl. Brit. India 7: 68. 1896; Gamble, Fl. Madras 3: 1778. 1934; Henry *et al*., Fl. Tamil Nadu 3: 128. 1989; Kabeer e Nair, Fl. Tamil Nadu Grass 263. 2009. ***"Mugilpullu"*** (**Pl.- 17 C**).

Anuais. Caules decumbentes, 16 - 22 cm de altura. Lâmina da folha ovada a elíptica - lanceolada 2 - 3,5 x 0,4 - 1,2 cm, acuminada no ápice. Panícula 3,4 - 4,5 cm, espiguetas emparelhadas, 2,6 - 3 x c. 0,8 mm, agudas no ápice. Gluma superior, 2 - 3,5 mm. Gluma inferior ovada - lanceolada, 1,5 - 1,8 x 0,6 mm. Lema superior oblongo a elíptico, 1,8 - 2 x 0,7 - 0,8 mm. Estames 3; anteras c. 0,8 mm. púrpura acastanhada a amarela. Cariopse oblonga.

Fl. e Fr: Nov. - Jan.

Espécime examinado: **Binu Thomas, BUH : 7397**

Ocasionalmente em fendas de rocha nas colinas de Madukkarai e Velliangiri até 300-800 m.

2. *Oplismenus composites* (L.) P. Beauv., Ess. Agrostorgr. 168, 169. 1812. *Panicum compositum* L., Sp. Pl. 57. 1753; Hook. f., Fl. Brit. India 7: 66. 1896; Gamble, Fl. Madras 3: 1778. 1934; Matthew, Fl. Tamil Nadu Carnatic 3 (2): 1877. 1983; Henry *et al.*, Fl. Tamil Nadu 3: 129. 1989; Kabeer e Nair, Fl. Tamil Nadu Grass 264. 2009. "***Oosipullu***

Perene. Caules rastejantes. Folhas ovadas - elípticas a lanceoladas, 1-12 x 1 - 2,5 m. Inflorescência 5 - 20 cm; racemos 4 - 8 x 5 cm. Espiguetas emparelhadas, elípticas - lanceoladas, 3 - 4 m. Gluma inferior lanceolada 2 - 3 x 1 - 1,2 mm, com toldos. Gluma superior ovada - elíptica 2 - 3 x 1 - 1. 1 mm, aristada. Lema inferior ovado, c. 4 x 2 mm. Palea elíptica, c.3 x 1 mm. Estames 3.

Fl. e Fr: Durante todo o ano

Espécime examinado: **Binu Thomas, BUH : 7275**

Comum em fendas de rocha na floresta húmida de deciduos das colinas de Maruthamalai, Kanuvai e Velliangiri até 500-800 m.

Observações: É uma boa erva forrageira.

8. PANICUM L.

Panicum curviflorum Hornem. Suppl. Hort. Bot. Hafn. 116. 1819. *Panicum trypheron* Schult., Mant. 2: 244. 1824. Hook. f., Fl. Brit. India 7: 47. 1896; Gamble, Fl. Madras 3: 1783. 1934; Matthew, Fl. Tamil Nadu Carnatic 3 (2): 1883. 1983; Henry *et al*, Fl. Tamil Nadu 3: 132. 1989. "***Samai-karanai***

Anuais. Caule geniculado até 1 m. Folha - lâmina linear-lanceolada, 3 - 24 x 0,5 - 0,8 cm. Racemos inferiores 6 - 12 cm. Espiguetas ovadas - oblongas lanceoladas, 2,4 - 3,2 x 1 - 1,2 mm. Gluma superior elíptica a linear, 2,3 x 1,8 mm. Lema superior ovado - elíptico,

1. 4 - 2 x 1 mm. Palea superior ovada - elíptica 1.3 x 1.8 x c. 0.8 mm. Estames 3; anteras 1 - 1,4 mm, amarelas a acastanhadas. Ovário oblongo - elíptico, 0,5 - 0,7 x 0,3 mm, esverdeado; estilete 0,8 - 1 mm. Caryopsis elíptica, 1,2 x 1 mm, aguda a obtusa, acastanhada.

Fl. e Fr: maio - Fev.

Espécime examinado: **Binu Thomas, BUH : 7281**

Ocasionalmente em fissuras rochosas húmidas das colinas de Velliangiri a cerca de 1600 m.

Observações: A espécie é utilizada como boa erva forrageira.

9. PASPALIDIUM Stapf.

Chave para as espécies

1a. Panícula mais curta do que os entrenós; espiguetas 3-10 cada .... **1. *P. flavidum***

b. Panícula mais comprida do que os entrenós; espiguetas 10-30 cada .... 2. ***P. geminatum***

1. *Paspalidium flavidum* (Retz.) A. Camus. em Lecomk, Fl. Indo - Chine 7: 419. 1922. *Panicum flavidum* Retz., Observ. Bot. 4: 15. 1786. Hook. f., Fl. Brit. India 7: 28. 1896; Gamble, Fl. Madras 3: 1774. 1934; Matthew, Fl. Tamil Nadu Carnatic 3 (2): 1884. 1983; Henry *et al.*, Fl. Tamil Nadu 3: 132. 1989. *Setaria flavida* (Retz.) Veldkamp in Blumea 39: 376. 1994. Kabeer e Nair, Fl. Tamil Nadu Grass 281. 2009. "***Arisipullu***

Anuais. Caules erectos ou geniculados até 50 cm. Folhas lineares - oblongas, 5-3.5 * 0.3 - 0. 8cm, planas. Inflorescência 5 - 30 cm, espiciforme; espigas 3 - 10 cada c. 2 cm. Espiguetas ovadas, gibosas c. 3 mm. Gluma inferior ovada, c. 3 * 2 mm. Lema inferior ovado, 2 - 3 * 1,5 - 2 mm. Palea obovado - elíptico, c. 2 * 1 mm. Estames 3. Ovário oblongo, c. 0,52 mm.

Fl. e Fr: Jul. - Dez.

Espécime examinado: **Binu Thomas, BUH : 7282**

Ocasionalmente em falésias rochosas húmidas das colinas de Maruthamalai e Velliangiri até 800-1300 m.

2. *Paspalidium geminatum* (Forssk.) Stapf. in Prain, Fl. Trop. África 9: 583. 1920. *Panicum geminatum* Forssk., Fl. Aegypt. - Arab. 18. 1775. *Panicum paspaloides* Pers., Syn. Pl. 1: 81. 1805; Hook. f., Fl. Brit. India 7: 30. 1896; Gamble, Fl. Madras 3: 1774. 1934; Matthew, Fl. Tamil Nadu Carnatic 3 (2): 1884. 1983; Henry *et al.*, Fl. Tamil Nadu 3: 132. 1989. *Setaria geminiata* (Forssk.) Veld. in Blumea 39: 377. 1994; Kabeer e Nair, Fl. Tamil

Nadu Grass 282. 2009.

Anuais. Caules até 70 cm. Lâminas lineares, 5 - 20 * 4-0,8 cm, planas. Inflorescência até 15 cm de comprimento; racemos 10 - 30, até 2,5 cm. Espiguetas 10 - 30 por racemo, ovóides até 2,5 mm. Gluma inferior truncada; gluma superior amplamente ovalada, com 7 nervuras. Lema inferior com 5 nervuras; lema superior com 3 nervuras. Cariopse elipsoide.

Fl. e Fr: maio - Mar.

Espécime examinado: **Binu Thomas, BUH : 7398**

Raramente encontrada em fissuras rochosas húmidas das colinas de Madukkarai e Velliangiri até 300-600 m.

10. PENNISETUM L.C. Richard. *ex* Person.

Pennisetum polystachion (L.) Schult., Mant. 2: 146. 1824. *Panicum polystchion* L., Syst. Nat. ed. 10. 2. 870. 1759; Gamble, Fl. Madras 3: 1792. 1934; Henry *et al.*, Fl. Tamil Nadu 3: 133. 1989. Kabeer e Nair, Fl. Tamil Nadu Grass 295. 2009.

Perenes. Caules tufados, erectos até 1,5 cm de altura. Folhas lineares, c. .30 * 1.2 cm. Espiguetas oblongas, c. 4,5 mm. Gluma inferior linear-lanceolada, c. 1 mm. Gluma superior elíptica oblonga. Lema inferior c. 4 mm. Palea linear, c. 3,5 mm. Lema superior ovado-oblongo, c. 3 mm. Palea semelhante ao lema. Cariopse elíptica - oblonga, c. 2 mm de diâmetro.

Fl. e Fr: Set. - Dez.

Espécime examinado: **Binu Thomas, BUH : 7286**

Ocasional em fissuras rochosas húmidas das colinas de Maruthamalai e Velliangiri até 1200 m. Notas: é utilizada como erva forrageira

11. PSEUDECHINOLAENA (Hook.f.) Stapf.

Pseudechinolaena polystachya (Kunth) Stapf. in Prain, Fl. Trop. África 9: 495. 1919. *Echinolaena polystachya* Kunth, Nov. Gen. Sp. 1: 119. 1816. *Panicum uncinatum* Raddi, Agrast. Bras. 41. 1823; Hook. f., Fl. Brit. India 7: 58. 1896; Gamble, Fl. Madras 3: 1776. 1934; Matthew, Fl. Tamil Nadu Carnatic 3 (2): 1892. 1983; Henry *et al.*, Fl. Tamil Nadu 3: 135. 1989; Kabeer e Nair, Fl. Tamil Nadu Grass 298. 2009.

Perenes. Caules com *c.* 40 cm de altura. Folhas oblongas lanceoladas, 1.5 - 6.5 x 0.5 - 1.2 cm. Panículas c. 12 cm de comprimento com 4 - 8 racemos. Espiguetas ovadas -

lanceoladas, 3 - 4,2 x 1,5 - 2 mm, ligeiramente gibosas. Gluma inferior ovada - lanceolada, 4 - 4,2 x 1,5 - 2 mm. Gluma superior ovada - lanceolada, com 7 nervuras. Florete inferior vazio florete superior bissexual. Lema inferior ovado, 3 - 3,5 x 1 mm, com 2 nervuras. Lema superior ovado - lanceolado, 2,5 - 2,8 x 1,5 - 2 mm, estames 3.

Fl. e Fr: Durante todo o ano

Espécime examinado: **Binu Thomas, BUH : 7323**

Raramente nas fissuras rochosas das colinas de Velliangiri a cerca de 1500 m.

Observações: É uma boa erva forrageira.

12. SETARIA P. Beauv.

Chave para as espécies

1a. Espiguetas subtendidas por 4 a 10 cerdas; panícula cilíndrica .... **3.** ***S. pumila***
b. Espiguetas não como acima 2
2a. Gluma superior % da espigueta; caules decumbentes .... **1.** ***S. barbata***
b. Gluma superior % da espigueta; caules erectos .... **2.** ***S. palmifolia***

1. ***Setaria barbata*** (Lam.) Kunth, Ravis. Gramin. 1: 47. 1829. *Panicum barbatum* Lam., Tahl. Encycl. 1: 171. 1791. *Panicum flavescens* sensu Hook. f., Fl. Brit. India 7: 56. 1896; Henry *et al.*, Fl. Tamil Nadu 3: 305. 1989 **(Pl.-17 F)**.

Plantas anuais com tufos. Caules decumbentes e frequentemente rastejantes com cerca de 1 m de altura, amarelo arroxeado. Lâmina foliar elíptica a lanceolada, 4,5 - 23 x 0,6 - 2 cm; bainha da folha quilhada em direção ao ápice, 3 - 10 cm, margem ciliada. Panícula linear, 4 - 14 x 1,5 - 3 cm, eixo central angulado; pedúnculo terete a estriado. Racemos 1 - 2 cm. Lema superior oblongo a elíptico. Lema inferior amplamente ovalado - elíptico, 2,3 x 1,2 mm. Estames 3; estigma plumoso, c. 0,6 mm, arroxeado.

Fl. e Fr: Dez. - Apl.

Espécime examinado: **Binu Thomas, BUH : 7399**

Raramente em fissuras rochosas húmidas nos limites de shola das colinas de Velliangiri até 800 m.

2. ***Setaria palmifolia*** (J. Koenig.) Stapf in J. Linn. Soc., Bot. 42: 186. 1914. *Panicum palmaefolium* J. Koenig in Naturforscher (Halle) 23: 208. 1788. *Setaria paniculifera* (Steud.) E. Fourn. *ex* Hemsl., Biol. Centr. Amer. Bot. 3: 505. 1885. *Setaria plicata* sensu Bor, Grass. Burma Ceilão Índia Paquistão: 363. 1960. Hook. f., Fl. Brit. India 7: 55. 1896; Matthew, Fl. Tamil Nadu Carnatic 3 (2): 1900. 1983; Henry *et al.*, Fl. Tamil Nadu 3: 138. 1989; Kabeer e

Nair, Fl. Tamil Nadu Grass 309. 2009.

Perenes. Caules erectos até 1 m de altura. Folhas elípticas - lanceoladas, 20 - 30 x 2 - 4 cm. Panículas 20 - 30 cm. Espiguetas, 3 - 4 x 1 - 1,5 mm. Gluma inferior ovada, 1-1,5 x 1 mm. Gluma superior elíptica, 2 - 2,5 x 1 - 1,5 mm. Lema inferior elíptico, 3 - 4 x 1 - 1,5 mm. Lema superior ovado - lanceolado, 2 -3 x 1-1,5 mm. Palea elíptica 2 - 3 x 1-1.5 mm. Estames

3. Ovário oblongo.

Fl. e Fr: maio - Mar.

Espécime examinado: **Binu Thomas, BUH : 7333**

Ocasionalmente em fissuras rochosas nos limites de shola das colinas de Velliangiri até 900 m.

Observações: Erva ornamental; é também uma boa forragem.

3. *Setaria pumila* (Poir.) Roem. & Schult., Syst. 2: 891. 1817. *Panicum pumilum* Poir. in Lam. Encyl. Suppl. 4: 273. 1816. *Setaria pallidifusca* Schum. Baskr. Guin. Pl. 58. 1827; Henry *et al.*, Fl. Tamil Nadu 3: 139. 1989; Kabeer e Nair, Fl. Tamil Nadu Grass 311. 2009. ***"Korai pullu"***

Anuais. Caules até 50 cm, geniculados. Lâminas das folhas lanceoladas, 4.5-12x0.4-0.7 cm. Inflorescência em espigas, compacta, 2-45 (11)x1 cm; cerdas involucrais 9-11 por espiral, antrosamente farpadas, espiguetas 3 em cacho, ovóides. Gluma inferior ovada, com 1-3 nervuras; gluma superior com 5-7 nervuras, lema inferior com 5 nervuras; lema superior em forma de barco, endurecido, transversalmente rugoso. Cariopse elipsoide.

Fl. e Fr: Durante todo o ano.

Espécime examinado: **Binu Thomas, BUH : 7400**

Ocasionalmente nas fendas das rochas das colinas de Madukkarai.

TRIBE-IX. POEAE

POA L.

Poa annuna L., Sp. Pl. 68. 1753; Hook. f., Fl. Brit. India 7: 345. 1896; Gamble, Fl. Madras 3: 1850. 1934; Matthew, Fl. Tamil Nadu Carnatic 3 (2): 1891. 1983; Henry *et al.*, Fl. Tamil Nadu 3: 134. 1989; Kabeer e Nair, Fl. Tamil Nadu Grass 56. 2009 **(Pl.- 17 D)**.

Anuais. Caules tufados, erectos, de 10 a 25 cm de altura. Nós glabros. Folhas oblongo-lanceoladas, 1,8 x 0,1 - 0,5 cm, arredondadas na base. Bainhas comprimidas, com 2,5 mm de comprimento. Panícula ovada, espiguetas ovadas, 3 - 8 mm de comprimento, 3 - 6 flores. Gluma inferior lanceolada, 1,5 - 2 x 0,5 - 1 mm, 1 - nervurada. Gluma superior elíptica ou oblonga, 2,5 - 3 x 1 mm. Palea oblonga - lanceolada, 2,3 x 0,5 mm. Estames 3, anteras com 0,5 - 1 mm de comprimento. Amarelo pálido. Estigma branco. Espiguetas oblongas, c. 4,5 mm. Gluma inferior linear-lanceolada, c. 1 mm. Gluma superior elíptica oblonga. Lema inferior *c.* 4 mm. Palea linear, c. 3,5 mm. Lema superior ovado-oblongo, c. 3 mm. Palea semelhante ao lema. Cariopse elíptica - oblonga, c. 2 mm de diâmetro.

Fl. e Fr: Nov. - Dez.

Espécime examinado: **Binu Thomas, BUH : 7309**

Raramente em fissuras rochosas húmidas das colinas de Velliangiri a cerca de 1600 - 1800 m.

Observações: Uma erva forrageira de boa nutrição.

PARTE III - BRIÓFITAS

As briófitas são um grupo de pequenas plantas primitivas, consideradas como anfíbios do reino vegetal, que incluem hepáticas, hornworts e musgos. Estas plantas ocorrem geralmente como grupos de indivíduos que formam as suas próprias sociedades. Estas plantas minúsculas são muito criteriosas na seleção do seu habitat para se propagarem e desenvolverem. Verificou-se que as falésias e fendas rochosas húmidas e sombrias oferecem um habitat muito adequado para briófitas formadoras de almofadas (Chopra, 1967; 1975). O húmus e os nutrientes trazidos pelo vento, bem como a água da chuva ou do nevoeiro, proporcionam o meio e o micro-habitat ideal para o desenvolvimento de briófitos nas fendas e penhascos de terreno rochoso (Blatter, 1929; Foreau, 1961). Uma observação relativa ao comportamento de frutificação e desenvolvimento dos briófitos da área de estudo revela que este grupo de plantas escolhe os períodos de monção e pós-monção para o desenvolvimento das fases vegetativa e sexual.

CHAVE PARA AS FAMÍLIAS

1a. Células da lâmina romboides - vermiformes a lineares .... **1. Briáceas**

b. Células da lâmina não como acima **2**

2a. Folhas parcialmente a completamente embainhadas; subuladas acima de .... **2. Dicranáceas**

b. Base da folha embainhada; espalhando-se acima .... 3. **Polytrichaceae**

3a. Folhas periclinais frequentemente com bainha na base .... **4. Pottiaceae**

b. Folhas periclinais não como acima **4**

4a. Airpores epidérmicos dorsais indistintos .... **5. Ricciaceae**

b. Airpores epidérmicos dorsais proeminentes .... **6. Targioniaceae**

1. BRYACEAE

BRYUM Hedw.

Bryum argenteum Hedw. Hamp. in Linnea 13: 44. 1839. *Minium lanatum* P. Beauv. Prodr. 75. 1805. *Bryum lanatum* (P. Beauv.) Brid. Sp. Musc. 3: 20. 1817 (**Pl.- 20 A**).

Plantas, 6,5 - 2 x 0,5 - 1 mm, erectas, ramificadas com inovações subflorais. Folhas ovadas com ápice acuminado, 0,7 - 1,5 mm x 0,4 - 0,8 mm; erectas - patentes, côncavas, densas, fortemente aderidas ao caule. Costa forte 27 - 40 pm de largura na base, células acima. Base da folha romboidal. Cápsula pendente, ovada - cilíndrica; opérculo cónico; peristoma duplo, com *cerca de* 230 pm de comprimento, castanho-amarelado, finamente papiloso.

Espécime examinado: **Binu Thomas, BUH : 7411**

Nota: O presente estudo verificou que esta espécie se encontra em fendas de rochas húmidas e falésias das colinas de Velliangiri a cerca de 800 - 1000 m.

2. DICRANACEAE

CAMPYLOPUS Brid.

Campylopus flexuosus (Hedw.) Brid. em Mant. Musc. 4: 71. 1819. *Dicranum flexuosum* Hedw. Sp. Musc. 145. 1801. *Bryum flexuosum* (Hedw.) L. *ex* with Syst. Arr. Brit. Pl. ed. 4, 3: 817. 1801. *Bryum immersum* Dicks. Pl. Crypt. Brit. Fasc. 4: 15. 1801. *Campylopus rubiginosus* Stirt. in Ann. Scot. Nat. Hist. 15: 1. 1906. *Campylopus crenulatus* Stirt. in Trans. Bot. Soc. Edin. 26: 244. 1914 (**Pl.- 20 B**).

Plantas quase robustas, 1-4 cm de comprimento, tomentosas, amareladas, verdes, brilhantes - dicotomicamente ramificadas. Folhas lanceoladas, *cerca de* 4,5 x 0,55 mm, flexuosas quando secas; margens incurvadas, serrilhadas no ápice. Costa larga, lisa na superfície dorsal. Células infladas, quase hexagonais.

Espécime examinado: **Binu Thomas, BUH : 7414**

Nota: O presente estudo observou que esta espécie pode ser encontrada durante os períodos de monção e pós-monção em fendas rochosas húmidas das colinas de Velliangiri e Madukkarai.

3. POLYTRICHACEAE

POGONATUM P.Beauv.

Pogonatum aloides (Hedw.) P. Beauv. Gangulee, Musgos E. Ind. Adj. Reg. 1: 100. 1969. *Polytrichum neesii* C. Muell. em Syn. 2: 565. 1857. *Pogonatum neesii* (C. Muell.) Mitt. Musc.

Ind. Or. 151. 1859. *Polytrichum assamicum* C. Muell. Gen. Musc. Fr. 1177. 1900 (**Pl.- 20 C**).

Plantas robustas, 0,5 - 3 cm de comprimento, verde acastanhado escuro, erectas formando tufos. Folhas rígidas, linearmente lanceoladas, 3 - 6 x 1 - 1,5 mm, verde-escuro. Costa percurrente a ligeiramente excurrente, 20 - 80 x c. 10 pm, parede fina e lisa. Cápsulas ovadas a cilíndricas, c. 2 x c. 1 mm, ligeiramente papilosa, boca larga; esporos arredondados, 10 - 14 pm de diâmetro, verde amarelado. Operculam cónico. Caliptra branco-acinzentada, carnuda. Cobrem toda a cápsula.

Espécime examinado: **Binu Thomas, BUH : 7415**

Nota: O presente estudo constatou que esta espécie pode ocorrer em fendas de rocha húmidas e falésias de regiões de altitude mais elevada das colinas de Velliangiri, a cerca de 1200 - 1600 m, onde se acumulou uma fina camada de solo.

4. POTTIACEAE

BARBULA Hedw.

Barbula indica (Hook.) Spreng. in Steud., Nomencl. Bot. 2: 72. 1874. *Tortula indica* Hook. Musci Exot. 2: 135. 1819. *Barbula orientalis* (Web.) Broth., Nat. Pflanzenfam. 1 (3): 409. 1902. *Barbula setschwania* Broth., Akad. Wiss. Wiansitzungsber, Math. - Nat. Kl., Abt. 1, 133: 566. 1924 (**Pl. - 20 D**).

Plantas pequenas, de 5-17 mm de altura a verde escuro em tufos soltos ou densos. Caule ir-regularmente ramificado, frequentemente radiculoso na base. Folhas contorcidas quando secas, erectas e espalhadas quando húmidas, ovadas - lanceoladas a estreitamente liguladas, 1,1 - 1,6 mm x 0,3 - 0,5 mm, arredondadas e obtusas no ápice. Gemas presentes nas axilas das folhas. Cerdas dióicas com 5 a 10 mm de comprimento; cápsula erecta, oblonga - ovoide a cilíndrica, opérculo cónico - rostrado com bico longo e oblíquo.

Espécime examinado: **Binu Thomas, BUH : 7416**

Nota: Esta espécie ocorre normalmente como litófita, mas o presente estudo verificou que também pode ocorrer em fendas de rochas húmidas e falésias das colinas de Velliangiri a cerca de 1200 m, onde se acumulou uma fina camada de solo.

5. RICCIACEAE

RICCIA (Mich.) L.

Riccia crystallina L. Sp. Pl. 1139. 1753. *Riccia catalinae* Underw. in Bot. Gaz. 19: 275. 1894. *Riccia brandegei* Underw. in Bot. Gaz. 19: 275. 1894. *Ricciella crystallina* Warnst. Krypt. Fl. Mark. Brandenb. 80. 1902. *Riccia robusta* Kashyap in J. Bombay Nat. Hist. Soc. 24: 348. 1916 (**Pl. - 20 E**).

Plantas talosas, talos 6 - 12 x 2 -3 mm, ramificados. Ramos repetidamente dicotómicos, partes mais velhas geralmente com buracos, margem ondulada, hialina revestida de rizóides ventralmente. Talo 7 - 6 células, espesso. Esporófito proeminente, projectando-se ventralmente, esférico em várias filas. Esporos triangular-arredondados, castanho-escuros, 68 - 103 mm de diâmetro, reticulados.

Espécime examinado: **Binu Thomas, BUH : 7413**

Nota: Durante os períodos de monção e pós-monção, esta espécie pode ocorrer em fendas de rochas húmidas e falésias das colinas de Madukkarai e Velliangiri.

6. TARGIONIACEAE

CYATHODIUM Kunze.

Cyathodium cavernarum Kunze., Lahmann Pugillua 6: 18. 1837. *Cyathodium mexicanum* Steph., Sp. Hep. 6: 4. 1838 (**Pl. - 20 F**).

Plantas dioicas, em manchas sobrepostas, verde-amarelo brilhante a verde acastanhado baço. Talos 4 - 10 x 2 - 4 mm, irregularmente ramificados; rizóides numerosos, dimórficos, de paredes finas, lisos, sinuosos e hialinos. Escamas ventrais filamentosas, 150 - 200 x 35 - 40 pm, uni ou bisseriadas, 3 - 5 células de comprimento. Involucro entre os lóbulos apicais do talo, peludo, na base do seio; verde claro, tufado, divide-se dicotomicamente, globoso, superficialmente 2-labiado, com borda delimitada por células alongadas incolores; pêlos rígidos, cobrindo o involucro, alguns surgindo das células da borda. Esporogónio 1 ou 2 em cada invólucro. Cápsulas 0,4 - 0,6 mm, globosas a subglobosas, castanho-escuras.

Espécime examinado: **Binu Thomas, BUH : 7412**

Nota: Esta espécie ocorre normalmente como litófita, mas a presente observação revelou que esta espécie também pode ocorrer em fendas de rocha húmida e falésias das colinas de Velliangiri a cerca de 800 -1200 m.

PLATE - 4

A). *Cleome felina* L. f.

B). *Hybanthus enneaspermus* (L.) F. Muell.

C). *Polygala sibirica* L.

D). *Drymaria cordata* Edgew. & Hook.

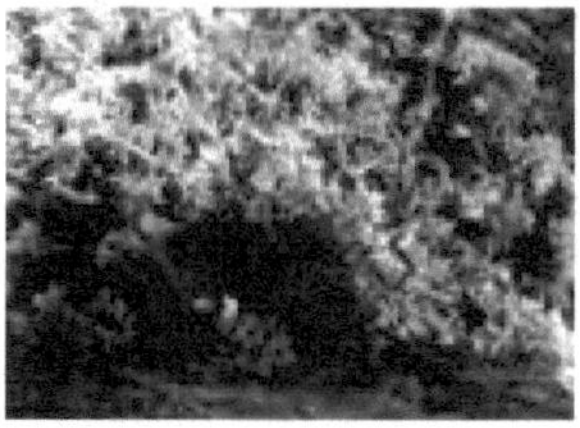

E). *Polycarpaea corymbosa* (L.) Lam.

F). *Portulaca pilosa* L.

G). *Hypericum mysurense* Heyne.

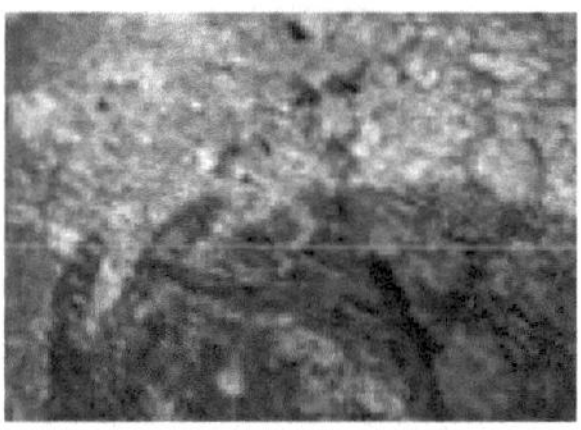

H). *Sida cordata* (Burm.f.) Borss.

PLATE - 5

A). *Tribulus terrestris* L.

B). *Biophytum longipedunculatum* Govind.

C). *Biophytum reinwardtii* (Zucc.) Klot.

D). *Biophytum sensitivum* (L.) DC.

E). *Oxalis latifolia* HBK

F). *Impatiens balsamina* L.

G). *Impatiens chinensis* L.

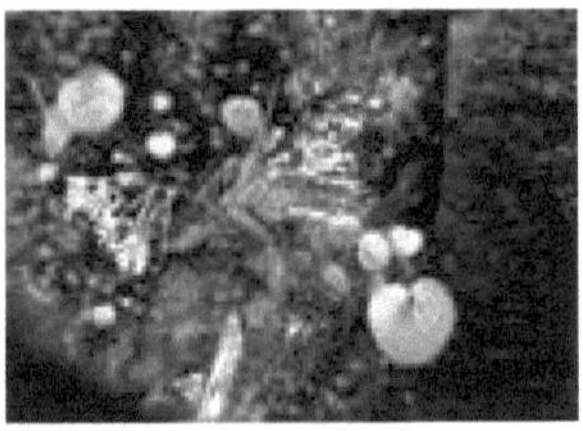

H). *Impatiens clavicornu* Turcz.

PLATE - 6

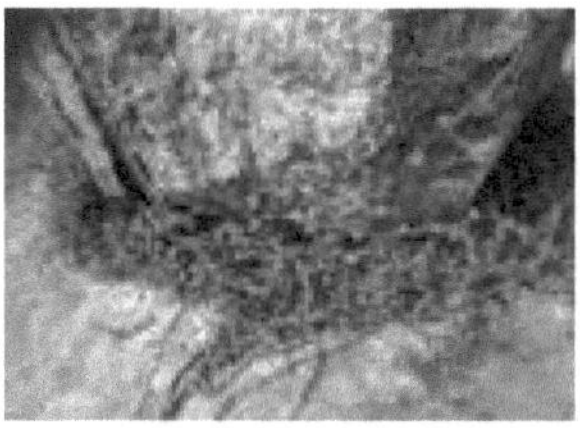

A). *Cissus quadrangularis* L.

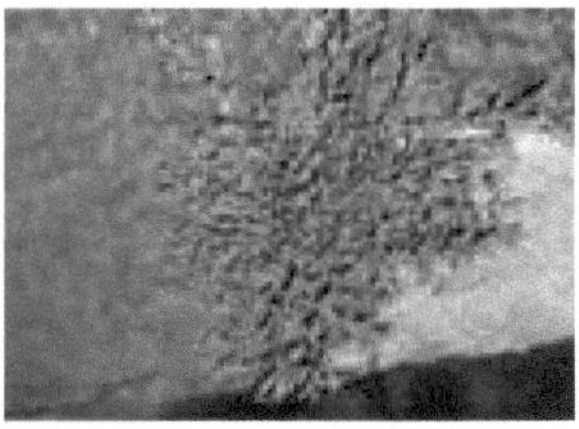

B). *Alysicarpus monilifer* (L.) DC.

C). *Crotalaria clarkei* Gamble.

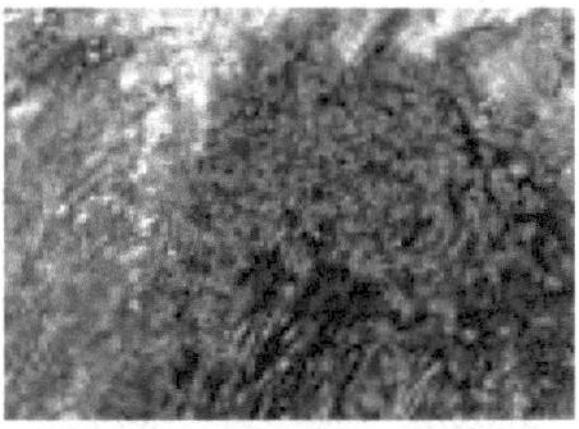

D). *Desmodium triflorum* (L.) DC.

E). *Indigofera linnaei* Ali.

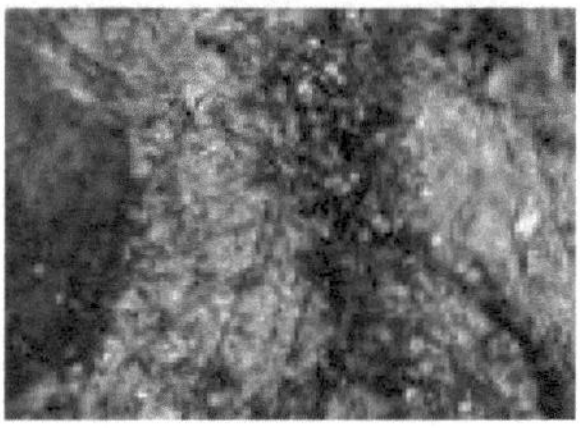

F). *Indigofera uniflora* Buch.-Ham.

G). *Chamaecrista absus* (L.) Irwin & Barneby

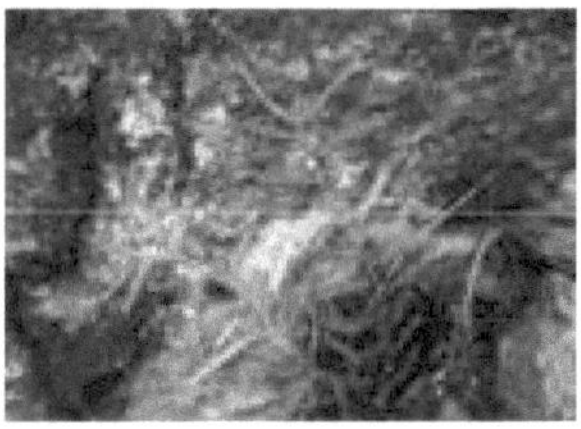

H). *Chamaecrista kleinii* (Wight & Arn.) Matthew

PLATE - 7

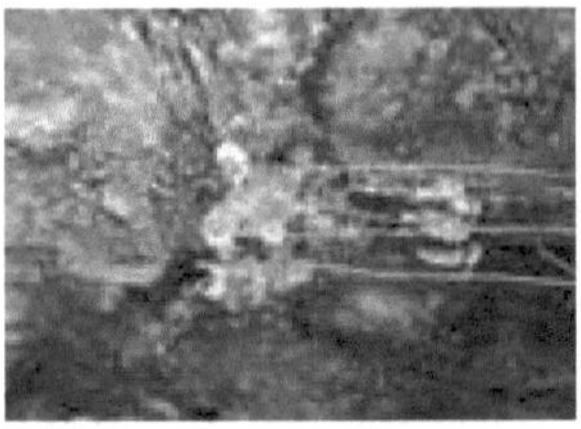

A). *Kalanchoe pinnata* (Lam.) Pers.

B). *Kalanchoe schweinfurthii* Penzig.

C). *Kalanchoe tubiflora* (Harvey) Raym-Hamet

D). *Medinilla beddomei* Clarke

E). *Osbeckia brachystemon* Naud.

F). *Sonerila grandiflora* R. Br. ex Wight & Arn.

G). *Sonerila rheedei* Wight & Arn.

H). *Begonia malabarica* Lam.

PLATE - 8

A). *Opuntia stricta* Haw. var. *dillenii*

B). *Glinus oppositifolius* (L.) A. DC.

C). *Mollugo pentaphylla* L.

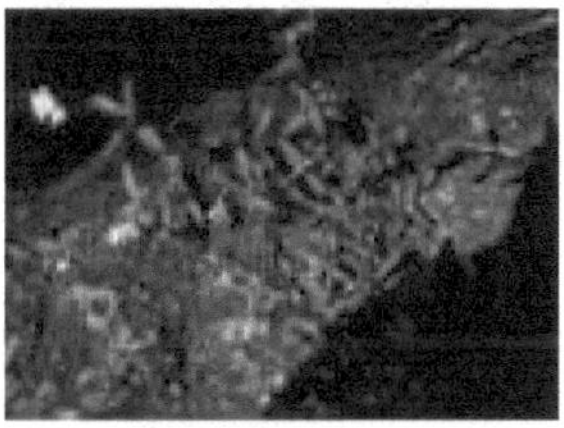

D). *Hedyotis corymbosa* (L.) Lam.

E). *Mitracarpus villosus* (Sw.) DC.

F). *Rubia cordifolia* L.

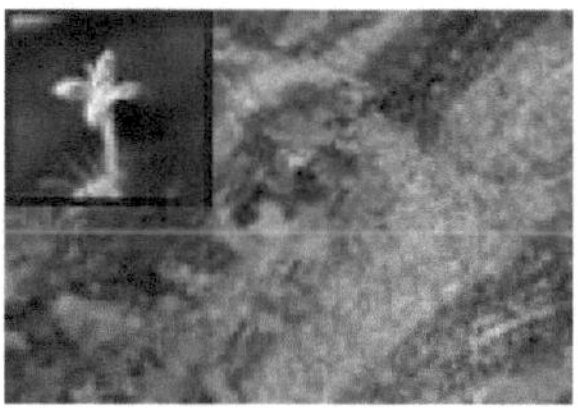

G). *Spermacoce hispida* L.

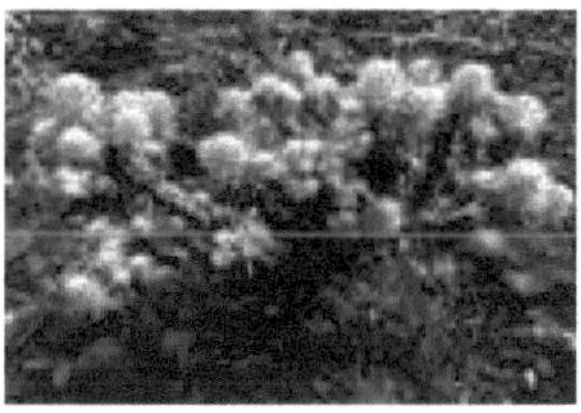

H). *Anaphalis neelgerryana* Sch.-Bip.

PLATE - 9

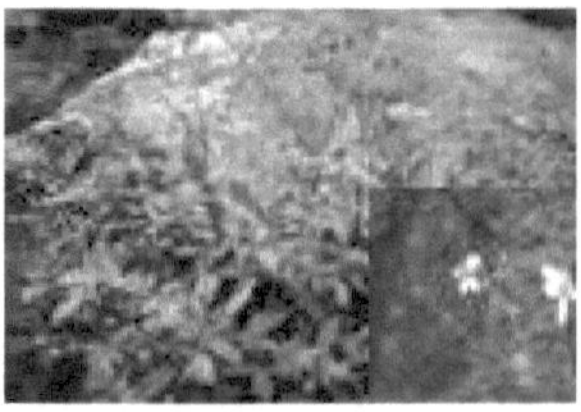

A). *Bidens pilosa* L.

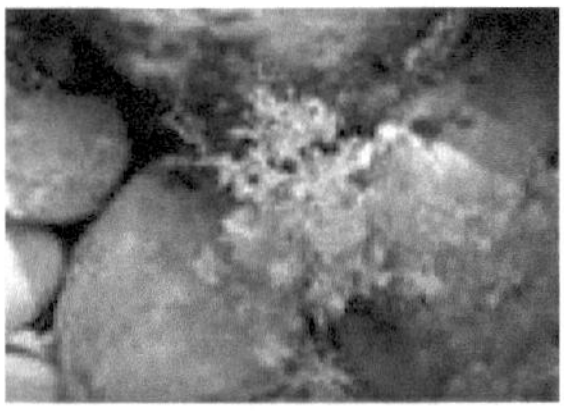

B). *Blumea mollis* (D. Don) Merr.

C). *Emilia sonchifolia* (L.) DC.

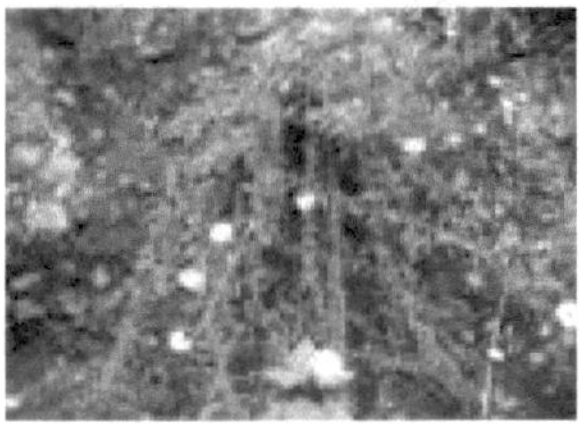

D). *Erigeron karvinskianus* DC.

E). *Glossocardia bosvallia* (L.f.) DC.

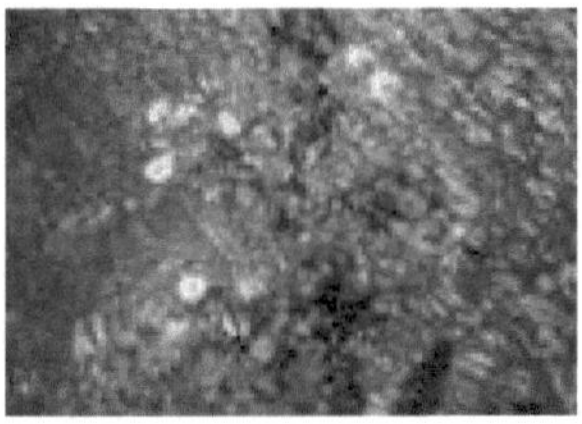

F). *Pentanema indicum* (L.) Ling.

G). *Tridax procumbens* L.

H). *Plumbago zeylanica* L.

PLATE - 10

A). *Catharanthus pusillus* (Murr.) G. Don.

B). *Catharanthus roseus* (L.) G. Don.

C). *Caralluma adscendens* Roxb.var. *attenuata*

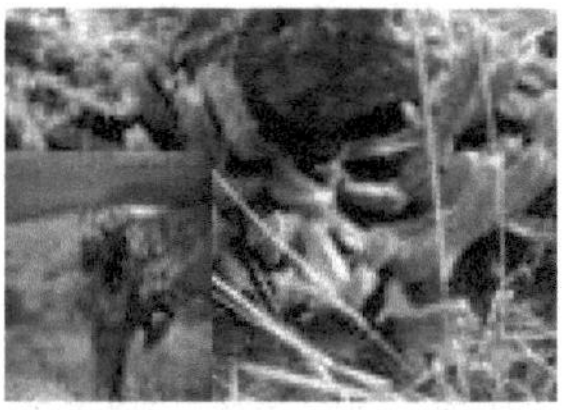

D). *Caralluma diffusa* (Wight.) N. E. Br.

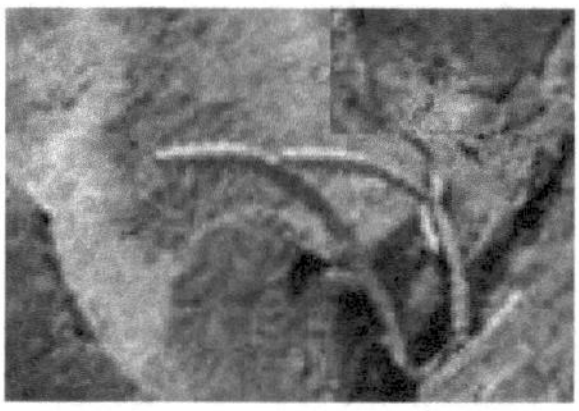

E). *Caralluma indica* (Wight & Arn.) N.E.Br.

F). *Caralluma umbellata* Haw.

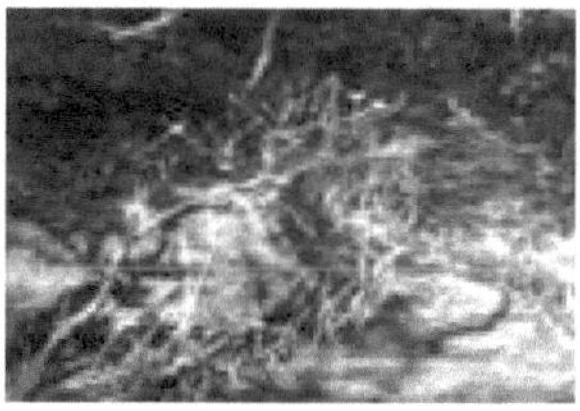

G). *Canscora diffusa* (Vahl.) R. Br. ex Roem.

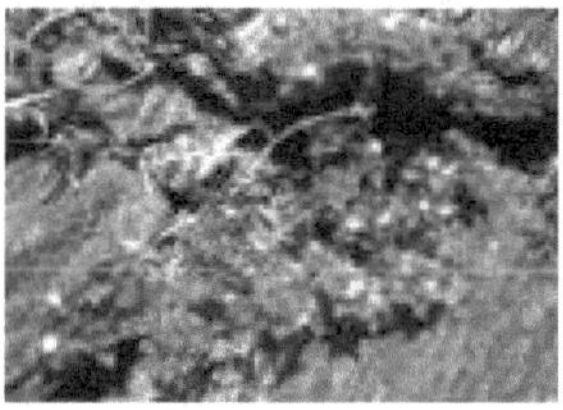

H). *Heliotropium marifolium* Retz.

PLATE - 11

A). *Xenostegia tridentata* (L.) Austin & Staples

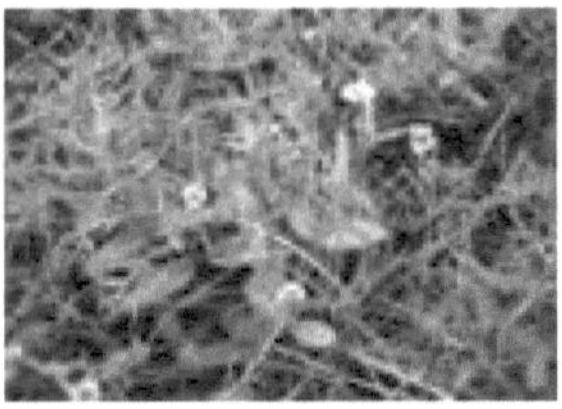

B). *Lindernia ciliata* (Colsm.) Pennell

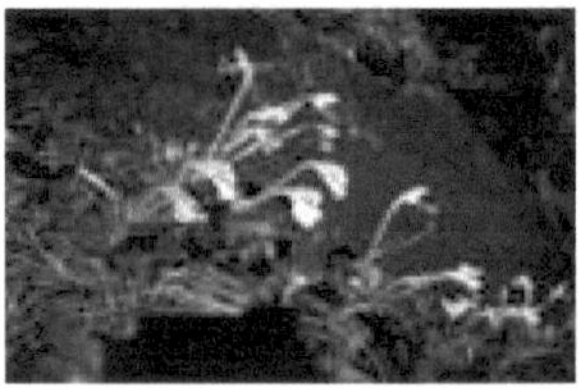

C). *Pedicularis perrottetii* Benth.

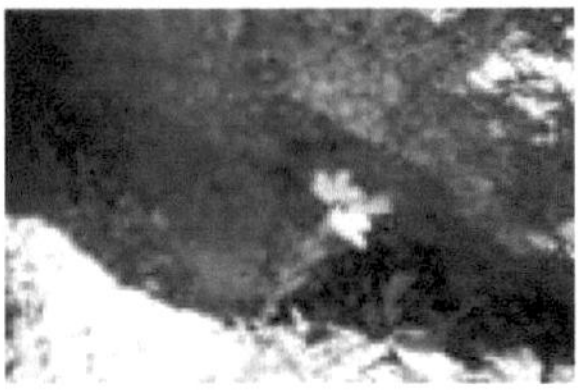

D). *Striga asiatica* (L.) O. Ktze.

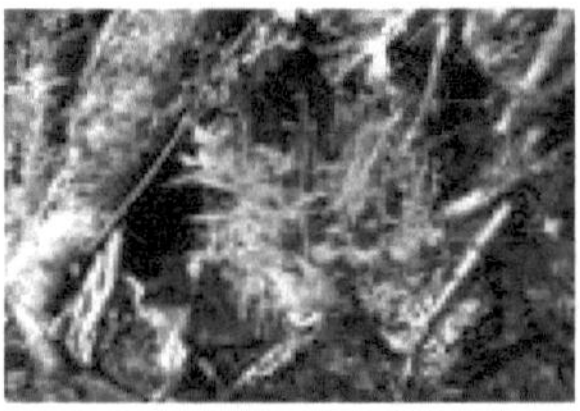

E). *Utricularia graminifolia* Vahl.

F). *Didymocarpus gambleanus* Fischer

G). *Didymocarpus tomentosa* Wight.

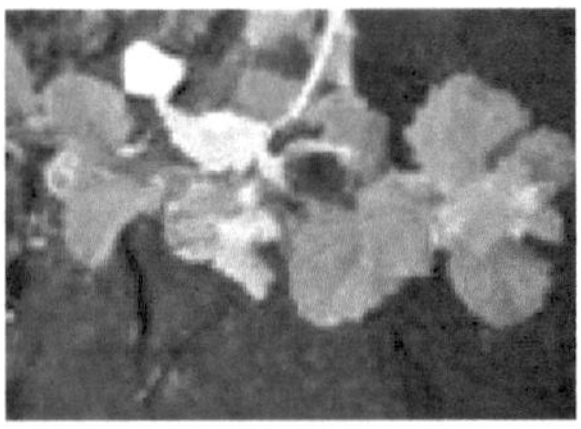

H). *Sesamum laciniatum* Klein. *ex* Willd.

PLATE - 12

A). *Andrographis alata* (Vahl) Nees

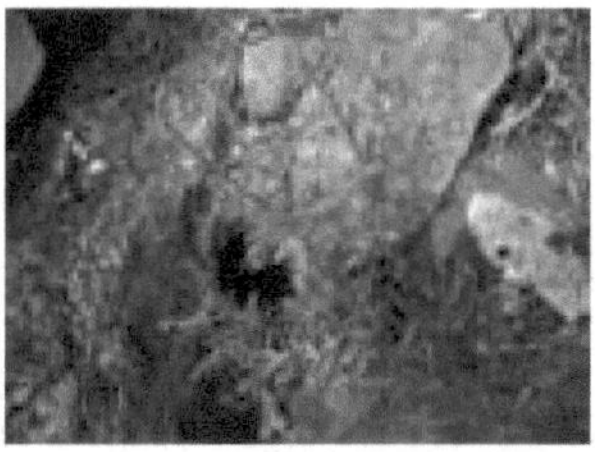

B). *Andrographis stenophylla* Clarke

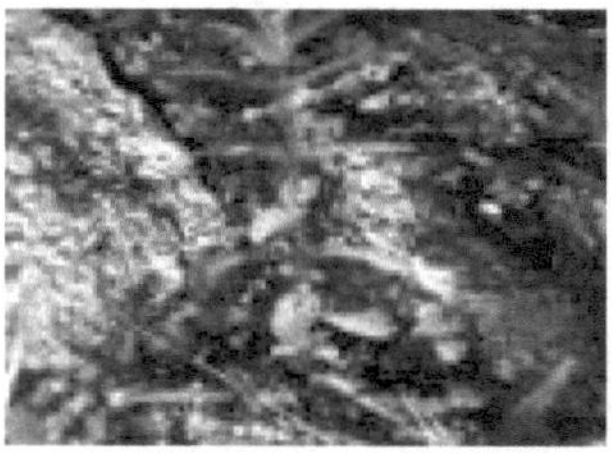

C). *Indoneesiella echioides* (L.) Sreem.

D). *Anisochilus scaber* Benth.

E). *Anisomeles malabarica* (L.) R. Br. *ex* Sims

F). *Plectranthus barbatus* Andr.

G). *Pogostemon vestitus* Benth.

H). *Persicaria chinensis* (L.) Gross.

PLATE - 13

A). *Peperomia dindigulensis* Miq.

B). *Peperomia pellucida* (L.) Kunth.

C). *Euphorbia antiquorum* L.

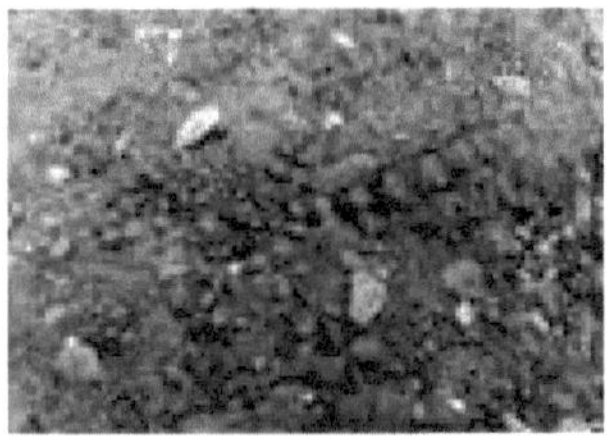

D). *Euphorbia chamesyce* L.

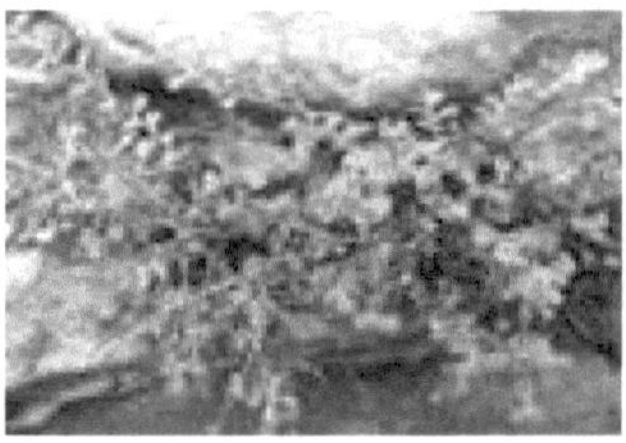

E). *Phyllanthus maderaspatensis* L.

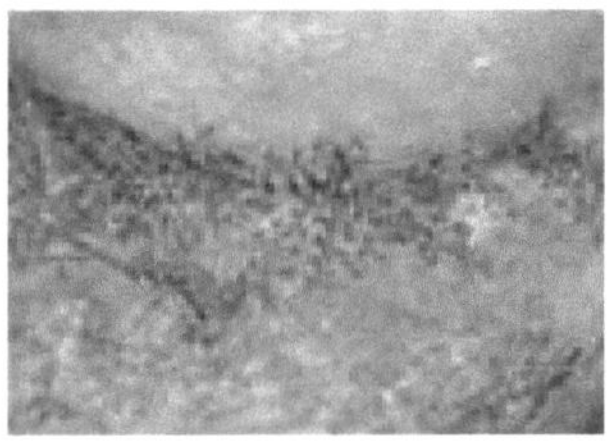

F). *Pilea microphylla* (L.) Liebm.

G). *Pouzolzia zeylanica* (L.) Bennett.

H). *Eulophia epidendraea* (Koen.) Schltr.

PLATE - 14

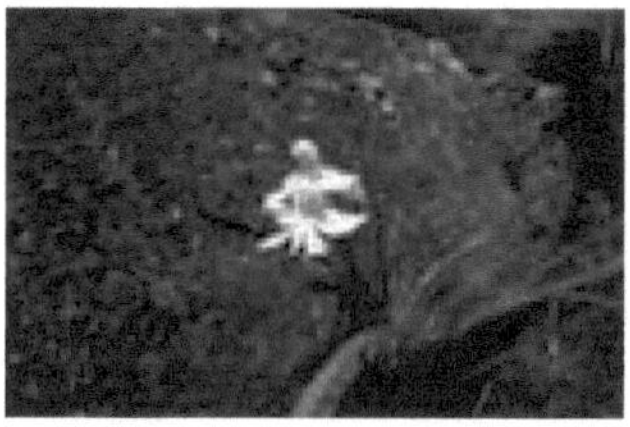

A). *Habenaria polyodon* Hook.

B). *Protasparagus racemosus* Oberm.

C). *Sansevieria roxburghiana* Schult.

D). *Curculigo orchiodes* Gaertn.

E). *Chlorophytum tuberosum* Baker

F). *Scilla hyacinthina* (Roth) Macbr.

G). *Urginea indica* (Roxb.) Kunth.

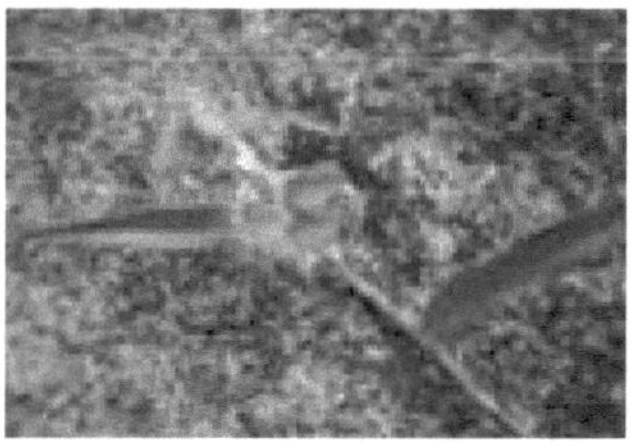

H). *Commelina clavata* Clarke

PLATE - 15

A). *Commelina ensifolia* R. Br.

B). *Commelina wightii* Rao

C). *Cyanotis arachnoidea* C.B. Clarke

D). *Cyanotis fasciculata* Schult.

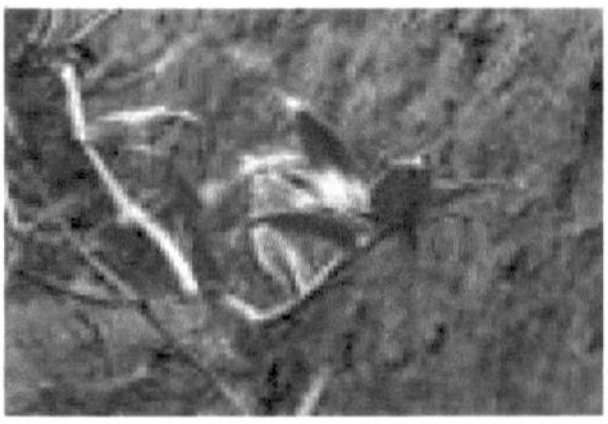

E). *Cyanotis pilosa* Schult. & Schult. f.

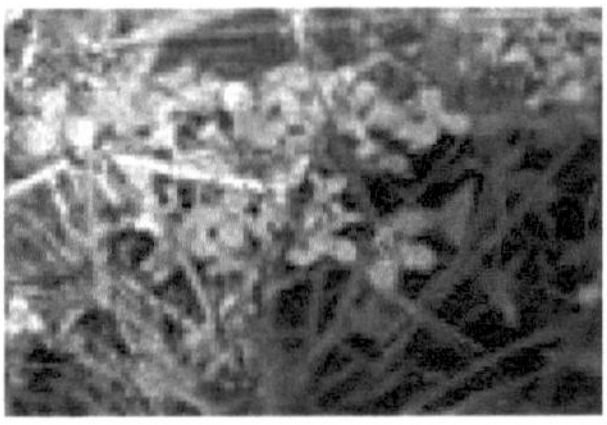

F). *Murdannia dimorpha* (Dalz.) Brueck

G). *Arisaema leschenaultii* Blume

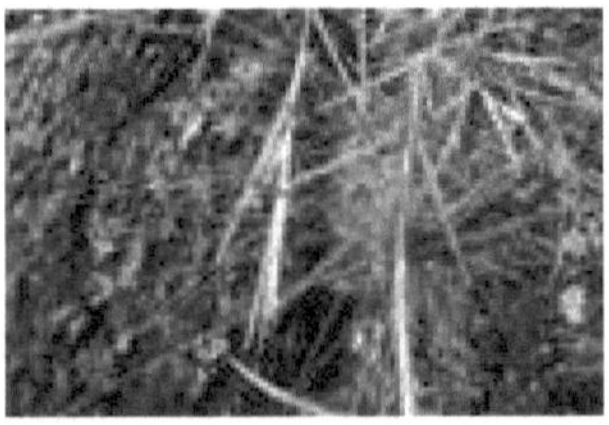

H). *Bulbostylis barbata* (Rottb.) Clarke

PLATE - 16

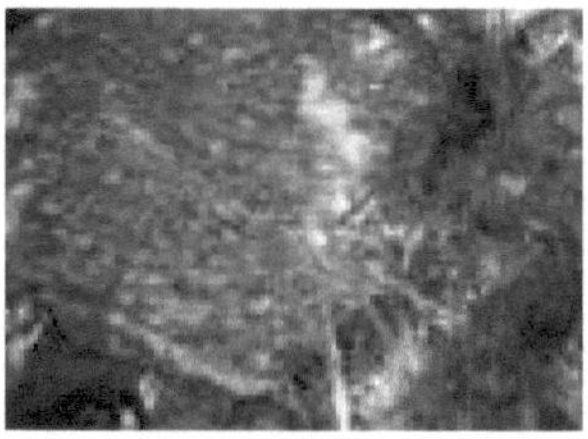

A). *Apluda mutica* L.

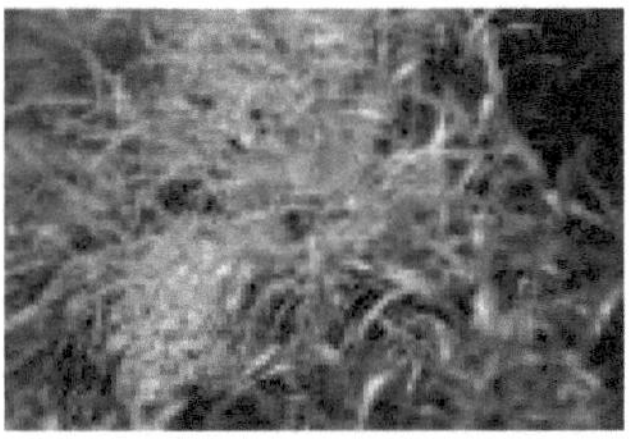

B). *Arundinella mesophylla* Nees *ex* Steud.

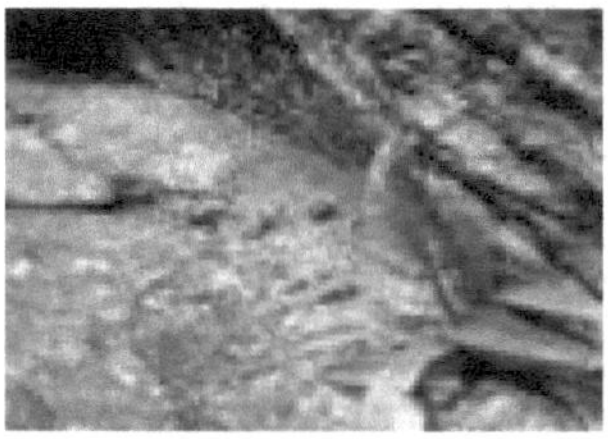

C). *Arundinella pumila* Steud

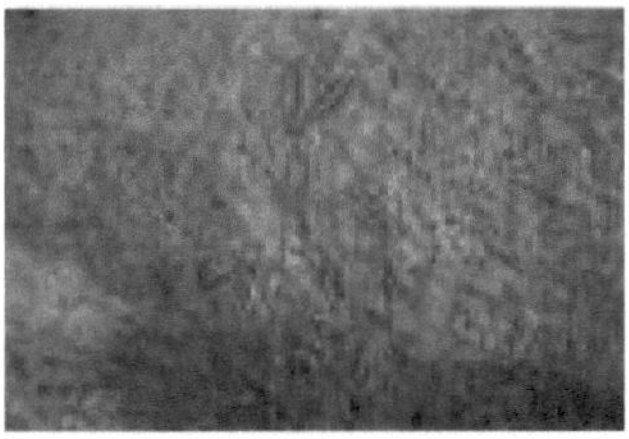

D). *Chloris inflata* Link

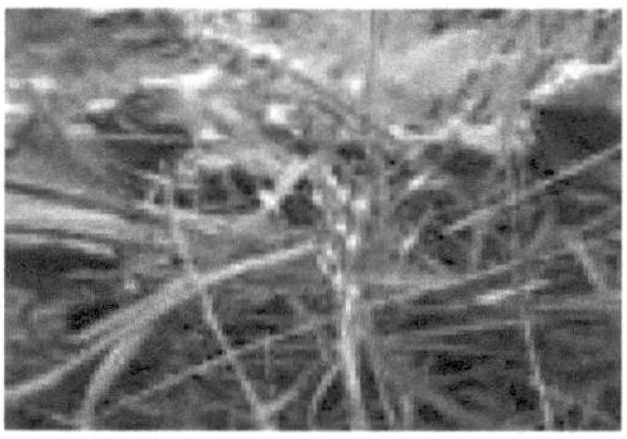

E). *Chrysopogon hackelii* Fischer

F). *Eragrostiella bifaria* (Vahl) Bor.

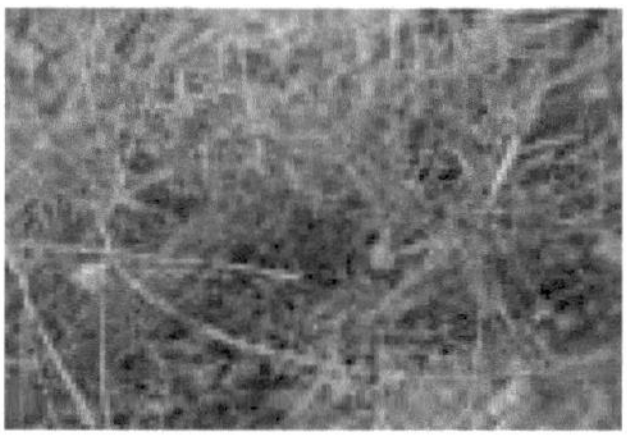

G). *Eragrostis riparia* (Willd.) Nees.

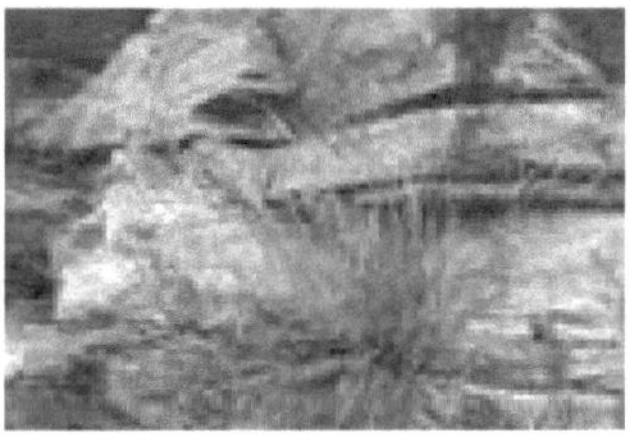

H). *Heteropogon contortus* (L.) P. Beauv.

PLATE - 17

A). *Ischaemum indicum* (Houtt.) Merr.

B). *Melinis repens* (Willd.) Zizka

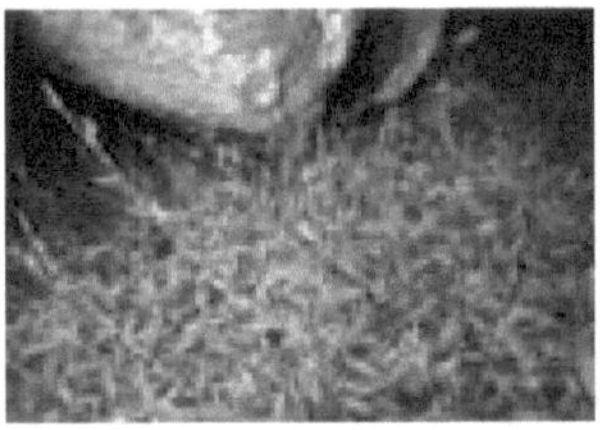

C). *Oplismenus burmannii* P. Beauv.

D). *Poa annua* L.

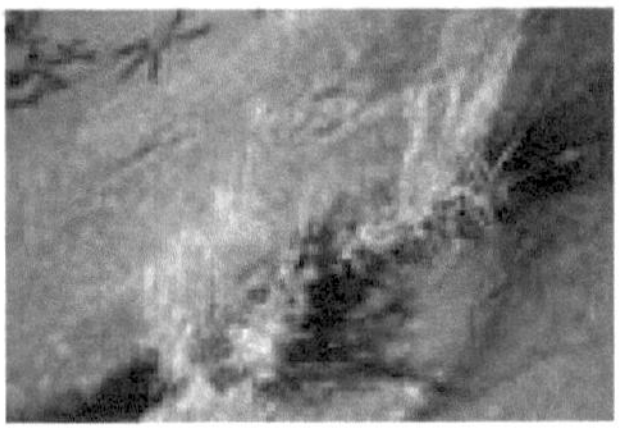

E). *Pogonatherum crinitum* Kunth.

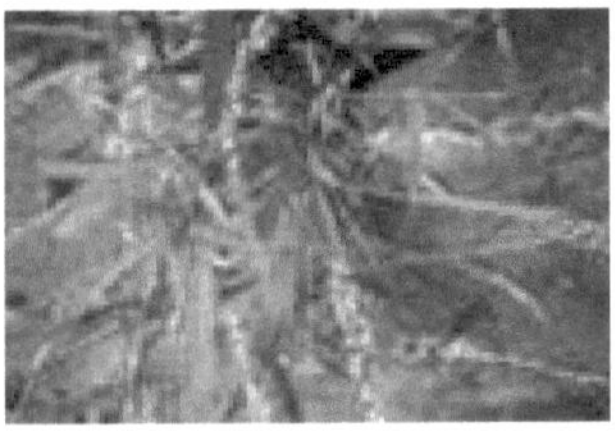

F). *Setaria barbata* (Lam.) Kunth.

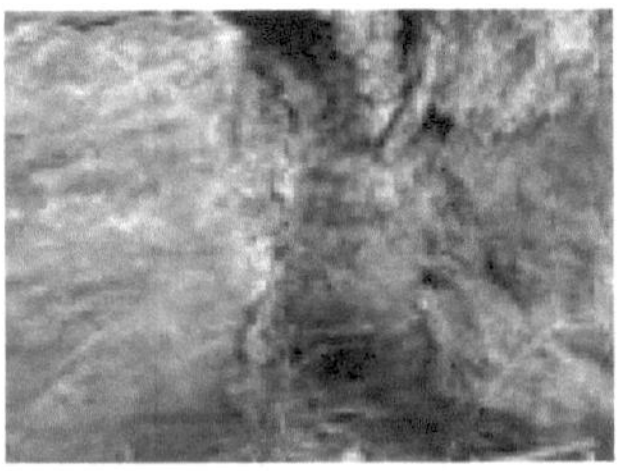

G). *Sporobolus indicus* (L.) R. Br.

H). *Tripogon ananthaswamianus* Sreek.

PLATE – 18: PTERIDOPHYTES

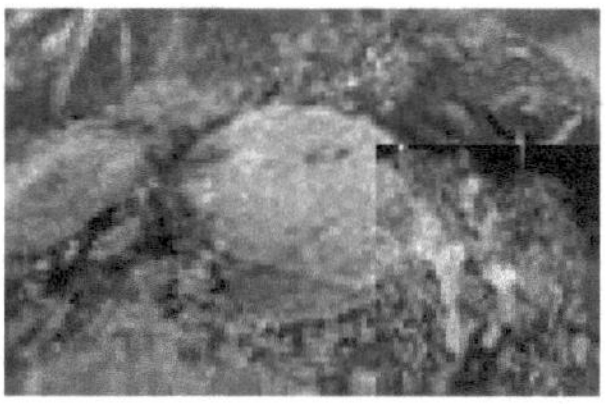

A). *Actiniopteris radiata* (Sw.) Link

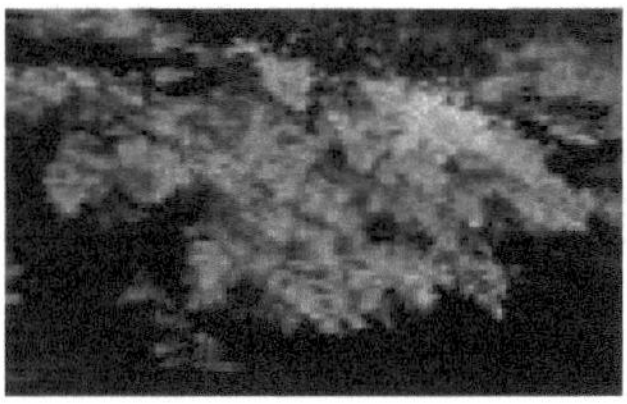

B). *Adiantum capillus - veneris* L.

C). *Adiantum hispidulum* Sw.

D). *Adiantum incisum* Forssk.

E). *Adiantum raddianum* C. Presl.

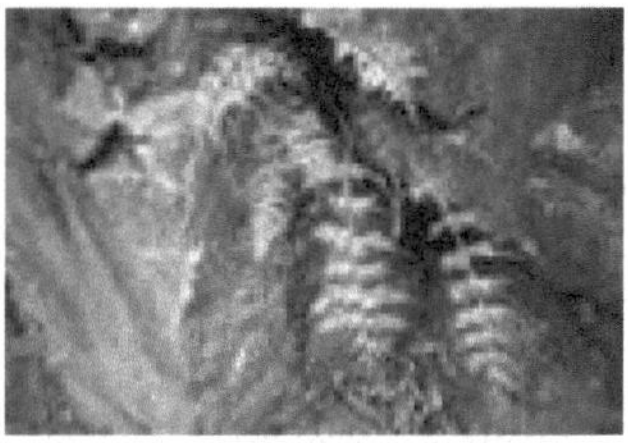

F). *Asplenium aethiopicum* (Burm.f.) Becherer

G). *Anisocampium cumingianum* Persl.

H). *Blechnum orientale* L.

PLATE - 19

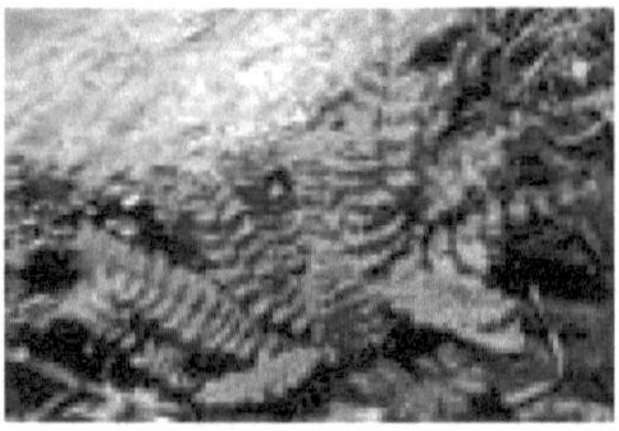

A). *Cheilanthes mysurensis* Wall.

B). *Cheilanthes tenuifolia* (Burm.f) Sw.

C). *Parahemionitis cordata* Roxb.

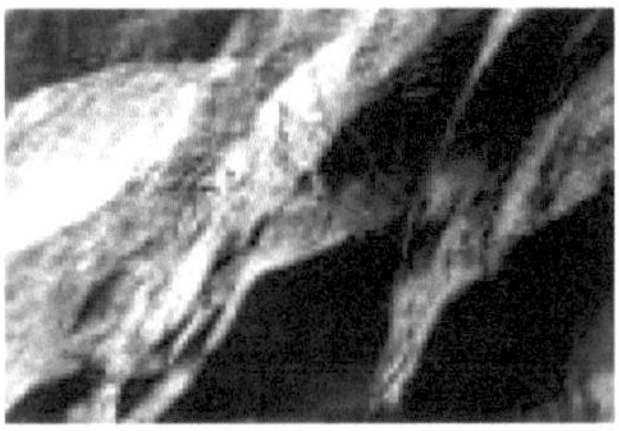

D). *Pityrogramma calomelanos* (L.) Link.

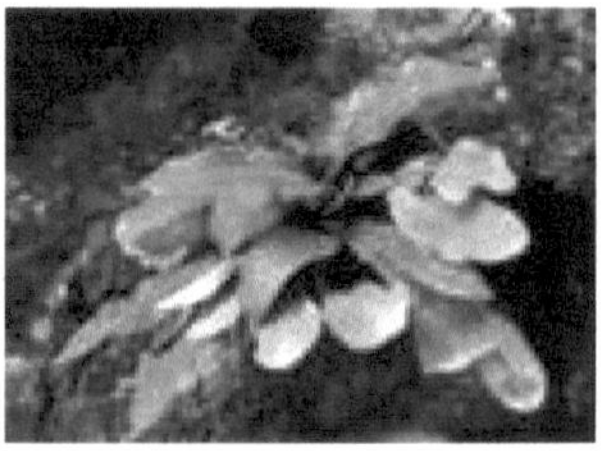

E). *Pyrrosia porosa* (C. Presl) Hovenkamp

F). *Pteris biaurita* L.

G). *Anemia wightiana* Gardner

H). *Doryopteris concolor* Kuhn

PLATE – 20: BRYOPHYTES

A). *Bryum argenteum* Hedw.

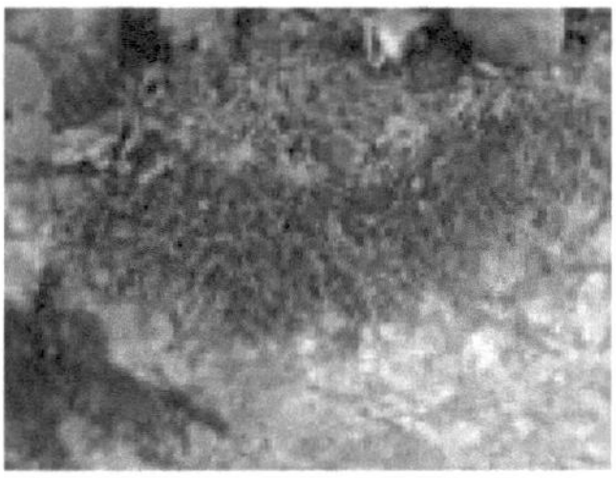

B). *Campylopus flexuosus* (Hedw.) Brid.

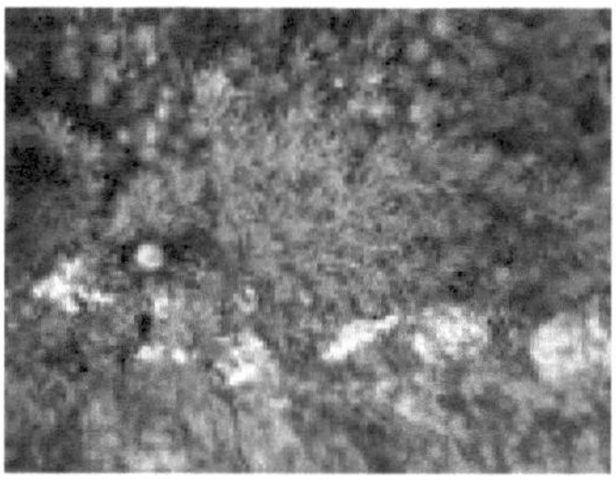

C). *Pogonatum aloides* (Hedw.) P. Beauv.

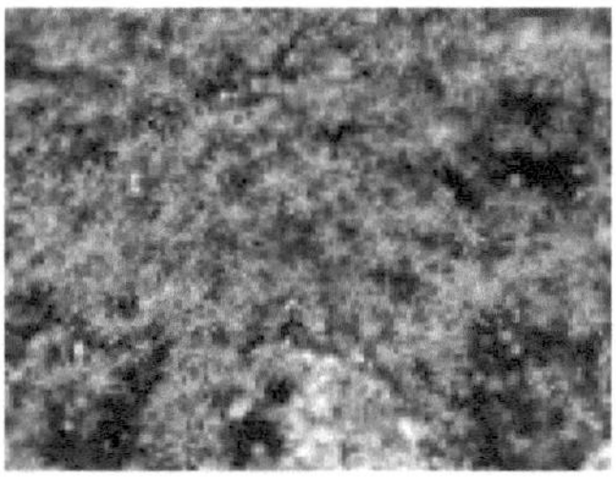

D). *Barbula indica* (Hook.) Spreng.

E). *Riccia crystallina* L.

F). *Cyathodium cavernarum* Kunze.

CAPÍTULO 6 : RESULTADOS E DISCUSSÃO

6.1. ANÁLISE FLORÍSTICA

O presente estudo foi realizado para avaliar a diversidade casmofítica das colinas selecionadas do Sul dos Ghats Ocidentais de Coimbatore, Tamil Nadu, Índia. Foi recolhido um total de 333 taxa pertencentes a 196 géneros em 78 famílias. As dicotiledóneas dominam com 43 famílias (83%) e as monocotiledóneas com 12 famílias (17%). Entre as dicotiledóneas, o grupo polypetalae com 21 famílias, 37 géneros e 73 espécies, gamopetalae com 15 famílias, 62 géneros e 100 espécies, monochlamydeae com 7 famílias, 13 géneros e 28 espécies. Nas monocotiledóneas, 12 famílias distribuem-se por 56 géneros e 86 espécies. Para além das angiospérmicas, o presente estudo também recolheu pteridófitas casmófitas e briófitas. As pteridófitas são constituídas por 17 famílias, distribuídas por 22 géneros e 40 espécies. Nas briófitas, 6 famílias distribuem-se por 6 géneros e 6 espécies cada (**Tab. - 1 & 7; Fig. - 1**).

A ocorrência das espécies casmófitas na área de estudo foi analisada e verificou-se que 102 espécies são comuns, 111 espécies são pouco comuns e 120 espécies são raramente observadas na área de estudo (**Fig. 4**). As descobertas importantes incluem 2 novas espécies como ***Striga indica*** Prabhu K.M. *et al.*, sp. nov. (Scrophulariaceae) e ***Barleria tamilnadensis*** Prabhu K .M. *et al.*, sp. nov. (Acanthaceae), 1 nova variedade viz., ***Crotalaria ramosissima*** Roxb. var. ***kanuvayensis*** Binu T. *et al*, sp. nov. (Fabaceae), 1 espécie como ***Dipcadi montanum*** (Dalz.) Baker (Hyacinthaceae), um novo registo do estado de Tamil Nadu e 1 espécie como ***Caralluma diffusa*** (Wight.) N.E. Br. (Asclepiadaceae) foram redescobertas após 160 anos.

Para inferir as famílias dominantes de angiospérmicas, Poaceae é a primeira família dominante com 51 espécies, Asteraceae é a segunda família dominante com 25 espécies, Lamiaceae é a terceira família dominante com 18 espécies. As outras famílias dominantes são Acanthaceae (17-espécies), Fabaceae (16-espécies), Commelinaceae (12-espécies), Euphorbiaceae (10-espécies), Scrophulariaceae (8-espécies) e Rubiaceae (7-espécies) (**Fig. 5**).

Nos fetos e aliados de fetos, Aspleniaceae é a primeira família dominante com 6 espécies, Adiantaceae e Pteridaceae são as segundas famílias dominantes com 5 espécies cada, Selaginellaceae é a terceira família dominante com 4 espécies, seguida de Athyriaceae e Dryopteridaceae são as outras famílias dominantes com 3 espécies cada. Nos briófitos casmófitos, um total de 6 famílias distribui-se igualmente com 1 espécie cada (**Fig. 6**).

A análise revelou que estava representado um total de 112 géneros de dicotiledóneas. Em polypetalae ***Impatiens*** é o primeiro género dominante com 5 espécies. ***Crotalaria, Kalanchoe*** e ***Portulaca*** são os segundos géneros dominantes com 4 espécies cada, seguidos de ***Biophytum, Cleome, Desmodium, Indigofera*** e ***Sonerila*** com 3 espécies cada. Em gamopetalae, ***Caralluma*** é o primeiro género dominante com 5 espécies, seguido de ***Justicia, Plectranthes*** e ***Striga***, que são os segundos géneros dominantes com 4 espécies cada, seguidos de ***Anaphalis, Andrographis, Blumea, Canscora, Didymocarpus, Anisochilus*** e ***Leucas***, que são os outros géneros dominantes com 3 espécies cada.

Em Monochlamydeae ***Euphorbia*** é o primeiro género dominante com 6 espécies, seguido de ***Elatostema, Peperomia*** e ***Persicaria*** são os segundos géneros dominantes com 3 espécies cada. Dos 56 géneros representados nas Monocotiledóneas, ***Eragrostis*** e ***Cyanotis*** são os primeiros géneros dominantes com 6 espécies, ***Commelina*** é o segundo género dominante com 4 espécies, seguido de ***Chlorophytum, Fimbristylis*** e ***Setaria*** são os terceiros géneros dominantes com 3 espécies cada (**Fig. 7**).

Nas pteridófitas, foram distribuídos 22 géneros. Entre estes, ***Asplenium*** é o primeiro género dominante com 6 espécies, ***Adiantum*** e ***Pteris*** são os segundos géneros dominantes com 5 espécies cada, ***Selaginella*** é o terceiro género dominante com 4 espécies, seguido de ***Cheilanthes*** *e* ***Dryopteris*** com 2 espécies cada (**Fig. 8**). Enquanto nas briófitas, os géneros ***Barbula, Bryum, Campylopus, Cyathodium, Pogonatum*** e ***Riccia*** têm uma única espécie cada.

A fim de presumir o total de formas de vida da flora casmofítica da área de estudo, revela-se que as ervas são a forma mais dominante, com **302** espécies. Consiste em ervas erectas, (**137 espécies**), ervas prostradas (**61 espécies**), ervas decumbentes (**53 espécies**), ervas suculentas (26 espécies), ervas escápulas (**14 espécies**), ervas difusas (**11 espécies**), seguidas de arbustos com **8** espécies, subarbustos com **18** espécies e trepadeiras ou andarilhos com **5** espécies (**Fig. 2**).

A distribuição das casmófitas em relação a diferentes gradientes altitudinais revela que, entre 333 casmófitas, 142 espécies foram encontradas em 200-500 MSL, seguidas de 80 espécies em 600-900 MSL, 76 espécies em 1000-1500 MSL e 35 espécies em 1600-1800 MSL (**Fig. 3**). Isto indica que o gradiente altitudinal é um dos principais factores para a distribuição de chasmófitos na área de estudo.

6.2. CHASMÓFITOS E O SEU MECANISMO ESPECIAL DE ADAPTAÇÃO ÀS FENDAS DAS ROCHAS

As plantas casmófitas colhidas em diferentes colinas da área de estudo possuem algumas adaptações xerofíticas, morfológicas, anatómicas e ecológicas notáveis ao microambiente específico. Algumas das alterações notáveis são as superfícies das plantas que reflectem a luz, criadas por uma cobertura de pêlos brancos, espinhos, cutícula espessa ou cerosa, a presença de pequenos estomas, que estão afundados ou parcialmente fechados a maior parte do tempo, superfícies de evaporação reduzidas como folhas enroladas, tamanho reduzido das folhas, modificação da folha e do caule em espinhos, capacidade de retenção de água criada pela suculência, tecidos com paredes altamente lenhificadas, sistemas radiculares extensos, que penetram nas fendas para absorver nutrientes, água e minerais disponíveis, revestimento ceroso ou resinoso sobre a superfície das folhas e do caule pode reduzir a taxa de evaporação e a conclusão do ciclo de vida em período húmido (**Pl. - 21**).

6.2.1. OBSERVAÇÕES ECOLÓGICAS DE CHASMÓFITOS

CHASMÓFITOS EM FENDAS DE ROCHA HÚMIDAS

As espécies como *Bulbostylis barbata* (Rottb.) Clarke, *Canscora perfoliata* Lam., *Centella asiatica* (L.) Urban., *Cyanotis cristata* (L.) D. Don., *Cyanotis fasciculata* (Heyne *ex* Roth) Schult., *Cyanotis pilosa* Schult. & Schult. f., *Cyanotis villosa* (Spreng.) Schult, *Cyperus difformis* L., *Desmodium ferrugineum* Wall. *ex* Thwait., *Didymocarpus gambleanus* Fischer, *Didymocarpus tomentosa* Wight., *Drymaria cordata* Edgew. & Hook., *Exacum pedunculatum* L., *Exacum wightianun* Arn., *Fimbristylis consanguinea* Kunth., *Fimbristylis dichotoma* (L.) Vahl, *Impatiens balsamina* L., *Impatiens chinensis* L., *Plantago erosa* Wall., *Persicaria barbata* (L.) Hara., *Persicaria glabra* (Willd.) Gomez., *Synedrella nodiflora* (L.) Gaertn., *Torena bicolor* Dalz e algumas pteridófitas como *Adiantum raddianum* C. Presl, *Anemia wightiana* Gardner, *Anisocampium cumingianum* Persl., *Asplenium aethiopicum* (Burn.f.) Becherer, *Asplenium decrescens* Kunze, *Selaginella delicatula* (Desv.) Alston, *Selaginella tenera* (Hook. & Grev.) Spring, etc. ocorrem em fendas de rocha húmidas das colinas.

A vegetação chasmófita de habitats rochosos húmidos da Coreia do Norte foi estudada por Kolbek *et al.*, (1998) e referiu que os chasmófitos que ocorrem em fendas húmidas são mais saudáveis durante os períodos de monção e pós-monção. Durante os dias quentes de verão, as plantas secam e as sementes dispersam-se nas mesmas fendas. Quando as condições ambientais são adequadas, as sementes germinam e crescem a partir destes micro-habitats.

CHASMÓFITOS EM FENDAS DE ROCHAS GOTEJANTES

As espécies como *Arundinella pumila* (Hochst. *ex* A. Rich.) Steud., *Impatiens acaulis* Arn., *Impatiens clavicornu* Turcz., *Impatiens flaccida* Arn., *Sonerila rheedei* Wight & Arn., *Sonerila rotundifolia* Bedd., *Utricularia graminifolia* Vahl., etc. As pteridófitas, como *Adiantum capillus - veneris* L. e *Asplenium hindusthanensis* Bir. Os briófitos, como *Barbula indica* (Hook.) Spreng., *Bryum argenteum* Hedw., *Campylopus flexuosus* (Hedw.) Brid., *Cyathodium cavernarum* Kunze., *Pogonatum aloides* (Hedw.) P. Beauv. e *Riccia crystallina* L., estão fixados nas fendas das rochas gotejantes das colinas para a sua sobrevivência.

A análise da vegetação dos habitats rochosos do oeste da Argentina foi efectuada por Carretero (1999) e relatou que as espécies chasmófitas como *Diostea scoparia* Gill. *et* Hook., *Colliguaja integerrima* Gill *ex* Hook. e *Senecio filaginoides* DC. ocorrem nas fendas das rochas gotejantes da colina. Os estudos sobre a vegetação rochosa da Província do Sudoeste da Nigéria efectuados por Nambu (2004) revelam que as espécies chasmófitas como *Urticularia subulata, U. andongensis, U. pubessens* e *Genlisea stapfii* ocorrem em fendas de rocha mais frias e gotejantes das colinas, que são o habitat frágil para a sua sobrevivência e crescimento. São também designadas por vegetação rasteira.

CHASMÓFITOS EM MANCHAS HÚMIDAS E SOMBRIAS DA REGIÃO MONTANHOSA

As espécies como *Canscora diffusa* (Vahl.) R. Br., *Caralluma umbellata* Haw., *Knoxia mollis* Wight & Arn., *Plumbago zeylanica* L., *Sonerila grandiflora* R.Br. *ex* Wight & Arn., etc. Algumas pteridófitas como *Adiantum hispidulum* Sw., *Adiantum lunulatum* Burm., *Asplenium formosum* Willd., *Asplenium inaequilaterale* Willd., *Asplenium varians* Wall. *ex* Hook. & Grev., *Athyrium hohenackeranum* (Kunze) T. Moore, *Blechnum orientale* L., *Cheilanthes mysurensis* Wall. *ex* Bedd., *Cheilanthes tenuifolia* (Burn.f) Sw., *Christella dentata* (Forssk.) Brown., *Diplazium dilatatum* Blume, *Doodia dives* Kunze, *Dryopteris atrata* (Kunze) Ching., *Dryopteris cochleata* Buch. Ham., *Nephrolepis biserrata* (Roxb.) Jarret., *Pteris argyraea* T. Moore, *Pteris pellucida* C. Presl., *Tectaria wightii* (C.B. Clarke) Ching., etc. preferem as fendas das rochas em zonas húmidas e sombrias da colina como um dos microhabitats para a sua sobrevivência.

Os estudos sobre a vegetação rochosa em Kriti Ocidental, Grécia, realizados por Turland (2008), revelam que a maioria dos indivíduos de espécies casmofíticas como *Anthemis samariensis* (Asteraceae) preferem fendas de rocha em zonas húmidas e sombrias das colinas como habitat potencial para a sua sobrevivência e crescimento. A análise da vegetação dos habitats rochosos do oeste da Argentina foi efectuada por Carretero (1999). Segundo ele, as espécies casmófitas como *Adesmia trijuga, Stipa passittacorum, Stevia gilliesii, Monnina dyctiocarpa* e *Erioneuron pilosum* ocorrem nas fendas húmidas das rochas em manchas sombrias da colina. Estes micro-habitats em manchas húmidas e sombrias também possuem uma maior capacidade de retenção de água e diminuem o escoamento superficial e a perda de solo.

CHASMÓFITOS EM ROCHAS EXPOSTAS

As espécies como *Canscora heteroclita* (L.) Gling., *Canscora diffusa* (Vahl.) R. Br., *Desmodium repandum* (Vahl.) DC., *Hedyotis corymbosa* (L.) Lam, *Justicia prostrata* (Roxb. *ex* Clarke) Gamble, *Kalanchoe pinnata* (Lam.) Pers., *Mitracarpus villosus* (Sw.) DC., *Phyllanthus urinaria* L., *Murdannia dimorpha* (Dalz.) Brueck, *Murdannia nudiflora* (L.) Brenan. etc. As pteridófitas como *Doryopteris concolor* (Langsd. Et Fisch.) Kuhn, *Odontosoria chinensis* (L.) J. Sm, *Pityrogramma calamelanos* (L.) Link, *Pteris vittata* L., *Selaginella intermedia* (BI.) Spring, etc. ocorrem em camadas finas de solo em fendas de rochas expostas.

Os estudos sobre a vegetação rochosa nas montanhas Tarus da Turquia efectuados por Parolly e Hein (2000) observaram que as espécies chasmófitas como *Scrophularia candelabrum* Hey., *Seseli ramosissimum* Hartr. & Strid. e *Verbascum pestalozzae* Boiss. ocorrem em fendas de rocha expostas da colina. A análise da vegetação dos afloramentos rochosos do Leste do Zaire (Kivu) foi efectuada por Porembski *et al.* (1997 a). De acordo com a sua observação, as espécies casmófitas como *Aloe lateritia, Cissus quadrangularis, Bryum arachnoideum, Campylos savannarum,* etc. preferem as fendas rochosas expostas na colina como um dos microhabitats para a sua sobrevivência e crescimento.

CHASMÓFITOS EM COLINAS DE PÉ

As espécies casmofíticas como *Alternanthera pungens* Kunth., *Anisomeles indica* (L.) O. Ktze., *Desmodium triflorum* (L.) DC., *Evolvulus alsinoides* L., *Euphorbia thymifolia* L., *Heliotropium marifolium* Retz., *Hybanthus enneaspermus* (L.) F. Muell., *Hybanthus puberulus* M. Gilbert, *Ocimum americanum* L., *Ocimum gratisssimum* L., *Plectranthus amboinicus* (Lour.) Spreng., *Spermacoce hispida* L., *Spilanthes calva* DC., *Trianthema deccandra* L., *Trianthema portulacastrum L., Tridax procumbens* L., etc. ocorrem em fendas de rochas de colinas.

Os estudos sobre as montanhas rochosas do Sudeste da Sérvia (Kosanin, 1921; Meyer, 1970; Stevanovic e Stevanovic, 1985) indicam que as espécies casmófitas que ocorrem nos sopés das montanhas, tais como *Ramonda serbia* Panc., *Ramonda nathaliae* Panc. *et* Petrov. e *Ramonda myconi* (L.) Reich. de Geseneriaceae, podem sobreviver durante condições ambientais desfavoráveis, como as sucessivas glaciações. Concluíram que o microhabitat, como falésias rochosas e fendas, pode atuar como refúgio para a sua sobrevivência e crescimento.

CHASMÓFITOS NAS BORDAS DE SHOLA DAS COLINAS

Espécies como *Arisaema leschenaultii* Blume, *Biophytum reinwardtii* (Zucc.) Klotzsch., *Elatostema lineolatum* Wight., *Helichrysum buddleioides* DC., *Isodon wightii* (Benth.) Hara, *Psychortia bisulcata* Wight & Arn. e *Striga asiatica* (L.) O. Ktze. ocorrem nas fendas das rochas nas bordas das colinas.

A análise da vegetação das florestas de shola de Kerala efectuada por Swarupanandan *et al.* (1998), indicou claramente que as espécies casmofíticas como *Asplenium tenuifolium* D. Don., *Hemionitis arifolia* (Burm.) Moore, *Adiantum raddianum* Presl., *Exacum wightianun* Arn., *Sonerila grandiflora* R.Br. *ex* Wight & Arn., *Pedicularis perrotterii* Benth., etc., ocorrem nas fendas das rochas nas bordas do shola da colina como um dos habitats potenciais para a sua sobrevivência e crescimento.

CHASMÓFITOS NOS PRADOS DA SERRA

Para além das gramíneas casmofíticas, algumas das espécies casmofíticas como *Biophytum longipedunculatum* Govind., *Biophytum reinwardtii* (Zucc.) Klotzsch., *Bupleurum wightii* Kozo-Poji., *Euphorbia rothiana* Spreng, *Fimbristylis consanguínea* Kunth., *Habenaria polyodon* Hook., *Helichrysum wightii* Clarke *ex* Hook., *Pedicularis perrottetii* Benth., *Pogostemon vestitus* Benth., *Psychortia bisulcata* Wight & Arn., etc. As pteridófitas como *Pteridium aquilinum* (L.) Kuhn. ocorrem em fendas de rocha nas pradarias das colinas.

Binu Thomas *et al.* (2012) estudaram a diversidade casmofítica de 30 espécies de gramíneas das colinas de Velliangiri, no sul do Ghats Ocidental, Tamil Nadu. Este estudo revela que as gramíneas preferem as falésias rochosas e as fendas, que são o habitat potencial para a sua sobrevivência e crescimento. Este estudo também realça a importância destes micro-habitats e a sua contribuição para a biodiversidade de um determinado ecossistema.

OS CHASMÓFITOS APARECEM IMEDIATAMENTE APÓS A CHUVA OU NOS PERÍODOS PÓS-MONÇÃO

As espécies como *Anaphalis lawii* (Hook.f.) Gamble, *Catharanthus pusillus* (Murr.) G. Don, *Cleome felina* L.f., *Cleome gynandra* L., *Cleome monophylla* L., *Cleome viscosa* L., *Commelina clavata* Clarke, *Commelina wightii* Rao, *Heliotropium marifolium* Retz, *Impatiens flaccida* Arn., *Kyllinga bulbosa* P. Beauv., *Lindernia ciliata* (Colsm.) Pennell, *Mollugo pentaphylla* L., *Pedicularis perrottetii* Benth., *Sesamum laciniatum* Klein. *ex* Willd., etc. aparecem imediatamente após a chuva ou períodos pós-monção. Isto indica que as sementes dispersas nas fendas podem germinar e desenvolver-se como chasmófitas em condições ambientais adequadas.

Os estudos dos componentes florísticos de habitats rochosos da floresta tropical boliviana realizados por Fredericksen *et al.* (2003) revelam que o escoamento de água através de habitats rochosos durante a estação das chuvas pode adicionar a humidade do solo e elementos essenciais às fendas. A análise da vegetação dos afloramentos rochosos do Leste do Zaire (Kivu) foi efectuada por Porembski (2007). De acordo com a sua observação, os membros chasmófitos das Commelinaceae, Poaceae e Cyperaceae são mais dominantes durante a estação das chuvas. Para além destas, algumas espécies de briófitas como *Bryum rahoideum* e *Riccia lanceolata* também estão adaptadas a estes micro-habitats durante os períodos pós-monção.

CHASMÓFITOS DE TAMANHO E FORMA VARIÁVEIS

As espécies como *Begonia malabarica* Lam., *Catharanthus roseus* (L.) G. Don., *Crassocephalum crepidioides* (Benth.) S. Moore, *Crotalaria albida* Heyne *ex* Roth, *Crotalaria clarkei* Gamble, *Hedyotis herbacea* L., *Hypericum japonicum* Thumb. *ex* Murr, *Leucas aspera* (Willd.) Spreng, *Leucas biflora* (Vahl.) R.Br., *Phyllanthus maderaspatensis* L., *Polycarpaea aurea* Wight, *Polycarpaea aurea* Wight & Arn., *Polycarpaea corymbosa* (L.) Lam., *Portulaca oleracea* L., *Sida cordata* (Burm.f.) Borss., *Trianthema portulacastrum* L., *Tribulus terrestris* L., *Xenostegia tridentata* (L.) Austin & Staples, etc. apresentam tamanho e estrutura muito reduzidos quando comparados com plantas em hábitats terrestres normais. As fendas das rochas são micro hábitats nos quais se acumula uma quantidade limitada de solo, água e nutrientes essenciais.

Os estudos ecológicos sobre duas populações de *Thalassodendron ciliatum* em dois hábitats diferentes foram efectuados por Macnae e Kalk (1969) e Bandería (1995; 2002). Eles observaram que as plantas que ocorrem no hábitat arenoso possuem folhas mais largas e são mais numerosas. Enquanto as plantas nas fendas das rochas têm folhas mais finas e estreitas e são em menor número. Isto indica que a alimentação das espécies de casmófitas nas fendas das rochas é possível através do solo limitado, da água e dos nutrientes disponíveis nestes microhabitats.

CHASMÓFITOS QUE SE APRESENTAM COMO FORMAS EM MINIATURA

Espécies como *Agave augustifolia* Haw., *Agave cantula* Roxb., *Anisochilus dysophylloides* Benth., *Cereus pterogonus* Lam., *Euphorbia antiquorum* L., *Euphorbia tortilis* Rottl. *ex* Ainslie, *Hypericum japonicum* Thumb. *ex* Murr., *Hypericum mysurense* Heyne., *Psychortia bisulcata* Wight & Arn., etc. aparecem como formas em miniatura. Devido à limitação do solo com nutrientes essenciais nas fendas, estas espécies podem reduzir a sua estrutura quando comparadas com outros hábitats terrestres. Estes chasmófitos são sugeridos para a confeção de bonsai e também para a plantação em jardins de rochas ou jardins ornamentais

Pemphis acidula e *Portulacaria afra,* arbustos que ocorrem normalmente em habitats rochosos das Filipinas. Neste habitat, o crescimento destas plantas torna-se curto e atrofiado quando comparado com outros habitats terrestres. Devido ao seu belo aspeto, podem ser sugeridas para fazer bonsai e também para rochas ornamentais por Florido e Cortiguerra (2004).

CHASMÓFITOS COM RAÍZES TUBEROSAS

As espécies chasmófitas como *Arisaema leschenaultii* Blume, *Chlorophytum laxum* R.Br., *Chlorophytum malabaricum* Baker, *Chlorophytum tuberosum* (Roxb.) Baker, *Curculigo orchiodes* Gaertn, *Cyanotis tuberosa* (Roxb.) Schult.f., Habenaria polyodon Hook, *Habenaria polyodon* Hook., *Impatiens acaulis* Arn., *Protasparagus racemosus* (Willd.) Oberm., etc. possuem raízes tuberosas para ancorar e absorver água, nutrientes essenciais e minerais das fendas.

A análise florística de montanhas de alta altitude do sudeste do Brasil por Medina-Opazo *et al.* (2005) revela que os geófitos casmófitos como *Stevia camporum* (Asteraceae) e *Alstroemeria foliosa* (Alstroemeriaceae) estão firmemente ligados às fendas das rochas do morro. Isto indica que o hábito da planta chasmófita é a principal caraterística para se adaptar a micro-habitats como fendas de rocha e falésias.

CHASMÓFITOS COM PORTA-ENXERTOS BOLBOSOS

As espécies chasmófitas como *Eulophia epidendraea* (Koen.) Schltr., *Scilla hyacinthina* (Roth) Macbr., *Urginea indica* (Roxb.) Kunth. etc. têm raízes bulbosas para se ancorarem e absorverem os nutrientes disponíveis nos cevados rochosos.

A análise da vegetação dos afloramentos rochosos do Leste do Zaire (Kivu) foi efectuada por Porembski *et al.* (1997 b). De acordo com a sua observação, as espécies casmofíticas bulbosas como *Scilla* spp., *Albuca* spp., *Ammoeharis* spp., *Boophone* spp., *Hypoxis* spp. *Anthericum* spp., etc. estavam firmemente ligadas aos micro-habitats como fendas de rocha e penhascos. Isto indica que a morfologia das espécies chasmófitas é uma caraterística para se adaptarem a estes microambientes.

CHASMÓFITOS COM RAÍZES ROBUSTAS

A maioria das espécies chasmófitas possui um sistema radicular bem extenso para ancoragem e para absorção de micro e macro nutrientes disponíveis nas falésias e fendas rochosas. As espécies casmofíticas como *Anaphalis neelgerryana* (Sch.-Bip. *ex* DC.) DC., *Anisochilus dysophylloides* Benth., *Andrographis alata* (Vahl) Nees, *Barleria buxifolia* L., *Barleria tamilnadensis* Prabhu Kumar & al, *Begonia malabarica* Lam, *Catharanthus roseus* (L.) G. Don, *Crassocephalum crepidioides* (Benth.) S. Moore, *Crotalaria albida* Heyne *ex* Roth, *Crotalaria clarkei* Gamble, *Ecbolium viride* (Forssk.) Alston, *Elytraria acaulis* (L. f.) Lindau, *Eranthemum capense* L., *Hypericum mysurense* Heyne, *Justicia nilgherrensis* (Nees) Wall. *ex* Anders, *Justicia tranquebariensis* L.f., *Phyllanthus maderaspatensis* L., *Phyllanthus virgatus* G. Forst, *Pogostemon vestitus* Benth, *Polycarpaea corymbosa* (L.) Lam., *Osbeckia zeylanica* L., *Pouzolzia zeylanica* (L.) Bennett., etc. possuem raízes robustas para ancorar e absorver nutrientes da quantidade limitada de solo presente nas fendas das rochas das colinas.

As observações foram feitas pelos autores Zwieniecki e Newton, (1995; 1996) e Egerton-Warburton *et al.* (2003) notaram que, as raízes morfologicamente modificadas das espécies chasmófitas fazem um melhor contacto com as falésias rochosas e fendas para ancorar e absorver água e minerais. Para além disso, a associação micorrízica com as raízes de tais chasmófitas também aumenta a absorção de elementos essenciais destes micro-habitats. As espécies como *Lomelosia solymica* Parolly, Eren & Nordt. sp. nov. (Dispaceae) uma nova espécie de casmófita formadora de almofada das montanhas Taurus ocidentais da Turquia por Parolly *et al.* (2005). Observaram que a planta possui raízes robustas para ancorar e absorver a água e os minerais disponíveis nas fendas das rochas.

CHASMÓFITOS ESCÁPIGROSOS

Espécies como *Didymocarpus gambleanus* Fischer, *Didymocarpus tomentosa* Wight, *Elephantopus scaber* L., *Impatiens acaulis* Arn., *Impatiens clavicornu* Turcz., *Sonerila rotundifolia* Bedd., *Utricularia graminifolia* Vahl., etc. são algumas das espécies de escápigros recolhidas na área de estudo.

Durante a análise da vegetação do distrito de Wayanad em Kerala por Ratheesh Narayanan *et al.* (2011; 2012), descreveram duas novas chasmófitas escápigeras como *Impatiens minae* Ratheesh & Anil Kumar e *Impatiens mohana* Ratheesh *et al.* (Balsaminaceae). Estas espécies ocorrem normalmente nos hábitats rochosos húmidos ou gotejantes da colina.

CHASMÓFITOS EPÍFITOS

As espécies como *Medinilla beddomei* Clarke, *Peperomia tetraphylla* (G.Forst.) Hook. & Arn., *Pyrrosia porosa* (C. Presl) Hovenkamp e *Selaginella involvens* (Sw.) Spring. preferem normalmente habitats epífitos. O presente estudo verificou que, para além disso, também preferem habitats casmofíticos, como falésias rochosas, para a sua sobrevivência e crescimento.

Estudos sobre a casmoflora do sul dos Ghats Ocidentais de Coimbatore, efectuados por Binu Thomas e Rajendran (2012), recolheram cerca de 40 espécies de fetos e seus aliados nos habitats casmofíticos. Entre estas, as espécies como *Pyrrosia porosa* (C. Presl) Hov. e *Selaginella involvens* (Sw.) Spring. ocorrem normalmente em habitats epifíticos e litofíticos. O presente estudo também observou que, para além destes habitats, preferem habitats casmofíticos como falésias rochosas e fendas para a sua sobrevivência e crescimento.

CHASMÓFITOS PUBESCENTES

As espécies como *Ageratum houstonianum* Mill., *Anaphalis leptophylla* (DC.) DC., *Cyanotis arachnoidea* C.B. Clarke, *Cyanotis fasciculata* (Heyne *ex* Roth) Schult, *Cyanotis villosa* (Spreng.) Schult., *Cyanotis villosa* (Spreng.) Schult., *Emilia sonchifolia* (L.) DC., *Leucas ciliata* Benth., *Tridax procumbens* L., etc. possuem um carácter pubescente nos seus corpos. Assim, estas espécies podem reduzir a taxa de transpiração em condições ambientais adversas.

As espécies casmofíticas como *Verbascum lindae* Parolly & Tan e *Verbascum haraldi-adnani* Parolly & Eren (Scrophulariaceae) ocorrem nos habitats casmofíticos de pedra calcária do Sudoeste da Anatólia, Turquia. Algumas caraterísticas morfológicas notáveis destas espécies são a presença de pêlos densos, raízes robustas, folhas em roseta basal, etc., para se adaptarem a estes micro-habitats (Parolly e Tan, 2007; Parolly e Eren, 2008).

CHASMÓFITAS AROMÁTICAS

Espécies como *Chenopodium ambrosioides* L., *Hyptis suaveolens* (L.) Poit., *Ocimum americanum* L., *Ocimum gratisssimum* L., *Plectranthus amboinicus* (Lour.) Spreng., *Plectranthus barbatus* Andr., *Plectranthus caninus* Roth., *Plectranthus mollis* (Ait.) Spreng., etc. são espécies aromáticas colhidas na zona de estudo.

A análise da vegetação da Austrália Ocidental efectuada por Lander (2013) constatou que as espécies chasmófitas como *Pilbara trudgenii* Lander e *Olearia xerophila* (F. Muell.) Benth. são arbustos aromáticos da Austrália Ocidental. Estas espécies preferem geralmente fendas de rocha em paredes íngremes de ravinas e faces de penhascos da colina como habitat potencial para a sua sobrevivência e crescimento.

CHASMÓFITAS SUCULENTAS

As espécies casmófitas como *Caralluma adscendens* (Roxb.) Haw. var. *attenuata, Caralluma bicolor* Ramach. & al., *Caralluma diffusa* (Wight.) N. E. Br., *Caralluma indica* (Wight & Arn.) N.E.Br., *Caralluma umbellata* Haw., *Impatiens balsamina* L., *Impatiens chinensis* L., *Impatiens flaccida* Arn., *Kalanchoe lanceolata* (Forssk.) Pers., *Kalanchoe pinnata* (Lam.) Pers., *Kalanchoe schweinfurthii* Penzig, *Pedalium murex* L., *Peperomia dindigulensis* Miq., *Peperomia pellucida* (L.) Kunth., *Pilea microphylla* (L.) Liebm., *Plectranthus amboinicus* (Lour.) Spreng., *Portulaca oleracea* L., *Portulaca quadrifida* L., *Portulaca wightiana* Wall. *ex* Wight & Arn., *Talinum portulacifolium* (Forssk.) Aschers, *Utricularia graminifolia* Vahl., *Zeuxine longilabris* (Lindl.) Benth., etc. são de natureza suculenta. Devido a esta natureza suculenta, pode adaptar-se ao microhabitat, como penhascos rochosos e fendas, durante condições ambientais adversas.

A vegetação dos afloramentos rochosos do Leste do Zaire (Kivu) foi estudada por Porembski *et al.* (1997). De acordo com a sua observação, as espécies suculentas chasmófitas como *Caralluma* spp. (Asclepidiaceae), *Aloe* spp. (Liliaceae), *Kalanchoe* spp. (Crassulaceae), *Aeollanthus* spp. (Lamiaceae), etc. estão fortemente associadas às fendas e falésias da área. Podem armazenar uma enorme quantidade de água nas suas células de armazenamento de água durante condições ambientais favoráveis e, assim, estas espécies podem resistir a condições ambientais desfavoráveis impostas ao habitat rochoso.

CHASMÓFITOS XERÓFITOS

Espécies como *Cereus pterogonus* Lam., *Euphorbia antiquorum* L., *Euphorbia tortilis* Rottl. *ex* Ainslie, *Opuntia stricta* Haw. var. *dillenii* (Ker-Gawl.) L., *Opuntia vulgaris* Mill., etc. são normalmente xerófitas. O presente estudo constatou que também preferem fendas de rocha em colinas rochosas secas como um dos micro-habitats para a sua sobrevivência.

Os estudos sobre a vegetação rochosa (Nobel *et al.*, 1992; Larson *et al.*, 2000; Graham e Knight, 2004; Nobel e Zutta, 2005) referem que as plantas casmófitas nas fendas das rochas podem ter reduzido a perda por evaporação em comparação com a superfície do solo. Deste modo, proporcionam um ambiente único e um habitat de refúgio para plantas adaptadas a estas condições. Os estudos sobre oito espécies de cactos (*Mammillaria* spp.) do vale de Tehuacan, no México, efectuados por Peters *et al.* (2008), revelam uma forte associação e uma distribuição máxima nestes habitats rochosos. Também proporciona um ambiente fresco e húmido sem reduzir a luz solar. Deste modo, estas plantas desenvolvem vigorosamente os seus sistemas radiculares junto às rochas.

6.2.2. OBSERVAÇÕES ANATÓMICAS

As observações anatómicas de espécies selecionadas de plantas casmófitas, tais como *Anisochilus dysophylloides* Benth., *Caralluma diffusa* (Wight.) N. E. Br., *Cyanotis arachnoidea* C.B. Clarke e *Peperomia dindigulensis* Miq. revelaram algumas pistas sobre a caraterística adaptativa das casmófitas a um micro-habitat específico, como falésias e fendas rochosas. *Anisochilus dysophylloides* Benth. é um arbusto lenhoso e é caraterístico de terrenos rochosos. A anatomia da raiz, do caule e das folhas desta planta apresenta algumas caraterísticas anatómicas peculiares, como uma cutícula espessa sobre a epiderme ou periderme, a epiderme exterior da raiz possui pêlos radiculares bem desenvolvidos e os espaços intercelulares encontram-se também nas regiões corticais.

A anatomia de chasmófitas suculentas como *Caralluma diffusa* (Wight.) N. E. Br., *Cyanotis arachnoidea* C.B. Clarke e *Peperomia dindigulensis* Miq. mostra algumas adaptações anatómicas anormais, tais como a presença de tecido parenquimatoso nas regiões hipodérmica e cortical. Enquanto as porções exteriores, como a epiderme ou a periderme, estão cobertas por uma cutícula relativamente espessa para reduzir a taxa de transpiração. Os espaços intercelulares nas regiões corticais têm a capacidade de armazenar moléculas de água suficientes (**Pls. 22 & 23**).

6.3. ENDEMISMO COM REFERÊNCIA AO PRESENTE ESTUDO

6.3.1. ESPÉCIES ENDÉMICAS DOS GHATS OCIDENTAIS

As espécies casmófitas como *Arundinella mesophylla* Nees *ex* Steud., *Begonia malabarica* Lam., *Brachiaria kurzii* (Hook.f.) A. Camus., *Canscora perfoliata* Lam., *Chrysopogon hackelii* (Hook.f.) Fisch., *Cyanotis tuberosa* (Roxb.) Schult, *Impatiens acaulis* Arn., *Indigofera uniflora* Buch.-Ham. *ex* Roxb., *Peperomia dindigulensis* Miq., *Pogostemon vestitus* Benth., *Torena bicolor* Dalz. e *Tripogon anantaswamianus* Sreek. & al. são endémicas dos Ghats Ocidentais

De acordo com Nayar (1977), existem 56 géneros e cerca de 2100 espécies de plantas com flores endémicas da Índia Peninsular, a maioria das quais confinadas aos Ghats Ocidentais. De acordo com Nair (1991), existem cerca de 51 géneros endémicos dos Ghats Ocidentais. Entre os 51 géneros de espécies endémicas registados nos Ghats Ocidentais, 15 estão presentes na Reserva da Biosfera de Nilgiri (NBR) (Nair e Daniel, 1996; Vivekananthan *et al*, 1997; Balakrishnan e Mohanan, 1999; Murugesan, 2005).

6.3.2. ESPÉCIES ENDÉMICAS DOS GHATS OCIDENTAIS MERIDIONAIS

As espécies como *Anaphalis lawii* (Hook.f.) Gamble, *Anaphalis leptophylla* (DC.) DC., *Anaphalis neelgerryana* (Sch.-Bip. *ex* DC.) DC., *Andrographis stenophylla* Clark, *Biophytum longipedunculatum* Govind, *Caralluma diffusa* (Wight.) N. E. Br., *Caralluma indica* (Wight & Arn.) N.E.Br., *Commelina wightii* Rao, *Didymocarpus gambleanus* Fisch, *Garnotia elata* (Arn. *ex* Miq) Janowski, *Helichrysum wightii* Clarke *ex* Hook, *Impatiens clavicornu* Turcz, *Isodon nilgherricus* (Benth.) H.Hara, *Medinilla beddomei* Clarke, *Pedicularis perrottetii* Benth., *Sonerila rheedei* Wight & Arn., *Sonerila rotundifolia* Bedd. e *Urginea indica* (Roxb.) Kunth. são endémicas dos Ghats Ocidentais do Sul

6.3.3. ESPÉCIES ENDÉMICAS DA ÍNDIA PENINSULAR

Espécies como *Crotalaria evolvuloides* Wight *ex* Wight & Arn., *Cyanotis arachnoidea* Clarke., *Glossocardia bosvallea* (L.f.) DC., *Gynura nitida* DC., *Osbeckia brachystemon* Naud., *Plectranthus mollis* (Ait.) Spreng e *Sesamum laciniatum* Klein. *ex* Willd. são endémicas da Índia peninsular

Nayar (1987) voltou a estimar que, das 4900 espécies endémicas de plantas com flores na Índia, só na Índia Peninsular existem 1788 espécies endémicas. Mais tarde, Ahemedullah e Nayar (1987) afirmaram que 1932 taxa, incluindo 1788 espécies e 144 taxa infra-específicos, são endémicos da Índia Peninsular. Destes, 1384 taxa endémicos pertencem a 96 famílias de dicotiledóneas e os restantes 548 taxa endémicos pertencem a 14 famílias de monocotiledóneas.

As zonas de estudo, como as colinas de Velliangiri, Madukkarai, Maruthamalai e Kanuvai, oferecem diversos habitats e nichos adequados aos taxa endémicos. Entre estes habitats, os penhascos rochosos e as fendas são observados como um dos micro-habitats que fornecem abrigo a algumas espécies endémicas. Os trabalhos anteriores (Jain e Rao, 1983; Jain e Sastry, 1984; Nayar e Sastry, 1987-1990; Nayar, 1996; IUCN, 1998) também são importantes para a conservação de plantas raras, endémicas e ameaçadas (RET), que é uma necessidade urgente no cenário atual.

6.4. ACUMULAÇÃO DE SOLO E NUTRIENTES NAS FALÉSIAS ROCHOSAS

Os penhascos rochosos e as fendas são o microhabitat adequado para o crescimento e a sobrevivência de muitas espécies de plantas, que são vulgarmente designadas por chasmófitos. Estes micro-habitats têm solo, água e nutrientes limitados. A taxa de acumulação de água nas fendas rochosas depende principalmente das condições climáticas e ecológicas da zona. O escoamento da água através do substrato rochoso durante a estação das chuvas é uma das principais fontes de água para as espécies de chasmófitas que ocorrem nas fendas rochosas (**Pl. - 24**).

O presente estudo revela que a forma de vida herbácea é a forma de vida adequada para se adaptar a este micro-habitat. Verificou-se também que, durante a dispersão das sementes, as sementes da planta casmófita se dispersam nas mesmas fendas das rochas. O período de dormência das sementes dispersas depende da duração das condições ambientais adversas impostas pela topografia e condições climáticas variáveis das colinas rochosas. Ao obterem condições ambientais adequadas, estas sementes podem germinar e sobreviver no mesmo microhabitat (**Pl. - 25**).

A acumulação de folhada e solo com micro e macro nutrientes nas falésias e fendas rochosas depende principalmente das regiões altitudinais das montanhas rochosas. A água da chuva transporta o solo e os nutrientes essenciais das zonas de maior altitude para as zonas de menor altitude da montanha. O presente estudo também constatou que as falésias e fendas rochosas de altitudes mais baixas são mais ricas em nutrientes do que as fendas rochosas de altitudes mais elevadas.

6.4.1. ANÁLISE DO SOLO

A água, o ar, a energia solar e o solo são recursos essenciais para toda a vida na Terra. Os factores como os minerais, o ar, a água e a matéria orgânica morta combinam-se para produzir o solo. Este contém minerais inorgânicos de diferentes tamanhos e tipos, que determinam a textura, a estrutura e a capacidade de troca iónica do solo. A matéria orgânica em decomposição presente no solo é denominada húmus (Tokin e Basher, 1990). A vida das plantas é mantida pelo solo de diferentes formas, tais como, pode armazenar e libertar elementos nutritivos inorgânicos para satisfazer as necessidades de crescimento das plantas e também constitui o meio que fornece ancoragem para as raízes das plantas (Furley, 1968).

As amostras de solo foram recolhidas nas diferentes regiões altitudinais da área de estudo (misturando 5 amostras por altitude) e foram utilizadas para análise. Foi determinado o total de macronutrientes essenciais, como o azoto (N), o fósforo (P) e o potássio (K) (Jackson, 1971). O resultado do presente estudo indica que, com a diminuição da altitude, a taxa e a acumulação de minerais nas fendas das rochas aumentam **(Tab. - 2; Pl. - 26)**.

6.5. IMPORTÂNCIA ECONÓMICA DOS CHASMÓFITOS

As plantas que são úteis para a humanidade, direta ou indiretamente, são conhecidas como plantas economicamente importantes. Algumas das espécies potenciais de chasmófitas são úteis de várias formas, tais como plantas medicinais, comestíveis e ornamentais potenciais para a jardinagem em rocha.

6.5.1. OBSERVAÇÕES ETNOBOTÂNICAS

O distrito de Coimbatore, com a sua grande diversidade eco-geográfica e climática, é a morada de muitas plantas medicinais. Estas são utilizadas na preparação de medicamentos ayurvédicos, siddha e unani. Para além das populações tribais, estas plantas medicinais são também utilizadas pelos aldeões e outras populações locais para tratar muitos problemas de saúde. O presente estudo foi realizado nas colinas selecionadas (Velliangiri, Madukkarai, Maruthamalai e Kanuvai Hills) do Ghats Ocidental Meridional do distrito de Coimbatore, Tamil Nadu.

O potencial médico das plantas casmófitas recolhidas nas áreas de estudo foi confirmado através de entrevistas e discussões com tribos como os *Malasars* e *Irulars* de Velliangiri e Maruthamalai e habitantes locais das colinas de Madukkarai e Kanuvai.

6.5.1.2. RESULTADOS DAS OBSERVAÇÕES ETNOBOATNICAS

Foi identificado um total de **186** espécies distribuídas em **128** géneros pertencentes a **68** famílias para o sistema de cuidados de saúde geral e medicinal das populações tribais e das aldeias que residem nas áreas de estudo. Entre estas, as pteridófitas são constituídas por **26** espécies. As doenças comuns encontradas nas pessoas dessa área eram problemas de estômago, problemas de pele, diabetes, iterícia, reumatismo, asma, cortes e feridas, etc. As folhas são a parte mais utilizada para muitas formulações medicinais, seguidas da casca, raízes, rizoma, planta inteira, frutos, sementes e outras partes (**Tab. - 3**).

Uma das principais ameaças aos recursos de plantas medicinais da área de estudo é a exploração excessiva e a falta de uma gestão adequada da conservação do ecossistema existente. Para reduzir a pressão da exploração excessiva sobre as plantas medicinais selvagens e evitar a adulteração de medicamentos brutos, o cultivo de plantas medicinais pode ser incentivado com a participação das tribos locais. Para minimizar o impacto negativo da sobre-exploração, as tribos envolvidas na recolha de plantas medicinais devem receber formação suficiente sobre a forma científica de recolha e as ervas medicinais anuais podem continuar a ser recolhidas, deixando propágulos suficientes para o crescimento nas estações seguintes.

A presente observação também revelou que a geração mais jovem desconhece os vastos recursos medicinais disponíveis nos seus arredores e está mais inclinada para os recursos do mercado. Os resultados do estudo fornecem a prova de que as plantas medicinais continuam a desempenhar um papel importante no sistema de cuidados de saúde dos habitantes tribais e locais da área de estudo (**Pl. - 27**).

6.5.2. POTENCIAIS CHASMÓFITOS SILVESTRES COMESTÍVEIS

As plantas silvestres comestíveis têm desempenhado um papel importante na vida humana desde tempos imemoriais. O presente estudo recolheu um total de **23** espécies pertencentes a **19** famílias e **20** géneros que são utilizadas como plantas comestíveis pelas tribos e pela população local que reside na área de estudo. A diversidade de espécies de plantas silvestres oferece uma variedade na dieta familiar e também contribui para a segurança alimentar doméstica (Tardio *et al.,* 2006). Estas plantas são um bom suplemento de proteínas, hidratos de carbono, sódio e potássio (Sawian *et al.,* 2007).

O consumo de plantas silvestres alimentares parece ser uma das estratégias de sobrevivência locais importantes e muitas destas espécies não são apenas consumidas durante períodos de seca, escassez de alimentos e outras dificuldades, mas também fazem parte da sua ingestão alimentar regular (Tiwari *et al.,* 2010; Ratheesh Narayanan *et al.,* 2011). Estes alimentos silvestres não são apenas um suplemento alimentar, mas também contribuem para as necessidades nutricionais das populações aborígenes e das aldeias próximas das zonas de estudo **(Tab. - 4)**.

6.5.3. CHASMÓFITOS ORNAMENTAIS PARA JARDINS ORNAMENTAIS (ROCK GARDEN)

O presente estudo destaca a existência de cerca de **121** espécies de casmófitas com potencial ornamental, pertencentes a **55** famílias e **84** géneros, que foram recolhidas nas colinas selecionadas do distrito de Coimbatore e que são sugeridas para a jardinagem em rocha ou para o jardim ornamental. Entre estas, **12** espécies são de pteridófitas e **3** espécies de briófitas. Estas plantas casmófitas são cultivadas quer pelo seu hábito e folhagem atractivos quer pelas suas flores de bom aspeto **(Tab. 5)**.

Os jardins rochosos ou jardins de pedra são jardins em que as rochas e as plantas são dispostas num esquema decorativo cuidadosamente concebido. Este esquema dá um aspeto natural mais atrativo e também simula uma formação rochosa natural com plantas a crescer sobre ela. Nos jardins de rochas, as rochas adjacentes e as suas fendas são variáveis, dependendo do tamanho das espécies vegetais. Nestes jardins, um terço das rochas selecionadas é enterrado no solo e as rochas são colocadas de forma natural (Sofia, 2011). A inclusão de elementos aquáticos, barreiras, floreiras e degraus tornará o jardim ornamental mais atrativo. Geralmente, as plantas de crescimento baixo com hábito difuso, ervas suculentas ou arbustos e algumas espécies perenes são também sugeridas para os jardins ornamentais (Binu Thomas *et al.*, 2012).

6.6. CHASMÓFITOS EXÓTICOS

Existem cerca de **20** espécies de chasmófitos exóticos pertencentes a **11** famílias e **18** géneros que foram recolhidos em diferentes altitudes da área de estudo (**Tab. - 6**). Estas plantas exóticas começaram a aparecer no México, na América Tropical, na África Tropical, na América Central, no Brasil, etc. Estão largamente distribuídas nas regiões montanhosas e são mais susceptíveis de invadir a interface urbana ou florestal, onde a habitação humana confina com a vegetação natural. Entre estas, algumas são escapatórias de jardim, através das quais as sementes e outros propágulos podem ser disseminados na vegetação natural circundante (Sullivan *et al.*, 2004; 2005; 2006; Alston e Richardson, 2006; Milton *et al.*, 2007; Foxerott *et al.*, 2008).

A presente investigação revelou a importância das espécies exóticas, que são introduzidas de vários países e agora naturalizadas em vários habitats, incluindo habitats casmofíticos como falésias rochosas e fendas.

6.7. PRINCIPAIS AMEAÇAS À DIVERSIDADE CHASMÓFITA

A redução dos habitats devido a actividades antropogénicas é o principal fator causal das principais ameaças ao ecossistema, o que leva à extrema raridade ou ao possível estado de extinção de uma espécie numa determinada área. A perda de habitat e as espécies invasoras são talvez as duas maiores ameaças actuais à biodiversidade e ambas sofrerão uma grande interação com as alterações climáticas (Lovejoy, 2006). Espécies como *Lantana camera, Chromelina odorata, Parthenium* etc. são algumas das espécies invasoras importantes encontradas naturalizadas e competindo com as espécies nativas na área de estudo. De acordo com Raven (1988), cerca de 25 % do total das espécies existentes podem perder-se devido à destruição das florestas tropicais até ao ano 2015. O impacto das alterações climáticas foi tratado no Terceiro Relatório de Avaliação (TAR) do Painel Intergovernamental sobre as Alterações Climáticas (IPCC) por Mc Carthy *et al.* (2001). A combinação dos impactos das alterações climáticas e da fragmentação dos habitats poderá também resultar na extinção de muitas espécies (Pachauri, 2006).

As zonas ricas em biodiversidade, como as colinas de Velliangiri, Madukkarai, Maruthamalai e Kanuvai, são exploradas pelo público local e pelos apanhadores de ervas. Além disso, estas zonas são locais de peregrinação para atrair milhares de pessoas que as visitam durante a lua cheia e outros dias festivos, o que perturba consideravelmente a vegetação natural. As estradas gerais construídas pelo governo e pelos povos primitivos nas colinas permitem o acesso fácil às florestas. A fácil acessibilidade e a grande facilidade de transporte também incentivam o público a perturbar a vegetação, o que leva à distração das espécies nesta região. O abate da vegetação nas encostas das colinas provocou a erosão do solo durante as chuvas fortes, o que pode subsequentemente levar a deslizamentos de terras e também à perda do habitat e da biodiversidade da zona (**Pl. - 28**).

A vegetação clímax das áreas de estudo em altitudes elevadas enfrenta problemas causados por causas naturais e antropogénicas, tais como secas severas, geadas e uma queda drástica do nível de humidade relativa durante o verão, o que resulta em incêndios florestais, o que, em última análise, leva à diminuição da biodiversidade da área em causa. É ainda mais acelerado por actividades antropogénicas, como a exploração excessiva dos recursos naturais, que podem afetar o equilíbrio dinâmico da área de estudo. A população acelerada associada a interferências bióticas constitui uma grande ameaça para a diversidade casmófita e também afectará o equilíbrio de um ecossistema existente. A invasão de espécies exóticas em áreas montanhosas é outra ameaça que suprime o crescimento de plantas nativas.

O presente estudo observou que as áreas de estudo são ricas não só em diversidade de espécies, mas também em flora rara e endémica. Verifica-se também que a vegetação casmofítica nas falésias e fendas rochosas das colinas contribui mais para a fitodiversidade destas áreas. Além disso, as espécies casmofíticas recolhidas em colinas selecionadas do distrito de Coimbatore têm uma importância económica valiosa, pelo que devem ser conservadas através de uma utilização sustentável.

Tabela - 1: Sinopse estatística da Chasmoflora do presente estudo

<table>
<tr><th colspan="2">Análise florística</th><th colspan="2">Famílias</th><th colspan="2">Géneros</th><th colspan="2">Espécies</th></tr>
<tr><td rowspan="3">**Dicotiledóneas**</td><td>**Polypetalae**</td><td>21</td><td rowspan="3">43</td><td>37</td><td rowspan="3">112</td><td>73</td><td rowspan="3">201</td></tr>
<tr><td>**Gamopétalas**</td><td>15</td><td>62</td><td>100</td></tr>
<tr><td>**Monochlamydeae**</td><td>7</td><td>13</td><td>28</td></tr>
<tr><td colspan="2">**Monocotiledóneas**</td><td colspan="2">12</td><td colspan="2">56</td><td colspan="2">86</td></tr>
<tr><td colspan="2">**Pteridófitas**</td><td colspan="2">17</td><td colspan="2">22</td><td colspan="2">40</td></tr>
<tr><td colspan="2">**Briófitas**</td><td colspan="2">6</td><td colspan="2">6</td><td colspan="2">6</td></tr>
<tr><td colspan="2">**Total**</td><td colspan="2">**78**</td><td colspan="2">**196**</td><td colspan="2">**333**</td></tr>
</table>

Tabela 2. Análise do solo de diferentes regiões altitudinais das áreas de estudo

Altitude	**PH**	**CE(dsm)$^{-1}$**	**N (Kgha)$^{-1}$**	**P(Kgha)$^{-1}$**	**K(Kgha)$^{-1}$**
Colinas de Velliangiri					
500-1000 MSL	7.00	0.16	115	124	135
1000-1500 MSL	6.45	0.15	113	116	121

1500-1800 MSL	6.34	0.13	112	110	118
Colinas de Madukkarai					
200-250 MSL	7.12	0.19	112	120	158
300-350 MSL	6.95	0.16	110	118	148
400-600 MSL	6.56	0.15	98	112	136
Colinas de Maruthamalai					
300-400 MSL	7.00	0.18	126	134	168
450-600 MSL	6.96	0.16	118	126	156
600-800 MSL	6.89	0.13	111	122	138
Colinas de Kanuvai					
200-250 MSL	7.10	0.17	113	122	146
300-350 MSL	6.85	0.14	99	119	132
400-600 MSL	6.83	0.12	87	99	126

Quadro -3: Lista de chasmófitos com potencial médico

N.º SI	Nome Botânico	Família	Peça(s) utilizada(s)	Modo de preparação do medicamento
1.	*Actiniopteris radiata* (Sw.) Link	Actiniopteridaceae	Planta inteira	A pasta de plantas é aplicada sobre os cortes e as feridas.
2.	*Adiantum capillus - veneris* L.	Adiantáceas	Planta inteira	A decocção de toda a planta é utilizada para curar a tosse e a constipação.
3.	*Adiantum incisum* Forssk.	Adiantáceas	Folhas	O pó da folha é misturado com manteiga e utilizado para controlar o ardor interno do corpo.
4.	*Adiantum lunulatum* Burm.	Adiantáceas	Rizoma	O pó do rizoma é utilizado como antídoto contra a mordedura de cobras.
5.	*Adiantum raddianum* C. Presl.	Adiantáceas	Folhas	Sumo das folhas tomado por via oral para a indigestão.
6.	*Agave cantula* Roxb.	Agaváceas	Folhas	A fatia de folhas carnudas constitui um bom cataplasma.
7.	*Ageratum conyzoides* L.	Asteraceae	Folhas	O sumo das folhas é tomado internamente para a dispepsia e a anemia.
8.	*Ageratum houstonianum* Mill.	Asteraceae	Folhas	As folhas são esmagadas com cal e aplicadas em cortes provocados por facas de ferro; a pasta de folhas é aplicada nas regiões afectadas pela alopacia (queda anormal de cabelo).
9.	*Aloe vera* (L.) Burm.	Aloaceae	Folhas	A seiva de Laef é aplicada como tónico capilar e actua

				como anti-caspa.
10.	*Alternanthera pungens* Kunth.	Amaranthaceae	Planta inteira	A decocção da planta é alegadamente tomada para tratar a gonorreia.
11.	*Alysicarpus glumaceus* (Vahl) DC.	Fabáceas	Folhas	Decocção quente de folhas e raízes para tosse, constipação e febre.
12.	*Alysicarpus monilifer* (L.) DC.	Fabáceas	Folhas	A pasta de folhas é aplicada em cortes recém-feridos.
13.	*Ammannia baccifera* L.	Lythraceae	Folhas	A cinza das folhas com óleo de coco é aplicada nas erupções herpáticas. A pasta de folhas é aplicada externamente para curar dores musculares.
14.	*Anaphalis lawii* (Hook.f.) Gamble.	Asteraceae	Planta inteira	A planta inteira é seca ao ar, transformada em pó e consumida como pó saudável.
15.	*Anemia wightiana* Gardner	Schizaeaceae	Planta inteira	A planta inteira é utilizada para o tratamento do reumatismo.
16.	*Anisochilus carnosus* (L.f.) Wall.	Lamiaceae	Folhas	A pasta de folhas é aplicada sobre vários problemas de pele.
17.	*Anisochilus dysophylloides* Benth.	Lamiaceae	Planta inteira	A planta inteira é fervida com água e é utilizada para o banho das crianças para curar a febre.
18.	*Anisomeles indica* (L.) O. Ktze.	Lamiaceae	Folhas	A pasta de folhas esmagadas é aplicada nas feridas. O extrato das folhas é fervido com água e cozinhado como caril para curar a disenteria e as doenças do estômago.
19.	*Anisomeles malabarica* (L.) R. Br.	Lamiaceae	Folhas	A pasta de folhas é aplicada contra as picadas de insectos. As folhas são esmagadas com 10 g de cominhos e o extrato é misturado com mel ou leite materno. Depois disso, 2 colheres de chá são administradas por via oral a bebés recém-nascidos para controlar os vómitos e os movimentos intempestivos.
20.	*Apluda mutica* L.	Poaceae	Planta inteira	Sumo da planta inteira: diurético e também para a gonorreia.
21.	*Arisaema leschenaultii* Blume	Araceae	Tubérculo	O tubérculo é moído com água e a pasta é aplicada externamente no local da picada do inseto.

				Os tubérculos são secos à luz do sol, fritos em ghee e transformados em pasta juntamente com cominhos, coentros e pimenta e são tomados por via oral para hemorragias nas pilhas.
22.	*Aristida setacea* Retz.	Poaceae	Planta inteira	A pasta é feita a partir de partes inteiras da planta e da casca do caule da *Pongamia pinnata*. Depois disso, é aplicada topicamente nos locais afectados para curar feridas.
23.	*Asplenium decrescens* Kunze.	Aspleniaceae	Folhas	As folhas apresentam propriedades antibacterianas. As folhas esmagadas são aplicadas sobre as partes afectadas do corpo para curar infecções microbianas.
24.	*Asplenium inaequilaterale* Willd.	Aspleniaceae	Folhas	As folhas esmagadas são aplicadas sobre as partes afectadas do corpo para curar as dores corporais.
25.	*Axonopus compressus* (Sw.) P. Beauv.	Poaceae	Planta inteira	A pasta de toda a planta é aplicada sobre a testa para obter alívio da dor de cabeça.
26.	*Barleria buxifolia* L.	Acantáceas	Raiz	A pasta de raízes é aplicada em furúnculos, queimaduras e inchaços.
27.	*Begonia malabarica* Lam.	Begoniaceae	Caule	O sumo do caule suculento é utilizado medicinalmente como purificador do sangue. O caule da planta é embebido em leite durante a noite e é administrado por via oral com o estômago vazio como tónico saudável, tal como "*Kayakalpa*".
28.	*Bidens pilosa* L.	Asteraceae	Planta inteira	O sumo quente da planta fresca é utilizado para tratar a dor de ouvidos e a conjuntivite. Também é utilizado para cortes e feridas.
29.	*Biophytum reinwardtii* (Zucc.) Klotzsch	Oxalidáceas	Folhas	A pasta de folhas é esfregada na cabeça e depois toma-se um banho para curar a caspa. Também previne a queda do cabelo.
30.	*Biophytum sensitivum* (L.) DC.	Oxalidáceas	Planta inteira	As folhas esmagadas são inseridas na boca de um paciente na altura da falta de sensibilidade para a epilepsia. Também é utilizado para inflamação,

				atando durante 3 dias sobre a área afetada. A pasta de plantas é aplicada na testa para as enxaquecas.
31.	***Blechnum orientale*** L.	Blechnaceae	Folhas	O sumo das folhas consumidas é utilizado para curar feridas intestinais.
32.	***Blumea mollis*** (D. Don) Merr.	Asteraceae	Folhas	A pasta de folhas é aplicada para várias alergias fúngicas na pele.
33.	***Blumea membranaceae*** Wall. *ex* DC.	Asteraceae	Folhas	A pasta de folhas é aplicada para várias alergias fúngicas.
34.	***Boerhavia diffusa*** L.	Nyctaginaceae	Folhas	A pasta de folhas é aplicada nos cortes e feridas para parar a hemorragia.
35.	***Boerhavia erecta*** L.	Nyctaginaceae	Folhas	A decocção das folhas é utilizada para a diarreia e a disenteria.
36.	***Bulbostylis barbata*** (Rottb.) Clarke	Cyperaceae	Planta inteira	A decocção de toda a planta é administrada para a disenteria.
37.	***Canscora diffusa*** (Vahl.) R. Br.	Gentianaceae	Folhas	As folhas são misturadas com uma pitada de cálcio e transformadas em pó. A pasta é feita a partir deste pó e é aplicada nos cortes uma vez por dia durante 4 dias.
38.	***Caralluma adscendens*** (Roxb.) Haw. var. ***attenuata***	Asclepiadáceas	Rebentos tenros	Os rebentos tenros são moídos juntamente com 4 - 5 pedaços de *Allium sativum* e *Tamirandus indica.* Esta pasta é administrada por via oral para curar perturbações digestivas.
39.	***Caralluma umbellata*** Haw.	Asclepiadáceas	Rebentos tenros	Pasta de rebentos jovens com óleo de gingili e aplicada em feridas nos pés. O caule é queimado em fogo direto e comido regularmente durante cinco dias com o estômago vazio para a úlcera.
40.	***Catharanthus pusillus*** (Murr.) G. Don.	Apocináceas	Folhas e flores	As folhas e flores esmagadas são utilizadas para úlceras.
41.	***Catharanthus roseus*** (L.) G. Don.	Apocináceas	Folhas e flores	A vincristina é o alcaloide obtido da planta e é utilizado para o cancro terapêutica.
42.	***Centella asiatica*** (L.) Urban.	Apiaceae	Folhas	O sumo das folhas é misturado com mel e é tomado de estômago vazio para aumentar o poder de memória; as plantas esmagadas também são

				utilizadas contra furúnculos e doenças de pele.
43.	***Chamaecrista absus*** (L.) Irwin & Barneby	Caesalpiniaceae	Folhas	A pasta de folhas esmagadas é aplicada sobre as feridas.
44.	***Chamaecrista kleinii*** (Wight & Arn.) Matthew	Caesalpiniaceae	Folhas	Uma mão-cheia de folhas é transformada numa pasta e aplicada duas vezes por dia para o eczema.
45.	***Cheilanthes tenuifolia*** (Burm.f) Sw.	Cheilanthaceae	Folhas	A pasta é feita a partir das folhas e é aplicada no abcesso.
46.	***Cheilanthes mysurensis*** Wall. *ex* Bedd.	Cheilanthaceae	Folhas	O sumo obtido das folhas é misturado com água quente e tomado por via oral juntamente com mel para tratar a dor de garganta.
47.	***Chenopodium ambrosioides*** L.	Chenopodiaceae	Peças aéreas	Decocção das partes aéreas utilizada como purificador do sangue. Decocção de folhas misturada com cinza de folha de bananeira e é dada a cabras e ovelhas para expulsar vermes.
48.	***Chlorophytum laxum*** R.Br.	Antericáceas	Tubérculos	O pó do tubérculo é misturado com água e esta infusão é administrada por via oral para curar as hemorróidas.
49.	***Chlorophytum tuberosum*** (Roxb.) Baker	Antericáceas	Tubérculos	O medicamento obtido a partir dos tubérculos é utilizado como rejuvenescedor e tónico para a saúde. O pó do tubérculo com açúcar é utilizado como tónico sexual.
50.	***Christella dentata*** (Forssk.) Brown.	Thelypteridaceae	Folha	A pasta de folhas é aplicada em doenças de pele.
51.	***Cissus quadrangularis*** L.	Vitaceae	Rebentos tenros	O sumo preparado a partir de rebentos e folhas tenras é misturado com leite de manteiga. É tomado por via oral para tratar distúrbios menstruais. A planta inteira é transformada em pasta e colada sobre a parte fracturada do corpo até à cura.
52.	***Cleome gynandra*** L.	Cleomaceae	Folhas	A pasta de folhas é utilizada para curar furúnculos.
53.	***Cleome monophylla*** L.	Cleomaceae	Folhas e sementes	As folhas e as sementes são fervidas em óleo de coco e arrefecidas. Deita-se 4-5 gotas desta solução no

				ouvido, duas vezes por dia durante 3 a 4 dias para curar a dor de ouvidos. A planta é moída com 1 ou 2 pimentas e a pasta é aplicada na testa para a enxaqueca.
54.	*Cleome viscosa* L.	Cleomaceae	Folhas	O sumo da folha é misturado com pó de fruta de *Pedalium murex*. A administração desta solução durante os problemas menstruais.
55.	***Commelina benghalensis*** L.	Commelinaceae	Planta inteira	A planta inteira é utilizada para tratar a lepra. O sumo extraído do caule é misturado com o sumo do caule da *Canna indica* e com os frutos da *Areca catechu*. Esta mistura é aplicada topicamente nos locais afectados para curar feridas.
56.	***Commelina ensifolia*** R. Br.	Commelinaceae	Peças aéreas	O extrato aquoso da parte aérea fresca é aplicado externamente para curar queimaduras, comichões e furúnculos.
57.	***Crassocephalum crepidioides*** (Benth.) S. Moore	Asteraceae	Folhas	As folhas esmagadas são aplicadas na pele para várias alergias cutâneas.
58.	***Crotalaria albida*** Heyne *ex* Roth.	Fabáceas	Planta inteira	A planta inteira é utilizada como purgativo.
59.	***Curculigo orchiodes*** Gaertn.	Hypoxidaceae	Rizoma	A pasta de rizoma é tomada internamente com leite para o tratamento de leucorreia, diabetes e amigdalite.
60.	***Cyanotis arachnoidea*** C.B. Clarke	Commelinaceae	Planta inteira	Dado como laxante para o gado.
61.	***Cyanotis fasciculata*** (Heyne *ex* Roth) Schult.	Commelinaceae	Folhas	O sumo obtido da folha suculenta é utilizado para curar infecções fúngicas e feridas na boca.
62.	***Cyanotis pilosa*** Schult. & Schult.f.	Commelinaceae	Planta inteira	Dado como laxante para o gado.
63.	***Cyanotis tuberosa*** (Roxb.) Schult	Commelinaceae	Tubérculos	Os tubérculos secos são transformados numa pasta com coalhada e é administrada por via oral para induzir o movimento do sangue.
64.	***Cyanotis villosa*** (Spreng.) Schult.f	Commelinaceae	Caule	O caule esmagado desta planta e o sumo do caule da *Canna indica* são moídos até formar uma pasta e são aplicados externamente para curar feridas.

65.	*Cyathula prostrata* (L.) Blume.	Amaranthaceae	Planta inteira	Toda a planta é transformada numa pasta e aplicada externamente contra doenças musculares.
66.	*Cymbopogon flexuosus* (Nees *ex* Steud.) Will.	Poaceae	Folhas	O sumo obtido da folha é utilizado contra infestações de piolhos e outros insectos. As folhas também são prensadas e colocadas nos locais onde ocorrem ataques de insectos.
67.	*Cyperus difformis* L.	Cyperaceae	Raízes	As raízes moídas são aplicadas contra várias alergias cutâneas.
68.	*Desmodium repandum* (Vahl.) DC.	Fabáceas	Planta inteira	A pasta é preparada a partir de toda a planta e aplicada no corpo, seguida de um banho após trinta minutos, como antídoto contra picadas venenosas.
69.	*Desmodium triflorum* (L.) DC.	Fabáceas	Planta inteira	A pasta de plantas inteiras com raízes aéreas de *Ficus benghalensis* é utilizada como emplastro para fracturas ósseas. A pasta de folhas frescas é aplicada sobre feridas e abcessos.
70.	*Didymocarpus gambleanus* Fischer	Gesneriaceae	Folhas	A pasta de folhas é aplicada em borbulhas e fissuras externas.
71.	*Didymocarpus humboldtiana* Gard.	Gesneriaceae	Planta inteira	As partes inteiras da planta com a casca do caule de *Pongamia pinnata* e a folha de *Abutilon indicum* são moídas até formar uma pasta e aplicadas topicamente nos locais afectados para curar feridas.
72.	*Drymaria cordata* Edgew. & Hook.	Caryophyllaceae	Planta inteira	A pasta preparada a partir da planta inteira é aplicada no osso fracturado. Faz-se uma ligadura com a ajuda de um pano de algodão. Ao fim de 20-25 dias, o osso fracturado fica articulado. O sumo obtido das folhas também é utilizado para a febre.
73.	*Dryopteris atrata* (Kunze) Ching.	Dryopteridaceae	Rizoma	O pó do rizoma é tomado com água duas vezes por dia para o reumatismo
74.	*Dryopteris cochleata* (Buch. Ham. *ex* D. Don) C. Chr.	Dryopteridaceae	Planta inteira	A pasta de plantas é aplicada nas feridas para evitar infecções.
75.	*Ecbolium viride* (Forssk.) Alston.	Acantáceas	Folhas	O sumo das folhas é utilizado para curar

				furúnculos nos ouvidos.
76.	*Elephantopus scaber* L.	Asteraceae	Planta inteira	As folhas esmagadas são aplicadas sobre as feridas para diminuir a hemorragia. O sumo da raiz é tomado internamente para problemas de estômago. A mistura de toda a planta com gingelina e óleo de coco (100 ml cada) é aquecida e aplicada externamente para entorses.
77.	*Eleusine indica* (L.) Gaertn.	Poaceae	Planta inteira	A decocção de toda a planta é administrada a crianças para convulsões.
78.	*Elytraria acaulis* (L. f.) Lindau	Acantáceas	Raízes	A pasta de raiz é administrada uma vez por dia durante 21 dias para a leucorreia. Também é aplicada com pimenta preta na mordedura de cobra.
79.	*Emilia sonchifolia* (L.) DC.	Asteraceae	Folhas	A pasta de folhas é utilizada contra entorses e espasmos musculares. O extrato de folhas esmagadas é aplicado externamente em cortes e feridas.
80.	*Eulophia epidendraea* (Koen.) Schltr.	Orquidáceas	Lâmpada	O bolbo esmagado é frito com óleo de mostarda e este resíduo é aplicado no reumatismo, três vezes por dia até à cura.
81.	*Euphorbia antiquorum* L.	Euphorbiaceae	Látex	O látex obtido do caule é aplicado em caso de queimaduras.
82.	*Euphorbia hirta* L.	Euphorbiaceae	Látex	O látex é aplicado na pele para vários problemas de pele e fissuras labiais.
83.	*Euphorbia rothiana* Spreng.	Euphorbiaceae	Látex	O látex aplicado no corpo para curar feridas.
84.	*Euphorbia thymifolia* L.	Euphorbiaceae	Planta inteira	As folhas e sementes secas são aromáticas, adstringentes e estimulantes. Também é utilizada como laxante. A pasta de toda a planta juntamente com pimenta preta é administrada para dores de estômago e disenteria.
85.	*Evolvulus alsinoides* L.	Convolvuláceas	Planta inteira	A pasta da planta é administrada por via oral com leite ou água quente para melhorar a capacidade de memória. 10 - 30 gms de folhas frescas juntamente com a planta

				inteira de *Mollugo nudicalis* Lam. é fervida em água. Este extrato fervido é tomado por via oral duas vezes por dia durante um período de três dias para curar a febre.
86.	*Evolvulus nummularis* L.	Convolvuláceas	Planta inteira	A pasta da planta inteira é aplicada sobre a garganta para reduzir a dor da amigdalite.
87.	*Exacum pedunculatum* L.	Gentianaceae	Planta inteira	Decocção da planta inteira tomada três dias para curar febre com disenteria.
88.	*Galinsoga parviflora* Cav.	Asteraceae	Folhas	As folhas esmagadas são aplicadas na pele para vários problemas de pele.
89.	*Glinus oppositifolius* (L.) A. DC.	Molluginaceae	Planta inteira	O sumo das folhas juntamente com *Allium sativum* é utilizado como purgativo e também para o eczema. A pasta da planta inteira é aplicada externamente contra vários tipos de doenças de pele, como sarna, comichão, etc.
90.	*Glossocardia bosvallea* (L.f.) DC.	Asteraceae	Planta inteira	Uma colher de sumo da planta é dada juntamente com leite de vaca duas vezes por dia para curar a febre tifoide.
91.	*Gynura nitida* DC.	Asteraceae	Raízes	As raízes esmagadas são cozidas com leite e administrado por via oral para a mordedura de cobra. O curandeiro mantém um pequeno pedaço de raízes na boca e aspira o sangue impuro do local da picada depois de o alargar com uma faca afiada.
92.	*Hedyotis corymbosa* (L.) Lam.	Rubiáceas	Folhas	O sumo das folhas é aplicado externamente para reduzir a sensação de ardor. Também é administrado por via oral durante 5 dias para curar a iterícia.
93.	*Hedyotis herbácea* L.	Rubiáceas	Planta inteira	A pasta da planta inteira é aplicada sobre cortes e feridas.
94.	*Heteropogon contortus* (L.) P. Beauv. *ex* Roem.	Poaceae	Inflorescências e raízes	A decocção da inflorescência é administrada para a asma como broncodilatador. Uma colher de chá de pó de raiz seca ao ar é misturada com água e tomada por via

				oral para o tratamento de mordedura de cobra.
95.	*Hibiscus ovalifolius* (Forssk.) Vahl	Malvaceae	Flores e frutos	Os frutos são nutritivos, as flores são anti diabéticas
96.	*Hybanthus enneaspermus* (L.) F. Muell.	Violáceas	Planta inteira	O extrato da planta é misturado com leite de cabra e uma pitada de açúcar e é administrado por via oral para a leucodermia e também como tónico para a saúde. 20 ml do sumo da planta inteira são tomados com leite de vaca durante um período de quatro a cinco meses para tratar a diabetes. O consumo de sumo de plantas pode melhorar o vigor sexual dos homens.
97.	*Hypericum mysurense* Heyne.	Hipericáceas	Folhas	Pasta de folhas utilizada para remover os pêlos do corpo.
98.	*Hyptis suaveolens* (L.) Poit.	Lamiaceae	Raízes e sementes	Raízes mastigadas com folhas de bétel para dores de estômago. A decocção da raiz é utilizada como aperitivo.
99.	*Impatiens balsamina* L.	Balsamináceas	Folhas e flores	Tanto as folhas como as flores são utilizadas como substituto da hena. A planta é utilizada como emético e diurético. Os extractos alcoólicos das flores possuem uma atividade antibiótica marcada contra alguns fungos e bactérias patogénicos.
100.	*Impatiens chinensis* L. *Indigofera linnaei* Ali.	Balsamináceas Fabáceas	Planta inteira Folhas	O extrato da planta inteira é aplicado externamente para queimaduras. Consumo de sumo de folhas de manhã cedo com leite para curar a espermatorreia.
101.	*Indigofera nummularifolia* (L.) Livera.	Fabáceas	Planta inteira	O sumo da planta é diurético e também para a epilepsia.
102.	*Indigofera uniflora* Buch.-Ham. *ex* Roxb.	Fabáceas	Folhas	Aplicação externa de pasta de folhas para várias alergias cutâneas.
103.	*Indoneesiella echioides* (L.) Sreem.	Acantáceas	Raízes e folhas	A pasta da raiz é aplicada para dores de dentes. A pasta de folhas é misturada com óleo de coco e aplicada nos cabelos brancos para escurecer.

104.	*Isodon wightii* (Benth) Hara	Lamiaceae	Folhas	O sumo da folha pode aumentar o poder de resistência em doentes com cancro.
105.	*Justicia nagpurensis* Graham.	Acantáceas	Folhas	As folhas esmagadas são fervidas com óleo de coco e são aplicadas externamente sobre inchaços reumáticos.
106.	*Justicia prostrata* (Roxb. *ex* Clarke) Gamble	Acantáceas	Folhas	A decocção das folhas é boa para a tosse.
107.	*Justicia tranquebariensis* L.f.	Acantáceas	Raízes e folhas	A pasta de raiz é aplicada para tratar a dor de dentes. As folhas moídas com um pouco de óleo de gingili e aplicadas nos joelhos para dores nas articulações.
108.	*Kalanchoe lanceolata* (Forssk.) Pers.	Crassuláceas	Folhas	A pasta de folhas é aplicada sobre a pele para várias alergias cutâneas. Também é aplicada externamente para dores nas articulações.
109.	*Kalanchoe pinnata* (Lam.) Pers.	Crassuláceas	Folhas	O sumo das folhas é um medicamento eficaz para o tratamento da disenteria e da cólera. As folhas esmagadas são esfregadas em todo o corpo durante a febre.
110.	*Kalanchoe schweinfurthii* Penzig.	Crassuláceas	Caule e folhas	A pasta feita a partir do caule suculento e das folhas da planta é aplicada sobre os cortes e as feridas. Extrato de folhas aplicado externamente para dores nas articulações.
111.	*Knoxia mollis* Wight & Arn.	Rubiáceas	Folhas	A folha é moída até formar uma pasta e aplicada topicamente nos locais afectados para curar feridas.
112.	*Leucas aspera* (Willd.) Spreng.	Lamiaceae	Folhas e flores	A decocção obtida a partir das folhas e das flores é utilizada para a tosse e a constipação.
113.	*Leucas biflora* (Vahl.) R.Br.	Lamiaceae	Folhas	A decocção das folhas é usada como gota para os olhos duas vezes por dia em caso de conjuntivite. Também se prescrevem quatro a cinco folhas para mastigar com a folha de *Piper betel* L. para mulheres que sofrem de corrimento branco.
114.	*Lindernia ciliata* (Colsm.) Pennell	Scropulariaceae	Planta inteira	A pasta de plantas inteiras juntamente com pimenta preta é administrada para a gonorreia.

115.	***Medinilla beddomei*** Clarke	Melastomataceae	Folhas	As folhas frescas são consumidas para reduzir o calor do corpo.
116.	***Mitracarpus villosus*** (Sw.) DC.	Rubiáceas	Folhas	As folhas e a casca do caule de *Syzygium cumini* são trituradas até formar uma pasta e, em seguida, são aquecidas com óleo de gingelim. A mistura assim obtida é aplicada topicamente nos locais afectados para curar feridas.
117.	***Mollugo nudicaulis*** Lam.	Molluginaceae	Planta inteira	Decocção de toda a planta administrada por via oral para tratar a febre.
118.	***Mollugo pentaphylla*** L.	Molluginaceae	Planta inteira	A planta inteira é pulverizada juntamente com pimenta *(Piper nigrum)* e a administração oral deste extrato é utilizada para convulsões infantis por gónadas, 1-2 colheres quando os sintomas ocorrem até à cura.
119.	***Murdannia dimorpha*** (Dalz.) Brueck	Commelinaceae	Raízes	A pasta de raízes com leite de cabra é prescrita por via oral para curar a asma.
120.	***Murdannia nudiflora*** (L.) Brenan	Commelinaceae	Planta inteira	A pasta de plantas inteiras com sal comum é aplicada na área afetada para curar a lepra.
121.	***Ocimum americanum*** L.	Lamiaceae	Rebentos e folhas	As folhas frescas e os rebentos são esmagados e aplicados sobre a testa para obter alívio da dor de cabeça.
122.	***Odontosoria chinensis*** (L.) J. Sm.	Lindsaeaceae	Folhas	A decocção das folhas é utilizada para doenças crónicas.
123.	***Opuntia stricta*** Haw. var. ***dillenii*** (Ker-Gawl.) L.	Cactáceas	Fruto e caule	1- ***Vi*** colher de chá de sumo de caule com açúcar e é administrado internamente para a obstipação. O sumo do fruto é misturado com açúcar, fervido e administrado internamente três vezes por dia para a tosse e a asma. As flores são esmagadas e aplicadas como agente anti-caspa.
124.	***Opuntia vulgaris*** Mill.	Cactáceas	Partes suculentas	A parte suculenta esmagada da planta é aplicada sobre a inflamação.
125.	***Oxalis corniculata*** L.	Oxalidáceas	Parte aérea vegetativa	Mistura-se cerca de 20 ml de extrato da parte aérea vegetativa com um copo de água e uma colher de chá de

				açúcar. Esta mistura é dada para tomar 5 vezes por dia até curar a dor de estômago; mastigada como um ambientador bucal. A pasta fina de toda a planta com pimenta preta é aplicada em furúnculos e feridas. 10-20 gms de folhas jovens juntamente com a flor de bananeira *(Musa paradisica* L.) fervidas com água. Este extrato fervido é filtrado e tomado por via oral com mel para parar a disenteria nas crianças.
126.	***Parahemionitis cordata*** Roxb. *ex* Hook.	Hemionitidaceae	Peças aéreas	As partes aéreas com arroz cru são cozinhadas e comidas para regular o ciclo menstrual.
127.	***Pedalium murex*** L.	Pedaliaceae	Frutos	Misturam-se duas colheres de chá de pó de frutos com sumo de folhas de *Cleome viscosa* e administram-se a partir do 5th dia da menstruação, antes de ir para a cama, uma vez por dia, durante 7 dias, para problemas menstruais.
128.	***Pentanema indicum*** (L.) Ling.	Asteraceae	Folhas e raízes	O sumo das folhas é utilizado como loção contra os insectos . O sumo da raiz é utilizado para curar a tosse e a iterícia.
130.	***Peperomia pellucida*** (L.) Kunth.	Piperaceae	Planta inteira	O extrato da planta inteira é aplicado em infecções cutâneas causadas por bactérias. O consumo do extrato bruto da planta é bom para os doentes diabéticos. As raízes são moídas com água e tomadas por via oral para evitar abortos durante a gravidez.
131.	***Peperomia tetraphylla*** (G.Forst.)Hook. & Arn.	Piperaceae	Folhas	As folhas são fervidas com óleo de sésamo e aplicadas em todo o corpo para curar dores corporais.
132.	***Peristrophe paniculata*** (Forssk.) Brummitt.	Acantáceas	Planta inteira	O extrato da planta é administrado três vezes por dia para curar a febre e as dores abdominais.
133.	***Persicaria barbata*** (L.) Hara.	Polygonaceae	Raízes	As raízes são utilizadas como adstringente e agente de arrefecimento. Também é utilizada para o tratamento

				de úlceras.
134.	*Persicaria chinensis* (L.) Gross.	Polygonaceae	Raízes e folhas	As raízes são moídas juntamente com leite e tomadas por via oral para o tratamento da febre e da diarreia; as folhas esmagadas também são utilizadas como champô.
135.	*Persicaria glabra* (Willd.) Gomez.	Polygonaceae	Folhas	A pasta de folhas com pimenta preta é tomada com mel para curar a febre e as cólicas.
136.	*Phyllanthus maderaspatensis* L.	Euphorbiaceae	Folhas	A pasta de folhas é diluída com 200 ml de leite de cabra e administrada por via oral 2 vezes por dia durante 7 dias para curar a iterícia.
137.	*Phyllanthus virgatus* G. Forst.	Euphorbiaceae	Planta inteira	Todas as partes de uma planta são utilizadas para curar a iterícia. As folhas esmagadas são misturadas com leite de manteiga e são utilizadas como lavagem para a comichão nas crianças.
138.	*Pilea microphylla* (L.) Liebm.	Urticáceas	Planta inteira	As plantas esmagadas são aplicadas em feridas e contusões.
139.	*Pityrogramma calamelanos* (L.) Link.	Hemionitidaceae	Planta inteira	As partes inteiras da planta são fervidas com água e a decocção assim obtida é tomada por via oral de manhã cedo para tratar o cálculo renal.
140.	*Plantago erosa* Wall.	Plantagináceas	Folhas	Pasta de folhas utilizada contra as varizes; também utilizada como antissético para feridas.
141.	*Plectranthus amboinicus* (Lour.) Spreng.	Lamiaceae	Folhas	O sumo das folhas é misturado com mel e é tomado por via oral como carminativo. Algumas gotas de sumo de folhas são administradas 2-3 vezes por dia para a febre.
142.	*Plectranthus barbatus* Andr.	Lamiaceae	Folhas	Administração oral de 50 ml do extrato filtrado de folhas por crianças, 2 vezes por dia, para reduzir o calor corporal e a febre.
143.	*Plectranthus caninus* Roth.	Lamiaceae	Folhas	Inalar a pasta de folhas esmagadas fortemente aromáticas é bom para reduzir a dor de cabeça.
144.	*Plectranthus mollis* (Ait.) Spreng.	Lamiaceae	Folhas	Durante a noite, o material vegetal cortado foi espalhado perto da cama

				para repelir os mosquitos.
145.	*Plumbago zeylanica* L.	Plumbaginaceae	Raízes	A pasta da casca da raiz é misturada com leite, fervida e administrada por via oral como febrífugo. Pasta de casca de raiz misturada com *Allium sativum* (Alho) e é aplicada para dores musculares.
146.	*Polycarpaea corymbosa* (L.) Lam.	Caryophyllaceae	Planta inteira	A planta recém-colhida é transformada em pasta e aplicada externamente como antídoto para picadas de escorpião e picadas de insectos. Cataplasma feito com as folhas frescas e aplicado sobre furúnculos e inchaços inflamatórios. Duas colheres de chá de pó preparado a partir de toda a planta são administradas por via oral com mel três vezes por dia até à recuperação para tratar a iterícia.
147.	*Portulaca olerácea* L.	Portulacaceae	Planta inteira	O consumo de um sumo de planta inteira é bom para um coração saudável.
148.	*Portulaca pilosa* L.	Portulacaceae	Porta-enxertos tuberosos	A raiz tuberosa é consumida crua ou depois de ter sido assada em brasas, a pele exterior pode ser descascada antes de ser consumida, é considerada para a saúde.
149.	*Portulaca quadrifida* L.	Portulacaceae	Planta inteira	A decocção de toda a erva é utilizada para a asma e a tosse.
150.	*Pouzolzia wightii* Bennett.	Urticáceas	Planta inteira	Pasta de plantas inteiras com *Curcuma longa,* colada sobre o osso fracturado. A pasta é feita a partir do pó da planta juntamente com a casca do caule de *Melia azedarch* L. e *Andrographis paniculata* Wall *ex* Nees. é aplicada externamente para a picada de escorpião.
151.	*Pouzolzia zeylanica* (L.) Bennett.	Urticáceas	Folhas	Uma folha esmagada juntamente com ovos e é utilizada para cortes e fracturas. O sumo das folhas é esfregado no olho direito com o dedo mindinho da mão esquerda três vezes por dia para curar a inflamação

				ocular.
152.	***Protasparagus racemosus*** (Willd.) Oberm.	Asparagaceae	Folhas e rizoma	A pasta de folhas maduras é aplicada externamente para curar fissuras nos calcanhares. O sumo do rizoma é utilizado internamente para a leucorreia e a epilepsia.
153.	***Pteris biaurita*** L.	Pteridáceas	Rizoma	O rizoma é moído até formar uma pasta e aplicado sobre as partes afectadas do corpo para obter alívio das dores corporais.
154.	***Pteris confusa*** T.G.	Pteridáceas	Rizoma	A pasta de rizomas é aplicada sobre os furúnculos.
155.	***Pteris vittata*** L.	Pteridáceas	Planta inteira	As partes inteiras da planta são moídas em pasta e são aplicadas sobre os locais afectados para a cicatrização de feridas.
156.	***Pteridium aquilinum*** (L.) Kuhn.	Dennstaedtiaceae	Planta inteira	As partes inteiras da planta são moídas em pasta e aplicadas sobre cortes e feridas.
157.	***Pyrrosia porosa*** (C. Presl) Hoven.	Polipodiaceae	Planta inteira	A pasta da planta inteira é aplicada sobre cortes feitos com facas.
158.	***Rubia cordifolia*** L.	Rubiáceas	Caule e folhas	O caule e as folhas esmagadas são transformados em pasta e dados ao gado diariamente uma vez durante 3-4 dias para curar a deslocação de ossos no gado. A pasta de folhas é aplicada sobre os inchaços da gengiva.
159.	***Rungia repens*** (L.) Nees.	Acácias	Planta inteira	A planta inteira é seca e pulverizada e é administrada em doses de uma colher de sopa por dia para a iterícia. A pasta da planta também é aplicada topicamente nos locais afectados para curar feridas.
160.	***Sansevieria roxburghiana*** Schult. & Schult.	Dracaenaceae	Folhas	O sumo das folhas (150 ml) é administrado internamente como antídoto para a mordedura de cobras. As raízes são moídas com curcuma em pó e esta pasta é utilizada como antídoto para o veneno de cobra.

161.	*Scilla hyacinthina* (Roth.) Macbr.	Hyacinthaceae	Lâmpadas	Os bolbos são fervidos com água e atados sobre os furúnculos e as feridas até ficarem curados.
162.	*Scoparia dulcis* L.	Scropulariaceae	Planta inteira	A planta inteira é transformada em pó e administrada oralmente durante 6-7 dias com água para reduzir a tensão arterial. Também é utilizada para o tratamento de pedras nos rins.
163.	*Sebastiana chamaelea* (L.) Muell.-Ar g.	Euphorbiaceae	Planta inteira	O sumo da planta é adstringente e é utilizado para a diarreia.
164.	*Selaginella delicatula* (Desv.) Alston	Selaginellaceae	Planta inteira	O sumo da planta é antibacteriano e é utilizado para a cicatrização de feridas.
165.	*Selaginella involvens* (Sw.) Spring.	Selaginellaceae	Raízes e folhas	A decocção da raiz é utilizada para curar a tosse. As frondes são moídas com rizoma fresco de *Curcuma longa* L. (Manjal) e são aplicadas em picadas venenosas.
166.	*Selaginella intermedia* (BI.) Spring.	Selaginellaceae	Planta inteira	A pasta da planta inteira é aplicada sobre a testa para obter alívio da dor de cabeça.
167.	*Sesamum laciniatum* Klein. *ex* Willd.	Pedaliaceae	Folhas	O sumo das folhas é aplicado nas feridas.
168.	*Sesamum orientale* L.	Pedaliaceae	Sementes	A pasta de sementes é aplicada na pele em caso de queimaduras solares, de manhã e à noite, até à recuperação.
169.	*Sida cordata* (Burm.f.) Borss.	Malvaceae	Raízes	Extrato de raiz misturado com 23 gms de gengibre em pó e administrado três vezes por dia como afrodisíaco.
170.	*Smithia racemosa* Heyne *ex* Wight & Arn.	Fabáceas	Planta inteira	O pó da planta inteira é misturado com mel e é tomado internamente para fortalecer o corpo.
171.	*Sonchus oleraceus* L.	Asteraceae	Raízes	O sumo obtido das raízes é utilizado para estancar hemorragias da boca e do nariz.
172.	*Spermacoce hispida* L.	Rubiáceas	Raiz	A pasta de raízes é aplicada na parte afetada para o tratamento de entorses. A pasta de raiz juntamente com a pasta de rizoma de *Curcuma longa,* clara de ovo e geleia, é aplicada à fratura óssea durante 9 dias.

				O sumo preparado a partir de 10 gms de raiz com leite de vaca é tomado regularmente duas vezes por dia para induzir a lactação.
173.	*Spilanthes calva* DC	Asteraceae	Flores	Uma flor esmagada misturada com a urina do sexo oposto de um paciente e é utilizada contra mordeduras de cães e mordeduras de cobras. As cabeças das flores são mastigadas em caso de dores de dentes.
174.	*Synedrella nodiflora* (L.) Gaertn.	Asteraceae	Raízes	O sumo das raízes esmagadas é tomado para o inchaço do abdómen, especialmente nos bovinos.
175.	*Tectaria wightii* (C.B. Clarke) Ching.	Dryopteridaceae	Raízes	A decocção da raiz é misturada com pimenta e sementes de cominhos. Depois é fervida com água. Depois desta solução fervida é tomada por via oral duas vezes por dia para curar a asma.
176.	*Tephrosia pumila* (Lam.) Pers.	Fabáceas	Planta inteira	O pó da planta inteira é utilizado para curar a febre.
177.	*Themeda triandra* Forssk.	Poaceae	Planta inteira	O pó das partes inteiras da planta é moído com as folhas de *Toddalia asiatica* e *Pongamia pinnata*. A mistura assim obtida é misturada com óleo de coco e aplicada topicamente nos locais afectados para tratar feridas.
178.	*Torena bicolor* Dalz.	Scropulariaceae	Planta inteira	As plantas são fervidas com óleo de gingili e esfregadas na testa 3 a 4 vezes. Depois disso, tomar um banho de água quente para controlar a enxaqueca.
179.	*Trianthema deccandra* L.	Aizoaceae	Folhas e raízes	As folhas e raízes secas são pulverizadas e misturadas com água quente. Toma-se por via oral durante 5-10 dias para o tratamento de problemas renais.
180.	*Trianthema portulacastrum* L.	Aizoaceae	Caule e raízes	O caule e as raízes são triturados; este extrato é utilizado no tratamento do reumatismo. A decocção da raiz é tomada internamente para tratar a obstipação e a asma.
181.	*Tribulus terrestris* L.	Zygophyllaceae	Frutos e folhas	A decocção de toda a planta

				é usada para curar distúrbios urinários. Os frutos são um agente diurético refrescante. É utilizado para a impotência e distúrbios urinários. A pasta preparada a partir das folhas é utilizada para o tratamento de cálculos na bexiga.
182.	*Tridax procumbens* L	Asteraceae	Folhas	O sumo das folhas frescas é aplicado em cortes e feridas.
183.	*Urginea indica* (Roxb.) Kunth.	Hyacinthaceae	Lâmpadas	Os bolbos (2 n.ºs) são transformados numa pasta e aplicados externamente para tratar várias alergias cutâneas, diariamente, duas vezes de manhã e à noite, durante cinco dias ou até os sintomas desaparecerem. A pasta obtida dos bolbos é utilizada para estacas.
184.	*Vernonia cinerea* (L.) Less.	Asteraceae	Planta inteira	A planta é esmagada com cal e é aplicada nas feridas. As flores são trituradas com água e aplicadas sobre a cabeça para o crescimento do cabelo. A pasta desta planta com *E. sonchifolia* é aplicada na garganta para limpar as amígdalas. 5-10 ml de extrato de folhas são tomados por via oral uma vez por dia regularmente para curar a disenteria em crianças.
185.	*Viola pilosa* Blume	Violáceas	Planta inteira	A planta inteira é esmagada e aplicada na sarna. A pasta de folhas é colada sobre os ossos fracturados.
186.	*Xenostegia tridentata* (L.) Austin & Staples	Convolvuláceas	Raízes	Decocção da raiz tomada internamente para se livrar de reumatismo e distúrbios urinários.

Quadro - 4: Lista de potenciais chasmófitos comestíveis

SI. Não .	Nome Botânico	Família	Peças Usado	Modo de consumo
1.	*Boerhavia erecta* L.	Nyctaginaceae	Folhas tenras	Cozinhado como vegetal
2.	*Caralluma adscendens* (Roxb.) Haw. var. *attenuata*	Asclepiadáceas	Caule carnudo	Comido cru
3.	*Chenopodium ambrosioides* L.	Chenopodiaceae	Folhas e rebentos	Cozinhado como vegetal

			tenros	
4.	*Chlorophytum tuberosum* (Roxb.) Baker	Antericáceas	Folhas e raízes tenras	Cozinhado como vegetal
5.	***Cissus quadrangularis*** L.	Vitaceae	Rebentos jovens	Cozinhado como vegetal
6.	***Cleome monophylla*** L.	Cleomaceae	Folhas jovens	Cozinhado como vegetal
7.	***Cleome viscosa*** L.	Cleomaceae	Peças aéreas	As partes aéreas são utilizadas como legumes
8.	***Commelina benghalensis*** L.	Commelinaceae	Folhas	Cozinhado como vegetal
9.	***Commelina ensifolia*** R. Br.	Commelinaceae	Folhas	Utilizados como verduras
10.	***Drymaria cordata*** Edgew. & Hook.	Caryophyllaceae	Folhas	Utilizados como verduras
11.	***Hibiscus ovalifolius*** (Forssk.) Vahl.	Malvaceae	Frutos tenros e sementes	Cozinhado como vegetal
12.	***Impatiens balsamina*** L.	Balsamináceas	Folhas & sementes	As folhas e as sementes são consumidas como legumes
13.	***Mollugo pentaphylla*** L.	Molluginaceae	Folhas	Esta planta é consumida como erva do porto
14.	***Opuntia stricta*** Haw. var. ***dillenii*** (Ker-Gawl.) L.	Cactáceas	Frutos	Os frutos são consumidos crus
15.	***Oxalis latifolia*** HBK	Oxalidáceas	Lâmpadas	Cozinhado como vegetal
16.	***Pavonia zeylanica*** (L.) Cav.	Malvaceae	Frutos jovens	Comido cru
17.	***Persicaria chinensis*** (L.) Gross.	Polygonaceae	Caule jovem e carnudo	Os rebentos tenros são consumidos como substituto da água.
18.	***Portulaca oleracea*** L.	Portulacaceae	Caule e folhas jovens	Cozinhado como vegetal
19.	***Portulaca pilosa*** L.	Portulacaceae	Porta-enxerto	O porta-enxerto tuberoso é torrado
20.	***Pouzolzia zeylanica*** (L.) Benn.	Urticáceas	Raízes	Cozinhado como

				vegetal
21.	*Pteridium aquilinum* (L.) Kuhn.	Pteridiaceae	Folha jovem	Folhas jovens cozinhadas como legumes
22.	*Sesamum orientale* L.	Pedaliaceae	Sementes	Óleo alimentar extraído de sementes
23.	*Trianthema portulacastrum* L.	Aizoaceae	Folhas eoun g caule	Cozinhado como vegetal

Quadro - 5: Lista de casmófitos com potencial para rochedos

N.º SI	Nome Botânico	Família	Potencial de rochas ornamentais
1.	*Actiniopteris radiata* (Sw.) Link.	Actiniopteridaceae	Devido ao aspeto atraente do seu hábito, a planta é vulgarmente designada por feto-pavão
2.	*Adiantum raddianum* C. Presl.	Adiantáceas	Folhagem de bom aspeto
3.	*Agave augustifolia* Haw.	Agaváceas	Folhagem atractiva
4.	*Agave cantula* Roxb.	Agaváceas	Folhagem atractiva
5.	*Aloe vera* (L.) Burm.	Aloaceae	Hábito e flores bonitos
6.	*Alysicarpus monilifer* (L.) DC.	Fabáceas	Hábito prostrado atrativo
7.	*Anaphalis neelgerryana* (Sch.-Bip. *ex* DC.) DC.	Asteraceae	Hábito atrativo
8.	*Anisochilus dysophylloides* Benth.	Lamiaceae	Hábito e folhagem bonitos
9.	*Arisaemaleschenaultii* Blume	Araceae	Folha larga com espátula bonita
10.	*Arundinellamesophylla* Nees. *ex* Steud.	Poaceae	Aspeto atrativo do hábito
11.	*Arundinella pumila* (Hochst. *ex* A. Rich.) Steud.	Poaceae	Aspeto atrativo do hábito
12.	*Aspleniumaethiopicum* (Burn.f.) Becherer	Asp leniaceae	Hábito sedutor com folhagem atraente
13.	*Barbula indica* (Hook.) Spreng.	Pottiaceae	Hábito de propagação bonito

14.	***Barleria tamilnadensis*** K.M. Prabhu *et al,*	Acantáceas	Uma flor amarela atraente com corola tubular
15.	***Begonia malabarica*** Lam.	Begoniaceae	Flores sedutoras de cor branca ou creme com uma folhagem atraente
16.	***Bidens pilosa*** L.	Asteraceae	Flores de raios brancos vistosos
17.	***Biophytum longipedunculatum*** Govind.	Oxalidáceas	Hábito atrativo
18.	***Biophytumreinwardtii*** (Zucc.) Klotzsch.	Oxalidáceas	Hábito e folhagem atraentes
19.	***Biophytum sensitivum*** (L.) DC.	Oxalidáceas	Folhagem atractiva
20.	***Blechnum orientale*** L.	Blechnaceae	Folhagem de bom aspeto
21.	***Bryum argenteum*** Hedw.	Briáceas	Um hábito de propagação atrativo
22.	***Canscora diffusa*** (Vahl.) R. Br.	Gentianaceae	Hábito sedutor
23.	***Carallumaadscendens*** (Roxb.) Haw. var. ***attenuata***	Ascle p iadaceae	Hábito e flor suculentos atraentes
24.	***Caralluma diffusa*** (Wight.) N. E. Br.	Asclepiadáceas	Hábito difuso atrativo com flores vistosas
25.	***Caralluma indica*** (Wight & Arn.) N.E.Br.	Asclepiadáceas	Belo hábito
26.	***Caralluma umbellata*** Haw.	Asclepiadáceas	Hábito suculento atraente com flores sedutoras.
27.	***Catharanthuspusillus*** (Murr.) G. Don.	Apocináceas	Pequenas flores brancas
28.	***Catharanthus roseus*** (L.) G. Don.	Apocináceas	Lindas flores de várias cores
29.	***Cheilanthes mysurensis*** Wall *ex* Bedd.	Cheilanthaceae	Hábito atrativo com folhagem vistosa
30.	***Cheilanthestenuifolia*** (Burn.f) Sw.	Cheilanthaceae	Hábito e folhagem bonitos
31.	***Chlorophytum laxum*** R.Br.	Antericáceas	Aspeto atrativo do hábito

32.	*Chlorophytum tuberosum* (Roxb.) Baker	Antericáceas	Aspeto atrativo do hábito
33.	*Cissus quadrangularis* L.	Vitaceae	Belo hábito trepador
34.	*Commelina ensifolia* R. Br.	Commelinaceae	Flores azuis encantadoras
35.	*Commelina wightii* Rao.	Commelinaceae	Flores amarelas de bom aspeto
36.	*Crotalaria clarkei* Gamble.	Fabáceas	Folhagem impressionante com flores amarelas atraentes
37.	*Cyanotis arachnoidea* C.B. Clarke	Commelinaceae	Um atraente hábito esponjoso esbranquiçado nas fendas das rochas
38.	*Cyanotis fasciculata* (Heyne *ex* Roth) Schult.	Commelinaceae	As plantas com flores são muito atractivas
39.	*Cyanotis tuberosa* (Roxb.) Schult.f.	Commelinaceae	Um hábito fascinante
40.	*Cyathodium cavernarum* Kunze.	Targioniaceae	Hábito de propagação impressionante
41.	*Desmodium triflorum* (L.) DC.	Fabáceas	Hábito prostrado que se espalha e folhas pequenas e atractivas.
42.	*Didymocarpus gambleanus* Fischer	Gesneriaceae	Folhas esponjosas bonitas e flores cor-de-rosa atraentes
43.	*Didymocarpus tomentosa* Wight.	Gesneriaceae	Flores azuis impressionantes com uma folhagem deslumbrante
44.	*Dipcadi montanum* (Dalz.) Baker	Antericáceas	Lindas flores brancas
45.	*Drymaria cordata* Edgew. & Hook.	Caryophyllaceae	Hábito prostrado que se espalha
46.	*Doryopterisconcolor* (Langsd. Et Fisch.) Kuhn	Sinopteridáceas	Uma folhagem listrada atraente
47.	*Eragrostiella bifaria* (Vahl.) Bor.	Poaceae	Um hábito e uma inflorescência atraentes
48.	*Eranthemum capense* L.	Acantáceas	Flores brancas azuladas encantadoras

49.	***Erigeron karvinskianus*** DC.	Asteraceae	Lindas flores brancas com um atraente hábito de expansão
50.	***Eulophiaepidendraea*** (Koen.) Schltr.	Orquidáceas	Hábito e flores bonitas
51.	***Euphorbia antiquorum*** L.	Euphorbiaceae	Hábito de boa aparência
52.	***Euphorbia thymifolia*** L.	Euphorbiaceae	Pequeno hábito prostrado com flores minúsculas
53.	***Euphorbia tortilis*** Rottl. *ex* Ainslie	Euphorbiaceae	Um hábito fascinante
54.	***Evolvulus alsinoides*** L.	Convolvuláceas	Flores encantadoras de cor azulada ou branca
55.	***Evolvulus nummularis*** L.	Convolvuláceas	Hábito prostrado impressionante com flores lindas
56.	***Exacum pedunculatum*** L.	Gentianaceae	Flores de um branco azulado atraente
57.	***Exacum wightianun*** Arn.	Gentianaceae	Flores azuis brilhantes e atractivas
58.	***Fimbristylis complanate*** (Retz.) Link	Cyperaceae	Hábito vistoso
59.	***Glossocardia bosvallea*** (L.f.) DC.	Asteraceae	Pequeno hábito com folhagem atractiva
60.	***Gomphrena serrata*** L.	Amaranthaceae	Hábito bonito com flores brancas
61.	***Gynura nitida*** DC.	Asteraceae	Flores brancas avermelhadas e atraentes
62.	***Habenaria polyodon*** Hook.	Orquidáceas	Bela inflorescência
63.	***Liotita opiummarifolium*** Retz	Boragináceas	Hábito de boa aparência com pequenas flores brancas
64.	***Hibiscus ovalifolius*** (Forssk.) Vahl	Malvaceae	Flores brancas impressionantes
65.	***Hybanthus enneaspermus*** (L.) F. Muell.	Violáceas	Flores cor-de-rosa brilhantes e vistosas
66.	***Hypericum japonicum*** Thumb. *ex* Murr.	Hipericáceas	Hábito e folhagem vistosos

67.	*Hypericum mysurense* Heyne.	Hipericáceas	Flores amarelas brilhantes e vistosas
68.	*Impatiens acaulis* Arn.	Balsamináceas	Flores e hábitos bonitos
69.	*Impatiens balsamina* L.	Balsamináceas	Flores cor-de-rosa encantadoras
70.	*Impatiens chinensis* L.	Balsamináceas	Lindas flores de cor rosa-púrpura a branco
71.	*Impatiens clavicornu* Turcz.	Balsamináceas	Flores rosa-choque cativantes
72.	*Impatiens flaccida* Arn.	Balsamináceas	Flores de cor rosa-púrpura agradáveis
73.	*Indigofera linnaei* Ali.	Fabáceas	Um hábito de propagação e flores atraentes
74.	*Indigofera uniflora* Buch. - Ham. *ex* Roxb.	Fabáceas	Hábito prostrado impressionante com lindas flores vermelhas
75.	*Kalanchoe lanceolata* (Forssk.) Pers.	Crassuláceas	Uma suculenta de hábito atraente
76.	*Kalanchoe pinnata* (Lam.) Pers.	Crassuláceas	Uma suculenta de hábito atraente com flores bonitas
77.	*Kalanchoeschweinfurthii* Penzig.	Crassuláceas	Hábito e folhagem vistosos
78.	*Kalanchoe tubiflora* (Harvey) Raym-Hamet	Crassuláceas	Hábito suculento atraente com flores avermelhadas
79.	*Knoxia mollis* Wight & Arn.	Rubiáceas	Hábito de propagação bonito
80.	*Lindernia ciliata* (Colsm.) Pennell	Scrophulariaceae	Pequeno hábito minúsculo com belas flores
81.	*Melinis repens* (Willd.) zizke	Poaceae	Espiguetas cor-de-rosa
82.	*Murdannia dimorpha* (Dalz.) Brueck	Commelinaceae	Pequeno hábito impressionante com lindas flores azuladas
83.	*Odontosoria chinensis* (L.) J. Sm.	Lindsaeaceae	Folhagem de bom aspeto
84.	*Opuntia stricta* Haw. var. *dillenii* (Ker-Gawl.) L.	Cactáceas	Hábito suculento altamente adaptável

85.	*Opuntia vulgaris* Mill.	Cactáceas	Hábito suculento altamente adaptável
86.	*Osbeckia zeylanica* L.	Melastomataceae	Flores rosadas de bom aspeto
87.	*Oxalis corniculata* L.	Oxalidáceas	Belo hábito de propagação
88.	*Oxalis latifolia* HBK	Oxalidáceas	Folhagem bonita com flores rosa-violeta
89.	*Parahemionitis cordata* Roxb. *ex* Hook.	Hemionitidaceae	Lindas folhas em forma de coração
90.	*Pedalium murex* L.	Pedaliaceae	Flores amarelas em forma de sino
91.	*Pentanema indicum* (L.) Ling.	Asteraceae	Flores amarelas brilhantes e encantadoras
92.	*Peperomia dindigulensis* Miq.	Piperaceae	Hábito suculento com folhagem esponjosa
93.	*Peperomia pellucida* (L.) Kunth.	Piperaceae	Hábito aguado e vistoso
94.	*Peperomia tetraphylla* (G.Forst.) Hook. & Arn.	Piperaceae	Tetrafilas atractivas
95.	*Pilea microphylla* (L.) Liebm.	Urticáceas	Pequenos folhetos atractivos
96.	*Pityrogramma calamelanos* (L.) Link.	Hemionitidaceae	Folhagem atractiva
97.	*Plectranthusamboinicus* (Lour.) Spreng.	Lamiaceae	Folhagem atractiva
98.	*Plectranthus barbatus* Andr.	Lamiaceae	Flores e folhagens bonitas
99.	*Polycarpaea corymbosa* (L.) Lam.	Caryophyllaceae	Folhas pequenas e hábito atrativo
100.	*Portulaca oleracea* L.	Portulacaceae	Hábito de propagação encantador
101.	*Portulaca quadrifida* L.	Portulacaceae	Folhagem e flores de bom aspeto
102.	*Protasparagusfysonii* (Macbr.) Gamble.	Asparagaceae	Escalada bonita hábito
103.	*Protasparagusracemosus* (Willd.) Oberm.	Asparagaceae	Escalada bonita hábito

104.	*Pteris biaurita* L.	Pteridáceas	Hábito vistoso
105.	*Rubia cordifolia* L.	Rubiáceas	Atrativo folhagem e hábito
106.	*Sansevieriaroxburghiana* Schult. & Schult.	Dracaenaceae	Hábito vistoso
107.	*Scilla hyacinthina* (Roth) Macbr.	Hyacinthaceae	Um hábito atraente com flores brancas encantadoras
108.	*Selaginella involvens* (Sw.) Spring.	Selaginellaceae	Hábito e folhagem impressionantes
109.	*Sesamum laciniatum* Klein. *ex* Willd.	Pedaliaceae	Hábito prostrado atraente com flores cor-de-rosa
110.	*Sesamum orientale* L.	Pedaliaceae	Flores em forma de sino com bom aspeto
111.	*Sonerila grandiflora* R.Br. *ex* Wight & Arn.	Melastomataceae	Hábito e flores fascinantes
112.	*Sonerila rotundifolia* Bedd.	Melastomataceae	Hábito difuso impressionante
113.	*Striga asiatica* (L.) O. Ktze.	Scrophulariaceae	Hábito encantador com flores amarelas brilhantes
114.	*Striga densifolia* (Benth.) Benth.	Scrophulariaceae	Branco encantador flores
115.	*Talinumportulacifolium* (Forssk.) Aschers	Portulacaceae	Hábito suculento e flores cor-de-rosa
116.	*Trianthema deccandra* L.	Aizoaceae	Hábito prostrado atrativo
117.	*Trianthema portulacastrum* L.	Aizoaceae	Bom hábito de propagação
118.	*Tribulus terrestris* L.	Zygophyllaceae	Hábito prostrado impressionante com lindas flores amarelas
119.	*Urginea indica* (Roxb.) Kunth.	Hyacinthaceae	Folhagem de bom aspeto
120.	*Viola pilosa* Blume	Violáceas	Um hábito fascinante
121.	*Xenostegia tridentata* (L.) Austin & Staples	Convolvuláceas	Hábito prostrado e flores impressionantes

Quadro - 6: Lista de casmófitas exóticas em função do seu carácter nativo

N.º SI	Nome Botânico	Família	Natividade
1.	*Ageratum conyzoides* L.	Asteraceae	América
2.	*Ageratum houstonianum* Mill.	Asteraceae	México
3.	*Bidens pilosa* L.	Asteraceae	América Tropical
4.	*Cereus pterogonus* Lam.	Cactáceas	América Tropical
5.	*Chenopodium ambrosioides* L.	Chenopodiaceae	América Tropical
6.	*Drymaria cordata* Edgew. & Hook.	Caryophyllaceae	México, C. América
7.	*Erigeron karvinskianus* DC.	Asteraceae	México
8.	*Euphorbia chamesyce* L.	Euphorbiaceae	Jamaica
9.	*Galinsoga parviflora* Cav.	Asteraceae	América do Sul tropical
10.	*Hyptis suaveolens* (L.) Poit.	Lamiaceae	América Central
11.	*Melinis repens* (Willd.) Zizke	Poaceae	África
12.	*Oxalis latifolia* HBK	Oxalidáceas	América Central e Tropical
13.	*Opuntia stricta* Haw. var. *dillenii* (Ker-Gawl.) L.	Cactáceas	América
14.	*Opuntia vulgaris* Mill.	Cactáceas	Brasil
15.	*Pilea microphylla* (L.) Liebm.	Urticáceas	América do Sul
16.	*Scoparia dulcis* L.	Scophulariaceae	América Tropical
17.	*Sonchus oleraceus* L.	Asteraceae	Norte de África
18.	*Synedrella nodiflora* (L.) Gaertn	Asteraceae	Índias Ocidentais
19.	*Talinum portulacifolium* (Forssk.) Aschers *ex* Schweinf.	Portulacaceae	África
20.	*Tridax procumbens* L.	Asteraceae	América Central

Fig. - 1: Floristic analysis of families, genus and species

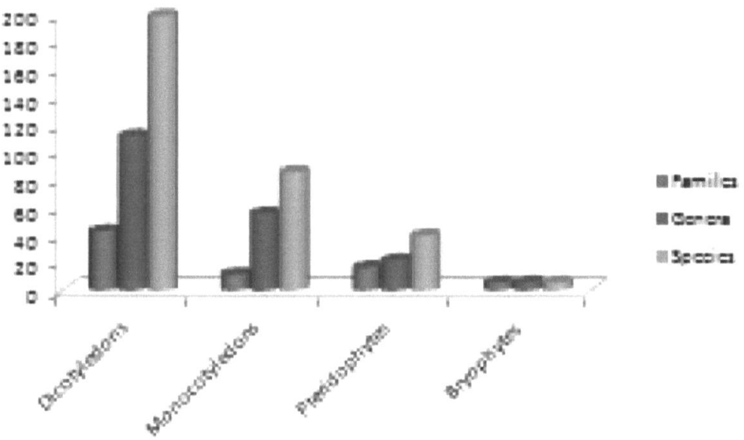

Fig. - 2: Life form analysis of chasmophytes

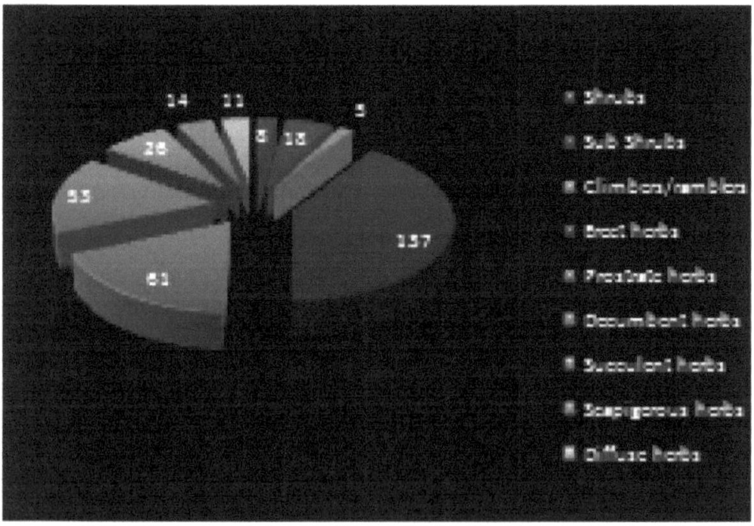

Fig. – 5: Analysis of dominant families of Angiosperms

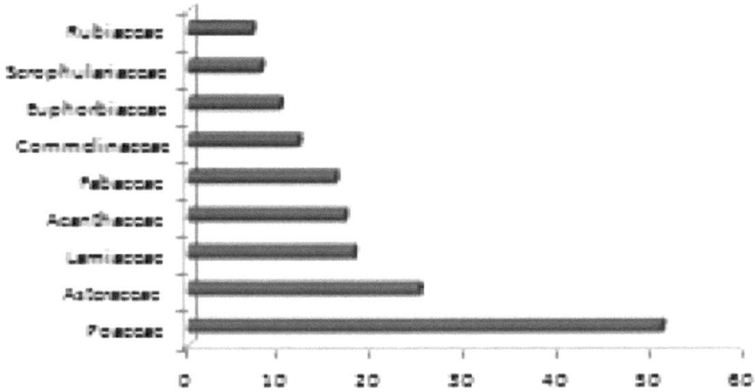

Fig. – 6: Analysis of dominant families of Pteridophytes

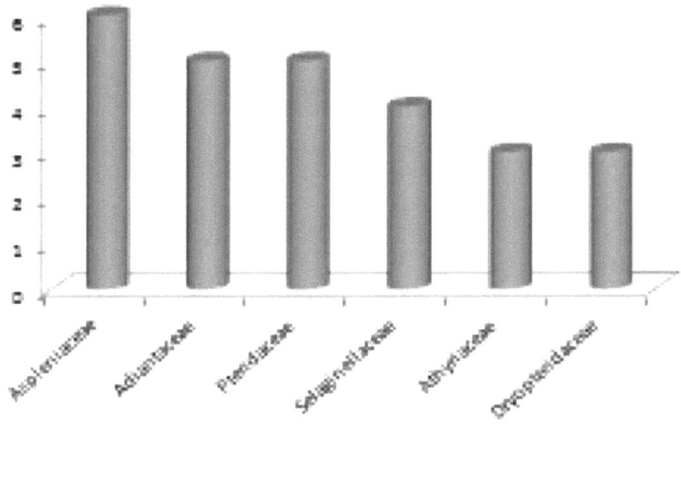

PLATE - 21: MORPHOLOGICAL ADAPTAIONS

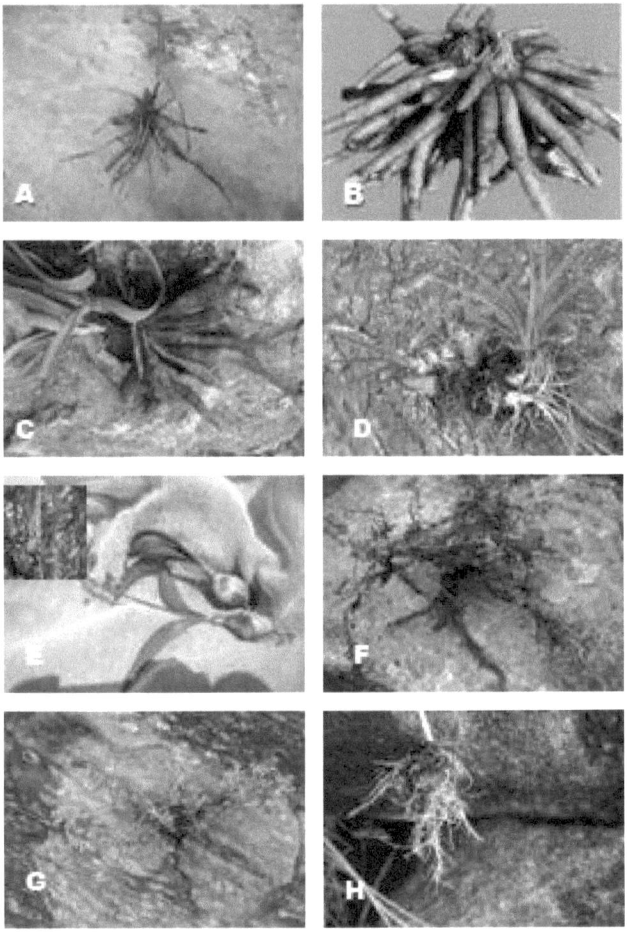

A - C: Tuberous roots of *Protasparagus racemosus* (Willd.) Oberm. and *Chlorophytum tuberosum* (Roxb.) Baker. and *Cyanotis tuberosa* (Roxb.) Schult.f. D & E: Bulbs of *Eulophia epidendraea* (Koen.) Schltr. and *Scilla hyacinthina* (Roth) Macbr. F & G: Stout roots of *Polycarpaea corymbosa* (L.) Lam. and *Phyllanthus maderaspatensis* L. H: Feeder roots of *Gynura nitida* DC.

PLATE - 22: ANATOMICAL OBSERVATIONS

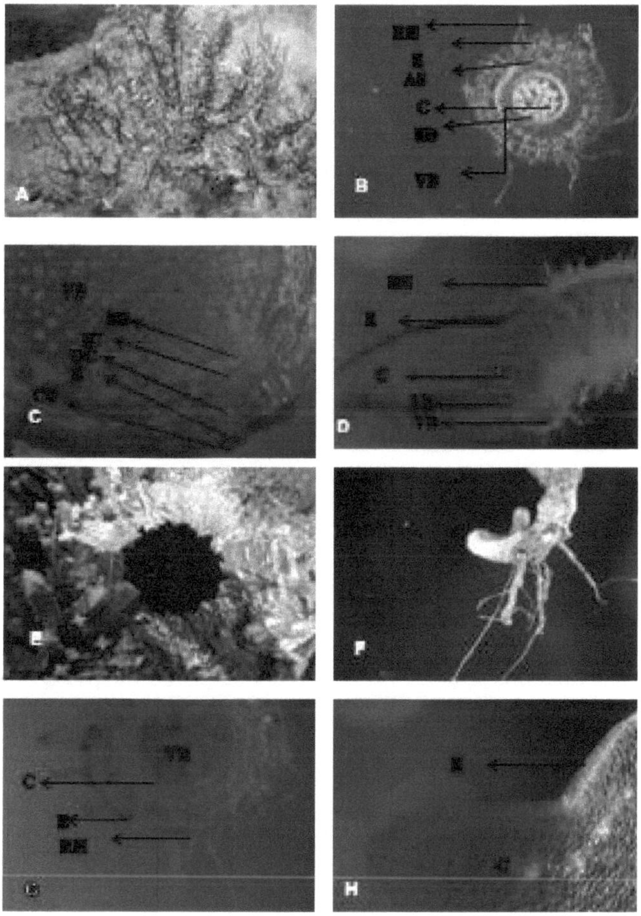

A. Habit of *Anisochilus dysophylloides* Benth. B – D: T.S. of root, stem and leaf of *A. dysophylloides* E. Habit of *Caralluma diffusa* (Wight.) N. E. Br. F. Roots of *C. diffusa* G & H. T.S. of root and shoot of *C. diffusa*.

AS - Air space, C - Cortex, CU - Cuticle, E - Epidermis, ED- Endodermis, EH - Epidermal hairs, LE - Lower epidermis, RH - Root hairs, UE - Upper epidermis, VB - Vascular bundles

PLATE - 23: ANATOMICAL OBSERVATIONS

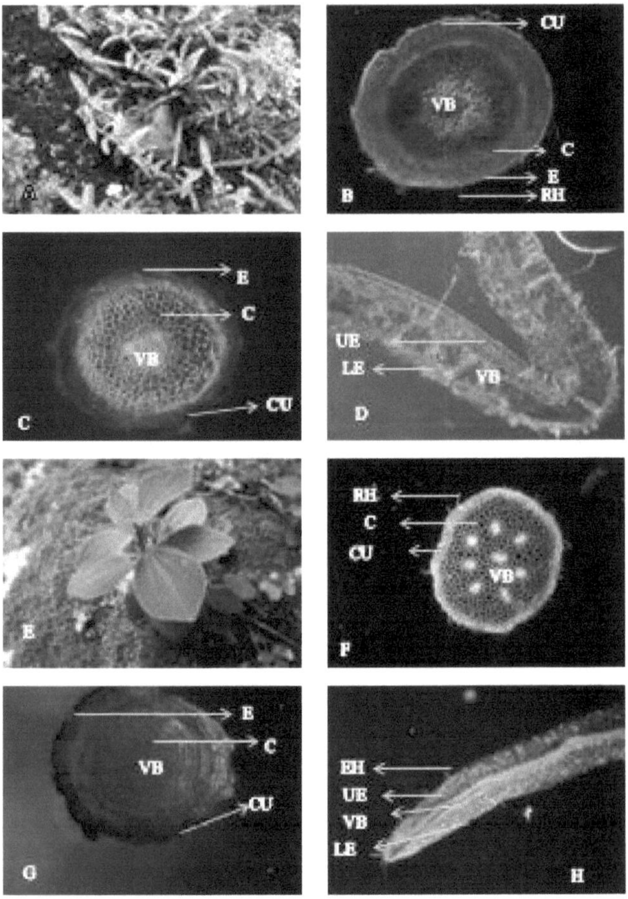

A. Habit of *Cyanotis arachnoidea* C.B. Clarke B-D. T.S. of root, stem and leaf of *C. arachnoidea*. E. Habit of *Peperomia dindigulensis* Miq. F-H. T.S. of root, stem and leaf of *P. dindigulensis*.

AS- Air space, C- Cortex, CU- Cuticle, E- Epidermis, ED- Endodermis, EH- Epidermal hairs, LE- Lower epidermis, RH- Root hairs, UE- Upper epidermis, VB- Vascular bundles

PLATE – 24: Notable observations from the study areas

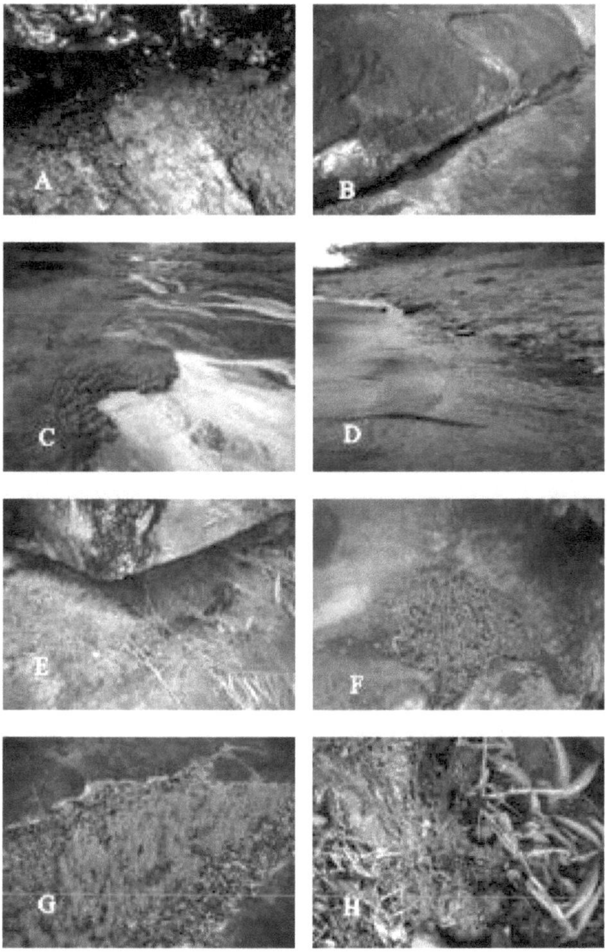

A & B: Dripping rocks C & D: Water run off through rocky cliffs and crevices
E. Seed dispersal in to the rock crevices F & G: Seedling growth in the crevices
H: Growing of chasmophytes in the thin film of soil which covers in the crevices

PLATE – 25: Notable observations from the study areas

A – B: Patch of rock habitat from Velliangiri hills during hot and rainy days C – D: Patch of rock habitat from Madukkarai hills during hot and rainy days E: Accumulation of organic litter in the rock crevices F: Continuous flow of water on the rocks during rainy times can provides suitable habitat for algal growth.

PLATE - 26

Collection of soil from rocky cliffs and crevices in different sites of study areas

PLATE – 27: Ethno-botanical observations

A) Discussing *Irular* of Maruthamalai

B). Interviewing with *Irular* informant

C). *Malasars* of Velliangiri Hills

D). Interviewing with *Malasar* informant

E). Tribal settlements in Velliangiri Hills

F). Collection of data from local inhabitant in Madukkarai

PLATE – 28: Threats to the chasmophytic habitats of the study area

A: Pilgrims pressure during festival days at Velliangiri hills B & C: Dumping of plastic and other wastes in Velliangiri hills by visitors D: Over exploitation of natural resources by local people in Velliangiri hills E & F: Pilgrims pressure during festival days at Madukkarai hills G: Cement factory at foot hills of Madukkarai H: Pilgrims pressure during festival days at Maruthamalai

CAPÍTULO-7 : RESUMO E CONCLUSÃO

Os Ghats ocidentais meridionais de Coimbatore têm 333 espécies de chasmophytes, incluindo 2 espécies novas e 1 variedade nova, pertencentes a 196 géneros e 78 famílias. Destas, 40 espécies pertencentes a 22 géneros, distribuídas por 17 espécies, são pteridófitas, seguidas de 6 espécies pertencentes a 6 géneros e 6 famílias são briófitas.

As descobertas importantes incluem duas novas espécies, como ***Striga indica*** Prabhu K.M. *et al.*, sp. nov. (Scrophulariaceae) e ***Barleria tamilnadensis*** Prabhu K.M. *et al.*, sp. nov. (Acanthaceae), uma nova variedade, ***Crotalaria ramosissima*** Roxb. var. ***kanuvayensis*** Binu T. *et al*, sp. nov. (Fabaceae), 1 espécie como ***Dipcadi montanum*** (Dalz.) Baker (Hyacinthaceae), um novo registo no estado de Tamil Nadu e uma espécie de Asclepiadaceae como ***Caralluma diffusa*** (Wight.) N.E. Br. que é uma redescoberta após mais de meio século.

◆ O endemismo, com especial referência à área de estudo, é classificado em espécies endémicas dos Ghats Ocidentais (**12 espécies**), espécies endémicas dos Ghats Ocidentais do Sul (**18 espécies**) e espécies endémicas da Índia Peninsular (**7 espécies**).

◆ As observações ecológicas efectuadas na área de estudo revelam que a ocorrência e distribuição das espécies de casmófitas depende principalmente do seu hábito e da ecologia do seu habitat. Estas incluem os seguintes tipos

- **Chasmófitos em fendas de rocha húmidas**
- **Chasmófitos em fendas de rochas gotejantes**
- **Chasmófitos em manchas húmidas e sombrias da região montanhosa**
- **Chasmófitos em rochas expostas**
- **Chasmófitos em colinas de pé**
- **Chasmófitos nas bordas de shola das colinas**
- **Chasmófitos nos prados da serra**
- **Chasmophytes ocorre imediatamente após a chuva ou períodos pós-monção**
- **Chasmófitos de tamanho e forma variáveis**
- **Chasmófitos que se apresentam como formas em miniatura**
- **Chasmófitas com raízes tuberosas**
- **Chasmófitas com porta-enxertos bulbosos**

- **Chasmófitos com raízes robustas**
- **Chasmófitos escafandros**
- **Chasmófitos epífitos**
- **Chasmófitos pubescentes**
- **Chasmófitas aromáticas**
- **Chasmófitos suculentos**
- **Chasmófitos xerófitos**

❖ **Etnomedicina de chasmófitos:** Um total de **186** espécies distribuídas por **128** géneros pertencentes a **68** famílias foram identificadas para o sistema de cuidados medicinais e de saúde geral de ambas as tribos *(Malasars* de Velliangiri e *Irulars* das colinas de Maruthamali) e pessoas das aldeias que residem nas áreas de estudo. Entre estas, as pteridófitas são constituídas por **26** espécies.

❖ **Chasmófitos selvagens comestíveis**: Um total de **23** espécies de chasmófitas pertencentes a **19** famílias e **20** géneros são utilizadas como plantas comestíveis pelas tribos e pela população local que reside na área de estudo.

❖ **Chasmófitas ornamentais silvestres**: O presente estudo destaca **121** espécies de casmófitas com potencial ornamental, pertencentes a **55** famílias e **84** géneros, que foram sugeridas para a jardinagem em rocha ou para o jardim ornamental. Entre estas, **12** espécies pertencem a pteridófitas e **3** espécies pertencem a briófitas.

❖ **Chasmófitos exóticos**: Existem cerca de **20** espécies de chasmófitos exóticos pertencentes a **11** famílias e **18** géneros, recolhidos em diferentes altitudes da área de estudo.

❖ **Observações anatómicas**: As espécies selecionadas de plantas casmófitas, tais como *Anisochilus dysophylloides* Benth., *Caralluma diffusa* (Wight.) N. E. Br., *Cyanotis arachnoidea* C.B. Clarke e *Peperomia dindigulensis* Miq. forneceram informações sobre as caraterísticas adaptativas das casmófitas a um microhabitat específico, como falésias rochosas e fendas.

❖ **Acumulação de solo e nutrientes nas falésias e fendas rochosas:** Depende principalmente das regiões altitudinais das montanhas rochosas. No presente estudo, verificámos que as falésias e fendas rochosas de altitudes mais baixas são mais ricas em nutrientes do que as fendas rochosas de altitudes mais elevadas.

◆ **Principais ameaças à diversidade casmofítica:** A perda de habitat e a invasão de espécies exóticas, a sobre-exploração dos recursos naturais por parte dos habitantes locais, do público e das ervas, a pressão dos peregrinos, a intrusão humana excessiva e as actividades de desenvolvimento associadas são as principais ameaças ao ecossistema

O presente estudo concluiu que ainda há um certo número de áreas inexploradas para uma chasmoflora nos Ghats Ocidentais do Sul e que, para preencher esta lacuna, são necessários mais estudos. No contexto atual do rápido desaparecimento das florestas tropicais húmidas, devem ser realizados mais estudos deste tipo antes que seja demasiado tarde. Este tipo de estudos pode ser útil para avaliar o impacto das alterações climáticas no crescimento e na distribuição da vegetação.

REFERÊNCIAS

Adams J.B., Palmer, R. e Stanely, J.T. 1992. Intemperismo de rochas em desertos: mobilização e concentração de ferro férrico por microorganismos. *J. Geomicrobiol.* 10: 99-114.

Ahmedullah, M. e Nayar, M.P. 1987. *Endemic plants of the Indian Region. Vol. 1.* Botanical Survey of India (BSI), Howrah.

Akter, M. e Akagi, T. 2005. Effect of fine root contact on plant induced weathering of basalt. *Soil Sci. Plant Nutr.* 51: 861-871.

Alexander, M. 1961. *Introduction to Soil Microbiology.* Krieger Publishing Company, EUA.

Alexeena-Popova, N.V. e Drozdova, I.V. 1996. As caraterísticas da composição da planta mineral e do solo nas rochas ultrabásicas do maciço de Ust-Belskiy II. As plantas. *Botanicheskyi.* 81(5): 70-78.

Alston, K.P. e Richardson, D.M. 2006. Os papéis das caraterísticas do habitat, perturbação e distância da população de origem putativa na estruturação de invasões de plantas exóticas como selvagens urbanas e interface na península do Cabo. *S. África Biol. Conserv.* 132: 183 -198.

Alves, R.J.V. e Kolbek, J. 1994. Endemismo de espécies vegetais em vegetação chasmófita e vegetação de savana em montanhas de mesa (Campo Rupestre) no Brasil. *Veget.* 113: 125 - 139.

Anónimo, 1992. *Estratégia Global para a Biodiversidade.* IUCN.

Arundhati, D., Jagadish, K., Kamaljit, S.B., Kiran, M.C., Srinivas , V., Samba Kumar, N. e Ullas Karanth K. 2006. Prioritisation of conservation areas in the Western Ghats, India (Priorização de áreas de conservação nos Ghats Ocidentais, Índia). *Biol. Conserv.* 133: 16-31.

Aschan, G. e Losch, R. 1994. Relações hídricas de plantas fissuradas. *Ata Oecol.* 15: 151 - 164.

Ashish Kothari, 2002. Projeto de relatório *NBSAP*. Kalpavrikh, Pune.

Balakrishnan, N.P. e Mohanan, M. 1999. *Endangered Plants of Nilgiri Biosphere Reserve.* Parte do relatório apresentado ao MOEF, Nova Deli.

Bandeira, S.O. 1995. Comunidades botânicas marinhas no sul de Moçambique: diversidade e conservação de ervas marinhas e algas. *AMBIO* 24: 506 - 509.

Bandeira, S.O. 2002. Taxas de produção de folhas de *Thalassodendron ciliatum* (Forssk.) Hartog. de habitats rochosos e arenosos. *Aquat. Bot.* 72: 13 - 24.

Barber, S.A. 1995. *Biodisponibilidade dos nutrientes do solo: A mechanistic approach.* Wiley Publications, Nova Iorque.

Barthlott, W., Groger, A. e Porembski, S. 1993 (a). Algumas classificações sobre a vegetação de inselbergs tropicais: diversidade e diferenciação ecológica. *J. Biogeogr.* 69: 105 - 124.

Barthlott, W., Porembski, S., Szarzynski, J. e Mund, J.P. 1993 (b). Phytogeography and vegetation of tropical inselbergs. *Phytogeo.* 39: 15 - 23.

Bartlett, R.M., Matthes-Scars, U. e Larson, D.W. 1990. Organização da comunidade de arribas da Escarpa do Niágara II, Caracterização do ambiente físico. *Canad. J. Bot.* 68 : 1931 - 1941.

Bashan, Y., Vierheilig, H. e Salazar, B.G. 2006. Colonização primária e decomposição de rochas ígneas por plantas suculentas endémicas dos desertos da Baixa Califórnia, México. *Naturwissensch.* 93: 344- 347.

Bashan, Y., Li, C.Y., Lebsky, V.K. e Monero, M. 2002. Colonização de plantas chasmófitas na árida Baja California, México. *Plant Biol.* 4: 392-402.

Baskin, J.M. e Baskin, C.C. 1988. Endemismo em comunidades de plantas de culturas rupestres do leste dos Estados Unidos não glaciares: Um fator edáfico, genético e luminoso. *J. Biogeogr.* 15: 829 - 840.

Batanouny, K.H. 1981. Estudos ecofisiológicos sobre plantas do deserto, contribuição para a autecologia do chasmófito do deserto *Stachys aegyptiaca* Pers. *Oecol.* 50: 422 - 426.

Benito, E.G., Martin, C. e Iriondo, J.M. 1995. Autecologia e conservação de *Erodium paularense* Fdez. & Izco. *Biol. Conserv.* 72: 55- 60.

Bentham, G. e Hokker, J. D. 1862-1883. *Genera Plantarum:* (3 vols.). Reeve & Company, Oxford, Londres.

Binu Thomas e Rajendran, A. 2012. Fetos Chasmophytic e aliados de fetos do distrito de Coimbatore, Ghats ocidentais do sul, Tamil Nadu, Índia *Int. J. Appl. Bio Res.* 11: 1 - 10.

Binu Thomas, Aravindhan, V. e Rajendran, A. 2010. Some Rare and Endemic Chasmophytes in the Southern Western Ghats of Tamil Nadu. In: Ramachandran, V.S. (Ed.). *Plant diversity and Conservation.* Pointer Publishers Jaipur, Índia. pp. 58 - 69.

Binu Thomas, Rajendran, A. e Aravindhan, V. 2012. Chasmophytes: as plantas potenciais para jardinagem em rocha, de Velliangiri Hills of Southern Western Ghats de Tamil Nadu, Índia. *Bot. Report* 1(1): 14 - 19.

Binu Thomas, Rajendran, A., Kabeer, K.A.A. e Sivalingam, R. 2012. Gramíneas Chasmophytic de Velliangiri Hills no sul dos Ghats ocidentais de Tamil Nadu, Índia. *J. Threat. Taxa* 4(15): 3462-3472.

Bir, S.S. e Vasudeva, S.M. 1972. Phytogeographical observations on the pteridophyte flora of Pachmarhi Hills of Central India. *J. Ind. Bot. Soc.* 15: 297 - 304.

Blanca, R., Bashan, Y.L., Bacillo, G. e Aguero, C. 2009. Plantas colonizadoras de rochas: abundância do cato endémico *Mammillaria fraileana* relacionada com o tipo de rocha no deserto de Sonora do Sul. *Plant Ecol.* 201: 575-588.

Blatter, E. 1929. Musgos da presidência de Bombaim, da montanha High Wave e do Monte Abu. *J. Bombay Nat. Hist. Soc.* 33: 869 - 879.

Bookman, P.A. e Mack, R.N. 1982 . Interações radiculares entre Bromus tectorum e *Poa pratensis*: uma análise tridimensional. *Ecol.* 63: 640-646.

Boonjaras, T. 2002. *Taxonomia de plantas com flor no Parque Nacional de Pha Taem, província de Ubon Ratchathani.* Tese de Mestrado, Universidade de Chulalongkorn, Tailândia.

Bower, F.O., Drummon, J.M., Bond, G. e Wardlaw, C.W. 1950. *Botany of the living plant.* Mac-Millian and Co. Ltd., Londres.

Braun, B.J., Fuller, G.P. e Henry, S.C. 1965. *Plant sociology, the study of plant communities.* Hafner Publishing company, Nova Iorque.

Bremer, H. e Sander, H. 2000. Inselbergs: geomorfologia e geologia. In: Porembski,

S .e Barthlott, W. (Eds.) *Inselbergs, biotic diversity of isolated rock outcrops in tropical and temperate regions.* Springer, Berlim. pp. 7 - 35.

Brummitt, K.R. e Powell, C.E. 1992. *Author of Plant Names.* Royal Botanic Garden, Kew.

Burke, A. 2002. Comunidades vegetais de uma paisagem central de Namib inselberg. *J. Veget. Sci.* 13: 483-492.

Carretero, E.M. 1999. Vegetação saxícola e ripária de um piemonte no Centro-Oeste da Argentina. *J. Arid. Env.* 42: 305 - 317.

Carrillo, A.E., Li, C.Y. e Bashan, Y. 2002. Aumento da acidificação na rizosfera de mudas de cactos induzida por *Azospirillum brasilense. Naturwissensch.* 89: 428- 432.

Castri, D.F. 1973. Comparações climatográficas entre o Chile e a costa ocidental da

América do Norte. In: Castri, D.F. e Mooney, H.A. (Eds.) *Mediterranean-type Ecosystems.* Springer, Berlim. pp. 21-36.

Champion, H.G. e Seth, K.S. 1968. *The forest types of India.* Govt. of India Press, Nova Deli.

Chayamarit, K., Pooma, R. e Suddee, S. 2005. *Flora de Doi Chiangdao.* Forest Herbarium National Park, Wildlife and Plant Conservation Department, Banguecoque (Tailândia).

Chin, S.C. 1977. A flora das colinas calcárias da Malásia I. *Fol. Geobot.* 30: 165-219.

Chithra, V. e Nair, V.S. 1999. *Floristic diversity and conservation in India. Vol. III: In the context of states and union territories.* Botanical Survey of India, Ministério do Ambiente e das Florestas, Kolkatta. pp. 1451 - 1510.

Chopra, R. S. 1975. *Taxonomy of Indian Mosses.* CSIR, Nova Deli. pp. 631 - 635.

Chopra, R.S. 1967. Relação entre vermes hepáticos e musgos. *Phytomorph.* 17: 70-78.

Coates, F. e Kirkpatrick, J.B. 1992. Environmental relations responses of some higher plant species on rocky cliffs in Northern Tasmania. *Austr. J. Ecol.* 17: 441 -449.

Colar, B., Oliveri, I. e Riba, M. 1997. *Centaurea corymbosa,* uma espécie que habita as falésias e está à beira da extinção. *J. Biogeogr.* 94: 3471 - 3476.

Cooper, A. 1997. Coexistência de espécies vegetais em habitats de arribas. *J. Biogeogr.* 24: 483-494.

Cooper, W.L. e McRoy, C.P. 1988. Adaptações anatómicas a substratos rochosos e à exposição às ondas por parte do género *Phyllospadix* de ervas marinhas. *Aquat. Bot.* 32: 365-381.

Corbetta, F., Frattaroti, A.R. e Ciaschett, G. 2000. Alguns aspectos da vegetação chasmófita no Parque Nacional de Cilento-Vallodi Diano, Campania Itália. *J. Veget. Sci.* 3 : 34-38.

Cosentino, A., Posta, A.L., Morandini, C. e Musan, G. 2006. *Encostas rochosas e contrafortes.* Ministério Italiano do Ambiente e da Proteção do Território, Itália. pp. 1 - 27.

Cowling, 1990. R.M. 1990. Componentes da diversidade numa área rica em espécies da região florística do Cabo. *J. Veget. Sci.* 1: 699 - 710.

Curl, E.A. e Harper, J.D. 1990. Interações fauna-microflora. In: Lynch, J.M. (Ed.), *The rhizophere.* John Wiley and Sons, Chichester. pp. 369 - 388.

Danin, A. 1972. Elementos mediterrânicos em rochas dos desertos do Negev e do Sinai. Notas *Roy. Bot. Gard. Edimburgo* 31: 437 - 440.

Danin, A. 1978. Diversidade de espécies vegetais e distritos ecológicos do deserto do Sinai. *Veget.* 36: 83 - 93.

Danin, A. 1983. Weathering of Limestone in Jerusalem by Cyanobacteria. *Geomorph.* 27: 413 - 421.

Danin, A. 1985. Paleoclimas em Israel: Evidências dos padrões de meteorização de pedras em sítios arqueológicos e na sua proximidade. *Bull. Escola de Amar. School. Orient. Res.* 259: 33 - 43.

Danin, A. 1989a. A utilização da meteorização biogénica do calcário na investigação paleoclimática. Em: E. Spanier, V. Steinberger e M. Luria (Eds.), *Enivironmetal quality and ecosystem stability.* Publicação ISEEQS, Jerusalém. pp. 53 - 64.

Danin, A. 1989b. Remnants of Biogenic weathering as a tool for studying paleo climates. *Braun-Blanq.* 3 (2): 257 - 262.

Danin, A. 1999. Rochas do deserto como refúgio de plantas no Próximo Oriente. *The Bot. Review* 65: 93- 170.

Danin, A. e Garnor, E. 1991. Captura de poeiras transportadas pelo ar por musgos no deserto do Negev, Israel. *J. Arid Environ.* 16: 153 - 162.

Danin, A. e Garnor, E. 1997. Captura de poeiras transportadas pelo ar por ervas dos prados no deserto da Judeia, Israel. *J. arid Environ.* 35: 77 - 86.

Danin, A., Gerson, R. e Garty, J. 1983. Weathering pattern of hard limestone and dolomite by endolithic lichens and Cyanobacteria. *Soil Sci.* 136: 213 - 217.

Danin, A., Gerson, R., Marton, K. e Garty, J. 1982. Patterns of limestone and dolomite weathering by lichens and blue-green algae and their paleoclimatic significance. *Paleoecol.* 37: 221 - 233.

Danin, A., Wieder, M. e Magaritz, M. 1987. Rhizofossils and root grooves in the Judean Desert and their Plaeo-environmetal significance. Isreal. *J. Earth. Sci.* 36: 91 - 99.

Davies, J. e Kamariah, A.S. 1999. As florestas tropicais do Brunei. Em: Wong, K.M. and Kamariah, A.S. (Ed.), *Forests and Trees of Brunei Darussalam,* University of Brunei Darussalam in association with Brunei Forestry Department and Brunei Petroleum Company Sendirian Berhad, Brunei. pp.15-34.

Davis, P.H. 1951. Cliff vegetation in the Eastern Mediterranean. *J. Ecol.* 39 (1): 63-93.

Dimopoulos, P. 1993. *Floristic and Phytosociological research on Mount Killini-An ecological approach.* Tese de doutoramento. Tese de Doutoramento, Universidade de Patras, Grécia.

Dimopoulos, P., Sykora, K.V., Mucina, L. e Georgiadis, T. 1997. A syntaxa de alto grau da vegetação de falésias rochosas e de escarpas da Grécia continental e de Creta. *Folia Geobot. Phyto. Taxon.* 32: 313 - 334.

Duchoslav, M. 2002. Flora e vegetação de muros pedregosos no leste da Boémia (República Checa). *Presl.* 74: 1-25.

Eduardo, A., Garcia, P. e Meave, J.A. 2004. Heterogeneidade da vegetação xerófita de afloramentos calcários numa vegetação de floresta tropical decídua no sul do México. *Plant Ecol.* 175: 147 - 163.

Egerton-Warburton, L.M., Graham, R.C. e Hubbert, K.R. 2003. Spatial variability in mycorrhizal hyphae and nutrient and water availability in a soil-weathered bed rock profile. *Plant Soil* 249: 331-342.

Escudero, A. 1996. Padrões comunitários em falésias expostas numa montanha calcária mediterrânica. *Plant Ecol.* 125: 99-110.

Florido, H.B. e Cortiguerra, F.F. 2004. Série de informação de investigação sobre ecossistemas. *J. Trop. For. Sci.* (3): 1-10.

Foreau, G. 1961. Moss flora of Palani Hills. *J. Bombay Nat. Hist. Soc.* 58: 13 - 47.

Fosberg, F.R. e Sachet, M.H. 1965. *Manual for Tropical Herbaria. Regnum Vegetabile.* 39. Países Baixos.

Foth, H.D. e Schafer, J.W. 1980. *Soil geography and Land use.* Wiley and Sons, Nova Iorque.

Fox, R.L., Weaver, J.E. e Lipps, R.C. 1980. Influência de certas caraterísticas do perfil do solo na distribuição das raízes das gramíneas. *J. Agron.* 45: 583-589.

Foxerott, C.L., Richardson, M.D. e Wilson, R.V. 2008. Ornamental plants as invasive Aliens: Problems and solutions in Kruger, National Park, S. Africa. *Environ. Monog.* 41: 32 - 51.

Fredericksen, N.J., Fredericksen, T.S., Flores, B., MoDonald, E. e Rumiz, D. 2003. Importância dos afloramentos graníticos na floresta tropical boliviana. *Trop. Ecol.* 44 (2): 185 - 196.

Furley, P.A. 1968. As relações entre a formação do solo e o gradiente na área de Oxford. *Geomorph.* 12: 25 - 42.

Fyson, P.F. 1932. *The Flora of the South Indian Hill Stations.* Vols. 1 & 2. 1 & 2. Imprensa do Governo, Madras.

Gamble J.S. e Fischer, C.E.C. 1915-1936. *The Flora of Presidency of Madras.* Part 1- 11 (Part 1-7 por Gamble e 8- 11 por Fischer) Adlard and Sons Ltd., Londres. (Repr. ed. Vols. 1-3. 1957).

Gaston, K. J. 1994. *Rarity.* Champman and Hall, Londres.

Gemici, Y. e Leblebici, E. 1998. Uma nova espécie do sul da Anatólia: *Stachys cydni* Kotschy *ex* Gemici & Leblebici. *Tr. J. Bot.* 22: 359-362.

Gibbs, R.J. e Reid, J.B. 1998. Um modelo concetual das alterações na estrutura do solo em diferentes sistemas de cultivo. *Adv. Soil Sci.* 8: 123-149.

Gimingham, C.H. e Walton, K. 1954. The environment and structure of chasmophytic communities on the limestone Plateau of Northern Cyrenaica. *J. Ecol.* 42: 505- 520.

Glenn-Lewin, D.C., Peet, R.K. e Veblen, T.T. 1992. *Plant succession.* Champman Hall Press, Londres.

Golubic, S., Friedmenn, E.I. e Schneider, J. 1981. The Lithobiontic ecological niche with special reference to microorganisms. *J. Sedimnt. Petrol.* 51: 475 - 478.

Gouvra, E. e Grammatikopoulos, G. 2003. Efeitos benéficos da absorção direta de água foliar no potencial hídrico de cinco chasmófitas. *Can. J. Bot.* 81: 1278-1284.

Gouvra, E. e Grammatikopoulos, G. 2007. Tendências diurnas e sazonais das relações hídricas em cinco espécies de casmófitas que coocorrem. *Flora* 202: 237-248.

Graham, L. e Knight, R.L. 2004. Comparação multi-escala da vegetação de falésias no Colorado. *Plant Ecol.* 170: 223-234.

Hall, K. e André, M.F. 2001. New insights into rock weathering from high-frequency rock temperature data: an An Antartic study of weathering by thermal stress. *Geomorph.* 41: 23 - 25.

Hambler, D.J. 1964. The vegetation of granite outcrops in Western Nigeria. *J. Ecol.* 52: 573 - 594.

Hein, P., Kurschner, H. e Parolly, G. 1998. Estudos fitossociológicos sobre as comunidades vegetais de alta montanha das montanhas Tarus (Turquia). 2. Comunidades rochosas. *Phytocoenol.* 28: 465-563.

Hendrickson, J.R. e Briske, D.D. 1997. Bancos de gemas axilares de duas gramíneas perenes do semiárido: ocorrência, longevidade e contribuição para a persistência da população. *Oecol.* 110: 584-591.

Henry, A.N., Chitra, V. e Balakrishnan, N.P. 1989. *Flora of Tamil Nadu, India.* Ser. 1: Análise. Vol. 3. Botanical Survey of India (BSI), Coimbatore.

Henry, A.N., Kumari, G.R. e Chitra, V. 1987. *Flora de Tamil Nadu, Índia.* Ser. 1: Análise. Vol. 2. Botanical Survey of India (BSI), Coimbatore.

Hinsinger, P. 1998. Como é que as plantas adquirem nutrientes minerais? Processos químicos envolvidos na rizosfera. *Adv. Agron.* 64: 225- 265.

Hodge, A. 2004. As respostas das raízes das plantas a fornecimentos heterogéneos de nutrientes. *New Phytol.* 162: 9 - 24.

Hoerle, S. 2006. Temperaturas da rocha como indicações do processo de meteorização que afecta a arte rupestre. *Earth Surf. Proc. Landform* 31: 383 - 389.

Hooker, J.D. (Ed.) 1897. *The Flora of British India.* Vols. 1-7. Reeve & Co., Londres.

Hopper, S.D. 2000. Florística da vegetação dos inselbergues granitóides australianos. In: Prombski,

S .e Barthlott, W. (Ed.), *Inselbergs,* Springer, Berlin. pp. 391 - 407.

Houle, G. e Phillips, D.L. 1989. Disponibilidade de sementes e interações bióticas em comunidades de plantas em afloramentos graníticos. *Ecol.* 70: 1307-1316.

Hunter, J.T. e Clarke, P.J. 1998. A vegetação das comunidades de afloramentos graníticos no Batólito da Nova Inglaterra, no leste da Austrália. *Cunningh.* 5 (3): 547-618.

Ibisch, P.L., Rauer, G., Rudolph, D. e Barthlott, W. 1995. Floristic, biogeographical and vegetational aspects of pre-cambian rock outcrops (inselbergs) in eastern Bolivia. *Flora* 190: 299-314.

Imeson, A.C. e Jungerius, P.P. 1976. Estabilidade de agregados e coluvião nas Ardenas de Luxemberg. *Earth Surf. Proc. Landform* 1: 259 - 271.

Induchoodan, N.C. 1996. *Estudos ecológicos sobre os bosques assustados de Kerala.* Tese de doutoramento, Universidade de Pondichery, Pondichery.

Isichei, A.O., Morton, A.J. e Ekeleme, F. 1990. Fluxo de nutrientes minerais de um inselberg no sudoeste da Nigéria. *J. Trop. Ecol.* 6: 479 - 492.

IUCN 1998. *Diretrizes da IUCN para reintroduções.* Preparadas pelo Grupo de Especialistas em Reintroduções da Comissão de Sobrevivência das Espécies da UICN. IUCN, Gland, Suíça e Cambridge, Reino Unido.

IUCN. 1993. *Projeto de categorias da lista vermelha da IUCN.* IUCN, Gland, Suíça e

Cambridge, Reino Unido. Jackson, M.L. 1971. *Soil chemical analysis.* Prentice-Hall, Nova Deli, Índia.

Jain, S.K. e Rao, R.R. 1977. *Handbook of Field and Herbarium Methods.* Today and Tomorrow Printers & Publishers, Nova Deli.

Jain, S.K. e Rao, R.R. 1983. An *assessment of the Threatened plants of India.* Botanical Survey of India (BSI), Calcutá.

Jain, S.K. e Sastry, A.R.K. 1984. *The Indian Plant Red Data Book.* Botanical Survey of India (BSI), Calcutá.

Jhonson, M.P. e Raven, P.H. 1970. Natural regulation of plant species diversity. *Evol. Biol.* 4: 127 - 132.

Jones, L.D. 1998. Ácidos orgânicos na rizosfera: uma revisão crítica. *Plant Soil* 205: 1849-1859.

Joshi, S.R., Sharma, G.D. e Mishra, R.R. 1993. Actividades enzimáticas microbianas relacionadas com a decomposição de folhada numa floresta subtropical do Nordeste, Índia. *Soil Biol. Biochem.* 25: 1763-1770.

Jurena, P.N. e Archer, S. 2005. Resposta de duas gramíneas perenes a barreiras radiculares e fissuras. *J. Arid Environ.* 61: 185-192.

Kabeer, K. A. A. e Nair, V. J. .2009. *Flora das gramíneas de Tamil Nadu.* Botanical Survey of India (BSI), Calcutá.

Kataeva, M.N., Alexeena-Popova, N.V., Drozdova, V.I. e Beljaeva, A.J. 2004. Composição química dos solos e das espécies vegetais nos Urais polares sob a influência do tipo de rocha. *Geoder.* 122: 257 - 268.

Kaufman, P.B. 1989. *Plants their Biology and Importance [Plantas, sua Biologia e Importância].* Harper & Row, Publishers, Nova Iorque.

Kembel, S.W. e Cachill, J.F. 2005. Plasticidade fenotípica das plantas abaixo do solo: uma perspetiva filogenética sobre o forrageamento de raízes. *Amer. Nat.* 166: 216 - 230.

Kiki, C.K., Vaculik, A., Ponge, J.F. e Sarthou, C. 2006. Perfis de húmus sob os principais tipos de vegetais na savana rochosa (Nouragues inselberg, Guiana Francesa). *Geoder.* 136: 819 - 829.

Kolbek, J., Jarolimek, J. e Valvachovic, M. 1997.Comunidades vegetais de habitats rochosos na Coreia do Norte-1. Comunidades de rochas semi-secas. *Biolog.* 31: 37 - 51.

Kolbek, J., Valvachovic, M. e Jarolimek, J. 1998. Comunidades vegetais de habitats rochosos na Coreia do Norte-2. Comunidades de rochas húmidas. *Biolog.* 52: 503 - 522.

Kosanin, N. 1921. La distribution geographique des deux especes de Ramodia du Balkam. *Acad. Sci. Arts Belgrade.* 34-49.

Koyama, H. e Phengklai, C. 1989. Um relatório sobre a expedição botânica tailandesa-japonesa,

1988. *Thai Forest Bull. (Botânica)* 18: 88-93.

Kruckeberg, A.R. 1982. Fetos associados a rochas ultramáficas no noroeste do Pacífico. *Amer. J. Bot.* 49: 113 - 126.

Kumar, S.U., Awasthi, A. e Rawat, G.S. 2002. Situação atual e distribuição de plantas medicinais e aromáticas exploradas comercialmente no vale superior de Gori, Kumaon Himalaya, Uttaranchal. *Curr. Sci.* 82: 1246 - 1252.

Lander, N.S. 2013. *Pilbara,* um novo género de Asteraceae (tribo Astereae) da Austrália Ocidental. *Nuytsia* 23: 117-123.

Lange, P.J. e Norton, D.A. 2004. The ecology and conservation of *Kunzea sinclarii* (Myrtaceae), a naturally rare plant of rhyolitic rock out crops. *Biol. Conserv.* 117: 49 - 59.

Langejans, G.H. 2010. Restos da decomposição-preservação de micro-resíduos orgânicos em ferramentas de pedra. *J. Archaeol. Sci.* 37: 971 - 985.

Larson, D.W., Matthes, U. e Kelly, P.E. 2000. *Ciff ecology and process in cliff ecosystems.* Cambridge University Press, Cambridge, Reino Unido.

Larson, D.W., Spring, S.H., Matthes-Scars, U. e Bartlett, R.M. 1989. Organização da comunidade de falésias da Escarpa de Niagra. *Canad. J. Bot.* 67: 2731 - 2742.

Lesovaya, S.N., Goryachkin, S.V., Pogozhev, E.V., Polekhorski, V.S., Zavarzin, A.A. e Zavarzina, A.G. 2008. Solos em rochas duras no noroeste da Rússia: Propriedades químicas e minerológicas, Génese e problemas de classificação. *Eura. Soil Sci.* 41 (4): 363 - 376.

Lisci, M. e Pacini, E. 1992. Plantas que crescem nas paredes das cidades italianas 1. Locais e distribuição. *Phyton.* 33: 15-26.

Lisci, M., Monte, M. e Pacini, E. 2003. Líquenes e plantas superiores na pedra: Uma revisão. *Int. Biodeterior. Biodegrad.* 51: 1-17.

Lombini, A., Dinelli, E., Ferrari, C. e Simoni, A. 1998. Relações planta-solo nos screes serpentiníticos da montanha Prinzera (Apeninos do Norte, Itália). J. *Geochem. Expl.* 64: 19 - 33.

Lounamaa, J. 1987. Oligoelementos em plantas que crescem selvagens em diferentes rochas na Finlândia. *Ann. Bot. Soc.* 29: 81-96.

Lovejoy, T.E. 2006. Conservation with a changing climate In: Lovejoy, T.E. e Hannah, L. (Eds.), *Climate Change and Biodiversity.* Yale University Press, New Delhi. pp. 325 - 328.

Macnae, W. e Kalk, M. 1969. *A natural history of Inhaca Island, Mozambique,* Witwatersrand University Press, Johannesburg. pp. 163-174.

Manickam, V.S. e V. Irudayaraj, 1992. *Pteridophyte Flora of the Western Ghats- South India.* B.I. Publications Pvt. Ltd., Nova Deli.

Manickam, V.S. e V. Irudayaraj. 2003. *Pteridophyte Flora of Nilgiris, South India,* Bishen Singh Mahendra Pal Singh, Dehra Dun.

Martinez, C.E. 1999. Vegetação saxícola e ripária de um piemonte no centro-oeste da Argentina. *J. Arid Environ.* 42: 305-317.

Martre, P., North, G.B., Bobich, E.G. e Nobel, P.S. 2002. Implantação de raízes e crescimento de rebentos em duas espécies do deserto em resposta à rochosidade do solo. *J. Bot.* 89: 1933-1939.

Matthew, K.M. 1983. *A Flora de Tamil Nadu Carnatic* Vols. 3 (1-3). Rapinet Herbarium, St. Joseph's College, Tiruchirapalli.

Matthew, K.M. 1991. *An Excursion Flora of Central Tamil Nadu.* Rapinet Herbarium, Thriuchirappalli, Índia.

Maurer, E.P., Brekke, L., Pruitt, T. e Duffy, P.B. 2007. As projecções climáticas de resolução fina melhoram os estudos de impacto das alterações climáticas regionais. *EOS Trans. AGU.* 88 (47): 504 - 510.

Mc Carthy, J.J., Canziani, O.F., Leary, N.A., Dokken, D.J. e White, K.S. 2001. *Climate change 2001:* Impacts, Adaptation and Vulnerability (*Alterações climáticas 2001:* Impactos, adaptação e vulnerabilidade). In: Painel Intergovernamental sobre as Alterações Climáticas (IPCC). Terceiro Relatório de Avaliação (TAR). Cambridge.

Medina-Opazo, B.M., Ribeiro, K.T. e Scarano, F.R. 2005. Interações planta-planta e planta-topografia em um afloramento rochoso de grande altitude no sudeste do Brasil. *J. Biol.Conserv.* 26: 16 - 24.

Meher-Homji, V.M. 1967. Phytogeography of South Indian hill stations. *Bull. Torr. Bot.*

Club 94: 230 - 242.

Meher-Homji, V.M. 1978. Delineação dos Ghats Ocidentais. In: Singh, T.S. and Gopal, B. (Ed.) *Glimpses of Ecology* (Professor R. MISRA Commemoration volume). Publicação Científica Internacional. Jaipur. pp. 264-268.

Meirelles, S.T., Pivello, V.R. e Joly, C.A. 1998. A vegetação dos afloramentos rochosos graníticos do Rio de Janeiro, Brasil e a necessidade de sua proteção. *Encontrado em. Meio Ambiente. Conser.* 26: 10 - 20.

Meyer, K.F. 1970. Gesneriaceae als Glieder der Flora des Tertiar in Europa Wiss. Ztschr. Friedrich-Schiller Univ. Jena. Math. Naturwiss. *Reiche.* 19 (3): 401 - 411.

Milton, S.J., Wilson, J.R., Richardson, D.M., Seymour, C., Dean,W.R., Iponga, D.M. e Proches, S. 2007. Espécies de plantas não nativas "infiltram" o processo de nucleação de arbustos gerado por aves em savanas áridas. *J. Ecol.* 95: 648 - 661.

MoEF, 2002. *Capacitação das pessoas para o desenvolvimento sustentável.* Relatório anual. MoEF, Nova Deli.

Monasterio, M. e Vuillemier, F. 1986. Introdução: Biota das montanhas tropicais altas do mundo. In: F. Vuillemier e M. Monastero (Ed.). *High altitude tropical biology.* Oxford University Press, Inglaterra. pp. 3-7.

Moore, C.J. e Scott, A.M. 1979. The ecology of Mosses on rocky cliffs in Victoria. Austrália. *J. Bryol.* 10: 291 - 311.

Mota, J.F., Cazorla, J.M., Navarro, F.B, Garcia, F.J., Latorre, A.P., Gomez, P.S., Torres, J.A., Benavente, A., Blanca, G., Gil, C., Lorite, J. e Merlo, M.E. 2008. Flora dolomítica das clareiras da cordilheira Bética (Sul de Espanha). *Flora* 203: 359-375.

Mucina, L., Pignatti, S., Rowell, J.S., Schaminee, J.H. e Chytry, M. 2008. The highrank syntaxa of the rock-ciff and scree vegetation of the mainland Greece and Crete. *Fol. Geobot.* 42: 313 - 334.

Muller, J.V. 2007. Vegetação herbácea de habitats sazonalmente húmidos em inselberg e crostas lateríticas na África húmida e central. *Fol. Geobot.* 32: 29-61.

Muller, S.W., Rusterholz, H.P. e Baur, B. 2004. A vegetação das falésias calcárias no norte das montanhas suíças do Jura. *Can. J. Bot.* 82: 862-870.

Murugesan, M. 2005. *Floristic diversity and Ethno-botanical studies in Velliangiri Hills.* Tese de doutoramento, Universidade de Bharathiar, Coimabtore, Tamil Nadu, Índia.

Murugesan, M. e Balasubramanian, V. 2009. A checklist of endagerd, rare and threatened plants of Velliangiri hills, Tami Nadu with special reference to Peninsular Indian endemic plants. *J. Non. Timb. Prod.* 16 (3): 225 - 238.

Murugesan, M. e Balasubramanian, V. 2010. Ocorrência de duas espécies neo-endémicas das colinas de Vellianagiri: Uma adição à flora de Tamil Nadu. *Ind. J. Forestry* 33 (1): 123 - 124.

Murugesan, M., Balasubramanian, V. e Arumugasamy, K. 2009. Notes on the occurrence and new distributional records of some little known rare and endemic grasses form Velliangiri hills, A part of Nilgiri Biosphere Reserve, India. *J. Econ. Tax. Bot.* 33 (1): 216 - 231.

Myers, N., Mittermeir, R. A., Mittermeir, C.G., Da Fonesca, G.A. e Kent, J. 2000. Biodiversity hotspots for conservation priorities. *Nature* 403: 853 - 858.

Nagy, L. e Proctor, J. 1997. Mg e Ni do solo como factores casuais de ocorrência e distribuição de plantas no sítio ultramáfico de Meikle Kilrannoch, na Escócia. *New Phytol.* 135: 561-566.

Nair, N.C. 1991. Endemismo nos Ghats Ocidentais com especial referência a *impatiens* L. Em: *Proc. Symp. Rare Endg. End. Pl. W. Ghats.* Thiruvananthapuram. pp. 93 - 102.

Nair, N.C. e Daniel, P. 1996. A diversidade florística dos Ghats Ocidentais e a sua conservação: *A review Proc. Ind. Acad. Sci. (Anim. Sci./Plant Sci.) Suppl.* pp. 127 - 163.

Nair, N.C. e Henry, A. N. 1983. *Flora de Tamil Nadu, Índia.* Ser. 1: Análise. Vol. 1. Botanical Survey of India (BSI), Coimbatore.

Nambu, D.M. 2004. *A vegetação dos afloramentos de MANFE e MBILISHI da província do Sudoeste.* Sociedade de Conservação da Vida Selvagem, Nigéria. Relatório No. 1: 1 - 9.

Nampy, S. e Madusoodanan, P.V. 1998. *Flora de fetos do sul da Índia: Revisão taxonómica de Polypodioidferns.* Daya Publishing House, Delhi.

Nanakorn, W. 2003. *Revisão da Informação Biológica, Vegetação e Flora de Doi Chiang Dao, Província de Chiang Mai.* Queen Sirikit Botanic Garden, Chiang Mai, Ministério dos Recursos Naturais e do Ambiente.

Nayar, M.P. 1977. Changing Patterns of the Indian Flora. *Bull. Bot. Surv. India* 19: 145 155.

Nayar, M.P. 1987. Conservação *in situ* dos recursos da flora selvagem. *Bull. Bot. Surv. India* 29: 319 - 333.

Nayar, M.P. 1996. *Hot spots of endemic plants India, Nepal and Bhutan.* Tropical Botanic

Garden and Research Institute (TBGRI), Trivandrum.

Nayar, M.P. 1997. Desafios da biodiversidade em Kerala e ciência da biologia da conservação. In: Pushpangadan, P. e Nair, K.S.S. (Ed.) *Biodiversity of Tropical Forests the Kerala Scenario.* STEC, Kerala, Trivandrum.

Nayar, M.P. e Ahmed, M. 1984. Importância fitogeográfica dos géneros endémicos (Angiospems) comuns à Índia Peninsular e ao Sri Lanka. *Bull. Bot. Surv. India.* 26: 65 - 70.

Nayar, M.P. e Sastry, A.R.K. 1987 - 1990. *Red Data Book of Indian Plants.* Vols. 1-3. Botanical Survey of India (BSI), Howarh.

Nell, J., Fredericksen, T.S., Flores, B., Mc Donald, E. e Rumiz, D. 2003. Importância dos afloramentos rochosos graníticos da floresta tropical do leste da Bolívia. *Trop. Ecol.* 44: 185 - 196.

Nicholas, J.T. 2008. *Anthemis samariensis (Asteraceae, Anthemideae),* uma nova espécie das montanhas de W Kriti (Grécia). *Willden.* 38: 61-69.

Nobel, P.S. e Zutta, B.R. 2005. Morfologia, ecofisiologia e estabelecimento de plântulas de *Fouquieria splendens* no deserto noroeste de Sonora. *J. Arid Environ.* 62: 251-265.

Nobel, P.S. e Zutta, B.R. 2007. Associações de rochas, profundidade da raiz e tolerâncias de temperatura para a *Dudledya saxosa* (Crassulaceae) em três elevações no noroeste do deserto de Sonora. *J. Arid Environ.* 69: 15-28.

Nobel, P.S., Miller, P. e Gram, E. 1992. Influência das rochas na temperatura do solo, no potencial hídrico do solo e nos padrões de enraizamento das suculentas do deserto. *Oecol.* 92: 90 - 96.

Noor, D.J., Nowak, R. e Nowak, C.L. 1998. Aclimatação fotossintética à temperatura e à seca no tapete rochoso endémico de Chelan, *Petrophytum cinerascens. Midland Naturl.* 139: 374 - 382.

Nuzzo, V.A. 1996. Estrutura da vegetação em falésias expostas. *Canad. J. Bot.* 74: 607 - 617.

Pachauri, R.K. 2006. Prefácio, In: Lovejoy, T.E. e Hannah, L. (Ed.) *Climate Change and Biodiversity.* Nova Deli. pp. 19 - 22.

Pande, H.C. 2011. Observações ecológicas sobre a flora de fetos de Uttarakhand. *Phytotaxa.* 11: 86 - 102.

Parmentier, I. 2003. Estudo da composição da vegetação em três inselbergs da Guiné Equatorial Continental (África Central Ocidental): Efeitos do local, factores do solo e posição relativamente à orla florestal. *Belg. J. Bot.* 136(1): 63-72.

Parolly, G. 1995. Estudos fitossociológicos sobre comunidades de plantas de alta montanha das montanhas Tarus do Sul da Anatólia e comunidades de plantas Scree. *Fito-coenologia* 28: 233-284.

Parolly, G. e Eren, O. 2008. *Verbascum haraldiadnani* (Scrophulariaceae), um novo chasmófito do SW da Anatólia, Turquia. *Willden.* 38: 127 - 134.

Parolly, G. e Hein, P. 2000. *Arabis lycia* (Cruciferae), um novo chasmófito das montanhas Tarus. Turquia, e notas sobre espécies relacionadas. *Willden.* 30: 293-304.

Parolly, G. e Nordt, B. 2002. Uma nova espécie casmofítica de *Potentilla* (Rosaceae) do Sul da Anatólia, incluindo algumas observações taxonómicas sobre *P.* subg. *Fragariastrum* no E-Mediterrâneo. *Willden.* 32: 73-84.

Parolly, G. e Raab, S.E. 1998. Estudos fitossociológicos sobre as comunidades vegetais de alta montanha das Montanhas Tarus (Turquia). 3. Comunidades de neve e de água de degelo. *Relatório Fedd. Report.* 109: 581-616.

Parolly, G. e Tan, K. 2007. *Verbascum lindae* (Scrophulariaceae), uma nova espécie casmofítica do SW da Anatólia, Turquia. *Willden. 37:* 277-282

Parolly, G., Eren, O. e Nordt, B. 2005. *Lomelosia solymica* (Dispaceae), um novo chasmófito dos Montes Taurus Ocidentais, Turquia. *Willden.* 35: 107 - 115.

Paulsamy, S. 2011. Colinas de Maruthamalai dos Ghats Ocidentais, distrito de Coimbatore, Tamil Nadu. Um ecossistema potencial para plantas medicinais. *J. Res. Plant Sci.* 1 (1): 12 - 26.

Pedrotti, F. 1988. Sobre o habitat dos chasmófitos rochosos no Monte S. Angelo (Gargano, Itália). *Flora* 180: 145-152.

Perez, F.L. 2009. Influência fitogeomórfica das coberturas de pedra e dos pedregulhos na distribuição das plantas e nos processos de declive em zonas de alta montanha. *Geogr. Compasso* 3: 1774 -1803.

Peter, E.M., Martorell, C. e Ezcurra, E. 2008. As rochas de enfermagem são mais importantes do que as plantas de enfermagem na determinação da distribuição e estabelecimento de cactos globosos *(Mammillaria)* no vale de Tehuacan, México. *J. Arid. Environ.* 72: 593 - 601.

Phillips, D.L. 1979. Sucessão em comunidades arbustivo-arbóreas de Granito Out crop. *Int. Sci.* 3: 313 - 316.

Porembski, S. 2000. Diversidade biótica de afloramentos rochosos isolados em regiões tropicais e temperadas. *J. Ecol.* 146: 177-208.

Porembski, S. 2007. Inselbergs tropicais: tipos de habitat, estratégias adaptativas e padrões de diversidade. *Rev. Brasil. Bot.* 30 (4): 579-586.

Porembski, S. e Barthlott, W. (Ed.) 2000. *Iselbergs.* Springer, Berlim.

Porembski, S., Barthlott, W., Dorrstock, S. e Biedinger, N. 1994. Vegetação de rochedos na Guiné; Inselbergs de granito, arenito, montanhas de mesa e Ferricretes; Observações sobre o número de espécies e endemismo. *Flora* 189: 315 - 326.

Porembski, S., Brown, G. e Barthlott, W. 1995. Um gradiente latitudinal invertido de diversidade vegetal em depressões pouco profundas em inselbergs da Costa do Marfim. *Veget.* 17: 151-163.

Porembski, S., Fischer, E. e Biedinger, N. 1997a. Vegetação de inselbergs, afloramentos quarzíticos e ferricretes no Ruanda e no Leste do Zaire (Kivu). *Bull. Nat. Plantetuin Belg.* 66: 81 - 99.

Porembski, S., Matinelli, R., Ohlemoller, H. e Barthlott, W. 2003. Diversidade e ecologia de tapetes de vegetação saxícola em inselbergs na Mata Atlântica brasileira. *Divers. Distrib.* 4: 107 - 119.

Porembski, S., Mund, J.P., Szarzynski, J. e Barthlott, W. 1996. Condições ecológicas e diversidade florística de um inselberg na zona de savana da Costa do Marfim - Monte Niangbo. In: Guillaumet, J.L., Belin, M. e Puig, H. (Ed.), *Phytogéographie Tropicale-Réalités et Perspectives.* ORSTO Méditions, Paris. pp. 251-262.

Porembski, S., Seine, R. e Barthlott, W. 1997b. Inselberg vegetation and the biodiversity of granite outcrops. *J. Royal Soc. Western Austr.* 80: 193 - 199.

Proctor, S. e Nagy, L. 1992. Rochas ultramáficas e sua vegetação - uma visão geral. In: Baker, A.J., Proctor, J. e Reeves, R.D. (Ed.). *The vegetation of Ultramafic (serpentine soils).* Universidade da Califórnia, Davis. pp. 469-494.

Puente, M.E., Bashan, Y., Li, C.Y. e Lebsky, V.K. 2004. Populações e actividades microbianas no rizoplano de plantas desérticas que se desgastam com as rochas. *Plant Biol.* 6: 629 - 642.

Radis, R. 1998. *Plants of rocky places.* Audubon Publishers, Nova Jersey. 23: 21-23.

Rajan, S. e Sethuraman, M. 2008. *Folk medicine of the Nilgiri Hills in South India (Medicina popular das colinas de Nilgiri no Sul da Índia).* Levantamento de plantas medicinais,

Unidade de Coleção, Nilgiri.

Ramachandra, T.V. e Suja, A. 2006. Sahyadri: Sistema de Informação sobre a Biodiversidade dos Ghats Ocidentais *http://ces.iisc.ernet.in/biodiversity*. In: Ramakrishnan, N. (Ed.). *Biodiversity in Indian Scenarios*. pp. 1 - 21.

Ramachandran, V.S., Binu Thomas, Sofiya, C. e Sasi, R. 2011. Redescoberta de uma planta endémica *Caralluma diffusa* (Wight) N.E. Br. (Asclepiadaceae) do distrito de Coimbatore, Tamil Nadu, Índia, após 160 anos. *J. Threat. Taxa* 3 (3): 1622-1623.

Ramachandran, V.S., Joseph, S., John, H.A. e Sofia, C. 2011. *Caralluma bicolor* sp. nov. (Apocynaceae, Asclepiadoideae) da Índia. *Nordic. J. Bot.* 29: 447 - 450.

Ratheesh Narayanan, M.K., Anilkumar, N., Balakrishnan, V., Sivadasan, M., Alfarhan, H.A. e Alatar, A.A. 2011. Plantas silvestres comestíveis utilizadas pelas tribos *Kattunaikka, Paniya* e *Kuruma* do distrito de Wayanad, Kerala, Índia. *J. Med. Plant Res.* 5 (15): 3520 - 3529.

Ratheesh Narayanan, M.K., Anilkumar, N., Meera Raj, R., Sivadasan, M. e Alfarhan, A.H. 2011. Uma nova espécie escápula de *Impatiens* (Balsaminaceae) da Índia. *Bangladesh J. Plant Tax.* 23: 14-17.

Ratheesh Narayanan, M.K., Sujana, K.A., Balakroshnan, V., Meera Raj, R. e Anilkumar, N. 2012. *Impatiens mohana* (Balsaminaceae), um novo bálsamo escápifero de Wayanad, Ghats ocidentais, Índia. *Edinburgh J. Bot.* 69: 281-285.

Raup, D.M. 1988. Crises de diversidade no passado geológico. In: Wilson, E.O. e Peter, F.M. (Ed.). *Biodiversity*. National Academy Press, Washington. pp. 51-57.

Raven, P.H. 1988. Our Diminishing Tropical Forests (As nossas florestas tropicais em declínio). Em: Wilson, E.O. e Peter, F.M. (Ed.), *Biodiversity*. National Academy Press, Washington. pp. 119 - 122.

Ribeiro, K.T. e Medina, B.M. 2002. Padrões de comunidades em falésias expostas no maciço da Itália, sul do Brasil. *Veget.* 125: 99-110.

Richards, J.H. 1986. Forma da raiz e distribuição de profundidade em vários biomas. In: Carlisely, D., Berry, W.L., Kaplan, I.R. e Watterson, J.R. (Ed.) *Mineral Exploitation: Biological Systems and Organic matter*. Prentice-Hall, Englewood Cliffs, NJ. pp. 83-97.

Rowell, D.L. 1994. *Ciência do solo; Métodos e aplicações*. Person Edu. Ltd.

Roy, D.L., Miller, R.W., John, C. e Shickluna, C. 1983. *An Introduction to Soil and Plant growth*. (Ed.). Prentice-Hall, Englewood Cliffs, NJ. pp. 67-75.

Ryti, R.T. 1984. Perenes em ilhas rochosas: teste de padrões de colonização e competição. *Oecol.* 64: 184-190.

Santapau, H. 1955. *Botanical Collector's manual- A Handbook.* Govt. Press, Nova Deli.

Santisuk, T. 1998. Plantas raras e ameaçadas de Doi Chiangdao, o maciço calcário em Chiangmai, norte da Tailândia. In: Peng, C.I. e Lowry, P.P. (Ed.). *Rare, Threatened and Endangered Floras of Asia and Pacific Rims.* Instituto de Botânica, Academia Sinica (Monograph Series No. 16), Taipei. pp. 123-137.

Sarkar, P.K. 1995. Rare, endangered and endemic orchids in India. *J. Econ. Tax. Bot.* 11: 33-47.

Sarthou, C. 2001. Comunidades vegetais num afloramento granítico. In: Bongers, F., Charles-Dominique, P., Forget, P.M. e Thery, M. (Ed.), *Nouragues: Dynamics and plant animal interactions in a neotropical rain forest, Kluwar, Dordrecht.* pp. 65 - 78.

Sarthou, C. e Villiers, J.F. 1998. Comunidades vegetais epilíticas em inselbergs na Guiana Francesa. *J. Veg. Sci.* 9: 847 - 860.

Sarvalingam, A., Rajendran, A. e Aravindhan, V. 2011. Trepadeiras curativas das colinas de Maruthamalai nos Ghats Ocidentais do Sul de Tamil Nadu, Índia. *Int. J. Med. Arom. Plants* 1 (3): 326 - 333.

Sasi, R., Sivalingam, R. e Rajendran, A. 2011. *Hybanthus puberulus* M. Gilbert. (Violaceae)" - Um novo registo para a Índia. *Zoo's Print* 26(12): 30 - 31.

Sasidharan, N. 2004. *Biodiversity documentation for Kerala, Part-6: Flowering plants.* Instituto de Investigação Florestal de Kerala (KFRI), Peechi.

Sastry, A.R.K. e Sharma, B.D. 1991. The significance of the Western Ghats in plant conservation. Em Karunakaran C.K. (Ed.). *Proceedings of the Symbosium on rare, endangered and endemic plants of the Western Ghats.* Thiruvananthapuram. pp. 270 - 275.

Sawian, J.T., Jeeva, S., Lyndem, F.G., Mishra, B.P. e Laloo, R.C. 2007. Wild edible plants of Meghalaya, North-east India (Plantas silvestres comestíveis de Meghalaya, Nordeste da Índia). *Nat. Prod. Rad.* 6 (5): 410 - 426.

Scarano, E.R. 2002. Estrutura, função e relações florísticas de comunidades vegetais em habitats estressantes marginais à Mata Atlântica. *Ann. Bot.* 90: 517- 524.

Schimper, A. F. 1898. *Plant geography up on a physiological basis.* Oxford University Press, Inglaterra.

Schulze, E.D., Beck, E. e Muller, K. 2005. *Ecologia vegetal.* Springer, Heidelberg.

Sebastine, K,M. 1959. A contribution to the flora of Velliangiri and Maruthamalai hills of Coimbatore District. *Bull. Bot.Surv. Ind.* 1(1):90-96.

Sharma, B.M. 1998. Prelimiary ecological studies on lithophytes and chasmophytes in South West Nigeria. *J. Ecol.* 34: 79 -83.

Sharma, J.R. e Singh, D.K. 2001. Status of Plant Diversity in India: An overview. In: Roy, P.S., Singh, S. e Toxopens, A.G. (Ed.), *Biodiversity and Environment.* Dehra Dun. pp. 69 - 105.

Simonova, D. 2008. *The flora of rocky cliffs in southern and western Moravia (Czech Republic); Plant invasions, human perception, ecological impacts and management.* Buckhuys Publishers, Leiden. pp. 317-332.

Smith, P. 1998. *A vegetational characterization of cliff faces in the Linville Gorge Wilderness Area.* Tese de mestrado, Departamento de Biologia, Universidade Appalachian Staff, Carolina do Norte.

Snogerup, S. 1971. Aspectos evolutivos e fitogeográficos das comunidades chasmófitas. In: Davis, P.H., Harpa, P.C. e Hedge, L.C. (Ed.), *Plant life of South -West Asia* pp. 157 - 170. Botanical Society of Edinburgh, Edimburgo. pp. 157 - 170.

Sofia, C. 2011. *Potenciais plantas ornamentais silvestres do distrito de Coibatore e Nilgiri de Tamil Nadu, Índia.* Tese de doutoramento, Universidade de Bharathiar, Coimbatore, Tamil Nadu.

Sperduto, Daniel, D. e Charles, V. e Bill, C. 1999. Alpine and Subalpine vegetation of the White Mountains, New Hampshire. Inventário do Património Natural de New Haampshire. *Ecol.* 44: 682 - 690.

Sponsel, L.E., Bailey, R.C. e Headland, T.N. 1996. Perspectivas antropológicas sobre as causas, consequências e soluções da desflorestação. In: Sponsel, L.E., Headland, T.N. e Bailey, R.C. (Ed.). *Tropical Deforestation. The human dimension.* Columbia University Press, Nova Iorque. pp. 3 - 52.

Sridith, K. 1989. *Plantas floridas na plataforma rochosa do Parque Nacional de Phu Hin-Rong-Klu.* Tese de Mestrado, Universidade de Chulalongkorn, Tailândia.

Steenis, C.G.1971. Conservação de plantas na Malésia. *Bull. Nat. Plant. Biol.* 41: 189-202.

Stevanovic, V. e Stevanovic, B. 1985. *Asplenio cuneifoli, Ramondaetun nathaliae-* uma nova comunidade casmofítica em solos serpentinos da Macedónia. *Glasnik Prirodnj. Muzej. Beogr. Ser.* 40: 75-87.

Stone, B.C. 1981. A flora do cume de Gunung Ulu Kali (Pahang, Malásia). *J. Federat. Museums* 26 (1): 1-157.

Strid, A. (Ed.) 1986. *Mountain Flora of Greece-1.* Cambridge University Press, Cambridge.

Strid, A. 1993. Phytogeographical aspects of the Greek Mountain Flora. *Fragm. Florist. Geobot. Suppl.* 2: 411 - 433.

Strid, A. e Kittan, S. 1991. *Mountain Flora of Greece 2.* Edinburgh University Press, Edimburgo.

Strid, A. e Kittan, S. 1992. Flora Hellenica e as plantas ameaçadas da Grécia. *Oper. Bot.* 113: 55 - 67.

Subramanyam, K. e Nayar, M.P. 1974. Vegetation and Phytogeography of the Western Ghats: In: Mani, M.S. *Ecology and Biogeography in India.* (Ed.). Dr. W. Junk Publishers, Haia. pp. 178 - 196.

Suddee, S. 1995. *Estudo taxonómico das plantas com flor no parque florestal de Pa-Hin-Ngam, Changwat Chaiyaphum.* Tese de Mestrado, Universidade de Chulalongkorn, Tailândia.

Sullivan, J.J., Timmins, S.M. e Williams P.A. 2005. Movimentos de plantas exóticas para florestas nativas costeiras a partir de jardins no norte da Nova Zelândia. *Newzealand J. Ecol.* 29: 1 - 10.

Sullivan, J.J., Williams P.A. e Timmins, S.M. 2006. *Effects of Pinus radiata plantations on environmental weed invasion in to adjacent native forest resources.* Departamento de Investigação e Desenvolvimento da Conservação Série 239. Nova Zelândia.

Sullivan, J.J., Williams, P.A., Cameron, E.K. e Timmins, S.M. 2004. Pessoas e tempo explicam a distribuição de plantas naturalizadas na Nova Zelândia. *Weed Tech.* 18: 1330 - 1333.

Swarupanandan, K., Sasidharan, N., Chacko, K.C. e Chand Basha, S. 1998. Estudos sobre as florestas de shola de Kerala. *KFRI, Res. Report* 158: 1-143.

Szarzynski, J. 2000. Ilhas Xéricas: condições ambientais em inselbergs. In: Porembski, S. e Barthlott, W. (Ed.), *Inselbergs.* Springer, Berlim. pp. 37 - 48.

Takhtajan, A. 1986. *Floristic Regions of the World.* University of California Press, Berkeley, Califórnia

Tang, M., Yu. F.H., Zhang, S.M., Niu, S.L. e Jin, X.B. 2004. *Taihangia rupestris* (Rosaceae), uma erva rara que habita as faces das falésias e responde à irradiância. *Phosynthetica* 42: 237 - 242.

Tardio, J., Santayana, P.M. e Morales, R. 2006. Revisão etnobotânica de plantas silvestres comestíveis em Espanha. *Bot. J. Linn. Soc.* 152: 27 - 71.

Terzi, M., Francesco, S. e Amico, D. 2008. Vegetação chasmófita da classe *Asplenietea trichomanis* no sudeste da Itália. *Ata Bot. Croat.* 67 : 147-174.

Tiwari, J.K., Ballabha, R. e Tiwari, P. 2010. Algumas plantas silvestres comestíveis promissoras de Srinagar e da sua área adjacente no vale de Alaknanda dos Himalaias de Garhwal, Índia. *J. Amer. Soc.* 6 (5): 410 - 426.

Tokin, P.J. e Basher, L.R. 1990. Técnicas estratigráficas do solo no estudo e evolução do relevo nos Alpes do Sul, Nova Zelândia. *Geomorph.* 3: 547 - 575.

Turland, N.J. 2008. *Anthemis samariensis* (Asteraceae), uma nova espécie das montanhas de W. Kriti (Grécia). *Willden.* 38: 61 - 69.

Udayan, P.S. 2003. *Inventário florístico nas sete áreas de conservação de plantas medicinais (MPCAs) de Karnataka, Índia.* Tese de doutoramento, Universidade de Bharathiar, Coimbatore, Tamil Nadu.

Ved Prakash e Jain, S.K. 1979. Poaceae: Tribo - *Garnotieae. Fas. Fl. India.* 3: 1 - 16.

Vivekananthan, K., Daniel, P. e Premnath, P.K. 1997. Plant diversity in Nilgiri Biosphere Reserve. In: P.K. Hajra e V. Mudgal (Ed.) *Plant diversity Hot- Spots in India- An overview.* Botanical Survey of India (BSI), Calcutá.

Ward, S.D. e Evans, D.F. 1976. Avaliação da conservação dos pavimentos calcários britânicos com base em critérios florísticos. *Biol. Conserv.* 9: 217-233.

Warming, 1895. *Ecologia das plantas: An introduction to the study of plant-communities.* Clarendon Press, Oxford.

Whitmore, T.C. 1975. *Tropical Rain Forest of the Far East.* Clarendon Press, Oxford.

Whitmore, T.C. 1990. *An Introduction to Tropical Rain Forests.* Clarendon Press, Oxford.

Wilson, W. 1992. *The diversity of life.* W. W. Norton & Company, Cambridge. pp. 46 - 52.

Wiser, S.K. 1994. Falésias e afloramentos de alta altitude dos Apalaches do Sul: plantas vasculares e biogeografia. *Castan.* 59: 85 - 116.

Wiser, S.K. 2001. Montane rock outcrops: islands of biodiversity on Peninsula. *J. Canterbury Bot. Soc.* 35: 32 - 36.

Wong, K.M. 1998. Patterns of plant endemism and rarity in Borneo and the Malay Peninsula. Em Peng, C.I. e Lowry, P.P (Ed.). *Rare, Threatened and Endangered Floras of Asia and the Pacific Rim: Institute of Botany Monograph*. pp.139-169.

Yair, A. e Danin, A. 1980. Variações espaciais da vegetação relacionadas com o regime de humidade do solo numa encosta árida de calcário. Northern Negev, *Oecol*. 47: 83 - 88.

Yoder, C.K., Thurow, T.L., Carlson, D.H. e Caesar, B.L. 1995. Padrões de distribuição de raízes de curlymesquite comum e sideoats grama em dois locais de pastagem do Texas. *Southwest. Natur*. 40: 273-280.

Zwieniecki, M.A. e Newton, M. 1995. Raízes crescendo em fissuras rochosas: sua adaptação morfológica. *Plant Soil* 172: 181-187.

Zwieniecki, M.A. e Newton, M. 1996. Padrão sazonal de depleção de água dos perfis de rocha do solo num clima mediterrânico no sudoeste do Oregon. *Can. J. For. Res*. 26: 1346-1352.

Dr. Binu Thomas, Professor Assistente no Departamento de Botânica de Pós-graduação e Investigação, St. Joseph's College, Devagiri, Calicut, Kerala. Obteve os graus de Bacharelato e Mestrado em Botânica na Universidade de Calicut, Kerala. Obteve os graus de M.Phil. e Ph.D. em Botânica na Universidade de Bharathiar, Coimbatore. Trabalhou também como bolseiro de projeto no Instituto de Investigação Florestal de Kerala (K.F.R.I), Nilambur, Kerala. É autor de 5 artigos em livros editados e de mais de 90 artigos de investigação em várias revistas científicas nacionais e internacionais. É membro do conselho editorial do European Journal of Environmental Ecology, do Research Journal of Pharmaceutical and Applied Sciences e do Global Journal of Crop, Soil Science and Plant Breeding. É um revisor ativo em muitas revistas nacionais e internacionais. Os seus interesses de investigação incluem a sistemática vegetal, a ecologia, a etnobotânica e a conservação da biodiversidade.

Dr. A. Rajendran, Professor no Departamento de Botânica, Universidade de Bharathiar, Coimbatore, Tamil Nadu. Obteve a licenciatura em Botânica na Universidade de Madras, o mestrado na Universidade de Bharathiar, Coimbatore, a licenciatura e o mestrado em Educação na Universidade de Annamalai. Doutoramento em Botânica pela Universidade de Bharathiar, Coimbatore, Diploma de Estudos Ambientais pela Universidade de Andhra, Vizhakapattanam, Andhra Pradesh e Mestrado em Tamil pela Universidade de Annamalai. Trabalhou como cientista no National Botanic Research Institute (NBRI), Lucknow (CSIR, Nova Deli) e também como professor no Department of Environmental and Herbal Science, Tamil University, Thanjavur. Tem experiência de ensino e investigação há quase três décadas, incluindo 6 anos no Botanical Survey of India (BSI) como bolseiro de investigação. Os seus interesses de investigação no terreno são a sistemática vegetal, a ecologia, a ciência ambiental, a etnobotânica e a conservação da biodiversidade. É autor de 6 livros, 50 artigos em livros editados e mais de 200 artigos de investigação em várias revistas científicas nacionais e internacionais, incluindo 16 espécies novas. É examinador em várias universidades para cursos de pós-graduação, mestrado e doutoramento e orientou com sucesso 30 bolseiros de doutoramento e 42 estudantes de mestrado. É membro ativo de muitos organismos académicos nacionais e internacionais.

MIX
Papier aus verantwortungsvollen Quellen
Paper from responsible sources
FSC® C105338

Printed by Books on Demand GmbH, Norderstedt / Germany